Helmuth Pleßner

Die Stufen des Organischen und der Mensch

Einleitung in die philosophische Anthropologie

Zweite,
um Vorwort, Nachtrag und Register
erweiterte Auflage

Walter de Gruyter & Co. Berlin 1965

vormals G. J. Göschen'sche Verlagshandlung — J. Guttentag, Verlagsbuchhandlung — Georg Reimer — Karl J. Trübner — Veit & Comp.

Die Register wurden von Johannes Henrich von Heiseler angefertigt

VORWORT ZUR ERSTEN AUFLAGE

Die entscheidenden Anregungen zu diesem Buch empfing ich in meinen Heidelberger Zoologenjahren als Schüler von Bütschli und Herbst, Windelband und Troeltsch, Driesch und Lask aus den tiefgehenden Spannungen, die zwischen Naturwissenschaft und Philosophie bestanden. Sie trieben den, der das Eine dem Anderen nicht opfern wollte, dazu an, auf neue Möglichkeiten philosophischen Naturverständnisses zu sinnen, die ebensosehr der scharfen Kritik damaliger Philosophie gewachsen wie für die Impulse besonders der neuen Biologie Drieschs und Uexkülls aufnahmebereit waren. Den ersten Schritt in dieser Richtung glaube ich in der „Einheit der Sinne" (1923) getan zu haben. Während ihrer Niederschrift faßte ich den Plan zu der hier vorliegenden Arbeit und hatte die Absicht, sie in Form einer kürzeren Broschüre, gewissermaßen als Nachtrag zum letzten Kapitel des genannten Buches, zu veröffentlichen. Die Ausarbeitung überzeugte mich von der Unmöglichkeit eines derartigen Vorhabens. Das Ganze war breiter anzulegen und in Fundament und Methode selbständig zu gestalten. 1924 kündigte ich es in dem Vorwort zu den „Grenzen der Gemeinschaft" unter dem Titel „Pflanze, Tier, Mensch. Elemente einer Kosmologie der lebendigen Form" an. Äußere Hemmungen und die große Schwierigkeit, auf einem von der neueren philosophischen Tradition vernachlässigten Boden arbeiten zu müssen, verzögerten den Abschluß des Manuskripts bis zum Herbst 1926.

Die Probleme einer philosophischen Biologie und Anthropologie, die es behandelt, hatten sich aus konsequenter Weiterverfolgung meiner sinnesphilosophischen Untersuchungen ergeben. Die Theorie der Sinnesmodalität als einer je spezifischen Verhältnisform von Leib und Psyche bzw. Materialität und Sinngebung drängte — besonders im Problem der sogenannten niederen Sinne und in dem Problem der Objektivität der Sinnesqualitäten nach einer fundamentaleren Fassung des Verhältnisses von Leib und Umwelt. Von hier aus eröffnete sich die Einsicht in bestimmte Korrelationsgesetze von Leibform und Umweltform, welche offenbar Organisationsgesetze des Lebens darstellen. Zu einer Korrelationsstufentheorie von Lebensform und Lebenssphäre, die den pflanzlichen, tierischen und menschlichen Lebenstyp umfaßt, war dann nur noch ein Schritt. — Neben dieser Entwicklung aus den Fragen der Elementartheorie der Erkenntnis führten mich sozialphilosophische Studien direkt auf das anthropologische Problem.

Es kann nicht die Aufgabe des Vorworts sein, den zeitgeschichtlichen Hintergrund der neuen Fragestellung aufzurollen. Soweit es sachlich notwendig ist, geschieht es in der Arbeit selbst. Selbstverständlich wäre sie ohne die Umwälzungen der letzten Zeit im Gebiete der Psychologie, der Soziologie und Biologie, vor allem aber der philosophischen Methodik, nicht möglich gewesen. Im übrigen wird sich in unseren Tagen noch keine Entscheidung darüber fällen lassen, welche Mächte an der Entstehung der neuen philosophischen Disziplinen stärker beteiligt sind, ob die Psychoanalyse oder die Lebensphilosophie, ob die Kultursoziologie oder die Phaenomenologie, ob die Geistesgeschichte oder die Krisen in der Medizin. Angesichts solcher Aktualität des neuen Buches ist es sachlich jedenfalls von Wichtigkeit, daß man die Eigenwüchsigkeit seiner Konzeption im Auge behält. Nichts kann der Sache der philosophischen Biologie und Anthropologie so sehr schaden, als wenn man an sie die Maßstäbe einer aus den verschiedensten Wissenschaften gewonnenen, zeittendenzbedingten Synthese heranträgt.

In der Überzeugung, daß es sich bei diesen Disziplinen um Wissenschaften von eigener Methodik mit ursprünglichem Anschauungsfundament handelt, stimmen die folgenden Untersuchungen mit den Ansichten jenes genialen Forschers überein, der — soweit es sich literarisch übersehen läßt — bis heute allein auf diesem Gebiete gearbeitet hat: Schelers unbestreitbares Verdienst ist es, in seinen Untersuchungen über Emotionalprobleme, über Strukturgesetze der Person und die Strukturzusammenhänge von Person und Welt eine Fülle von Entdeckungen gemacht zu haben, die zum thematischen Bestand der philosophischen Biologie und Anthropologie gehören. Seine Tätigkeit in den letzten Jahren zeigt überdies, daß er im Begriff ist, unter Zusammenfassung auch weiter zurückliegender biophilosophischer Analysen — die dem älteren Münchener und Göttinger Phänomenologenkreis teilweise bekannt gewesen sind und z. B. Hedwig Conrad-Martius' Ansätze in ihren „Metaphysischen Gesprächen" beeinflußt haben — zu einer Grundlegung der philosophischen Anthropologie auszubauen. Erhoffen wir also hinsichtlich der Gegenstände unserer Arbeit eine möglicherweise weitgehende Übereinstimmung mit den Schelerschen Forschungen, so dürfen darüber doch die wesentlichen Unterschiede im Ansatz der Probleme nicht übersehen werden. Scheler ist, unbeschadet der metaphysischen Tendenzen seiner Philosophie, in allen Grundlegungsfragen Phänomenologe. Seine wesentlichen Arbeiten bis zu den letzten Publikationen zeigen ihn primär phänomenologisch orientiert. Gegen eine Verwendung der Phänomenologie als grundlagesichernder Forschungshaltung haben wir uns aber seit unserer 1918 erschienenen Methodenschrift gewehrt. Wir gehen hier auf diesen Punkt nicht näher ein. Phänomenologische Arbeit bedarf u. E. für die Philosophie einer bestimmten methodischen Führung, die weder aus der Empirie noch aus einer Metaphysik stammen kann.

Von den großen Denkern der jüngsten Vergangenheit hat das keiner tiefer gewußt als Wilhelm Dilthey, dessen Philosophie und Geschichtsschreibung methodisch und material eine wesentliche Quelle der neuen Problemstellung der philosophischen Anthropologie bedeutet. Georg Misch ist es zu verdanken, daß wir heute die mit Diltheys Ideen gegebene Revolution der Philosophie erkennen, deren Prinzipien er zuletzt in seiner Arbeit „Die Idee der Lebensphilosophie in der Theorie der Geisteswissenschaften" (1925) auch programmatisch formulierte. Wenn wir trotzdem zu den (uns erst während der Drucklegung bekannt gewordenen) Forschungen Heideggers, die sehr stark von der Konzeption Diltheys getragen sind, in manchem Distanz halten müssen, so hauptsächlich nur darum, weil wir den Grundsatz Heideggers (Zeit und Sein, Halle 1927) nicht anerkennen können, daß der Untersuchung außermenschlichen Seins eine Existentialanalytik des Menschen notwendig vorhergehen müsse. Diese Idee zeigt ihn noch im Banne jener alten Tradition (die sich in den verschiedensten Formen des Subjektivismus niedergeschlagen hat), wonach der philosophisch Fragende sich selbst existentiell der Nächste und darum der sich im Blick auf das Erfragte Liegende ist. Wir verteidigen im Gegensatz dazu die These — die der Sinn unseres naturphilosophischen Ansatzes und seine Legitimation ist —, daß sich der Mensch in seinem Sein vor allem anderen Sein dadurch auszeichnet, sich weder der Nächste noch der Fernste zu sein, durch eben diese Exzentrizität seiner Lebensform sich selber als Element in einem Meer des Seins vorzufinden und damit trotz des nichtseinsmäßigen

Charakters seiner Existenz in eine Reihe mit allen Dingen dieser Welt zu gehören. Diese Situation der Exzentrizität (wiewohl nicht in dieser Formulierung und nicht als Lebensform) als Boden und Medium der Philosophie zum ersten Male bestimmt zu haben, ist das Verdienst des Buches „Der Begriff der Intuition“ (Halle 1926) von Josef König. Mit seinen systematischen Untersuchungen ergeben sich daher auf überraschende, weil weder im Problemansatz noch im Ziel der Untersuchung selbst vorgeahnte, Weise Beziehungen, deren Erörterung kommenden Arbeiten vorbehalten bleibt.

VORWORT ZUR ZWEITEN AUFLAGE

Wenn ein Autor sich zum unveränderten Neudruck seines Buches entschließt, das 1928, vor sechsunddreißig Jahren, herauskam, ist er dem Leser eine Erklärung schuldig. Indolenz und Selbstüberschätzung reichen denn doch nicht hin. Das Beharren beim alten Text muß in der Sache begründet sein, die er vorträgt. Die Art, wie er sie vorträgt, ist damit noch nicht für sakrosankt erklärt. In der Sache aber geht es um einen logischen Zusammenhang. Hat es mit ihm seine Richtigkeit, so bedarf er keiner Korrektur, auch wenn die Fassung vom damaligen Stand der Forschung geprägt sein mag und der Autor heute die Sache vielleicht in manchem anders darstellen würde. Anregungen dazu hat er freilich kaum bekommen. Ernsthafte Kritik haben die „Stufen“ nicht gefunden.

Das hatte verschiedene Gründe. Im gleichen Jahr war Schelers Schrift „Die Stellung des Menschen im Kosmos“, die Umrißskizze seiner vor Jahren schon angekündigten und begreiflicherweise mit Spannung erwarteten Anthropologie erschienen. Ursprünglich als Vortrag in der Darmstädter Schule der Weisheit konzipiert, fand sie dank ihrer Kürze und ihrer geschickten Verwendung biologischer und psychologischer Fakten sofort ein großes Publikum. Was lag näher, als das schwerfällige Werk eines Unbekannten für die Ausführung Schelerscher Gedanken zu halten, zumal es, oberflächlich gesehen, ihrem Stufenmodell zu folgen schien? Wohl hatten sich Th. Litt, Th. Haering und vor allem N. Hartmann sehr bald und nachdrücklich gegen solche leichtfertige Verdächtigung gewandt, aber aliquid haeret, und fürs Erste blieben die „Stufen“ im Schatten Schelers als des Begründers der philosophischen Anthropologie.

Sicher hätten die fünf Jahre bis zur Unterbindung jeder Diskussionsmöglichkeit 1933 zu einer Revision des Urteils reichen sollen, auch wenn das Buch schwer war. Aber diese fünf Jahre standen, soweit überhaupt von einem Interesse an philosophischer Anthropologie die Rede sein konnte, ganz unter dem Eindruck von Heidegger und Jaspers. Die Entdeckung des Existenzbegriffes schien den Schlüssel für die Auflösung jener Schwierigkeiten zu bieten (und damit über das Schicksal der philosophischen Anthropologie zu entscheiden), deren die unter der Trennung in naturwissenschaftliche und geisteswissenschaftliche Methodik besonders leidenden Wissenschaften vom Menschen nicht Herr werden konnten: Psychologie und Psychopathologie sowie die mit psychosomatischen Fragen belasteten Zweige der inneren Medizin, Ethnologie, Praehistorie und Abstammungsgeschichte des Menschen.

Es schien so. Zweifel an der Schlüsselstellung des Existenzbegriffs, die der einen oder anderen Wissenschaft kommen mochten, begegnete die Avantgarde der Philosophie damals mit dem Hinweis auf den abgeleiteten Charakter derartiger Sorgen. Vordringlich und im strengen Sinne ursprünglich sei vielmehr der Abbau jener geschichtlich entstandenen Schwierigkeiten. Sie hätten ihren Grund in einer seit der Antike habituell gewordenen Ontologisierung menschlichen Wesens, der die Wissenschaften vom Menschen Vorschub leisteten. Eine recht verstandene philosophische Anthropologie müsse den wissenschaftlichen Horizont, unter dem die etablierten Disziplinen sich nun einmal bewegen, in Richtung auf ein elementares Seinsverständnis durchbrechen. Ob im Sinne Heideggers oder Jaspers' machte insoweit keinen Unterschied.

Solche Überlegungen lasteten in den Jahren siebenundzwanzig und achtundzwanzig auf dem anthropologischen Interesse und wirkten hemmend auf die Rezeption der „Stufen". Das größte Hemmnis war das Buch selbst. Wer wagt sich schon an eine philosophische Behandlung biologischer Stoffe ? Philosophen, gelernte Philosophen haben bei uns selten ein Verhältnis zur Naturwissenschaft. Wenn sie es haben, sind sie theoretische Physiker und mit Erkenntnistheorie der Quantenphysik befaßt. Botaniker und Zoologen, meist schlichtere Gemüter, Menschen der Anschauung und nicht so raffinierte Köpfe wie jene, fühlen sich schon darum nicht zu den Haarspaltereien der Begriffsanalyse hingezogen, weil sie mit massiven Objekten arbeiten, deren Realitätscharakter ihnen keine Probleme stellt. Philosophie des Organischen ? Die Zeiten von Driesch waren vorbei: das Vitalismusproblem hatte seine Aktualität, der Gedanke, lebendige Vorgänge in der Retorte zu produzieren, seine Schrecken verloren. Biochemie und theoretische Chemie waren als Mittel der Genetik und Virusforschung längst selbstverständlich geworden. Wo es noch Raum für Spekulation gab, in der Phylogenie und speziell in der Anthropologie, operierte auch der Neodarwinismus sehr vorsichtig. Die Zentenarfeiern 1959 waren überall auf diesen Ton gestimmt. Phaenomene der Regulation, der Steuerung und des Gedächtnisses, früher für Arcana der lebendigen Substanz gehalten, verloren im Lichte der Kybernetik ihre Sonderstellung, vielleicht zu schnell, aber die elektronischen Modelle verlocken nun einmal zu Analogien. Und auch diese sind fruchtbar.

Ein Buch mit dem Titel „Stufen des Organischen" machte sich angesichts solcher Tendenzen biologischer Forschung anachronistischer

Sympathien verdächtig. Stufen? Ist der Autor etwa evolutionsfeindlich, wohl gar ein Anhänger idealistischer Morphologie? Klingt „Stufen“ nicht nach Hierarchie der Formen Pflanze, Tier, Mensch, für die schon Aristoteles das Modell geliefert hat?

Ihm hatte Scheler, wie gesagt, mit seiner Skizze neues Leben eingehaucht. Ihr Ausbau sollte die Krönung seines Lebenswerkes bilden, mit Fug und Recht, wie jeder zugeben wird, der die reichen Arbeiten des Mannes überblickt: angefangen von den Studien über die Sympathiegefühle und den Analysen zur materiellen Wertethik, besonders im zweiten Teil, bis zu dem letzten Opus „Die Wissensformen und die Gesellschaft“. Sie alle haben den Menschen als Aktzentrum zum Gegenstand und Bezugsrahmen, d. h. sie vermeiden die Husserlsche Konsequenz, aus Gründen der phaenomenologischen Methodik auf das Bewußtsein zu reduzieren, das Bewußtsein zum Horizont transzendentaler Konstitution jeden möglichen Phaenomens, also auch des Menschen, zu machen und damit wieder in die transzendentalidealistische Ausgangsstellung einzuschwenken. Scheler, Phaenomenologe der ersten Stunde wie die Schüler von Th. Lipps, hat Husserls spätere Wendung zum Idealismus nicht mitgemacht und daran festgehalten, daß sie vielmehr den von ihm behaupteten Primat des Bewußtseins und des reinen Ego gebrochen habe. Unter diesem Aspekt gewinnt Schelers eigentliche Leistung, die Entdeckung der cognitiven Tragweite emotionaler Akte, die Betonung einer spezifischen Apriorität des Emotionalen in Wiederanknüpfung an Pascals logique du coeur ihre Bedeutung für den anthropologischen Gedanken. Sie bestimmt Umkreis und Art seiner Konkretion. Hier haben Leiblichkeit und Umweltlichkeit, Liebe und Haß, Reue und Wiedergeburt ihren thematischen Ort. Heidegger tat recht daran, wenn nicht schon „Sein und Zeit“, dann doch sein Kantbuch Scheler zu widmen, weil er den Bann des Cognitiven gebrochen hatte und Heidegger zwar nicht die Route zu seiner Fundamentalontologie, auch nicht den Einstieg zur Route bezeichnet, wohl aber die Region freigegeben hatte, in welcher der Einstieg zu suchen war. Daß Heidegger aber gleich der mißverständlichen Deutung seines Unternehmens als einer philosophischen Anthropologie vorbaute, wird man ihm nicht verübeln dürfen, denn die Analyse menschlicher Seinsweise dient ihm nur als Mittel.

1927 erschien „Sein und Zeit“. Kraft und Dichte des Gedankens, Eigenwilligkeit und dunkle Tönung der Sprache, unbeirrte Führung im thematischen Aufbau ließen sofort aufhorchen. Husserls methodische Strenge und Akribie der Beschreibung sah man mit Virtuosität in den Dienst eines fundamentalen Problems gestellt, zu dessen Lösung der Meister auch in der Linie seiner Annäherung an die Konstitutionsfrage der Transzendentalphilosophie nichts hatte beitragen können: des Problems der Geschichtlichkeit. Mit einem Schlag, so schien es damals, hatte Heidegger eine Bresche in die alten Fronten von Bewußtseinsidealismus neukantischer und phaenomenologischer Observanz, platonisierender Wesensforschung à la Scheler und historischem Relativismus à la Dilthey geschlagen. Die Wendung zum Objekt, die Erneuerung der Ontologie, von der älteren phaenomenologischen Schule und von Nicolai Hartmann gegen die alte idealistische Tradition erzwungen, sah sich mit der Entdeckung der Dimension der Existenz oder des Daseins (Mensch) bekräftigt und zugleich überholt.

So jedenfalls mußte der erste Eindruck auf den Fachmann sein. Bedeutsam und beunruhigend für einen Denker wie Scheler, mit einem über die Fachwelt hinausreichenden Publikum, war, daß sich für Heidegger eine noch weiterreichende Resonanz abzuzeichnen begann. Der methodische Atheismus dieser vor keiner begrifflichen Verfestigung in der abendländischen Denkgeschichte halt machenden Destruktion sprach die vom Krieg erschütterte Generation unmittelbarer an als Schelers Theismus und sein dem farbigen Abglanz zugewandtes Denken. Hier war vielleicht eine Welt — dort aber die Not der Existenz. Hier gab es transzendente Stützen — dort war der Einzelne allein. Hier Normen und Werte — dort pure Entscheidung angesichts des Todes, Endlichkeit und Selbstwahl.

Die Analyse der dem Menschen spezifischen Art „zu sein" stand nicht für sich. Man hätte sie sonst trotz aller Vorbehalte für eine Form von philosophischer Anthropologie halten können. Sie gab sich aber als eine Prozedur, um den Sinn von Sein zu finden, als eine Methode zur Fundamentalontologie. Sinn von Sein läßt sich, und nicht unbedingt mißverständlich, auch als Sinn des Seins verstehen und gewinnt dann den ungeheuerlichen Anspruch einer Weltdeutung etwa im Stile Schopenhauers. Sie stand nicht zur Debatte. Davor bewahrte die Erkenntnis der ontologischen Differenz zwischen Sein und Seiendem. Vielmehr ging es um das, was mit dem Prädikat „ist" in seiner ursprünglichen Bedeutung gemeint wird. Ihr sucht sich das Heideggersche Unternehmen durch eine Auslegung der temporalen Struktur der Existenz zu vergewissern, indem es in den Weisen ihrer Zeitigung ihre Endlichkeit expliziert.

Als bloße Prozedur zum Zweck der Fundamentalontologie darf man die Existenzanalyse jedoch nicht auffassen, weil sich nach Heidegger das Menschsein, seine Essenz oder Natur nur aus seinem (geschichtlich wandelbaren) Verhältnis zum Sein bestimmt. Darin stimmt er mit Schelers frühem Aufsatz von 1911 „Zur Idee des Menschen" überein, der in Nachfolge von Nietzsche den Menschen als einen Übergang und geradezu als eine Gestalt der Transzendenz bezeichnet. Biologische Differenzen besagen nichts. Zwischen Edison, als dem Idealtypus des Homo Faber, und einem Schimpansen ist nur ein gradueller Unterschied. Von Natur gibt es keinen Menschen. Er wird zu einem solchen durch seine Beziehung zu Gott. Der Theomorphie des Menschen im Sinne Schelers entspricht die Ontomorphie in Heideggers Sinn.

In seiner Skizze von 1928 mildert Scheler diese These, die seiner religiösen Überzeugung nicht mehr entsprach. Aufgegeben hat er sie nicht. Mit der Charakterisierung der Lebensformen durch Triebstrukturen, vom ekstatischen Gefühlsdrang der Pflanze bis hin zum Geist, der die Vitalkräfte braucht, aber ihnen gegenüber nur Schleusenfunktion ausüben kann, scheint sie den Unterschied zwischen Tier und Mensch ohne Rückgriff auf Gott zu begreifen. Geistigkeit, das Monopol des Menschen, wird in Entbundenheit von Drang und Trieb mit dem Effekt der Fähigkeit zur Gegenstandserfassung, somit zur Weltoffenheit gesehen. Sie manifestiert sich als Triebverdrängung und Nein-Sagen-Können. Die spezifische Körpergestalt der Hominiden mag eine hierbei unterstützende Rolle spielen — aufrechter Gang, Freisetzung der Hand, Zerebralisation — entscheidend ist sie nicht. Warum sollte in dieser Sicht nicht auch ein Vogelkörper Schauplatz von Triebverdrängung und Weltoffenheit sein — wenn der Geist in ihn fährt?

Scheler hat seine Planskizze nicht mehr ausführen können. Um so leichter fand das akademische Ballgeflüster Glauben, die „Stufen" seien sein Vermächtnis. Lebte der Autor nicht auch in Köln, und war er nicht sein Schüler? Er war es nicht, bei aller Nähe. Er hatte, was Scheler perhorreszierte und seiner Art zuwider war, den Versuch unternommen, die Stufung der organischen Welt unter einem Gesichtspunkt zu begreifen. Wohlgemerkt in der Absicht, unter Vermeidung eben jener geschichtlich belasteten Bestimmungen wie Gefühle, Drang, Trieb und Geist einen Leitfaden zu finden und zu erproben, der die Charakterisierung spezieller Erscheinungsweisen belebter Körper möglich macht. Solche Charakterisierung darf weder mit den begrifflichen Instrumenten der Naturwissenschaft noch mit denen der Psychologie erfolgen, wie das Scheler nach alter panpsychistischer Weise (und von Freud fasziniert) zum Besten gegeben[1]).

[1]) Man wird in dieser Sache dem Urteil eines so erfahrenen Anthropologen wie Frhr. v. Eickstedt gerade darum besonderes Gewicht beimessen dürfen, weil er zu keiner philosophischen Partei gehört, aber im Unterschied zu manchen seiner Fachgenossen die Notwendigkeit einer philosophischen Anthropologie begreift. Er schildert die Situation folgendermaßen: „Der Soziologe und Philosoph Pleßner, von Driesch und Windelband zugleich herkommend — veröffent-

Der philosophisch Ungeschulte merkt diese Mängel nicht. Er nimmt den Willen für die Tat. So glaubten damals viele an Schelers synthetischen Entwurf, ohne zu erkennen, daß, wenn er für das Unternehmen der philosophischen Anthropologie repräsentativ sein sollte, die Philosophie mit ihm allzu leichtes Spiel haben mußte. Löwith, der durch Heideggers Schule gegangen und ein unverfänglicher Zeuge ist, sagt rückblickend zu diesem Punkt — und hat dabei nicht nur Schelers Skizze, sondern auch und gerade meine „Stufen" im Blick: „Die Ansätze zu einer philosophischen Anthropologie wurden durch Heideggers ontologische Analytik des Daseins überholt. Unter dem Eindruck des Diktums, daß sich das existierende Dasein vorzüglich vom bloßen Vorhandensein und Zuhandensein unterscheide und daß die Seinsweise des Lebens nur privativ, vom existierenden Dasein her, zugänglich sei, entstand der Anschein, als seinen beim Menschen Geburt, Leben und Tod reduzierbar auf ‚Geworfenheit', ‚Existieren' und ‚Sein zum Ende'. Desgleichen wurde die Welt zu einem ‚Existential'. Die lebendige Welt, die Nietzsche mit großen Opfern wieder entdeckte ... ist, ineins mit dem leibhaftigen Menschen, im Existenzialismus wieder verloren gegangen". Was der Mensch sein kann und wie er sich in der Welt befindet, darf nicht dahin verstanden werden, daß es ihn seiner naturhaften Gebundenheit an Zeugung, Geburt und Tod enthebt. „Das leib- und geschlechtslose Dasein im Menschen kann nichts Ursprüngliches sein ..."[2]).

Ohne Zweifel stand Heidegger hier der Rückzug auf den methodischen Sinn seiner Existenzialanalyse offen. Er durfte von den phy-

---

licht 1928 das erste geschlossene System einer durchaus originären Biophilosophie, in der der Mensch die zentrale Figur bildet. Dessen unstete Vielseitigkeit (Plastizität) inmitten eines bezugs- und spannungsreichen ‚Umfeldes' (Positionalität) führt ihn über sich selbst und damit zur Distanz gegen sich selbst und dadurch zu einer organisch einmaligen Daseinsdynamik herauf. Diese könne aber nur verstanden werden, wenn Tatsachen und Deutungen, also Anthropologie und Philosophie, gemeinsam vorgehen. Dieser kühne Vorstoß wird leider sogleich von dem revolutionär wirkenden Essay des älteren und längst anderwärts erfolgreichen Scheler überschattet, der in seiner berühmt gewordenen Darmstädter Umrißskizze von gleichfalls noch 1928 seinerseits den realistisch-idealistischen Zwiespalt einer zeitläufig fragewirren Philosophie bestens erkennen läßt. Sein lebenslanges Kämpfen um Sein und Sollen der Menschen und ein Hinauskommen über seines (und u. a. meines) Lehrers Husserl Phaenomenologie im Sinn einer lebensnäheren angewandten Phaenomenologie hatte ihn immer wieder zu dem Problem Mensch zurückgeführt. Seine Philosophie wird damit — auch in ihren z. T. überraschenden Wendungen — mit seltener Deutlichkeit zum Abbild des Selbst ihres Schöpfers. So schwankt sie zwischen Idealismus und Realismus." (Homo, 14. Bd., 1., 1963).

[2]) „Natur und Humanität des Menschen", in der mir gewidmeten Fest-„schrift Wesen und Wirklichkeit des Menschen". Göttingen 1957. S. 75.

sischen Bedingungen der „Existenz“ absehen, wenn er an der Existenz klarmachen wollte, was mit „Sein“ gemeint ist. Verhängnisvoll wird dieses Absehen erst — und da zeigt sich der Pferdefuß —, wenn es sich mit der These rechtfertigt und verknüpft, daß die Seinsweise des Lebens, des körpergebundenen Lebens nur privativ, vom existierenden Dasein her zugänglich sei. Mit dieser These bekam die seit den Tagen des deutschen Idealismus der Philosophie zur lieben Gewohnheit gewordene Richtung nach innen wieder Oberwasser. In der „Jemeinigkeit“ der Konstitution von Existenz erfüllt sich abermals die augustinische Mahnung: geh nicht nach außen, im Inneren des Menschen wohnt die Wahrheit. Die Kopernikanische Wendung Kants zum Bewußtsein als dem Horizont, unter welchem Gegenstände sich konstituieren, von Husserl für den Gesamtbereich möglicher Intentionalität erneuert, wurde mit der These vom methodischen Primat der Existenz erneut bekräftigt.

Existenz bringt eine Möglichkeit des Menschen zum Ausdruck: die Möglichkeit sich ernst zu nehmen. Moralisch ist damit der Punkt bezeichnet, in welchem ein Mensch sich zusammennimmt und ein Selbst wird, er selbst. Nach Heidegger entspricht diese Möglichkeit der Endlichkeit, seiner Endlichkeit. Daß er ihrer gewahr werden muß, ist schon merkwürdig genug, und die Frage stellt sich, auf welchem Wege. Heidegger beschreibt ihn als einen solchen, auf dem Stimmung, Sorge, Angst Stadien des Gewahrwerdens bezeichnen. Hat aber diese Einführung nur einen methodischen Sinn, oder soll sie die Verklammerung der Existenz mit etwas Anderem zeigen, von dem sie sich zwar abhebt, auf das sie aber angewiesen bleibt? Was ist impliziert, um z. B. gestimmt sein oder Angst haben zu können? Doch wohl ein Lebendiges, von dem die Analyse der Existenz aber nur insoweit Notiz nimmt, als jene Modi seiner im Schatten bleibenden Lebendigkeit endlichkeitsaufschließende Bedeutung gewinnen.

Für den Psychologen, den Psychiater hat das keine Schwierigkeiten, denn er rechnet von vorneherein mit Personen, die Temperament, Charakter und körperliche Eigenschaften besitzen, und stört sich nicht daran, daß es hier um empirische Fakten geht. Damit ist jedoch das eigentliche Problem nur ausgeklammert, ob nämlich „Existenz“ von „Leben“ nicht nur abhebbar, sondern abtrennbar sei und inwieweit Leben Existenz fundiere. Löwith erwähnt an der zitierten Stelle seine Arbeit „Phaenomenologische Ontologie und protestantische Theologie“ (Zeitschrift für Theologie und Kirche N.F. 1930), in der zum ersten Mal der Versuch gemacht sei, die Abtrennung der Existenz vom Leben in Frage zu stellen.

Solche Bundesgenossenschaft hätte damals für das Verständnis der „Stufen", welche die Heideggerianer keines Blickes würdigten, werben können, selbst dann, wenn an dem Diktum, die Seinsweise des Lebens sei nur privativ, vom existierenden Dasein her, zugänglich, nicht zu rütteln war. Schließlich darf die Methode nicht über die Sache triumphieren. Hat man sich einmal von der Unmöglichkeit einer freischwebenden Existenzdimension überzeugt, so tut sich die Notwendigkeit ihrer Fundierung auf. Wie sieht sie aus und welche Mächtigkeit hat sie? Wie tief reicht ihre Bindung an den Leib? Eine berechtigte Frage, denn nur leibhaftes Wesen kann gestimmt sein und sich ängstigen. Engel haben keine Angst. Stimmung und Angst unterworfen sind sogar Tiere.

Die Analyse einer freischwebenden Existenz stößt aber auf keine biologischen Fakten, und die von Löwith aufgeworfene Frage der Abtrennbarkeit oder Nichtabtrennbarkeit der Existenz vom Leben braucht sie für ihr eigenes Geschäft nicht zu beunruhigen. Deshalb führt kein Weg von Heidegger zur philosophischen Anthropologie, vor der Kehre nicht und nach der Kehre nicht.

Umgekehrt sieht sich die anthropologische Forschung: die somatische Anthropologie und Paläontologie des Menschen, Proto- und Praehistorie mit Fragen der Abgrenzung des Menschenhaften konfrontiert, deren Behandlung insoweit lückenhaft bleibt, als sie die biologischen und die kulturellen Befunde im günstigsten Fall zwar korreliert, aber nicht auf einen gemeinsamen Grund beziehen kann. Hier fehlt es an der übergreifenden Dimension. Die Forschung kann es sich erlauben, auf ihre Erörterung zu verzichten und das psychophysische Problem z. B. auszuschalten oder auszuklammern. Aber das Problem bleibt, und wer nimmt sich seiner an, wenn nicht die Philosophie? Die Tatsachen der Entwicklungsgeschichte des Lebens auf der Erde zwingen zur Annahme einer Entwicklungsgeschichte der Intelligenz und des Bewußtseins, für welche die menschliche Intelligenz und das menschliche Bewußtsein keinen Maßstab bilden dürfen (an dem der naive Evolutionismus freilich bedenkenlos festhielt, weil er die Evolution im Menschen nicht nur enden, sondern sich erfüllen ließ, als wäre der Mensch ihr Ziel und ihre Bestimmung). Es ist das Verdienst Uexkülls und der modernen Verhaltensforschung gewesen, mit den anthropomorphen Analogien aufgeräumt zu haben. Die Freilegung des Bildes tierischen Verhaltens und In-der-Welt-Seins bildet die Voraussetzung für das Verständnis menschlichen Verhaltens. Mit bemerkenswertem Geschick hat Arnold Gehlen (zuerst 1940) ein biologisches Verhaltensmodell des Menschen entworfen, für welches er unter Strapazierung des Herderschen Begriffs vom Mängelwesen zahlreiche Anreger wie den Anatomen Bolk, die Biologen Portmann und K. Lorenz, S. Freud und vor allem Scheler nennt, ein Modell allerdings begrenzter Tragkraft. Ihrer Prüfung sollte sich die philosophische Anthropologie nicht entziehen.

Die Anwendung des biologischen Verhaltensprinzips auf den Menschen liegt nahe, und um so näher, als „über die Frage, wie sich Leib und Seele, oder Leib, Seele und Geist letztlich und metaphysisch zu einander verhalten ... trotz jahrhundertelangen Nachdenkens nichts zu erfahren gewesen, und so konnte man ja versuchen, jede Fragestellung und Begriffsbildung zu suspendieren, die in Richtung eines solchen Dualismus führte. Könnte man nicht ... eine Art Schlüsselthema finden, bei dem das Leib-Seele-Problem überhaupt nicht aufgeworfen würde, und das müßte ein erfahrungswissenschaftlich zu behandelndes sein, wenn man den Vorteil wahrnehmen wollte, zugleich mit dem Dualismus überhaupt alle metaphysischen, d. h. unbeantwortbaren Fragen auszugrenzen. Und als einen solchen Ansatz empfahl sich die Handlung, d. h. die Auffassung des Menschen als eines primär handelnden Wesens, wobei ‚Handeln' in erster Annäherung die auf Veränderung der Natur zum Zwecke des Menschen gerichtete Tätigkeit heißen soll"[3]).

Neu ist der Vorschlag auch für Gehlen nicht. Der amerikanische Pragmatismus kennt das Schlüsselthema seit James und Schiller. Dewey hat ihm in seinem Werk Human Nature and conduct (1922) erneut zentrale Bedeutung zugesprochen. In der deutschen Soziologie war es übrigens Max Weber, der die Kategorie des sozialen Handelns zum Leitbegriff der Analyse sozialer Wirklichkeit erhob, nicht zuletzt im Hinblick auf den Vorteil, den sie bietet, die Verfestigung dieser Wirklichkeit in Institutionen durch Rückgang auf die Motive des Handelnden (den subjektiv gemeinten Sinn) zu verstehen und dadurch das soziale Geschehen erklärbar zu machen.

Im Aspekt der Aktion wird jedenfalls die verhängnisvolle Aufspaltung menschlichen Seins in eine körperliche und eine nichtkörperliche Region vermieden. Ob sie nur umgangen und gewissermaßen aus dem Blickfeld der Analyse verbannt wird, ist eine Frage für sich. Wer wie Gehlen Empirist sein will, hat das Recht auf solches Verfahren. Seine Thesen sind bekannt und lassen sich alle um den Gedanken der Kompensation gruppieren, dem Herder das Stichwort Mängelwesen gegeben hat. In geschickter Kombination fügen sich Auffassungen von Klaatsch über Merkmale der Altertümlichkeit und relativen Unspezialisiertheit des menschlichen Körperbaues, von

[3]) A. Gehlen, Anthropologische Forschung. RDE, 1961, S. 17.

Bolk über Retardierung und Fetalisierung, von Portmann über das extrauterine Frühjahr, von Scheler über Instinktschwäche, Triebüberschuß, Reizüberflutung und Weltoffenheit dem Bilde eines Lebewesens ein, auf das allerdings das Herdersche Wort vom „Invaliden seiner höheren Kräfte" weniger paßt als meine Charakteristik vom Kriegsteilnehmer seiner niederen. Denn die Spezies homo wird ausschließlich auf ihre Aktionsmöglichkeit hin entworfen. Differenzierung von Standfuß und Greifhand, Reduktion der Behaarung, Schutzlosigkeit des Neugeborenen, Verzögerung der Geschlechtsreife, Mangel an spezifizierten Instinkten, Sprache oder Institutionalisierung charakterisieren zusammen den vitalen Gestus eines auf Handeln gestellten — wie man will, zu ihm befreiten oder gezwungenen — Organismus von unverwechselbarer Art. Wie die Evolution ihn zustandegebracht, spielt für die Einsicht in das Korrespondenzsystem seiner Merkmale keine Rolle.

Ein Organismus ist immer, d. h. per definitionem ein System, ein Ensemble von Funktionen auf Gegenseitigkeit, und es ist verdienstlich, den Gedanken des Funktionssystems, welcher dem Physiologen vertraut ist, einmal auf den Menschen als ein zu spezifischen Leistungen ermächtigtes, und zwar offenbar mit durch seinen Körper und dessen Entwicklung ermächtigtes Lebewesen anzuwenden. So etwas hat man auch vor Gehlen schon versucht, ich erinnere nur an Paul Alsbergs Buch „Das Menschheitsrätsel" (Dresden 1922), das die Bedeutung der Organausschaltung — Gehlens Entlastung — bereits zur Leitidee seines Gesamtentwurfs gemacht hat („das Entwicklungsprinzip der außerkörperlichen Anpassung", l. c. 485). Werkzeugerfindung und Sprache rücken da nahe aneinander, doch hat der instrumentale Effekt der Sprache das Besondere an sich, im aktiven Ansprechen an den angesprochenen Dingen nichts zu verändern. Dank der Darstellungsfunktion der Worte konstituiert sich eine Zwischenwelt, ich würde sagen von Institutionscharakter, ein unter Normen stehendes objektives System von „Bedeutungen", dessen entlastender Nutzen — und das setzt der Betrachtung wieder eine Grenze — zu neuer Belastung auf anderer Ebene wird.

Das ist kein Einwand. Nur trägt die Auffassung der Sprache als Handlung nicht eben weit. Jeder Entlastung durch Sparen an körperlichem Arbeitsaufwand steht ein Zuwachs an Last durch die steigende Indirektheit sprachgeleiteten Verhaltens gegenüber. Was erteilt also wem Entlastung? Wer sich mit einem anderen kraft sprachlicher Verständigung unterhalten kann, genießt den Vorteil der für beide geltenden Reziprozität der Perspektiven. Jeder ist bei aller Getrenntheit ein Stück vom Anderen. Das wird ihm aber nur durch die Mühen präziser Artikulation zuteil, die — der Gefahr ständiger Mißdeutung ausgesetzt — ihrerseits, als Äußerung eine Abhebung vom Sprechenden, vom Akteur der Sprache schafft. Äußerung beschwört Innerung und ist nur auf Grund von Innerung, einer Vertiefung und Verschließung des handelnden Subjekts „in sich", möglich. Vorteil der indirekten Verständigung im Wege der Worte wiegt ihren offenbaren Nachteil nicht auf.

Verständigung durch Worte ist — ein guter und richtiger Gedanke — nur Lebewesen möglich, deren Motorik einen hohen Grad von Plastizität besitzt und nicht wie die tierische Motorik in weitgehend ererbten Bahnen verläuft, die ihrerseits wiederum bestimmten Instinkten entsprechen. Instinktentlastung auf Grund weitgehender Instinktreduktion, Ersetzung, wie der Zoologe O. Storch sagte, der Erbmotorik durch Erwerbmotorik, und Sprechen gehören also zu dem Gesamtentwurf eines sogenannten weltoffenen Wesens. Instinktreduktion und Freisetzung der Motorik haben aber Grenzen. Es gibt Instinktresiduen, Überbleibsel der Stammesgeschichte des Menschen, die bei gewissen Anlässen noch ins Spiel treten: bei der Mimik, den Formen des anderen Geschlechts und bei gewissen urtümlichen Auslöserqualitäten des Prägnanten, Symmetrischen und Grellen, die aus dem gewöhnlichen Anblick der Dinge herausfallen. Von allen Auslöserqualitäten (den Begriff hat K. Lorenz eingeführt) geht eine rätselhafte Bannung aus: unmittelbares Verstehen im Fall der mimischen Elementargebärden, Faszination bei den erotischen und den auffallenden Erscheinungsqualitäten.

Mit solchem Begriffsarsenal läßt sich menschliches Verhalten als ein beobachtbares Geschehen darstellen. Die Wendung nach „innen", genauer gesagt, die Eröffnung eines Innen hat außer der Sprache noch einen zweiten Ansatzpunkt: die mit der Freisetzung der Motorik von ihr losgekoppelte Antriebslage des Menschen übersetzt die Antwort in einen Gefühlsstoß. Der „schafft den Hiatus, die Lücke zwischen aktueller Erregung und aufgeschobener Handlung, in die das Bewußtsein einspringt" (l. c. 112). Projiziert man diesen Sachverhalt auf die wiederum mit der Instinktreduktion gleichbedeutende Entdifferenzierung der Triebe, die dem Vorhandensein eines Antriebsüberschusses entspricht, so ergibt sich ein vereinheitlichendes Innenleben von selbst, gegründet nicht allein in dem Schaltkreis des Gehirns, sondern ebensosehr in der Antriebsstruktur bis hinunter in das vegetative Dunkel des Unbewußten. Freud wird gerechtfertigt, denn die Panerotisierung stellt sich als eine mit der Entdifferenzierung der ursprünglich organgebundenen Triebe erworbene Eigenschaft der menschlichen Antriebslage dar. Mehr noch: geistige Möglichkeiten auch im nichtsprachlichen Bereich kommen in Sicht, denn die Loskoppelung des Antriebs von präformierter Motorik bedeutet eine Schwächung biologischer Eindeutigkeit des Verhaltens, die bis zur völligen Emanzipation von seinem Nutzeffekt führen muß, zur Einschmelzung und Formalisierung z. B. der Auslöserschemata in der Wahrnehmung, zur Freigabe purer Qualitäten der Erscheinung (l. c. 109ff.).

Mit anderen Worten: dank seiner offenen Antriebsstruktur, dank seiner zu ihr wiederum passenden Sprache ist der Mensch von biologischer Eindeutigkeit eines Verhaltens, wie es die Tiere durchweg zeigen, zu biologischer Mehrdeutigkeit emanzipiert. Das pragmatische Kleid nach behavioristischem Zuschnitt paßt ihm nicht. Menschliches Verhalten läßt sich nicht auf ein Schema bringen, nicht auf das der Kettenreflexe, aber auch nicht auf das des zweckgerichteten Handelns. Diese von Gehlen selbst ermittelte, und zwar durch Festhalten am pragmatischen Gesichtspunkt ermittelte, Emanzipation menschlichen Verhaltens vom biologisch eindeutigen Handeln, ermächtigt die Anthropologie, eben diesen von Gehlen empfohlenen Gesichtspunkt aufzugeben. Kein Malheur. Schließlich ist das der Sinn jeder versuchsweisen Einführung eines Modells oder „Schlüsselthemas". Das muß nicht heißen, Gehlen habe sich widersprochen, sondern nur, daß er eine These bis an die Grenze ihrer Tragfähigkeit gebracht hat.

Auch ein negatives Ergebnis ist für den Empiriker ein gutes Ergebnis, mag es sogar auf krummen Wegen erzielt sein, auf durch Hypothesen ad hoc gekrümmter Bahn und verschwiegener Information. Menschliches Verhalten in der Fülle seiner Möglichkeiten läßt sich nicht unter einem Teilaspekt begreifen. Das hat Buytendijks Allgemeine Theorie der menschlichen Haltung und Bewegung (Heidelberg 1956) sinnfällig gemacht. Spezifische Phänomene wie Lachen und Weinen z. B., denen ich nachgegangen bin, treten als Grenzreaktionen des Verhaltens auf, genauer gesagt, als Reaktionen auf Grenzen, die unserem durch Sprache und Zielsetzung gesteuerten Benehmen gezogen sind. Als solche manifestieren sie ein Vermögen, das im strengen, nicht im äußerlichen Sinne Unverhältnismäßige unter Preisgabe der üblichen Formen gesteuerten Benehmens in das eigene Verhalten einzubeziehen. An ihm kommt ein Grundzug menschlichen Daseins zum Vorschein, den ich in den „Stufen", und zwar nicht in spezieller Berücksichtigung von Lachen und Weinen, sondern im Hinblick auf eine ganze Reihe anderer Charakteristika dieser Art Dasein exzentrische Positionalität genannt habe. Unter ihrem Aspekt lassen sich die Einseitigkeiten und Schiefheiten vermeiden, denen etwa die Tiefenpsychologie verfällt, wenn sie die Triebstruktur allein für spezifisch menschliche Äußerungsformen verantwortlich macht (und nicht nur, worin sie recht hat, für ihre pathologischen Abweichungen).

Eine Vorstellung von der Daseinsart des Menschen als eines Naturereignisses und Produkts ihrer Geschichte gewinnt man nur im Wege ihrer Kontrastierung mit den anderen uns bekannten Daseinsarten der belebten Natur. Dazu bedarf es eines Leitfadens, als den ich den Begriff der Positionalität wählte, eines, wie ich glaube, fundamentalen Merkmals, durch welches belebte sich von unbelebten Naturgebilden unterscheiden. Der Charakter der Positionalität ist bei aller Anschaulichkeit weit genug, um die Daseinsweisen pflanzlichen, tierischen und menschlichen Lebens als Variable darzustellen, ohne auf psychologische Kategorien zurückzugreifen. Aber auch der Begriff Positionalität ist keine Konstruktion, sondern an der anschaulichen Struktur sogenannter Dinge unserer Wahrnehmung gewonnen. Setzt also die Untersuchung mit der Frage ein, welche Bedingungen in der Anschauung eines vorkommenden Gebildes erfüllt sein müssen, damit es als belebt angesprochen werden kann, so ist sie sich der Begrenztheit ihrer Tragweite wohl bewußt. Nicht alles, was den Eindruck der Lebendigkeit hervorruft, muß es nach den Kriterien selbst des Common Sense, geschweige denn der Biologie auch „wirklich" sein. Im Bereich der anschaulichen Kennzeichen des Organischen gibt es Täuschungsmöglichkeiten. Das entbindet aber nicht von der Pflicht — oder soll ich lieber sagen: das macht es nicht wertlos —, sich ernsthaft mit ihnen zu befassen. Die Beschäftigung mit den Kennzeichen des Lebendigen kann sich der Naturfreund und der Biologe für gewöhnlich ersparen, aber sie läßt sich nicht umgehen, wenn sich ein Problem, wie etwa in der Biochemie, zu der Alternative zuspitzt: entspricht das Verhalten einer in ihrem Aufbau bekannten Verbindung den Kriterien der Lebendigkeit, inwieweit entspricht es ihnen oder fällt es ganz aus ihrem Rahmen? Man muß schließlich wissen, wovon man spricht, wenn man die Vokabeln Leben, lebendig, belebt gebraucht. Daß sie metaphorisch gebraucht werden und einer Begriffsgeschichte entstammen, die religiöse und metaphysische Bedeutungen umfaßt und die auf Organismen eingeschränkte Bedeutung jedenfalls keine Priorität gegenüber den anderen besitzen muß, ändert an der Dringlichkeit der Klärung des mit ihr gemeinten Sachverhaltes nichts. Daran ändert auch das wissenschaftsgeschichtliche Faktum nichts, daß die Ansichten über Zahl, Selbständigkeit und Wichtigkeit der für die Belebtheit kennzeichnenden Merkmale im Lauf der Zeit gewechselt haben und unter dem Einfluß der Forschung wechseln werden.

Die Untersuchung hält sich dabei strikt im Rahmen der äußeren Anschauung, welche die Operation des Biologen und des Verhaltensforschers fundiert. Wo immer es angezeigt erscheint, theoretische Aussagen der Naturwissenschaft oder, im letzten Kapitel, der Geisteswissenschaften einzubeziehen, tut sie das im exemplifizierenden Sinn. Niemals verwertet sie solche Aussagen zur Stützung ihres Gedankengangs. „Wir fordern“, so heißt es auf S. 107, „eine Entwicklung der Wesensmerkmale des Organischen und an Stelle der bisherigen Aufzählung, die rein induktiv vorging, wenigstens den Versuch einer strengen Begründung. Unsere Aufgabe ist eine apriorische Theorie der organischen Wesensmerkmale“ oder, um den Ausdruck Helmholtz' dafür zu gebrauchen, der organischen Modale. Apriorisch darf eine solche Theorie nur in dem Sinne heißen, daß sie den Bedingungen der Möglichkeit nachgeht, die erfüllt sein müssen, damit ein bestimmter Sachverhalt unserer Erfahrung stattfinden kann. Apriorisch ist die Theorie also nicht kraft ihres Ausgangspunktes, als wolle sie aus reinen Begriffen unter Beiziehung von Axiomen ein deduktives System entwickeln, sondern nur kraft ihrer regressiven Methode, zu einem Faktum seine inneren ermöglichenden Bedingungen zu finden.

Welches Faktum bildet den Ausgangspunkt für die Theorie der organischen Modale? Die Antwort kann zunächst nur lauten: das Faktum der Begrenzung und der durch sie gewährleisteten Selbständigkeit eines für belebt geltenden physischen Körpers. Dieses Merkmal, welches sich an allen Organismen, welchen Organisationsgrades auch immer, findet, soll als die Minimalbedingung nachgewiesen werden, die, soweit sie erfüllt ist, Lebendigkeit ausmacht. Die These der Minimalbedingung liegt also dem ganzen Gedankengang des Buches als Hypothese zugrunde. Dabei ist festgehalten, daß das Wort Begrenzung eines physischen Körpers nicht in irgend einem abgeleiteten Sinn, sondern in seiner visuellen und taktilen Anschaulichkeit zu nehmen ist. Umrandung und Konturierung indizieren den Sachverhalt, sind aber nicht mit ihm identisch. Umrandung, Kontur lassen sich zeichnen, der Sachverhalt der Begrenzung läßt sich nur verstehen, aber nicht zeichnen. Die Faktoren, auf welchen die Begrenzung beruht und die als Kräfte der Kohäsion, der chemischen Bindung usw. physikalisch und chemisch bestimmt werden, müssen für die logische Analyse des Sachverhalts außer Betracht bleiben.

Auf das Verhältnis des begrenzten Körpers zu seiner Grenze fällt der Nachdruck. Hier sind zwei Fälle möglich. Entweder bildet die Grenze nur das virtuelle Zwischen dem Körper und dem anstoßenden Medium. Dann kann die Konturierung noch so scharf sein, eine Grenze hat er nicht oder nur in dem äußerlichen Sinn, daß er da und dort aufhört und zu Ende ist. Oder aber, im anderen Falle, gehört die Grenze reell zum Körper, er ist gegen das angrenzende Medium und zu ihm abgesetzt, einerlei, wie scharf die Konturierung etwa durch Membranen oder andere Oberflächenbildungen gestaltet ist. Die Grenze ist nicht mehr ein virtuelles Zwischen, sondern eine den Bestand des Körpers gewährleistende Eigenschaft seiner selbst (S. 103ff.). „Gelingt es, aus dem in Fall II gegebenen Ansatz diejenigen Grundfunktionen zu entwickeln, deren Vorhandensein an belebten Körpern als charakteristisch für ihre Sonderstellung geltend gemacht wird", so kann die reale Bedeutung des Unterschieds zwischen Fall I und Fall II nicht in Zweifel gezogen werden, obwohl er nicht für sich, sondern nur in seinen Konsequenzen für den Aufbau gewisser Erscheinungen, konstantiert werden kann. Gelingt die Entwicklung dieser für die Belebtheit charakteristischen Merkmale aus diesem Ansatz, dann „erweist sich dadurch der in Fall II dargestellte Sachverhalt als Fundament und Prinzip der konstitutiven Merkmale der organischen Natur. Fall II bedeutete dann den Grund (nicht die Ursache) der Lebenserscheinungen" (S. 106).

Den Anlaß zu dieser Betrachtung fand ich in dem Streit um den Vitalismus zwischen der von Driesch vertretenen Anschauung von der mechanisch unzugänglichen Ganzheitlichkeit eines Organismus und der von W. Köhler vertretenen Ansicht, Ganzheiten seien Gestalten und als solche „mechanischer" Analyse zugänglich. Ganzheit und Gestalt kommen darin überein, daß sie beide mehr sind als die Summe ihrer Teile. Und die Frage ist: „Ist der die Eigenschaft der Lebendigkeit besitzende Körper mit Rücksicht auf sie nur insoweit übersummenhaft aufgebaut, als seine charakteristischen Eigenschaften und Wirkungen aus artgleichen Eigenschaften und Wirkungen seiner Teile nicht zusammensetzbar sind" — Köhler — oder beruht die Präponderanz der Lebendigkeit auf einer übergestalthaften Ordnungsweise — Driesch? Wenn sich Ganzheiten nicht als Gestalten begreifen lassen, hat Köhler in der Vitalismusfrage jedenfalls Unrecht. Ob dann aber Driesch Recht behält, steht insoweit noch dahin (S. 99).

Er behält nicht Recht, denn die Alternative ist nicht vollständig. Doch wird der Streit nicht einfach zugunsten des Mechanismus entschieden, dem die Autonomie jedes Lebendigen zum Opfer fallen muß, sondern in anderer Weise geschlichtet. Methodisch gesehen, gibt es keine unübersteigbaren Grenzen für die physikalisch-chemische Analyse der Lebensphänomene. Driesch sah sich auch nur durch seine zu enge Fassung des Begriffs Maschine gezwungen, die methodischen Spielregeln der exakten Analyse außer Kraft zu setzen und seine Zuflucht zu nichtenergetischen Faktoren zu nehmen. Mit der Einführung der Entelechie als eines Naturfaktors, der sich jeder Meßbarkeit prinzipiell entziehen soll, ist nur eine unhaltbare Verlegenheitslösnng gefunden, ein Widerspruch in sich. Die Forschung hat sich dann auch nicht daran gestört. Schon Spemanns Entdeckung der Organisatoren in der Keimentwicklung war ein entscheidender Fortschritt über Driesch hinaus, ganz zu schweigen von den Entdeckungen mit Hilfe der Biochemie in der Genanalyse und Virusforschung. Für die exakte Analyse ist die Zurückführung der Wesensmerkmale des Belebten auf Gesetzmäßigkeiten anorganischer Materie nur eine Frage der Zeit.

Aber diese Zurückführung bedeutet ihre Auflösung nur im operativen Sinn. Erscheinungsmäßig werden sie dadurch nicht angetastet. Sie stellen Phänomene dar, deren Qualität zwar in eindeutige Beziehung zu einer quantitativ bestimmbaren Konstellation chemischen und physikalischen Charakters gesetzt werden kann, aber als Erscheinung ihre Irreduzibilität behält. Wir kennen solche Verhältnisse auch im anorganischen Bereich. Eine bestimmte Farbqualität ist durch eine bestimmte Wellenlänge des Lichts definiert, aber als Qualität korrespondiert sie ihr nur, auch wenn sie allein für ein sehendes Subjekt mittels einer funktionsfähigen Retina und eines nervösen Apparats als eben diese Farbe erscheint. Die Modale der Lebendigkeit sind solche Qualitäten, deren Zustandekommen analytisch soweit begriffen (und damit operabel gemacht) werden kann, als es bei Qualitäten möglich ist. Eine Theorie der organischen Modale, die sich nicht mit der Aufklärung ihres Zustandekommens, sondern mit der Aufklärung ihres logischen Ortes und Beitrags für das Phänomen des Lebendigen befaßt, erfüllt sich allein in einer Axiomatik des Organischen (nicht zu verwechseln mit einer Axiomatik der Biologie, von der sie allerdings lernen kann). Ich verweise den Leser im übrigen hier auf das dritte Kapitel. Mit der Entwicklung des Positionalitätsbegriffs im vierten Kapitel wird ihm die Bedeutung dieser Erörterung der phänomenalen Eigenständigkeit des „Lebens" für die anthropologische Grundfrage verständlich werden.

Lebendigkeit ist eine Qualität der Erscheinung bestimmter Körperdinge, ihrer Bauart, ihres Verhaltens in einem Medium, einem Milieu, wohl gar zu einer „Welt". Manche ihrer „Wesens"merkmale sind ihnen anzusehen, doch können sie Lebendigkeit vortäuschen. Damit echte Lebendigkeit vorliegt, ist ein gewisses Ensemble solcher Wesensmerkmale nötig, über das man im allgemeinen sich einig ist, im Common sense wie in der Wissenschaft. Doch gibt es Fälle, über die sich die Gelehrten streiten, wie z. B. die Viren. Hat man es da mit Zwischenformen zu tun oder mit parasitären Molekülen, mit Scheinformen, Vorformen oder echten Formen von Leben? Eins ist sicher: je ausgesprochener, eindeutiger die Vereinzelung und Selbständigkeit durch eine relativ konstante Form zur Erscheinung kommt, um so eher neigen wir dazu, ein körperliches Ding für belebt zu halten. Die Form als Manifestation der Grenze ist ein wesentlicher Index der Lebendigkeit. Deshalb gewinnt das Aussehen in der Skala von primitiver zu hoher Organisation an Bedeutung für den Organismus. Seiner Erscheinung ist dann Lebendigkeit nicht nur anzusehen, sondern sie wird zu einem Organ, zu einem Mittel seines Daseins. Das Aussehen als Lockmittel, Schutz (Mimikry), Abschreckung, Imponiergehabe ist in den Lebenscyklus eingebaut, aber als Aussehen und Darstellung wird die Gestalt des Organismus, wie A. Portmann sagt, zur „eigentlichen Erscheinung". „Selbstdarstellung muß als eine der Selbsterhaltung und der Arterhaltung gleichzusetzende Grundtatsache des Lebendigen aufgefaßt werden"[4]). Und anknüpfend an meine Theorie der Grenze sagt er: „Die Grenzfläche, die opak wird, stellt einen höheren Grad der ‚Grenzmöglichkeiten' dar, die im höheren Organismus eine bedeutsame Rolle spielen: die Darstellung durch Gestaltung der Grenzfläche ist im weitesten Beziehungsfeld der einfacheren Organisation ‚unadressiert', nicht auf andere Lebensformen gerichtet, sondern schlichteste Manifestation im Lichtraum. Sie trägt aber in sich schon alle die Potenzen, welche bei höherer Organisation auch die gerichtete, die ‚adressierte' Darstellung verwirklichen — eine Äußerung, die so viel mehr beachtet wird als die primäre des ungerichteten Seins im Licht." (l. c. S. 39).

Zum Schluß noch eine redaktionelle Bemerkung. Man wird Verständnis dafür haben, daß ich das Vorwort zur Neuauflage nicht durch Auseinandersetzungen mit Lehrmeinungen beschwere, die zu diesem Buch keine Beziehung haben. Bei Sartre, vor allem in seinen frühen Arbeiten, und Merleau Ponty finden sich manchmal überraschende Übereinstimmungen mit meinen Formulierungen, so daß nicht nur ich mich gefragt habe, ob sie nicht vielleicht doch die „Stufen" kannten. Aber das gleiche ist mir auch bei Hegel passiert, auf den ich mich hätte berufen müssen, wären mir damals die entsprechenden Stellen bekannt gewesen. Konvergenzen beruhen nicht immer auf Einfluß. Es wird in der Welt mehr gedacht, als man denkt.

Manche Verweise, Korrekturen und Ergänzungen habe ich im Nachtrag untergebracht. Auch wird der Index, wie ich hoffe, die Lektüre erleichtern.

[4]) „Die Erscheinung der lebendigen Gestalten im Lichtfeld" in „Wesen und Wirklichkeit des Menschen", Göttingen 1957. S. 40.

INHALT.

Seite

Erstes Kapitel: Ziel und Gegenstand 3

1. Die Ausbildung der spekulativen Lebensphilosophie in Opposition zur Erfahrung (Bergson-Spengler) 4
2. Die lebensphilosophische Problemlage unter dem Gesichtspunkt der Theorie der Geisteswissenschaften (Dilthey-Misch) 14
3. Der Arbeitsplan für die Grundlegung der Philosophie des Menschen 26

Zweites Kapitel: Der cartesianische Einwand und die Problemstellung 38

1. Die Alternative von Ausdehnung und Innerlichkeit und das Problem der Erscheinung 38
2. Die Zurückführung der Erscheinung auf die Innerlichkeit . . 42
3. Satz der Immanenz. Die Vorgegebenheit der Innerlichkeit und ihre Verdinglichung 45
4. Ausdehnung als Außenwelt, Innerlichkeit als Innenwelt . . . 50
5. Satz der Vorstellung. Das Element Empfindung 55
6. Die Unzugänglichkeit des fremden Ichs nach dem Prinzip des Sensualismus 60
7. Die Forderung nach einer Revision des cartesianischen Alternativprinzips im Interesse der Wissenschaft vom Leben . . . 63
8. Formulierung der Ausgangsfrage in methodischer Hinsicht . . 69

Drittes Kapitel: Die These 80

1. Das Thema 80
2. Der Doppelaspekt in der Erscheinungsweise des gewöhnlichen Wahrnehmungsdinges 81
3. Gegen die Mißdeutung dieser Analyse. Engere Fassung der Aufgabe 86
4. Die Doppelaspektivität des belebten Wahrnehmungsdinges. Ihre gestalttheoretische Deutung. Köhler contra Driesch 89
5. Wie ist Doppelaspektivität möglich? Das Wesen der Grenze . 99
6. Die Aufgabe einer Theorie der organischen Wesensmerkmale . 105
7. Definitionen des Lebens 111
8. Charakter und Gegenstand einer Theorie der organischen Wesensmerkmale 118

Viertes Kapitel: Die Daseinsweisen der Lebendigkeit . . . 123

1. Indikatorische Wesensmerkmale der Lebendigkeit 123
2. Die Positionalität des lebendigen Seins und seine Raumhaftigkeit 127
3. Prozeßcharakter und Typenhaftigkeit des lebendigen Seins. Dynamischer Charakter der lebendigen Form. Individualität des lebendigen Einzeldinges 132
4. Entwicklungscharakter des lebendigen Prozesses 138

Seite

5. Die Kurve der Entwicklung. Altern und Tod 146
6. Systemcharakter des lebendigen Einzeldinges 154
7. Selbstregulierbarkeit des lebendigen Einzeldinges und harmonische Aequipotentialität der Teile 160
8. Organisiertheit des lebendigen Einzeldinges. Der Doppelsinn der Organe 165
9. Die Zeithaftigkeit des lebendigen Seins 171
10. Die positionale Raum-Zeitunion und der natürliche Ort . . . 180

Fünftes Kapitel: Die Organisationsweisen des lebendigen Daseins. Pflanze und Tier 185

1. Der Lebenskreis 185
2. Assimilation—Dissimilation 196
3. Angepaßtheit und Anpassung 200
4. Fortpflanzung, Vererbung. Selektion 211
5. Die offene Organisationsform der Pflanze 218
6. Die geschlossene Organisationsform des Tieres 226

Sechstes Kapitel: Die Sphaere des Tieres 237

1. Die Positionalität der geschlossenen Form. Zentralität und Frontalität 237
2. Die Zuordnung von Reiz und Reaktion bei ausgeschaltetem Subjekt (Typ der dezentralistischen Organisation) 245
3. Die Zuordnung von Reiz und Reaktion durch das Subjekt (Typ der zentralistischen Organisation) 249
4. Komplexqualitative und dingliche Gliederung des tierischen Umfeldes 261
5. Intelligenz 272
6. Gedächtnis 277
7. Das Gedächtnis als Einheit von Residuum und Antezipation . . 283

Siebentes Kapitel: Die Sphaere des Menschen 288

1. Die Positionalität der exzentrischen Form. Das Ich und der Personcharakter 288
2. Außenwelt, Innenwelt, Mitwelt 293
3. Die anthropologischen Grundgesetze: I. Das Gesetz der natürlichen Künstlichkeit 309
4. Die anthropologischen Grundgesetze: II. Das Gesetz der vermittelten Unmittelbarkeit. Immanenz und Expressivität . . 321
5. Die anthropologischen Grundgesetze: III. Das Gesetz des utopischen Standorts. Nichtigkeit und Transzendenz 341

Nachtrag 349

Sachregister 363

Namensregister 371

Die Naturphilosophie kann den Fortschritten der empirischen Wissenschaften nie schädlich sein. Im Gegenteil, sie führt das Entdeckte auf Prinzipien zurück, wie sie zugleich neue Entdeckungen begründet. Steht dabei eine Menschenklasse auf, welche es für bequemer hält, die Chemie durch die Kraft des Hirnes zu treiben, als sich die Hände zu benetzen, so ist das weder Ihre Schuld noch die der Naturphilosophie überhaupt. Darf man die Analysis verschreien, weil unsere Müller oft bessere Maschinen bauen als die, welche der Mathematiker berechnet hat?

A. von Humboldt an Schelling 1805.

Erstes Kapitel.

ZIEL UND GEGENSTAND DER UNTERSUCHUNG.

Jede Zeit findet ihr erlösendes Wort. Die Terminologie des achtzehnten Jahrhunderts kulminiert in dem Begriff der Vernunft, die des neunzehnten im Begriff der Entwicklung, die gegenwärtige im Begriff des Lebens. Jede Zeit bezeichnet damit etwas Verschiedenes, Vernunft hebt das Zeitlose und Allgemeinverbindliche, Entwicklung das rastlos Werdende und Aufsteigende, Leben das dämonisch Spielende, unbewußt Schöpferische heraus. Und trotzdem wollen die Zeiten alle dasselbe fassen, wird ihnen der eigentliche Bedeutungsgehalt der Worte nur das Mittel, um nicht zu sagen der Vorwand, jene letzte Tiefe der Dinge sichtbar zu machen, ohne deren Bewußtsein alles menschliche Beginnen ohne Hintergrund und sinnlos bleibt.

Daß einer Zeit nun gerade dieser und kein anderer Begriff als Symbol oder Vorwand kommt, hat bestimmte Gründe. Erlösend wirkt ein Wort nur, wenn die Zeit sich zugleich in ihm ihre Rechtfertigung und ihr Gericht spricht. Nie war die rationalistische Ideologie enthusiasmierender und den Grund der Dinge aufschließender als zu der Zeit, da um Freiheit, Natürlichkeit und Vernünftigkeit noch gekämpft werden mußte, aber die feudale Gewalt mit ihrem Herzen schon für sie gewonnen war. Nie wirkte die evolutionistische Ideologie durchschlagender, Erkenntnis und Tat befruchtender als in der Übergangsperiode des zweiten Drittels des neunzehnten Jahrhunderts, da die patriarchalische Lebensordnung vor der beginnenden Technisierung, Industrialisierung und Kapitalisierung kapitulierte. Der große Augenblick für die Ideologie des Lebens kam mit dem Rückschlag gegen den Fortschrittsoptimismus, mit der Zivilisationsmüdigkeit, mit der Verzweiflung am schöpferischen Sinn des Sozialismus. Was bislang als letzte unverrückbare Möglichkeit gegolten hatte: Entwicklung und Fortschritt alles organischen Daseins und menschlichen Tuns in der Welt —, begann eine wesentlich resignierte Zeit als Ideologie des expansiven Hochkapitalismus zu durchschauen. Mit diesem Erwachen kam aber auch die Sehnsucht nach einem neuen Traum, nach einer neuen Bezauberung.

Nur wovon ließ sich diese mißtrauisch, skeptisch und relativistisch gewordene Zeit noch bezaubern? Für eine Transzendenz großen Stils war man zu aufgeklärt und bewußt, für die Immanenz zu weltoffen, zu abenteuerlustig geworden. Den Menschen sah man in seiner stammesgeschichtlichen und historischen Bedingtheit. Zugleich aber hatten Natur und Geschichte ihre überzeugende Macht über das Gemüt eingebüßt, seitdem man dahinter gekommen zu sein glaubte, daß ihre Gesetze und die großen Linien ihrer Gestaltung allein der schöpferischen Macht des menschlichen Geistes entstammten.

Bezaubern konnte nur etwas Unbestreitbares, das diesseits aller Ideologien, diesseits von Gott und Staat, von Natur und Geschichte zu fassen war, aus dem vielleicht die Ideologien aufsteigen, von dem sie aber ebenso gewiß wieder verschlungen werden: das Leben.

In diesem Wort vernimmt die Zeit ihre eigene Kraft, ihren Dynamismus, ihr Spielertum, ihre Freude an der Dämonie der unbekannten Zukunft — und ihre eigene Schwäche, ihren Mangel an Ursprünglichkeit, Hingabe und Fähigkeit zu leben. Mit dieser neuen Zauberformel, die seit Nietzsche in steigendem Maße ihre Wirkung ausübt, folgt und verfolgt sich die Zeit. Eine Philosophie des Lebens entstand, ursprünglich dazu bestimmt, die neue Generation zu bannen, wie noch jede Generation von einer Philosophie im Bann einer Vision gehalten worden ist —, nunmehr dazu berufen, sie zur Erkenntnis zu führen und damit aus der Verzauberung zu befreien.

1. Die Ausbildung der intuitionistischen Lebensphilosophie in Opposition zur Erfahrung.

Durch die Entdeckungen der Abstammungs- und Vererbungslehre, der Physiologie und Entwicklungsgeschichte hatte sich ein neuer Aspekt von der Naturgebundenheit des Menschen und seiner Kultur ergeben. Was früheren Zeiten relative Selbstverständlichkeit gewesen war, die Zugehörigkeit des Menschen zum Tierreich, wurde durch die veränderte Betrachtung der Natur zu einer das Wesen des Menschen „erklärenden", d. h. auflösenden Erkenntnis. Wenn also das Geistige nicht nach bekanntem Rezept zum einfachen Überbau einer bestimmten Art tierischen Daseins werden und damit nur einer biologischen Form des alten Naturalismus zum Siege verholfen sein sollte, galt es, aus neuer Perspektive die Verbundenheit von Natur und Geist und die Stellung des Menschen zu bestimmen.

Zwei Möglichkeiten hierfür, die einzigen, wie es schien, waren erschöpft, die materialistisch-empiristische und die idealistisch-aprioristische Philosophie. War die erste Theorie an den Tatsachen des Bewußtseins und der sinngesetzlichen Notwendigkeiten gescheitert, die sich nicht aus der physischen Welt und den sinnlichen Eindrücken herleiten lassen, so versagte die zweite Theorie umgekehrt an den Fakten der Wahrnehmung und der Spezifikation der körperlichen Natur.

Die alte Alternative Empirismus-Apriorismus sah hier so aus: Entweder ist der Mensch mit allen seinen Eigenschaften, körperlich und geistig, das letzte Glied der organischen Entwicklung auf der Erde. Dann ist sein Bewußtsein, sein Gewissen, sein Intellekt, das Formensystem seines Geistes und damit seine Kultur ein Naturprodukt, das Resultat der Großhirnentwicklung, des aufrechten Ganges, bestimmter Veränderungen der inneren Sekretion usw. Wie es zu diesem Resultat kommt und aus körperlichen Tatsachen geistige Dimensionen werden, bleibt allerdings ganz rätselhaft. Oder seine eigene Naturgeschichte in Verbindung mit der Geschichte der Organismen ist wie die ganze Natur eine Konstruktion des Menschen nach Maßgabe der apriorischen Grundformen seines Geistes und im Rahmen seines Bewußtseins. Wie freilich der schöpferische Geist zu dieser konkreten Existenz „in" einem Menschen, zu dieser Abhängigkeit von seinen physischen Eigenschaften kommt, bleibt ebenso rätselhaft.

Beide Theorien operieren mit verschiedenen Argumenten nach demselben Prinzip. Sie setzen eine Sphäre, einmal die physische, das andere Mal die spirituelle absolut und machen jeweils die andere Sphäre von ihr abhängig, ohne allerdings imstande zu sein, anzugeben, wie gerade diese Sphäre in Abhängigkeit von der andern auftritt. Entweder ist der Geist Blüte und Ergebnis oder die Natur. In jedem Fall ist in dem Bild ein Sprung, die Betrachtung kann nicht homogen von der einen zur andern Dimension überleiten (die eine von der andern abzuleiten, wäre allerdings eine unbillige Forderung) oder wenigstens bei voller Wahrung der Radikalität des Doppelaspekts Körper-Geist selbst die Vermittlung vom einen zum andern Aspekt bilden.

So ergab sich die Frage: unter welchen Bedingungen läßt sich der Mensch als Subjekt geistig-geschichtlicher Wirklichkeit, als sittliche Person von Verantwortungsbewußtsein in eben derselben Richtung betrachten, die durch seine physische Stammesgeschichte und seine Stellung im Naturganzen bestimmt ist? Oder vorsichtiger gefaßt: lassen sich Geistesgeschichte und geistiger Gegenwartsaspekt, wie er dem Subjekt kultureller Tätigkeit wesentlich ist, und Naturgeschichte bzw. physiologischer Aspekt des Menschen so vereinen, daß unter Vermeidung der empiristischen und der aprioristischen Fehler doch ein Grundaspekt gewahrt wird, so daß die natürliche, vorproblematische Anschauung Recht behält, wenn sie den Menschen aus einer vormenschlichen Stammesgeschichte der Lebewesen hervorgehen läßt und die Entfaltung seiner geistigen Vermögen in der Geschichte zeitlich und räumlich an eine ungeheure biologische Vergangenheit anschließt? Gelingt die Wahrung des Einen Grundaspekts nicht, so folgt unmittelbar daraus eine doppelte Wahrheit, die Bewußtseinsansicht und die Naturansicht der Welt, der Mensch als Selbst, als Ich, als Subjekt eines freien Willens und der Mensch als Natur, als Ding, als Objekt kausaler Determination. Dann hat man die unwürdige und unerträgliche Lage, die zugleich von unwiderstehlicher Komik ist, den Menschen als Produkt einer Phylogenie und die Phylogenie als Produkt des Menschen, des irgendwie im Menschen Ereignis gewordenen schöpferischen Geistes gelten zu lassen.

Wie vorsichtig man bei der Herstellung des einen Grundaspekts sein muß, hat Bergson in seiner Kritik Spencers gezeigt. Spencer wollte Empirismus und Apriorismus gewissermaßen vereinigen, indem er die vorgegebenen Beziehungsformen, mit denen das Bewußtsein anschaut, wahrnimmt und denkt, die apriorischen Voraussetzungen des Erkennens also, wie ein Apriorist hinnahm, sie jedoch wie ein Empirist erklärte. Es seien nämlich die apriorischen Formen, die Kategorien Anpassungsergebnisse, die, mühsam im Laufe von Jahrmillionen zustandegekommen, sich bewährt hätten und als erworbene Eigenschaften weiter vererbt worden wären. Den Generationen, welche der Anpassungsarbeit an die Natur dank den Anstrengungen ihrer Voreltern überhoben waren, müßte die primäre Angepaßtheit dann als etwas Selbstverständliches, als das Axiomensystem ihrer Existenz zum Bewußtsein kommen, dessen innere Notwendigkeit für die Erfahrung sich aus der durch Angepaßtheit gewährleisteten Übereinstimmung des Bewußtseinsträgers mit der Welt erklärt. (Nach gleichem Prinzip hat man das Gewissen und die Normen biologisch zu verstehen gesucht.)

Bergson hat den Zirkel dieser Erklärung freigelegt und zugleich als Index für die Problemlage benutzt, aus der seine intuitionistische Lebensphilosophie einen Ausweg gefunden zu haben glaubt. Bergson operiert gegen Spencer wie ein transzendentaler Idealist, ein Apriorist kantischer Prägung. Die Kategorialformen sollen durch Anpassung zustande gekommen sein, durch Anpassung an die Natur. Die Kategorien der Kausalität, der Substanz, der Wechselwirkung müssen dementsprechend irgendwie in der Natur vorhanden sein, wenn nicht als Denkformen, so doch als Seinsformen. D. h. die Natur wird bei dieser Erklärung bereits als das vorausgesetzt, was erst kraft der Kategorien möglich wird. Spencer leitet nach seinem Sinne die subjektiven Verstandesformen aus der objektiven Natur ab. In Wirklichkeit aber setzt er dasselbe Kategoriensystem nur noch einmal in anderer Form. Das Thema bleibt das Gleiche, bloß die Tonart wechselt: einmal heißt das Kategoriensystem Natur, das andere Mal Intellekt.

Mit dieser Polemik will Bergson zunächst nur sagen, daß man den Mechanismus der Natur nicht als Modell für den Mechanismus des Verstandes benutzen darf. Man begeht dann einen Zirkel oder eine petitio principii. Der Gedanke einer Entstehung der Kategorien, den Spencer faßte, da er durch die Tatsachen der Phylogenie eine unabweisbare Forderung geworden war, muß in seinem ganzen Sinn erfaßt werden als das Problem der Grenze des mechanischen (den Kategorien entsprechenden) Naturbildes und der natürlich selbst nicht mehr mechanischen (den Kategorien, besonders der Kausalkategorie entsprechenden) Genese dieses Naturbildes. So verstanden, wird der Gedanke von der Entstehung der Kategorien „aus der Natur" zum Revolutionsprinzip für die philosophische Methode. Denn es geht dann nicht mehr, in den Kategorien des Paläontologen und Zoologen zu denken und die gesetzmäßig arbeitende Natur, den Mechanismus der Vererbung, der Auslese und der Züchtung als Grundlage der genetischen Erklärung der Kategorien heranzuziehen. Mit dem Denken, das gerade nach Bergsons Auffassung im eminenten Sinne kategoriegebunden oder mechanisch ist, läßt sich hier überhaupt nicht mehr vorankommen.

Eine andere Erkenntnisweise muß eingreifen, die Intuition, deren wir als lebendige Wesen fähig sind. In reiner Erinnerung gewinnen wir die Freiheit von der Gebundenheit an das Netz der Kategorien. Auf dem Strom des Lebens, aber nicht mit ihm, sondern gegen ihn schwimmend lösen wir uns aus der praktischen Einstellung zu den Dingen und kommen damit „hinter" den Kategorienmechanismus des tatgebundenen, nutzbringenden Denkens. Wir werden wieder existentiell. Leben erfaßt Leben, es versteht, was es ist und was es gewesen ist. So erfaßt die Intuition das innere Wesen der Entwicklung, die das paläontologisch-stammesgeschichtliche Denken nur in ihren äußeren Spuren kennen lernt.

Für Bergson ist charakteristisch die Kontrastierung des (mechanischen) Denkens und der (organisch-vitalen) Intuition. Über seine Lösung des Problems kann man also sehr verschiedener Meinung sein. Entscheidend ist nur, und in gewissem Sinne paradigmatisch für alle „spekulative" Philosophie des Lebens, der Ansatz der Lösung und die Stelle, an der der Lebensbegriff eingeführt wird. Diese Stelle, dieser Ansatzpunkt liegt bei Bergson in der Koexistenz von Intellekt und Naturmechanismus, einer wesenhaften Koexistenz, die nicht als solche durchschaut zu haben, Spencer zum Verhängnis wurde, weil sie ihn zum circulus vitiosus verführte. Hinter den Intellekt bzw. den Naturmechanismus kann man weder mit dem Intellekt noch mit dem ihm wesenskorrelativen Naturmechanismus kommen. Die Betrachtung muß aus der Fläche gleichsam in eine Tiefendimension transponiert und der neue Grundaspekt von dem bisherigen streng geschieden werden. Weil dieser Aspekt aber die Aufgabe lösen soll, das bewußte Dasein des Menschen in Anknüpfung an seine biologische Vorgeschichte, in ein und derselben Richtung wie sie zu begreifen, grob gesagt die Subjektivität aus der körperlichen Natur hervorgehen zu lassen bzw. der Subjektivität eine bestimmte Stelle im Naturganzen anzuweisen, so bietet sich hier der Begriff einer gestaltenden, Natur und Geist umgreifenden, Sein und Bewußtsein schöpferisch durchdringenden Macht an: der Begriff des Lebens.

Allerdings argumentiert Bergson nicht mit der tiefer liegenden Unmöglichkeit, überhaupt Ansicht vom Bewußtsein durch Ansicht von körperlichen Dingen zu gewinnen. Dieser unerlaubte und unvollziehbare Aspektwechsel, dessen sich empiristische und aprioristische Naturphilosopheme unter den Händen von Dilettanten so gerne bedienen, spielt für ihn keine Rolle. Sein Argument gegen das Hervorgehenlassen des Intellekts (der Subjektivität in einem eingeschränkten Sinne) aus der Natur findet er in dem intellektualistischen Wesen dieses Hervorgehenlassens und dieser Natur. Dadurch fordert er ein vorintellektuell gefaßtes Hervorgehen aus ihr und kommt so zu dem Begriff des Lebens, in dem Körperhaftigkeit und Bewußtheit, äußere und innere Seite sehr wohl von einem Blickpunkt aus gesehen werden können.

Für Bergson ist die Natur der Naturforscher ein bloßes Gegenbild des Intellektmenschen. Der Intellektmensch (samt seiner „verkategorierten" Welt) selbst wird eine Spielform, eine Ausgeburt des schöpferischen Lebens wie all die anderen wunderlichen Gebilde der Pflanzen und Tiere. Solange er rationale Wissenschaft treibt, kommt er über seine Lebensform nicht hinaus. Die Beschreibungen der Zoologie, Botanik und Paläontologie und ihre Theorien geben nur den Aspekt des Intellektmenschen, aber nicht das Wesen der lebendigen Dinge. Statt in das Innere aller Phasen und Epochen einzudringen, spiegelt sich der Herren eigener Geist in fremdem Stoff unverstandener Begebenheiten.

Die Anschauung vom Leben, zu der Bergson führt, zu dem, was er schöpferische Entwicklung nennt, hat deshalb in der Kultur- und Geschichtsphilosophie Schule gemacht. Denn hier kehrt das Ausgangsproblem Bergsons einer nichtmechanischen Entstehung des Weltsystems des Mechanismus (d. h. des Konformitätssystems von mechanischer Natur und Intellekt) schließlich in jedem Problem der Entstehung einer geistigen Welt oder Kultur überhaupt wieder.

In ihrem allgemeinen Sinn erfaßt ist diese Frage Lebensfrage für alle historische Erkenntnis. Die Forderung einer nichtmechanischen Herleitung der mechanischen Welt wiederholt im Grunde jeder Historiker, der die Vergangenheit objektiv in ihrem Wesen fassen will, wenn er danach strebt, sich bei der Beschreibung früherer Zustände und ihrer Verknüpfung von dem Kategoriensystem seiner Zeit freizuhalten.

Für den empirischen Geschichtsforscher wäre das (nach Bergson) nicht möglich. Er sucht nach kausaler Determination des Späteren durch das Frühere und nach Akzentuierung des Eigenartigen, Einmaligen und Wertvollen, bindet sich also bewußt an das Kategoriensystem seiner Generation und vertritt, bergsonisch gesprochen, dem geschichtlichen Material gegenüber die Lebensform des Intellekts. Objektivität, Anwendung des Kausalprinzips und des Satzes vom zureichenden Grunde sind nun einmal für diese und keine andere Lebensform charakteristisch. Infolgedessen kann (immer im Sinne dieser Argumentation gesprochen) der sogenannte objektive Empiriker nicht das wahre Wesen der Vergangenheit und die Entstehung bzw. den Sinn des jetzigen Zustandes erkennen. Wie Paläontologie und Entwicklungsgeschichte die Spuren früheren Lebens nur in der Perspektive des mechanischen Intellekts zu ordnen wissen, so ergibt die objektive Geschichtswissenschaft auch nur das ihr konforme Bild der Geschichte.

Durch das Argument seiner zeit- und volkhaften Gebundenheit stellt der empirische Historiker sich selbst in Frage und bereitet einer andern Erkenntnisweise, eben der intuitiven Geschichtsphilosophie, dann den Weg, wenn er auch das Erkenntnisstreben und seine Mittel für zeitgebunden erklärt. Im achtzehnten und neunzehnten Jahrhundert wagten die Historiker in ihrem Relativismus noch nicht so weit zu gehen. Sie glaubten höchstens in ihrer Religion, in ihrem Geschmack, ihrem Rechtsempfinden gebunden zu sein, hielten dagegen die Vernunft und das, was sie als wahr und notwendig einsieht, für zeitentrückt und insofern absolut. Die fortschreitende Erfahrung von der Verschiedenheit der menschlichen Kulturen und ihrer Weltbilder hat diesen letzten Rest von Naivität zerstört und das Vertrauen in die Zeitentzogenheit der Erkenntniskategorien untergraben. Heute resigniert der Historiker, weil er keinen Ausweg mehr aus der absoluten Geschichtsimmanenz seiner Vernunft sieht. Entweder er begnügt sich damit, in dieser Selbsterkenntnis seiner totalen Zeitgebundenheit den Geist, die Lebensform seiner Epoche zu Ende zu leben und auf echte Wahrheit zu verzichten (weil ja doch alles Konstruktion nach den uns schicksalsmäßig zur Verfügung stehenden Ausdrucks- und Apperzeptionsformen sei), oder er betrachtet seine Arbeit als vorläufig und allenfalls als Stoffansammlung für den intuitiven Geschichtsphilosophen. Es bleibt ihm eben keine andere Möglichkeit des Herauskommens aus dem Konformitätssystems seines Zeitgeistes, seiner Kulturseele als die Intuition, die den Lebensuntergrund und eruptive Quelle aller Zeitgeister und Kulturseelen bildet.

Ein weiteres wichtiges Motiv für die Entstehung dieser sogenannten historistischen Problemlage und ihrer lebensphilosophischen Verewigung (vor allem bei Spengler) war neben der Erweiterung des Horizontes historischer und ethnographischer Tatsachenkenntnis die Kultursoziologie, also die Erkenntnis der sozialen und wirtschaftlichen Bedingtheit des Geisteslebens. Seit Karl Marx und Friedrich Engels die Kultur einer Zeit als Überbau, als Epiphänomen der materiellen Zustände ihrer Menschen ausgesprochen hatten, fahndeten Wirtschaftshistoriker, Nationalökonomen und Soziologen nach den Überbau- bzw. Konformitätsgesetzen zwischen Wirtschaft, sozialer Lage und geistigem, d. h. zweckfreiem Ausdrucksleben, die für die Struktur einer Zeit, des Querschnitts der Geschichte, entscheidend sein müssen. Daraus hat sich dann eine Beschäftigung mit den Fragen der Kunst-, Religions-, Rechts- und Wissenssoziologie entwickelt, die geeignet ist, das Bewußtsein von der Zeitgebundenheit des Geistes, besonders auch des Erkennens zu verstärken.

Als radikales Rezept zur Befreiung aus dieser Zwangslage bot Spengler eine intuitionistische Lebensphilosophie: Respektierung der Geschlossenheit aller Weltsysteme (Kulturseelen) und ihrer metaphysischen Gleichberechtigung (denn keine Zeit kann über die andere zu Gericht sitzen) als Eruptionen des schöpferischen Lebens- und Seelengrundes — bei gleichzeitiger Preisgabe des Gedankens einer durch alle Kulturen hindurchgehenden Menschheitsentwicklung oder einer für alle Kulturen bindenden Wertordnung. Solange sich der Geschichtsphilosoph scheut, diesen letzten Schritt über den „Fortschritt" hinaus zu tun, liefert er (angesichts der Zwangslage, in der er sich nun einmal befindet) seine Position demselben Einwand aus, den Bergson gegen Spencer erhoben hat. Bejaht er grundsätzlich die Zeitgebundenheit und Kulturverflochtenheit aller, auch der Wissens- und Erkenntniskategorien, so kann er natürlich nicht mit diesen Kategorien das Wesen anderer Zeiten und ihrer Verwandlung in einander erfassen wollen. Das wäre genau so klug, wie die Entstehung der Intellektkategorien und der ihnen konformen mechanischen Natur mit Hilfe dieser Kategorien und auf Grund dieser Natur mechanisch begreifen zu wollen —, was Bergson Spencer eben vorwerfen mußte.

Spenglers Geschichtsbild und Bergsons Naturbild vermeiden diesen Fehler und es läßt sich die Vermeidung der zirkelhaften Argumentation geradezu als das Konstruktionsprinzip ihrer Philosophien bezeichnen. Wie für Bergson das Leben Welten gebiert, die Konformitätssysteme zwischen einem Organismus und „seiner" Welt sind, so gibt es auch für Spengler die mütterlich-schöpferische Macht, welcher die Seelenformen entsteigen. Jede Seelenform wird in dem Konformitätssystem einer Kultur sichtbar, in der co-naissance von Mensch und Weltbild. Selbsterfassung und Naturerfassung sind je nach der Seelenform verschieden geartet. Das Zeitbewußtsein unendlicher Vergangenheit und Zukunft, in dem etwa unsere Natur- und Geschichtsidee verankert ist, hat für Spengler nicht nur keinen höheren Wirklichkeitswert als das in der griechischen oder indischen oder chinesischen oder ägyptischen Kultur manifest gewordene, sondern in ihm spiegelt sich überhaupt keine andere Wirklichkeit als die unseres faustischen Seelentums. Und wie über jedem Seelentum hängt auch über ihm das Schicksal des Erblühens, der Reife und des Verwelkens.

Bergsons Hauptwerk trägt einen optimistisch, Spenglers Werk einen pessimistisch klingenden Titel. Bergson sieht nur die biologischen Fragen und Spengler auch die biologischen Fragen nur im Medium der Kultur. Beide Philosophien handeln von ganz verschiedenen Gebieten und Gegenständen und akzentuieren auch verschieden. Und trotzdem ist es richtig, daß das Prinzip ihnen beiden gemeinsam ist. Man hat es organizistisch genannt, doch läßt man sich dabei wohl zu sehr von den Begriffen des Blühens und Verwelkens bestimmen, mit denen Spengler die schicksalsmäßige Metamorphose jeder Kulturseele fassen will. Wesentlicher ist schon der Irrationalismus der Begründung, Fassung und Funktion des Lebensbegriffs und die eigenartig unbestimmte Anschauung vom schöpferischen Wesen des Lebens, die beide Philosophien vermitteln. Damit hängt wiederum aufs engste zusammen, daß beide gegen die naive und wissenschaftliche Erfahrung opponieren, Bergson gegen die Naturwissenschaft, Spengler gegen die Geisteswissenschaft und in einem umfassenderen Sinne gegen die Erfahrung überhaupt; Bergson dadurch, daß er sie auf den Intellekt als eine Spielform des Lebens, Spengler dadurch, daß er sie auf das faustische Seelentum des Abendländers als eine Spielform des Seelengrundes relativiert.

Die intuitionistische Lebensphilosophie vermag ihrer ganzen Anlage nach nicht, den Menschen als Subjekt geistig-geschichtlicher Wirklichkeit, als sittliche Person von Verantwortungsbewußtsein in eben derjenigen Richtung zu betrachten, die durch seine körperliche Natur und Stammesgeschichte festgelegt ist. Es gelingt ihr nicht, den Aspekt, wie er dem Menschen als Geist wesentlich ist, mit dem Aspekt, den seine physische Existenz bietet, so zu vereinen, daß unter Vermeidung empiristischer und aprioristischer Fehler die Einheit und Homogenität Einer Erfahrungsrichtung gewahrt bleibt. Der Lebensintuitionismus hütet sich allerdings, die natürliche, vorproblematische Anschauung ins Unrecht zu setzen, für die der Mensch aus einer vormenschlichen Stammesgeschichte hervorgegangen ist und sich die Entfaltung des Geistes an eine ungeheuere biologische Vergangenheit anschließt. Aber er gibt ihr nur auf dem Umweg über die nichtrationale Erkenntnisquelle der Intuition ein (überdies bedingtes) Recht und macht auch dadurch diese Konzession wieder illusorisch, daß er den Intellekt als Erkenntnisquelle entwertet. Ohne Intellekt jedoch keine echte Erfahrung, die nur dann und so weit echt ist, als sie die Gegenstände in ihrem eigenen Bestand und Wesen anschauend und denkend erfaßt.

Eine Philosophie, die dem Denken den Mut nimmt und damit der wissenschaftlichen Erkenntnis ihren Wert raubt, kann auf jeden Fall nicht den Anspruch machen, die Einheit und Homogenität der Erfahrungsrichtung in Natur und Geschichte gewahrt bzw. ermöglicht oder gerechtfertigt zu haben. Denn was ist eine Erfahrung noch wert, wo eher der Zugang zur Wahrheit versperrt ist? Materialismus, Naturalismus, Empirismus und Spiritualismus, Idealismus, Apriorismus scheitern notwendig, weil sie vor der doppelten Wahrheit des Bewußtseinsaspekts und des Körperaspekts der Welt irgendwie Halt machen müssen. Und der Intuitionismus, der bei aller Vernunft- und Wissenschaftsfeindlichkeit aus der Tendenz gekommen war, diese doppelte Wahrheit als ein die Grundstellung der Erfahrung zerstörendes Prinzip zu vermeiden, versagt darum in einem noch radikaleren Sinne, weil er von der Anschauung her Wahrheit und Erfahrung auseinanderreißt.

Man darf bei der Beurteilung der Aufnahme, welche die intuitionistische Lebensphilosophie gefunden hat, nicht übersehen, daß es im wesentlichen ihr Verdienst war, den Gedanken von der Einheit des Grundaspekts und der Homogenität der Erfahrungsrichtung gegenüber einer Philosophie wenigstens bejaht zu haben, die unter dem Beifall der Zeit die unaufhebbare Zwiespältigkeit mehrerer Grundaspekte und Erfahrungsrichtungen vertrat. Diese Philosophie leitete sich in ihren Prinzipien auf Kant zurück. Jedem Versuch, die Dualität der Erfahrungsstellungen, wie sie in den beiden großen Disziplinen der Natur- und der Geisteswissenschaft zur Geltung komme, einem monistischen Ideal zu opfern, prophezeite sie das gleiche Schicksal, das noch jede rationalistische oder irrationalistische Metaphysik erteilt habe, die mit einem Prinzip die letzten Differenzen im Bewußtsein der Welt überwinden wollte.

Die Bedeutung dieses Einspruchs verlangt ein weiteres Ausholen und Zurückgreifen auf die Idee der kritischen Philosophie Kants. Denn sie bildet den Ausgangspunkt für die Erkenntnis-

und Gegenstandstheorie der wissenschaftlichen Erfahrung, aus der sich — sehr im Gegensatz zu ihrer ursprünglichen Tendenz — eine neue Lebensphilosophie zu entwickeln beginnt; eine Lebensphilosophie freilich nicht intuitionistischer und nicht erfahrungsfeindlicher Art, die unter dem Aspekt der Geisteswissenschaften und der Geschichte eine vollkommene Revolution der Begriffe vom Dasein in allen seinen Sphären erzwingt und dadurch den Weg weist, den Menschen als geistig-sittliche und als natürliche Existenz auf Grund einer Erfahrungsstellung zu begreifen.

2. Die lebensphilosophische Problemlage unter dem Gesichtspunkt der Theorie der Geisteswissenschaften[1]).

Kant läßt als echte Erkenntnis nur die exakte Erkenntnis, wie sie in Mathematik und Naturwissenschaft vorliegt, gelten. Die Vorrede zur zweiten Auflage seines Hauptwerkes beklagt das Zustandsbild, welches die Philosophie bis auf seinen Tag bietet, die Unrast ewig neuen Beginnens und beständiger Bekämpfung vergangener Leistungen als symptomatisch für ihre Unwissenschaftlichkeit. Noch hat sie keine Methode und kein eindeutiges Arbeitsfeld, noch strebt sie danach in unaufhörlichen Probierversuchen wie die Mathematik vor ihrer Revolution durch die Griechen, wie die Physik vor ihrer Revolution durch Galilei danach gestrebt haben. Was also liegt näher, als diese Revolution für das Gebiet der Philosophie nachzuahmen? Es muß einmal Schluß gemacht werden mit einer Anarchie despotisch auftretender Systeme, von denen keines das andere dulden kann und die alle sich bis zur Vernichtung widersprechen. Ein Rechtszustand muß für die Philosophie geschaffen werden, der jedem Philosophen volle Entwicklungsmöglichkeiten gewährt, indem er die Entwicklung aller nach einer primären Übereinkunft regelt.

Das Geheimnis solcher Revolution liegt, wie Mathematik und Physik es zeigen, in einer besonderen Kunst des Fragens. Nicht ins Blaue hinein soll man fragen, sondern in der Art, daß durch die Frage eindeutige Antwortmöglichkeiten geschaffen werden. Der vernünftige Mensch sinkt auf die Stufe des Kindes zurück, das vom Lehrer alles vorgesagt bekommt, wenn er sich von den Objekten ins Schlepptau nehmen läßt und passiv dem Gegebenen alles nachplappert statt Probleme zu stellen. Er soll wie ein Richter verfahren, für den die Aufnahme des Tatbestandes nur die conditio sine qua non seines Amtes ist. Gestützt auf

1) Vgl. Einheit der Sinne SS. 118—137 und 258—267.

eine rationale Kodifikation dessen, was Recht und Unrecht ist, hört er die Zeugen an, macht sich ein Bild des Vorfalls und urteilt dann, indem er den einzelnen Fall unter die Gesichtspunkte der Gesetze bringt. Das Recht macht Kant zum Modell der Vernunft, den Prozeß zum Modell der wissenschaftlichen Methode.

Man kann es hier auf sich beruhen lassen, ob diese Deutung der naturwissenschaftlich-mathematischen Exaktheit richtig oder falsch ist. Sicher ist, daß die kantische Vernunftkritik und ihre Revolution der Philosophie nur die exakten Wissenschaften zum Vorbild und das heißt: zum Ansatzpunkt ihrer Untersuchung macht. Die Geisteswissenschaften, die systematischen und historischen Kulturwissenschaften, sind durch die Anlage des Ganzen von vornherein ausgeschlossen. Sie können nicht die Geltung von Wissenschaften beanspruchen, nachdem Wissenschaftlichkeit mit mathematischer Nachprüfbarkeit identifiziert worden ist. Es geht direkt gegen die Natur ihrer Objekte, die Menschen und menschliche Werke sind, gegen die Form ihres Daseins, das vergangen ist und so wie es war sich nicht mehr hervorbringen läßt, an sie wie an Dinge der Natur heranzutreten. Weder hat es einen Sinn, Menschen, Handlungen, Monumente, Dokumente einem mathematischen Verfahren zu unterwerfen, noch läßt es sich versuchen, mit ihnen zu experimentieren.

Unbestreitbar können diese Objekte aber auf ganz andere Weise als die konstruktiv-experimentelle exakt untersucht werden, wie die Entwicklung der philologisch-historischen Methode, insbesondere seit der neuhumanistischen Bewegung zu Anfang des neunzehnten Jahrhunderts lehrt. Auch sie ist bestrebt, die Fragestellung zur Alternative zuzuspitzen und durch den Anschauungsbeweis mit Hilfe von Dokumenten oder Monumenten zu entscheiden. Aber die Fragestellung selbst ergibt sich erst in einem weit langwierigeren und unsichereren Verfahren, als es die Mathematik im Hinblick auf die Naturwissenschaft darstellt. Die historisch-philologische Hypothese hat nicht Erscheinungskonstellationen, sondern geistig-seelische Abhängigkeiten zu berücksichtigen, die nur für geistig-seelische Personen da sind, weil sie in ihnen ein Echo wecken. Für den, der — um ein krasses Beispiel zu gebrauchen — keine sozialen Bedürfnisse kennt, muß die soziale Welt auch in ihrer Geschichte verborgen bleiben. Texte und Denkmäler, die von ihr berichten, blieben einem derart Wertblinden unsichtbar.

Die geistige Welt (in welchem Namen die objektiven Korrelate der Texte und Denkmäler einmal zusammengefaßt sein mögen) unterscheidet sich von der physischen Welt hinsichtlich ihrer Erfahrbarkeit schon durch die zu erfüllenden Vorbedingungen auf Seiten des Erkennenden. Dinge der Natur brauchen Sinnesorgane, um zu erscheinen. Geistiges Leben braucht dazu Resonanz und wird nur in Resonanzphänomenen faßbar. Sinnliche Erscheinungen strahlen sich einfach in den Wahrnehmenden hinein, geistige Erscheinungen werden jedoch erst im Strahl, der von der Persönlichkeit des Erkennenden zurückgeht, aktuell. Idealiter kann man jeden dazu bringen, eine physikalische Theorie zu verstehen und zu überprüfen, denn nur ein Minimum an individueller Menschlichkeit ist dazu nötig. Dagegen ist es nicht in gleichem Sinne möglich, allgemeine Zustimmung zu der Auffassung etwa eines historischen Komplexes zu erwarten, weil eine Mehrzahl von Menschen (von allen graduellen Unterschieden ihrer Empfindungsfähigkeit und ihrer Urteilskraft ganz abgesehen) verschieden reagieren muß.

Immerhin: es ist nur eine leere Behauptung, daß der Mensch in unendlichen Varianten lebe. Hier scheint es eine Verbindung von Endlichkeit und Unbegrenztheit, Begrenztheit und Unendlichkeit zu geben, eine überschaubare Fülle möglicher Individualitäten in unerschöpflichen Individuen —, die von unmittelbarer Bedeutung für die wissenschaftliche Erkennbarkeit der geistigen Welt ist. Die schmale Basis eines Individuums reichte zur Erfassung fremder Geisteswelten nicht aus. Wollte wirklich der Historiker sich nur auf das Echo in der eigenen Brust verlassen, so müßte er auf riesige Sphären untergegangenen Seins von vornherein verzichten. Aufs strengste hat der Geisteswissenschaftler daher zu unterscheiden zwischen einer Resonanz in seiner lebendigen Individualität und einer „Resonanz" in den Schichten, die das Fundament für ein Verstehen fremden Geistes bilden, weil sie das „Verstehen" selbst ermöglichen. Der Kulturwissenschaftler gewöhnt sich daran, skeptisch gegen sich, seine Zeit und den Kreis der Selbstverständlichkeiten zu werden und schärft sein Ohr zur Wahrnehmung der Tiefenunterschiede der Resonanz. Denn eine Fülle von Deutungsmöglichkeiten bleibt in der von keiner zeitlichen oder persönlichen, rassemäßigen und volkhaften Gestaltung je erschöpften Grundschicht des Menschlichen dem Historiker zur Verfügung.

So begreift man: auch der Irreligiöse kann Religionswissenschaftler, auch der Christ kann Erforscher nichtchristlicher Religionen sein. Man braucht nichts von Caesar zu haben, um seine Biographien zu schreiben, und kann der weltfremdeste Mensch sein und doch die Raffinessen der hohen Politik darstellen. Und daß dafür genügt, was man Fingerspitzengefühl, Phantasie und Einfühlungsfähigkeit nennt, die Gabe, über Distanzen hinweg und unter Selbstausschaltung eigenen Erlebens ein fremdes Menschentum in seiner Fremdheit zu schildern und verständlich zu machen.

Mit der Tatsache, daß dieses auf eine offenbar mehr als dilettantische und willkürliche Weise den Menschen möglich ist und in den Kulturwissenschaften bei gutem Willen die persönlichen Aspekte überwunden werden können, hatte die nachkantische Philosophie zu rechnen. Natürlich fehlte es nicht an Versuchen, die geistige Welt der Natur einzugliedern oder wenigstens zu ihrem Annex zu machen, um auf diese Art freie Bahn für eine einzige Wissenschaft zu bekommen. Aber ihre größten Resultate, der Positivismus Comtes und der historische Materialismus von Marx, konnten von einer neuen Wissenschaft, der Soziologie, verdaut werden, ohne nachhaltig die Eigenständigkeit des kulturellen und historischen Seins zu bedrohen. Die Ausdehnung des Naturbegriffs auf Objekte, deren Wesen Verständlichkeit, Einmaligkeit, Bewertbarkeit und Vergangenheit ist, muß immer oberflächlich bleiben und zur Aufstellung von gesetzlich bestimmten Perioden und damit zu Kulturprophezeiungen führen, welche die menschliche Freiheit scheinbar zwar in Ketten legen, häufig genug aber von dieser ihre Widerlegung erfahren. Mit dem Fortgang der soziologischen Forschung macht sogar das Vertrautwerden mit dem Gedanken kultureller Gesetzmäßigkeiten Fortschritte, ohne die Veranlassung zur Leugnung oder auch nur zur Einengung der Sphäre menschlicher Freiheit zu werden.

Echtes Schicksal ist etwas anderes als naturgesetzliche Bestimmtheit. Diese wird erst zum Schicksal, wenn sie eine Größe bildet, mit der wir, im Aspekt der freien Willkür stehend, zu kämpfen haben, und deren Triumph über den Willen als Bestätigung oder Verwerfung eines Sinnes gelten kann; ein Sachverhalt, der die Wertung des Menschenlebens, seine Stellung in einer übergreifenden Gesamtheit, Werte und Wertmaßstäbe voraussetzt, die auf jeden Fall den Anspruch auf Objektivität erheben. Darin liegt der große Gewinn der Erkenntnis von der Eigentümlichkeit der historischen Welt, deren sinngemäßer Aspekt mit dem Aspekt der freien Willkürhandlung zusammenfällt, daß die Vergangenheit nicht wie eine zweite Natur, sondern aus der Perspektive auf das Kommende, im Bewußtsein, vor einer Zukunft zu stehen, d. h. als Existenz begriffen werden muß.

Wissenschaftstheoretisch führt also die Frage der historischen und systematischen Kulturwissenschaften zu Problemen, deren Bearbeitung nicht einer andern Erfahrungsdisziplin, wie etwa der beschreibenden Psychologie, zusteht, sondern der Philosophie der menschlichen Existenz. Dem Problem der Möglichkeit naturwissenschaftlicher Erkenntnis entsteht so auf natürliche Weise, von der veränderten Situation einer um neue Forschungszweige bereicherten Zeit erzwungen, das Seitenstück der Frage nach der Möglichkeit geisteswissenschaftlicher Erkenntnis. Eine neu erschlossene Welt von Erfahrungen gebietet im Sinne Kants über Kant hinauszugehen und eine Erweiterung seiner Erkenntnistheorie vorzunehmen.

Die altkantische Schule Cohens versuchte freilich, die Ausgangsstellungen, wie Kant sie in seinem System umrissen hatte, dieser neuen, Kant selbst unbekannten Aufgabe gegenüber zu halten und kampftüchtig zu machen. Nach ihrer Auffassung stellten die Kritiken der praktischen Vernunft und der Urteilskraft die Theorien kulturwissenschaftlicher Erkenntnis dar, müßten Ethik und Ästhetik als kritische Disziplinen zugleich Prinzipieninventare der geisteswissenschaftlichen Methodenlehre sein.

In Anlehnung an den Wertbegriff Lotzes glaubten auch die Neukantianer unter Führung von Windelband auf dem andern Weg der innerlogischen Reform den Kritizismus zu halten. Sie erhoben die Forderung eines Pendants zur Kritik der reinen (naturwissenschaftlichen) Vernunft, die einer einseitigen, halbseitigen Logik entspreche. Während sie den Primat des Praktischen als Prinzip einer universellen Wertlehre der gesamten Kultur ausbildeten, in welcher die Wissenschaft nur gleichberechtigt neben Kunst, Recht, Staat, Religion und anderen Wertgebieten rangiert, betrieben sie, insbesondere Rickert und seine Schüler, die kritische Grundlegung der Kulturwissenschaften durch eine Reform der Logik. Ihr doppelseitiger Ausbau als Logik der Natur- und Geisteswissenschaften beherrschte das Programm der theoretischen Philosophie der badischen Schule.

Unverkennbar vollzog sich dadurch im werttheoretischen Kantianismus eine Annäherung an die unmittelbar den ganzen Menschen, nicht nur den Gelehrten angehende Welt der Güter und Werte. Indirekt wurde die Möglichkeitsfragestellung gegenüber den Kulturwissenschaften von der Auffassung ihrer Objekte, der Kultur, beeinflußt. So strömte die Erregung, welche Nietzsches Wertkritik in der Öffentlichkeit hervorgerufen hatte, in das vielfältig und kunstvoll verzweigte Grachtennetz akademischer Diskussionen hinein. Leider war bei deren hohem Niveau das Gefälle zu gering, um der Erregung die rechte Auswirkung auf die stagnierenden Wasser zu verschaffen.

Der einzige unter den Akademikern dieser Zeit, welcher erkannt hatte, daß mit dem Ruf nach einer Kritik der historischen Vernunft mehr als eine bloße Gebietserweiterung der Logik proklamiert wird, war Dilthey. Während die anderen geschäftig ihren Scharfsinn auf eine Pendantkonstruktion zur Kritik der Naturwissenschaften verwandten und formalistisch einer Angelegenheit zu genügen glaubten, welche in Wirklichkeit an die Wurzeln der ganzen Philosophie rührte, mühte sich dieser Mann von der Struktur des geisteswissenschaftlichen Objektes, seiner Wahrnehmung und Erfahrung aus, den unfruchtbaren Dualismus zwischen einer Philosophie als bloßer Wissenschaftslehre und einer Philosophie als freier Lebensdeutung zu überwinden.

„Von Kants Erkenntnistheorie aus gesehen erscheint die Verbindung der Philosophie mit den Geisteswissenschaften, die Aufstellung einer Kritik der historischen Vernunft gegenüber der Kritik der reinen Vernunft zunächst nur als eine gebietsmäßige Erweiterung der Erkenntnistheorie selber. Neben die Erkenntnistheorie der Naturwissenschaften, wie sie Kant im Hinblick auf die klassische Mechanik Newtons ausgebildet hat, tritt die Erkenntnistheorie der Geisteswissenschaft mit Bezug auf das Werk der historischen Schule." „Für Kant waren die geistigen Realitäten, die über die Bedeutung der menschlichen Existenz entscheiden, prinzipiell der wissenschaftlichen Fragestellung entzogen, da ja nicht Mathematik in ihnen ist; sie wurden einer praktischen Stellung der Person, der Realisierung durch Gesinnung und Tat überantwortet. Und da setzt nun die Verbindung der Philosophie mit den Geisteswissenschaften ein, um das, was Kant negativ entschied, positiv zu machen, denn die Geisteswissenschaften machen ja gerade jene Realitäten, die der menschlichen Existenz einen eigenen Inhalt geben, zum Gegenstand der Forschung . . .".[1])

Möglich wird diese positive Lösung, sofern die logische Eigenart der Geisteswissenschaft auf dem Ausdruckscharakter ihrer Gegenstände beruht: „darauf, daß diese geistigen Gegenstände, sei es nun eine Religion oder ein Werk der Kunst, selber

1) G. Misch, Die Idee der Lebensphilosophie in der Theorie der Geisteswissenschaften, Österreichische Rundschau XX 5. 1924. Abgedruckt in den Kantstudien 1926.

von sich aus zu uns sprechen können, nicht bloß Sinn in sich tragen in gestalthaftem Sein, sondern von ihrem eigenen Sinn wissen und ihn ausdrücken, so daß er vernehmlich wird dem, der durch die Seinsgestalten hindurch zurückdringt in die Seele des Lebens, das in ihnen sich gestaltete.“ Gegenstand und Erkenntnissubjekt sind in dieser Sphäre eines Wesens. „Daher liegt hier dem Erkennen der Gegenstände, die der wissenschaftlichen Analyse unterworfen werden, ein anderes Verhalten zugrunde, als es angesichts von Naturobjekten obwaltet. Das Erkennen erwächst hier im Verstehen vom Erlebnis aus, das auf einer inneren Berührung von Seele zu Seele, von Lebensmacht zu Lebensmacht beruht . . . Und die Konsequenz im Methodischen ist, daß die Hermeneutik an Stelle der Psychologie in die Grundlegung der Geisteswissenschaft hineinrückt, ja darüber hinaus in den Mittelpunkt der allgemeinen philosophischen Logik fällt . . . Es handelt sich hier zunächst darum, für die lebendige Art von Begriffen, die in den Geisteswissenschaften auf Grund jenes eigentümlichen Ausdruckscharakters ihrer unter der Berührung des Wortes erzitternden Gegenstände entspringen, . . . Raum zu schaffen in der Logik und zwar sogleich in der altersgrauen Lehre von den sogenannten logischen „Elementen“, dem Begriff, Urteil und Schluß . . . Es handelt sich aber noch um mehr: nämlich die logischen Fundamente so breit anzulegen, daß der uns quälende Gegensatz von Naturwissenschaft und Geisteswissenschaft, der sich inzwischen, nach Hegels Logik, eben durch die Verselbständigung der Wissenschaften vom menschlichen Leben neu in der Logik selbst aufgetan hat, nicht mehr die Wissenschaftslehre zerreißt“ (Misch loc. cit.).

Das läßt sich aber nicht mehr durch eine formal-logische Konstruktion bewerkstelligen. Wenn „das Verstehen als die geisteswissenschaftliche Methode des Eindringens in die Wirklichkeit — cognitio rei — der kausal erklärenden Theorie — cognitio circa rem —“ gegenübersteht, darf die Philosophie, was die Erkenntnis der natürlichen Bedingungen und Grundlagen der menschlich-geistigen Welt anlangt, sich nicht einfach mit der Naturwissenschaft und ihren Erklärungen abfinden. Und wenn dieser Gegensatz, wie Misch in dem zitierten Aufsatz sagt, ein bloß zeitläufiger und vorübergehender ist, darf man dann hoffen, daß sich die Überwindung des Gegensatzes als eine Frucht der Umwandlungen in der physikalischen Begriffsbildung ergibt?

Für Dilthey mußte der Zustand der Naturwissenschaften in seiner Zeit natürlich maßgebend sein. Aber er erkannte zugleich die Unmöglichkeit eines vollkommenen Desinteressements der Theorie der Geisteswissenschaften an der Natur. Wohl gibt es von ihm das Wort: „für diese Bühne des Lebens ist die Rückwand der Kulissen einerlei.“ Aber auch auf dieser Bühne spielen sich die Dinge eingebettet in den Zusammenhang der Natur ab. „Für Dilthey ist jene Bühne des Lebens, für die die Rückwand der Kulissen einerlei ist, auf der das vor sich geht, was erscheint, was in qualitativer Wirklichkeit lebendig, blutvoll, schmerzlich und erhebend da ist und so für uns da ist, daß nichts für uns dahinter ist, doch aufgebaut auf etwas, was von der Natur her sich hineinerstreckt in das Leben und in sie zurückdeutet vom Leben aus.“ „Das menschlich-psychische Ganze ist singulär, wie das Erdganze, welches dasselbe bedingt. . . Das Geheimnis der Welt, positiv ausgedrückt, ist Individualität“ (Misch loc. cit.). Sogar die Methode des Verstehens bleibt wie der Mensch leiblich gebunden.

Bestimmte Schichten der Natur, mit denen ein Lebendiges von sich aus nicht in Kontakt kommt, lassen sich wohl als „Rückwand“ betrachten, deren Konfiguration indifferent ist gegen das, was auf ihrer anderen Seite erscheint. Aber diese Indifferenz geht eben doch nur so weit, wie sie zwischen nichterscheinenden und erscheinenden Schichten der Natur an sich herrscht. Anderseits gibt die Natur in vielen ihrer Schichten den Gegenstand oder den Hintergrund oder das Mittel oder das Prinzip ab, vor dem bzw. mit dem der Mensch seine geistige Existenz führt; so daß Natur und geistige Welt doppelt mit einander verklammert sind, indem die eine die andere trägt und bedingt und gleichzeitig von der anderen ihre Qualifizierung und Deutung empfängt. Die wahre Verklammerungsstelle ist das Menschliche, „das nicht ist, sondern lebt, und sein wahres Leben nur als geschichtliches hat“ (Misch loc. cit.).

Durch die methodische Wendung, die Beschränkung der Erkenntnis aufs Ontische fallen zu lassen und dem Ontischen das Historische des geistigen Lebens gegenüberzustellen, versucht Dilthey, Philosophie und Empirie miteinander zu verbinden. Aus dem sterilen Antagonismus von bloßer Erkenntnistheorie und freier Lebensdeutung gelangt er in die Ebene des Lebens, in der es möglich, ja notwendig ist, geistig-geschichtliche Wirklichkeit und Natur in ein und derselben Erfahrungsrichtung zu erfassen.

Gewiß ist seine Methode des Verstehens die Methode einer empirischen Wissenschaft. Aber indem sie, wie Misch sagt, „die

Gegenstände, die ihr eigenes Selbst haben, zur Aussprache dieses ihres Wissens von sich selber, des Wissens des Lebens von sich selber bringt, dieses — mit Fichte zu reden — zwischen dem Gegenstand und sich selber Herumschweben und Zittern des objektivierenden Geistes, der die geschichtliche Realität aus der phänomenalen Seinsgestalt löst", behauptet sie eine Erfahrungsstellung, welche diesseits des Gegensatzes von Empirismus und Apriorismus liegt. Erkenntnissubjekt und Erkenntnisgegenstand gehören demselben Leben der einen menschlichen Sphäre an, deren Objektivationen in Taten und Werken nicht von außen gleichsam an sie herangebracht sind und wie Fremdkörper ihr wesensfremd bleiben, sondern aus ihr selbst hervortreiben, weil es zum Wesen des Lebens gehört, sich zu transzendieren und zugleich die Ergebnisse der Selbsttranszendenz wieder in sich hineinzunehmen und aufzulösen. Was diese Konzeption scharf von aller intuitiv-ontologischen Lebensmetaphysik und Identitätsspekulation unterscheidet und ihr spezifisches Novum darstellt, das ist der erfahrungsmäßige Sinn des Lebensbegriffs. Leben bedeutet für Dilthey nicht eine durch Abkehr von der Erfahrung zu erschauende Allmacht wie für Bergson oder Spengler, sondern eine durch Anschauung und Intellekt und Phantasie und Einfühlungsfähigkeit erfahrbare und selbst wieder die Erfahrung von sich ermöglichende, erzwingende Größe. Alle unsere Kräfte sind aufgerufen, das Vergangene in seinem Wesen und damit das Leben in seinem Wesen zu erforschen, denn „Leben versteht Leben".

Leben besteht zwar nicht in dem Wissen von sich, es vollendet sich nur in ihm. Diese Subjekt-Objektivität realisiert sich jedoch nicht in einem spekulativ zu ersinnenden System und sei es auch ein System, wie das Hegelsche, welches die Geschichte als Bedingung der Möglichkeit der Realisierung dieser Subjekt-Objektivität begriff. Sie realisiert sich nur, indem sie sich als Geschichtliches hat oder sich erfährt. Geistesgeschichte, Kultur- und politische Geschichte wird das Medium der Selbsterkenntnis, eine Erfahrung und kein erdachtes System mehr vollzieht so die ewig wechselnde Selbstauffassung und Lebensdeutung des Menschen. Die Aufgabe der Philosophie besteht darin, diesen Prozeß des Verstehens selbst wieder zu begreifen und damit das Selbstbewußtsein des Lebens objektiv zu machen.

Angesichts dieser Aufgabe erwachsen ihr Probleme, welche die Geschichte der Philosophie, die seit Parmenides keinen höheren Begriff als den des Seins kannte, bisher nicht aufzuweisen hatte. Sie muß ihr gesamtes Instrumentarium dementsprechend umformen. Eine Hermeneutik d. h. eine Wissenschaft des Ausdrucks, des Ausdrucksverstehens und der Verständnismöglichkeiten, die durchaus nicht, wie einige Autoren anzunehmen scheinen, auf den Bereich der Sprache beschränkt ist, wird zum Mittelpunkt (Mischs Ausdruck folgend) der allgemeinen philosophischen Logik. Aber diese Hermeneutik ist weit davon entfernt, nur eine gewissermaßen um größere Formenfülle und Formenaspekte des Geistes erweiterte Formwissenschaft zu sein, wie sie in engeren Grenzen die traditionelle Logik war und jede Logik auch sein muß. Sie setzt vielmehr jene Tradition fort, die von der Ontologie über Kants transzendentale Logik zu Hegels Logik und zur modernen Kategorienforschung geführt hat, — freilich indem sie gegen ihre letzten Prinzipien angeht. Denn ihrer ganzen Zielsetzung nach ist sie in erster Linie eine Disziplin materialen, nicht formalen Charakters. Was Kant unter dem eingeengten Aspekt des Problems der Möglichkeit der exakten Wissenschaften oder der Mathematisierbarkeit der Erfahrung behandelte: die Meßbarkeit, Zählbarkeit und gesetzmäßige Bestimmbarkeit wirklicher, vom Bewußtsein unabhängiger und ihm gegebener Gegenstände und damit die Formulierbarkeit sinnlich-stofflicher Materialien —, wird unter dem erweiterten Aspekt einer Hermeneutik (als einer die Voraussetzungen jeglicher Deutung erforschenden Wissenschaft) zum Problem der Aussagbarkeit und Treffsicherheit sprachlicher und darüber hinaus überhaupt ausdrucksmäßiger Objektivierungen.

Philosophische Hermeneutik als die systematische Beantwortung der Frage nach der Möglichkeit des Selbstverstehens des Lebens im Medium seiner Erfahrung durch die Geschichte läßt sich nur in Angriff nehmen — oder gar durchführen — auf Grund einer Erforschung der Strukturgesetze des Ausdrucks. Und dies ist wiederum nur möglich, wenn man sich diesseits jeder spezialistischen Bearbeitung des Ausruckslebens hält und es in seiner Ursprünglichkeit, d. h. so wie es lebt und nicht so, wie es für die wissenschaftliche Beobachtung da ist, studiert. Will die philosophische Hermeneutik die Möglichkeit der Lebenserfahrung begreifen, so kann sie natürlich nicht auf Grund von Erfahrungen und Erfahrungsbegriffen arbeiten. Deshalb greift an dieser Stelle die phänomenologische Deskription ein, die zur ursprünglichen Anschauung hinführt und in ihr verweilt (wobei sie sich allerdings von jeder Ontologisierung des Erschauten freizuhalten hat).

Wiederum unter diesem Aspekt einer universellen Wissenschaft vom Ausdruck erweist es sich als notwendig, die Probleme einer philosophischen Anthropologie, einer Lehre vom Menschen und den Aufbaugesetzen seiner Lebensexistenz aufzusuchen und zu verfolgen[1]). Hierher gehören die Fragen der Wesensstruktur der Persönlichkeit und der Personalität überhaupt, ihrer Ausdrucksfähigkeit und Ausdrucksgrenzen, der Bedeutung des Leibes für Art und Reichweite des Ausdrucks, die Fragen der Wesensformen der Koexistenz von Personen in sozialen Bindungen und der Koexistenz von Person und „Welt", also die bedeutungsvolle Frage des menschlichen Lebenshorizontes und seiner Variierungsfähigkeit, die Frage der möglichen Weltbilder. Infolgedessen erzwingt der Gedanke einer Grundlegung der geisteswissenschaftlichen Erfahrung die Aufrollung von Problemen, die in die sinnlich-stoffliche, körperliche Sphäre des „Lebens" hineinreichen, erzwingt also eine Philosophie der Natur, in ihrem weitesten und ursprünglichsten Sinn verstanden.

Das hat auch Dilthey gewußt und, wie Misch sagt, gesucht „den Goetheschen Weg der Wissenschaft, den Menschen genetisch aus den Materialien des ganzen Naturgebäudes zu erbauen, nur die Lage der Zeit erlaubte ihm nicht, ihn zu gehen". Man darf das Interesse an Goethescher Naturphilosophie bei Dilthey und seinen Schülern daher nicht rein historisch bewerten. Es entspringt der klaren Einsicht, daß in Goethes und seiner Zeitgenossen Naturanschauung vieles geahnt und manches erkannt war, welches unsere Epoche nach einer Zeit unbestrittener Herrschaft exakt-rechnerischer Methoden in der Naturerkenntnis sich von Grund auf neu erarbeiten muß; das nicht verloren gehen darf, weil in ihm diejenigen Elemente stecken, mit denen eine Anthropologie als die für die Theorie der menschlichen Lebenserfahrung fundamentale Disziplin überhaupt erst begonnen werden kann.

Eine Wissenschaft von der menschlichen Person, wie sie maßgebend ist als Trägerin der Geschichte, als Medium lebendiger Auseinandersetzungen im ganzen Umkreis der Kultur, kann von der Anatomie, Entwicklungsgeschichte, Physiologie, Psychologie und Psychopathologie direkt keinen Nutzen haben. Diese Erkenntnis beginnt sich in der Soziologie, Ethnologie, in der Medizin und in der ganzen Geisteswissenschaft heute mit Macht durchzusetzen. Die Zeiten, in denen man hoffte, durch Messung der Reaktionszeiten bei Fidschiinsulanern einen Beitrag zur Grund-

1) Vgl. Die Einheit der Sinne XIII/XIV.

legung der Ethnologie zu leisten, sind vorüber. Eine Erfahrung ist der andern unter Umständen dienlich, aber Erfahrung bleibt Erfahrung. Ihre Begründung erfolgt nicht selbst wieder durch Erfahrung in derselben Seinssphäre. Mit einem Wort: will man den Menschen, so wie er lebt und sich versteht, als sinnlich-sittliches Wesen in Einer d. h. der menschlichen Existenz entsprechenden Erfahrungsstellung, welche „Natur“ und „Geist“ umspannt, begreifen, so muß man auch die Mittel dazu schaffen. Diese Mittel können jedoch nicht dem traditionellen Begriffsschatz der Einzelwissenschaften entnommen werden, da jede Einzelwissenschaft, sei es Natur-, sei es Geisteswissenschaft, eine besondere Reduktion an den Dingen vornimmt, ohne die sie die Grenzen ihres Gebietes sofort verläßt, eine Reduktion, die sich natürlich an ihren Begriffen zeigt.

Gerade im Interesse einer Fruktifizierung einzelwissenschaftlicher Erfahrungserkenntnis muß sich die Theorie der menschlichen Lebenserfahrung sorgfältig davor hüten, dergleichen Erfahrungserkenntnis für sich zu verwenden. Nach dieser Methode schreibt man zwar sehr interessante, dem Bedürfnis nach „Synthese“ entgegenkommende Bücher, ruiniert jedoch den inneren Aufbau der Sache. Eine Versöhnung des Gegensatzes geisteswissenschaftlicher und naturwissenschaftlicher Betrachtungsart, welche nicht ein bloßes Postulat unseres Einheitsstrebens, ein ordnungsmonistisches Ideal ist, sondern in der Tatsache menschlicher Lebenserfahrung — nur auf eine uns bisher unbegreifliche Weise — vollzogen wird, gelingt erst dann, wenn die Ebene, in der dieser Gegensatz besteht, verlassen ist. Deshalb hat hier die Philosophie eine große systematische Arbeit zu erfüllen. Indem sie das Problem der Anthropologie formuliert, rollt sie das Problem der Existenzweise des Menschen und seiner Stellung im Ganzen der Natur mit auf.

Darüber muß sich die Theorie der Geisteswissenschaften im Klaren sein. Wer da glaubt, daß mit Sprachphilosophie oder Kulturphilosophie die Sache gemacht ist, irrt sich ganz gewaltig und unterschätzt denn doch den Sinn der Situation, die in Dilthey zum Bewußtsein ihrer selbst gekommen war. Versteht man diesen Sinn dahin, daß sie die Aufforderung zu einer Befreiung von der Herrschaft der seit der griechischen Antike die Interpretation unseres Denkens, Handelns und Hoffens beherrschenden Kategorien enthält, so kann es keinen Zweifel darüber geben, daß die Arbeit der Philosophie von Neuem bis zu den letzten Elementen vordringen, sie ergreifen und umgestalten muß.

3. Der Arbeitsplan für die Grundlegung der Philosophie des Menschen.

Ohne Philosophie des Menschen keine Theorie der menschlichen Lebenserfahrung in den Geisteswissenschaften. Ohne Philosophie der Natur keine Philosophie des Menschen. Diesen Grundsatz haben wir unserer Ästhesiologie des Geistes in dem Buch „Die Einheit der Sinne“ vorangestellt, diesen Grundsatz stellen wir auch dieser Untersuchung voran. Wir haben Wert darauf gelegt, zu zeigen, warum für die Geisteswissenschaft und ihre philosophische Interpretation eine Philosophie der Natur im Unterschied (aber nicht in Feindschaft) zur Naturwissenschaft notwendig ist; welche Notwendigkeit selbst dann für sie bestehen bleibt, wenn man von dem Grundsatz zunächst nicht abgehen will, daß die Naturwissenschaft allenfalls Logik und Methodologie, sonst aber keine Philosophie zu ihrer Begründung braucht.

Die Theorie der Geisteswissenschaften braucht Naturphilosophie d. h. eine nicht empirisch restringierte Betrachtung der körperlichen Welt, aus der sich die geistig-menschliche Welt nun einmal aufbaut, von der sie abhängt, mit der sie arbeitet, auf die sie zurückwirkt. Eine derartige Betrachtung der Körperwelt und ihrer Erscheinungsweisen gibt die exakte Naturwissenschaft nicht. Jeder Versuch, Begriffe, Theorien und Ergebnisse — aus welcher naturwissenschaftlichen Disziplin immer — auf die Geisteswissenschaften anzuwenden und sie für sie direkt fruchtbar zu machen, wie das besonders in der Zeit des darwinistisch-evolutionistischen Positivismus Mode war, aber auch heute noch bisweilen erstrebt wird, scheitert daran, daß hier Dinge verschiedener Seins- und Anschauungsweise, sozusagen verschiedener Anschauungshöhe in eine Ebene geraten, Dinge, die ganz verschiedenen Erfahrungsstellungen zugeordnet sind.

Ein Beispiel aus dem Gebiet des mimischen Ausdrucksverständnisses. Naiv betrachtet, liegt der Fall so, daß sich die körperlichen Bewegungen des anderen Menschen, einerlei ob ich sie nun faktisch verstehe oder nicht verstehe, von vornherein als deutbar, als sinnhaft wahrnehme. Mir steht nicht ein bloßer Körper gegenüber, an dem ich bestimmte Bewegungen ablese, sondern ein lebendiger Leib. Es erwächst mir infolgedessen auch garnicht die Aufgabe, aus den Veränderungen eines Körpers auf bestimmte psychische Ursachen zu schließen, sondern in den Bewegungen des Leibes manifestiert sich die an und für sich schon sinnhafte Situation, deren Deutung in dem oder jenem Sinne an bestimmte Kriterien gebunden ist. Der Träger des Leibes wird dabei weder als Körper noch als Seele, sondern als gegen diesen gedanklichen Unterschied indifferent erfaßt. Unter dem Einfluß der Wissenschaft hat man aber die naive Lage, in welcher sich Kundgabe und Verständnis faktisch vollziehen, außer Acht gelassen und an ihrer Stelle mit Hülfe einzelwissenschaftlicher Erfahrungsbegriffe eine Lage konstruiert. Nur daraus erklärt sich überhaupt die merkwürdige Problemstellung, mit dem Vorhandensein körperlicher Bewegungen die Gewißheit des Vorhandenseins seelischer Motive zu rechtfertigen. Zur Behebung dieser Schwierigkeit zog man den Analogieschluß, die Einfühlung, den Mitvollzug mit den gesehenen Bewegungen und schließlich eine Gabe, das Seelische wahrnehmen zu können, heran. Jede dieser Theorien ist ein Beispiel für die Überwindung eines selbstgeschaffenen Hindernisses, welches aus der Verfälschung ursprünglich anschaulicher (in diesem Falle menschlich-personaler) Dinge durch den Gebrauch einzelwissenschaftlicher Erfahrungsbegriffe entsteht.

In derselben Unmittelbarkeit und Lebenshöhe, die der Mensch existentiell zu sich hat, zu seinen Mitmenschen, zu seiner Zeit, in der er sich ausspricht und von sich weiß, weiß er auch von der Natur. Sie ist darum nicht Erlebnis, sondern durchaus volle Wirklichkeit, die dem Menschen zum Erlebnis wird und ihn als Fundament und Rahmen seiner Existenz von der Geburt bis zum Tode trägt. Aus dieser Sphäre der Existenz ziehen alle Vorstellungen und Gedanken des Bewußtseins ihr inneres Leben und münden in sie ein, wenn sie lebendig sind. Für Inhalt und Form dieser Sphäre taugt primär auch nur die Sprache, welche der Mensch naiv spricht, während alle wissenschaftlichen Zurüstungen ihn von ihr entfernen und erst auf dem Umweg über Zusammenhänge, die dem Auge, dem Ohr, der Hand verborgen sind, zu den Dingen der existentiellen Wirklichkeit zurückführen. Wenn es daher eine Wissenschaft geben soll, welche die Erfahrung des Menschen von sich, so wie er lebt und sein Leben geschichtlich verzeichnet, sich und der Nachwelt zum Gedächtnis, begreift, dann kann und darf sich eine solche Wissenschaft nicht auf den Menschen als Person, als Subjekt geistigen Schaffens, moralischer Verantwortung, religiöser Hingegebenheit beschränken, sondern muß den ganzen Umkreis der Existenz und der mit dem persönlichen Leben in selber Höhe liegenden, zu ihm in Wesenskorrelation stehenden Natur miteinbegreifen. Tut sie das nicht, bleibt sie Geschichtsphilosophie oder Kulturphilosophie, um die Natur, die Sphäre des körperlichen Seins, der Naturwissenschaft zu überlassen, so handelt sie in schlimmster Inkonsequenz gegen ihre eigene Idee und macht wieder den alten Fehler, Dinge, die verschiedenen Erfahrungsstellungen zugeordnet sind, angeblich von Einer Erfahrungsstellung aus übersehen zu können.

Eine Theorie der Geisteswissenschaften, welche die Wirklichkeit des menschlichen Lebens in ihrer Spiegelung durch den Menschen begreiflich zu machen sucht, ist nur als philosophische Anthropologie möglich. Denn allein eine Lehre von den Wesensformen des Menschen in seiner Existenz liefert das Substrat und die Mittel zu einer allgemeinen Hermeneutik. Philosophische Anthropologie und ihr zentraler Teil, die Lehre von den Wesensgesetzen der (psychophysisch neutralen) Person, ist wiederum nur auf Grund einer Wissenschaft von den Wesensformen der lebendigen Existenz durchführbar, muß sich infolgedessen für die ganze Sphäre, den ganzen Umkreis, in den der Mensch als (psychophysisch neutrale) Person zu liegen kommt, einen eigenen Begriffsapparat schaffen. Den kann sie von keiner empirischen Wissenschaft übernehmen, handelt es sich doch darum, die volle, lebensnahe Realität und nicht die spezialwissenschaftlich objektivierte, isolierte, mit Hilfsvorstellungen überdies durchsetzte Tiefenrealität zu erforschen — das also zu tun, was bisher noch nicht, außer in gelegentlichen Ansätzen unternommen worden ist.

Zu Diltheys Zeiten war das Programm nicht durchführbar. Die Lage der Wissenschaften zeichnete sich durch eine absolute Herrschaft empiristischer Denkweise aus. Dilthey selbst suchte (in seltsamer Vorahnung der Entdeckung der phänomenologischen Forschungsweise durch Husserl) den Weg über eine lebensnahe, beschreibende Psychologie — nicht ohne sofort auf den selbstsicheren Widerspruch von Leuten zu stoßen, die nicht fähig waren, sein Problem zu verstehen. Erst durch Husserls Konzeption einer vorerfahrungsmäßigen, strukturanalytischen Beschreibung, die schlechthin universal auf Gegenstände des „Meinens" überhaupt anwendbar ist, war das Instrument zur Durchführung des Diltheyprogramms gefunden. Daran vermag auch die Tatsache nichts zu ändern, daß Husserls rationalistische Interpretation, die er seiner eigenen Entdeckung gab, Dilthey nicht konform war, während Diltheys Tendenz in ihrer Tiefe keine Resonanz bei Husserl finden konnte.

Heute ist die Lage eine völlig andere geworden. Durch das Verdienst Husserls ist die Aufmerksamkeit der Philosophie (und auch der Einzelwissenschaften, die daraus für ihre Grundbegriffe sehr viel lernen) wieder auf diejenigen Schichten des „Seins" (in Natur, Seele und Geist) hingelenkt worden, ohne die zwar auch die Wissenschaft keinen einzigen Begriff bilden kann, welche sie jedoch aus ihrer Terminologie mehr oder weniger streicht und in weiten Gebieten sogar vollkommen ausscheiden muß. Denn es handelt sich hier um die Schichten der Unmittelbarkeit, um nur dem Erleben, der Anschauung oder der Wesensschau vorbehaltene Gegebenheiten oder „Phänomene". Insofern Wissenschaft jedoch an begrifflicher Verarbeitung, an Reduktion des Mannigfaltigen auf einfach übersehbare Elemente, an Herausarbeitung des Gleichförmigen gelegen ist, fallen für sie diese Schichten aus. Nehmen wir als Beispiel die physikalische Optik. Je weiter sie fortschreitet und sich theoretisiert, d. h. den mathematischen Begriffen Eingang in die empirischen Beobachtungen verschafft, desto geringer wird die Menge der Aussagen über Dinge, bei denen das Auge und der Lichteindruck noch eine Rolle spielen. An die Stelle des optischen Organs treten andere Kontrollen. Die Optik — wie die ganze Physik — wird in dem Maße, als sie sich ihrem Ideal einer strengen Wissenschaft nähert, sinnenärmer, um schließlich die Sinne und die nur ihnen aufgeschlossenen Schichten der Farben- und Formenwelt ganz zu eleminieren, die sie dann — begriffen hat.

Gerade die Tatsache, daß der Erkenntnisfortschritt in den empirischen Seinswissenschaften, in der ganzen Naturwissenschaft, in weiten Gebieten der Psychologie, Soziologie und Ökonomie, selbst in gewissen Partien der Kulturwissenschaften und der Geschichte nur durch eine Entfernung von der Anschauung, vom unmittelbar Erlebten zu erkaufen ist, hatte in den Anfängen der Wissenschaft dazu beigetragen, den Sinn für die Problematik dieser eliminierten Phänomene zu schwächen. Überschätzung des Begrifflichen und Begreifbaren, Unterschätzung des allein in der Empfindung, im Gefühl, in der Intuition Faßbaren war die Folge. Erst die reifere Wissenschaft erkannte die Eigentümlichkeit und die Begrenztheit ihres Begreifens. Wenn der Physiker erklärt, „was" die Farbe Rot „ist", wenn der Physiologe die Stärke einer Schallempfindung mißt, wenn der Psychologe die Perseverationstendenz bestimmter Vorstellungen fixiert, — so stellt sich überall als eigentlicher Sinn die Herausarbeitung der quantitativ faßbaren Bedingungen dar, an welche das Auftreten der qualitativ nur für das Erleben aufgeschlossenen Phänomene gebunden ist. Natürlich liegt es nahe, diese Phänomene ihres Wirklichkeitswertes zu entkleiden und sie — eben weil sie in ihrem inneren qualitativen Was sich der empirischen Begriffsbildung entziehen — zu „bloßen“ Empfindungen des Subjekts, zu bloß subjektiv durch die Organisation des Menschen bedingtem Schein zu machen. Das Wesen des Roten ist aber nun einmal durch Angabe der Wellenlänge oder der Prozesse in Sehnerv, Retina und Okzipitallappen oder durch die Feststellung (mit der sich Jahrhunderte der neuzeitlichen Wissenschaft begnügten), daß es nur für die Empfindung erlebbar sei, keineswegs selbst getroffen. Allgemein gilt: das Phänomenhafte am Phänomen (in welcher Zone auch immer, ob in Natur oder Gesellschaft, in Geschichte oder aktuellem Leben, in Seele oder Geist) erschließt sich keiner empirischen, überhaupt einzelwissenschaftlichen Begriffsbildung. Diese arbeitet zwar mit ihm, der Chemiker braucht vielleicht eine Färbung, der Physiker einen Klang, der Psychologe ein „Zumutesein“ als Indikator, aber es selber faßt der empirische Begriff nie.

Solange der sterile Dualismus von Erfahrungswissenschaft einerseits, Erkenntnistheorie anderseits dauerte, gab man der Psychologie die Kompetenz, das Gebiet des Phänomenalen zu erforschen. Die Psychologie erkannte jedoch sehr bald, daß sie dieser Aufgabe nicht gewachsen ist. Sie muß die reinen Phänomene unter dem Titel Empfindungen oder „Gignomene“ oder Elemente als letzte Daten des Erlebens hinnehmen und hat als empirische Wissenschaft weder das Recht noch auch die Mittel, das Spezifische des Phänomens, seine Gesetzlichkeit im Zusammenhang mit anderen Phänomenen herauszuarbeiten. Heute ist man am Werk, den Dualismus zwischen Wissenschaft und Erkenntnistheorie produktiv zu überwinden. Das Mittel, die Phänomenologie, ist da: als Möglichkeit. Nun heißt es, das Mittel zu dem notwendigen Zweck zu gebrauchen.

Der Zweck heißt: Neuschöpfung der Philosophie unter dem Aspekt einer Begründung der Lebenserfahrung in Kulturwissenschaft und Weltgeschichte. Die Etappen auf diesem Wege sind: Grundlegung der Geisteswissenschaften durch Hermeneutik, Konstituierung der Hermeneutik als philosophische Anthropologie, Durchführung der Anthropologie auf Grund einer Philosophie des lebendigen Daseins und seiner natürlichen Horizonte; und ein wesentliches Mittel (nicht das einzige), auf ihm weiterzukommen, ist die phänomenologische Deskription. Wohlverstanden: Ziel und Aspekt sind nicht ein und dasselbe. Wie für Kant die Philosophie in ihrem Weltbegriff das Ziel seiner Arbeit, die Vernunftkritik den Weg zu diesem Ziel und der

Ausgang von der naturwissenschaftlichen Erfahrung den Aspekt bildeten, unter dem der Weg wirklich beschritten wurde, so trennen auch wir Ziel, Weg und Aspekt, um den Sinn des ganzen Unternehmens vor jeder voreiligen Beurteilung zu bewahren.

Aber Abbreviaturen sind heute in den Zeiten des Telegramms beliebt. Man schmökert in philosophischen Büchern und hält sich an sogenannte Resultate, als ob die Philosophie wie eine Einzelwissenschaft Resultate hätte, die sich vom Ansatz der Fragestellung trennen ließen. Man liest sie, wie Backfische Romane lesen, antezipierend, ob sie sich kriegen. Kaum, daß noch einer sich die Mühe macht, den Rahmen zu bedenken, in den eine Leistung sich selber einspannt. Diese Lotterigkeit des Lesens wird natürlich durch die systematisch nicht mehr geschulte Weise des Philosophierens oder durch den vorschnellen Systematismus kleiner Weltbaumeister unterstützt. Geduld, Einfühlungsfähigkeit und Achtung vor der Intention des Anderen sind offenbar Tugenden, die vergangenen Zeiten angehören.

Konstituierung der Hermeneutik als philosophische Anthropologie, Durchführung der Anthropologie auf Grund einer Philosophie des lebendigen Daseins und der mit ihm in Wesenskorrelation stehenden Schichten der Natur — dies bezeichneten wir als die nächsten Etappen, als die entscheidenden Aufgaben, vor welche sich heute der Philosoph gestellt sieht. Die Rückkehr zum Objekt, die Wiederentdeckung des großen Problems der Ontologie erhält nur unter diesem neuen Aspekt, welcher die seit dem endgültigen Durchbruch des wissenschaftlichen Erkennens reif gewordene Einstellung des Menschen zur Welt entgegen allen subjektivistisch-idealistischen Einwürfen ausspricht, ihren zukunftsträchtigen Sinn, zugleich ihren Ort in dem hier entwickelten Programm. Wie aber beginnen? Maßgebend ist dafür natürlich der Aspekt.

In seinem Mittelpunkt steht der Mensch. Nicht als Objekt einer Wissenschaft, nicht als Subjekt seines Bewußtseins, sondern als Objekt und Subjekt seines Lebens d. h. so, wie er sich selbst Gegenstand und Zentrum ist. Denn in dieser Eigentümlichkeit: zu existieren —, geht er in die Geschichte ein, welche nur die ausgeführte Weise ist, in der er über sich nachsinnt und von sich weiß. Nicht als Körper (wenn mit Körper die von den Naturwissenschaften objektivierte Schicht gemeint ist), nicht als Seele und Bewußtseinsstrom (wenn es sich hier um das Objekt der Psychologie handeln soll), nicht als das abstrakte Subjekt, für welches die Gesetze der Logik, die Normen der Ethik und

Ästhetik gelten, sondern als psychophysisch indifferente oder neutrale Lebenseinheit existiert der Mensch „an und für sich“.

Vom Menschen als personaler Lebenseinheit ist also zunächst zu handeln und den mit ihr wesenskoexistenten Schichten des Daseins, des Seins überhaupt. Ist die konkrete Situation, in die der Mensch (nicht dieser oder jener, nicht diese Rasse, jenes Volk, sondern der Mensch schlechthin) gestellt ist, zufällig oder wesensnotwendig? Steht der Lebenshorizont, die Umwelt, welche für den Menschen die Welt ist, in einem strukturgesetzlichen Zusammenhang mit ihm? Wie weit reicht diese Wesenskoexistenz und wo beginnt der Zufall?

Diese Frage läßt sich in doppelter Richtung aufrollen, horizontal, d. h. in der Richtung, welche durch die von ihm gesuchte Beziehung des Menschen zur Welt in seinen Taten und Leiden festgelegt ist, und vertikal, d. h. in der Richtung, die sich aus seiner naturgewachsenen Stellung in der Welt als Organismus in der Reihe der Organismen ergibt. In diesen beiden Richtungen kann man hoffen, den Menschen als Subjekt-Objekt der Kultur und als Subjekt-Objekt der Natur wirklich zu umfassen, ohne ihn in künstlichen Abstraktionen aufzuteilen. Denn der eine Grundaspekt der Lebenserfahrung wird gewahrt, den der Mensch in seiner Existenz zu sich und zur Welt einnimmt: naturgebunden und frei, gewachsen und gemacht, ursprünglich und künstlich zugleich.

Die Ebene, auf die sich der Mensch immer von Neuem unter Anstrengungen und Opfern aller Art hinaufspielen muß, die Ebene geistigen Tuns, schöpferischer Arbeit, die Ebene seiner Triumphe und Niederlagen kreuzt sich mit der Ebene seines leiblichen Daseins. So hat der Existenzkonflikt, ohne den der Mensch eben nicht Mensch ist, eine Bedeutung auch für die philosophische Methode: er weist an der Janushaftigkeit dieses Lebewesens die Notwendigkeit einer Erkenntnis auf, die den Doppelaspekt seines Daseins — nicht etwa aufhebt oder vermittelt, sondern aus e i n e r Grundposition begreift.

Wie gestaltet sich die Frage in der ersten (von uns einmal horizontal genannten) Richtung? Hier handelt es sich um den Menschen als Träger der Kultur. Ihre Objektivationen: Wissenschaft, Kunst, Sprache usw. werden also das Medium, in dem sich die Betrachtung des Menschen bewegt; wohlgemerkt, die Betrachtung des ganzen Menschen als konkreter Lebenseinheit. Die Kultur soll als spezifische Äußerung dieser Lebenseinheit untersucht werden. Art und Form ihrer Objektivationen sollen

Auskunft geben über die Struktur des menschlichen Lebenssystems in der Gesamtheit aller seiner Schichten.

Das ist nur durchführbar, wenn durch die Fragestellung der Rahmen so weit als irgendmöglich gespannt wird. Eine Wertanalyse der kulturellen Leistungen genügt dann nicht, sondern die Bedingungen, an welche die Realisierung der Werte gebunden ist, müssen in die Untersuchungen mit einbezogen sein. Versinnlichung des Geistes, Vergeistigung der Sinne wird das Thema der Analyse. Nur auf diese Weise gelingt es, die äußersten Pole der menschlichen Existenz, den leiblich-sinnlichen und den geistigen Pol, durch eine Erforschung des Formensystems, in dem sich diese Existenz ausspricht, unter einem Aspekt zu sehen und ihre gegenseitigen Abhängigkeiten, die Wesensgesetze ihrer Koexistenz zu begreifen.

Hier haben wir das Problem, dessen Lösung in der Ästhesiologie des Geistes gesucht wird. Der Rahmen ist in der „horizontalen" Richtung nur dann so weit als irgendmöglich gespannt, wenn es um die Beziehungen von den höchsten Schichten geistiger Sinngebung bis zu den niedrigsten Schichten sinnlichen Stoffes geht, d. h. um das innere Konditionssystem, welches zwischen den symbolischen Formen und der physischen Organisation herrscht. Dieses innere Konditionssystem zwischen Körper und Geist bekommt man jedoch mit irgendeiner empirischen Wissenschaft nicht heraus, wie wir wohl zur Genüge hervorgehoben haben. Wie Kant die innere Bedingtheit, die ideelle Konformität zwischen sinnlicher Anschauung und begrifflichem Denken, auf welcher der exakte Gebrauch der Begriffe in der mathematischen Naturwissenschaft beruht, nur mit Hilfe seiner kritischen Methode aufhellen konnte, läßt sich das unter dem viel umfassenderen Aspekt der Lebenserfahrung stehende Konformitätssystem von Sinnlichkeit und Geistigkeit, auf welchem der verstehende Gebrauch der Begriffe beruht, natürlich auch nur mit Hilfe einer kritischen Methode erkennen. Das ist der Sinn der Ästhesiologie des Geistes als einer Kritik der Sinne.

Darin eine Absage an die empirische Sinnesphysiologie und Sinnespsychologie zu sehen, ist daher lächerlicher Unverstand. Hat es etwa die Entwicklung der Denk- und Erkenntnispsychologie gehindert, daß es eine Denk- und Erkenntniskritik gibt? Gewiß unterscheidet man erst seit Leibniz und Kant diese beiden Untersuchungsarten, und es hat eines langwierigen Kampfes gegen den Psychologismus bedurft, bis die Unterscheidung von Verstandespsychologie und Verstandeskritik Gemeingut geworden war. Heute gehört infolgedessen schon ein bemerkenswerter Grad an philosophischer Unbildung dazu, den Unterschied der Betrachtungsweisen abhängig von dem Gebiet zu machen, auf dem er bisher allein aktuell war: dem Denken und Erkennen. Genau wie dieses empirischer und kritischer Untersuchung offen steht, lassen sich auch die Sinne und ihre spezifischen Korrelate empirischer und kritischer Betrachtung unterwerfen. Eine Vorentscheidung zugunsten des nur empirischen Charakters der sinnlichen Differenzen getroffen zu haben, ist gerade der entscheidende Fehler Kants und der Kantianer gewesen. Unsere Zeit hat alle Veranlassung, dieser Vorentscheidung eine gründliche Prüfung angedeihen zu lassen und sich Goethes und Hegels zu erinnern, die über diesen Fall sehr anderer Meinung waren.

In der Vorrede zu unserer Ästhesiologie des Geistes hatten wir bereits betont, daß die Kritik der Sinne die Totalrelativität der Empfindungsqualitäten, also der letzten Bausteine, aus denen sich die phänomenale Natur aufbaut, auf die Einheit der menschlichen Person oder den apriorischen Charakter der natürlichen Umwelt hinsichtlich ihrer materialen Modi begründen kann. Diese These, deren Sicherstellung die Ästhesiologie in allen Teilen verfolgt, ist häufig mißverstanden worden. Entweder hat man darin ein Paradoxon oder eine Selbstverständlichkeit erblickt. Paradox wäre diese These, wenn sie dahin zielte, dasjenige, was der Mensch durch seine Sinne erfährt, als seinen apriorischen Besitz vor und unabhängig von aller Erfahrung zu verteidigen. Banal wäre sie, wenn sie nichts anderes sagen wollte, als daß der Geist sich eben, wie der Mensch einmal ist, nur durch diesen Leib und in dem ihm entsprechenden sinnlichen Stoff Ausdruck verschaffen kann und infolgedessen diesem Stoff auch den Stempel seines Wesens aufprägt. Gemeint ist vielmehr die innere Konformität unserer sinnlichen Organisation (und der ihr entsprechenden sinnlichen Elemente) zu den möglichen Formen und Arten geistiger Sinngebung. Diese innere Konformität könnte ja auch fehlen — wie es von vielen Philosophen behauptet worden ist. Dann bestände ein Indifferentismus der Sinne und des Leibes gegen den Geist. Die physische Sphäre wäre wirklich nur empirisch, zufällig, eine geistige Notwendigkeit besäße sie nicht. Es gäbe keine sinnspezifischen „Materien" oder Modalitäten bzw. sinnliche Qualitäten.

Die ästhesiologische Untersuchung, die Kritik der Sinne zeigt jedoch das Gegenteil und erbringt also den Nachweis von der geistigen Notwendigkeit, der Apriorität der Sinne. In der

Gliederung der anschaulichen Welt, in der seltsamen Tatsache ihrer sinnlichen Differenziertheit steckt ein Sinngesetz. Natürlich ist die Apparatur unseres Leibes, mit der wir normalerweise diese Differenzierung erfassen, etwas Gewordenes und Vergängliches. Eine „Kritik“ der Netzhaut oder des Cortischen Organs gibt es nicht (vorsichtiger gesagt: die Ästhesiologie beabsichtigt sie nicht). Hier waltet empirische Notwendigkeit nach Naturgesetzen. Die spezifischen Leistungen der Sinne zeigen aber in ihrer Typik auch eine darüber hinausgehende sinnhaft-verständliche Notwendigkeit, die mit den Zwecken der Sinne und den Ursachen ihres Funktionierens nicht zusammengeworfen werden darf.

Manche glaubten in der These von der Totalrelativität der sinnlichen Qualitäten auf die Einheit der menschlichen Person ein Bekenntnis zu ihrer Subjektivität — und darin wieder einen Widerspruch zu dem Ergebnis der Ästhesiologie, daß die Sinnesqualitäten objektiven Wert besitzen, sehen zu müssen. Subjektivität und Subjektrelativität ist zweierlei. Alles Objektive ist der Möglichkeit nach nur subjektrelativ. Davon zu trennen ist wiederum Personalität und Personrelativität. Was auf die Einheit der Person wesensnotwendigen Bezug hat, muß auf jeden Fall von dem, was auf das Subjekt wesensnotwendig bezogen ist, getrennt behandelt werden. Aus der Vernachlässigung dieser Unterschiede kommen die falschen Meinungen über den Wirklichkeitswert der Sinnesqualitäten, ja der ganzen phänomenalen Schichten, die nur dem Erleben aufgeschlossen, nur für das Erleben vorhanden sind.

Ein Beispiel dafür bietet die phänomenale Wirklichkeit des Leibes, der — wohlverstanden im Unterschied zu den ebenfalls phänomenal wirklichen Sinnesqualitäten — nicht auch objektiv ist (wie diese es sind). Der Leib ist nur person-(bzw. lebens-)relativ, die Sinnesqualitäten sind personrelativ (lebensrelativ) und objektiv[1]). Leib — diese Erkenntnis findet man schon bei Hegel — ist nicht dasselbe wie Körper, mit dem er doch objektiv identisch ist. Wenn ich den Arm hebe oder wenn das Kind laufen lernt, so werden zwar die entsprechenden Muskeln innerviert. Und doch ist damit nur der körperliche Vorgang, nicht der leibliche charakterisiert. Der Vorgang am Leib ist von

1) Vgl. hierzu: Die Einheit der Sinne, Fünfter Teil, besonders SS. 268 bis 271, 276—281, 285—288. Ferner Buytendijk und Plessner, Die Deutung des mimischen Ausdrucks, Philosophischer Anzeiger I, 1, 1925.

anderer Art. Natürlich spielen dabei die Organ- und Gelenkempfindungen eine wesentliche Rolle, ebenso die Empfindungen der Haut, der Spannung, die verschiedenen Formen des Tastsinnes. Aber der Leib ist darum doch nicht bloß Empfindung oder das Bewußtsein des eigenen Körpers, der aus Knochen, Sehnen, Muskeln, Gefäßen, Nerven usw. besteht. Er ist eine lebendige Realität. Das zeigt sich gerade in der Art, wie man ihn beherrscht. Gehen, Heben, Setzen, Aufstehen, Liegen sind lebendige Verhaltungsweisen (die natürlich durch körperliche Funktionen vermittelt, unter Umständen also auch unterbunden werden), die in der lebendigen Position des Individuums aber einen besonderen Aspekt bedingen, auf den es sehr wesentlich immer Rücksicht zu nehmen hat, der also in Wesenskorrelation zur Person bzw. zum Lebewesen als einem Lebendigen steht.

Die Ästhesiologie des Geistes verfolgt die Beziehungen zwischen Geist und Natur, d. h. sie erforscht den Menschen als personale Lebenseinheit in allen Schichten seiner Existenz in der von uns horizontal genannten Richtung. Damit sind die Möglichkeiten einer lebenswissenschaftlichen Grundlegung der philosophischen Anthropologie aber nicht erschöpft. Die Frage muß auch in „vertikaler" Richtung aufgerollt werden, wie sie die naturgewachsene Existenz des Menschen in der Welt als Organismus in der Reihe der Organismen vorschreibt. Das große Problem, welches die psychophysisch indifferente Einheit der menschlichen Person als Lebewesen bietet, verlangt jetzt seine Bearbeitung. Zu diesem Ziel kann der Weg der Ästhesiologie nicht führen. Neue Wege müssen ausfindig gemacht werden, neue Methoden. Ist doch die konkrete Situation, der Lebenshorizont, in den der Mensch sich hineingestellt sieht, nicht mit der Zielsetzung der Ästhesiologie des Geistes ausschöpfbar. Die phänomenalen Schichten seiner Umwelt d. h. die nur dem Erleben, der Anschauung, Empfindung und Wesensschau aufgeschlossenen Gebiete des Seins sind viel reicher und geformter, als daß sie in den Rahmen gingen, dessen äußerste Pole geistige Sinngebung und sinnliche Qualität bilden. Gerade die Daseinsweisen der Lebendigkeit, die den Menschen mit Tier und Pflanze verbinden und seine besondere Daseinsweise tragen, sind gegen geistige Sinngebung indifferent. Und doch bilden sie eine phänomenale Wirklichkeit ausgeprägter Art, für deren Erforschung die empirischen Naturwissenschaften nicht zuständig sind.

Solange man nicht den Menschen als lebendige Existenz in ihrer Naturgewachsenheit einer vorempirischen d. h. nicht spezialwissenschaftlich gebundenen Betrachtung unterworfen hat, kann man nicht hoffen, auf die oben aufgeworfenen Fragen: mit welchen Schichten des Daseins er in Wesenskoexistenz steht und wie er als Lebenseinheit sich und die Welt erfahren muß, eine vollständige Antwort zu erhalten. Die Konstituierung der Hermeneutik als Anthropologie bedarf eines lebenswissenschaftlichen Fundaments, einer Philosophie des Lebens im nüchternen, konkreten Sinne des Wortes. Erst ist einmal Klarheit darüber zu gewinnen, was als lebendig bezeichnet werden darf, bevor weitere Schritte zur Theorie der Lebenserfahrung in ihrer höchsten menschlichen Schicht unternommen werden.

Die Stellung der vorliegenden Untersuchung zur Ästhesiologie des Geistes ist damit ebenso wie ihr Gegenstand einer Wesensanalyse des Lebendigen festgelegt. Beide Arbeiten dienen durch verschiedene Problemstellungen und nach verschiedenen Methoden dem gleichen Ziel einer Philosophie des Menschen. Ist dieses Ziel in beiden Arbeiten auch unter dem Aspekt der Diltheyschen Frage exponiert worden, so täte man ihnen doch Unrecht, sie von der Tragfähigkeit des Diltheyschen Reformversuchs abhängig zu machen. Wie wir schon in unserer „Einheit der Sinne" betonten, ringt die Wissenschaft und die Philosophie unserer Zeit seit längerem um Begründung und Ausbau einer Lehre von der menschlichen Person. Hierbei dominiert der Diltheysche Aspekt nicht durchaus. Das große Verdienst, welches sich William Stern, Scheler und später die von anderen Problemen ausgehenden Führer der sogen. Gestaltpsychologie um die Durchsetzung des Persongedankens erworben haben, kann in kaum größerer Unabhängigkeit von Dilthey gewertet werden wie etwa die in ihrer Art wieder entscheidenden Leistungen von Jaspers und Kraus. Wesentlich bleibt die durchgehende Tendenz nach einer Überwindung der fraktionierenden Betrachtungsweise des Menschen in Philosophie, Biologie, Psychologie, Medizin und Soziologie, jener Betrachtungsweise, die zwar nicht immer in der neuzeitlichen Wissenschaft geherrscht hat, aber stets wieder zur Herrschaft gelangte, und für die Descartes das Stichwort gab; die den Menschen spezialistisch vergegenständlichte und über dieser Aufteilung in Seinsgebiete die Lebenseinheit aus den Augen verlor, so daß nur jenes blasse „Subjekt" noch übrig blieb, ein bloßer Draht, an dem die zur Marionette gewordene Existenz ihre toten Bewegungen ausführt.

Zweites Kapitel.

DER CARTESIANISCHE EINWAND UND DIE PROBLEMSTELLUNG.

1. Die Alternative von Ausdehnung und Innerlichkeit und das Problem der Erscheinung.

Es liegt im Wesen undisziplinierter Erfahrung, etwas so lange für fundamental zu nehmen, als es ihrem Fortgang die größten Sicherheiten und ihren Zusammenhängen den besten Anschauungshintergrund verschafft. Für den wissenschaftlichen Ausbau der Erfahrung allerdings reichen diese Vorzüge nicht aus. Einer Sache Fundamentalcharakter zuerkennen bedeutet doch mehr und verlangt auch mehr. Etwas kann sehr wichtig für die Entwicklung unserer Einsichten sein, fundamental wichtig, wie man sagt, ohne gleich den Charakter eines echten Fundamentes zu haben.

Echtes Fundament trägt, ohne selbst getragen zu sein. Der Empiriker achtet pflichtgemäß nur auf die erste Funktion. Hat er sich aber von ihrem Vorhandensein überzeugt, so neigt er ohne Weiteres auch dazu, auf das Vorhandensein der zweiten zu schließen. Die Geschichte der empirischen Wissenschaft ist voll von Beispielen dafür. Kaum eine bedeutende Entdeckung oder Theorie, die nicht in diesem Sinne fundamentalisiert, d. h. zum Objektprinzip oder Erkenntnisprinzip der Dinge, wenigstens ansatzweise, gemacht worden wäre: Darwins Zuchtwahlgedanke, Marx' Überbauidee, Einsteins Relativitätsprinzip, Plancks Quantentheorie, Freuds Verdrängungs- und Sublimierungsbegriff.

Ob etwas für die Erfahrung tragfähig ist, darüber steht zweifellos dem Empiriker das Urteil zu. Ob es aber nicht selbst auch andere Träger für sich braucht, dazu bedarf es einer mit dem Wesen von Fundament und Prinzip sich abgebenden, einer philosophischen Untersuchung. So kann herauskommen, daß eine Sache fundamental wichtig ist, ohne Fundament zu sein. Wie es auch nichts Erstaunliches an sich hat, wenn die Erkenntnis eines Fundamentes in der Philosophie ohne Einfluß auf den Inhalt der wissenschaftlichen Erfahrung bleibt.

Niemand bezweifelt die außerordentliche Zweckmäßigkeit und Anschaulichkeit der Unterscheidung von physisch und psychisch. Sie trifft sicher wesentliche Differenzen im Sein der Wirklichkeit, wie der Fortgang der Körperwissenschaften und der Seelenwissenschaften beweist. Aber sie für ein Fundament zu halten, begegnet heute nicht mehr nur bei Philosophen, sondern schon bei allen solchen Empirikern Bedenken und Widerspruch, die es mit den rätselhaften Verbindungen des Physischen und Psychischen in den Gebilden der Person und ihrer Leistungen zu tun haben.

Sieht man zunächst einmal die Dinge in großen Umrissen, so darf man sich wohl dem allgemeinen Urteil anschließen, daß es Descartes gewesen ist, der die Unterscheidung von physisch und psychisch (in einer allerdings etwas anderen Fassung) fundamentalisiert hat. Er erklärte den Unterschied von res extensa und res cogitans für prinzipiell und gab ihm zugleich den Charakter einer vollständigen Disjunktion. Deckt sich auch der Sinn von psychisch und res cogitans nicht, so zielen doch beide Begriffe auf die gleiche Sphäre. Zu ihrer Bezeichnung diene zunächst ohne Unterschied das spezifisch deutsche Wort Innerlichkeit, mit welchem eine Vorentscheidung über die Wesenheiten des Psychischen, des Bewußtseins, des Subjekts vermieden wird.

Das Bild der cartesianischen Fundamentalisierung vervollständigt der Umstand, daß ihr Prinzip als einzige Methode zur Erkenntnis der physischen Dinge die mathematisch-mechanische Darstellung oder die Messung fordert. Bei der Identifikation von Körperlichkeit und Ausdehnung und der damit gegebenen Äquivalenz von Ausdehnung und Meßbarkeit zieht das Alternativprinzip res cogitans — res extensa die Fundamentalisierung der mathematischen Naturwissenschaft ohne weiteres nach sich.

Ursprünglich zwar ist die Scheidung alles Seins in res extensa und res cogitans ontologisch gemeint. Sie erhält jedoch von selbst eine methodologisch fortwirkende Bedeutung, die sie in gewissem Sinne der ontologischen Kritik entzieht. Mit der Gleichsetzung von Körperlichkeit und Ausdehnung ist die Natur ausschließlich der messenden Erkenntnis zugänglich gemacht. Alles, was an ihr zur intensiven Mannigfaltigkeit der Qualitäten gehört, muß als solches für cogitativ gehalten werden, da zur einzigen Gegensphäre der Ausdehnung die res cogitans bestimmt ist. Es gibt demnach nur die beiden Möglichkeiten, entweder die qualitativen Daseins- und Erscheinungsweisen der Körper mechanisch aufzufassen, sie also in Quantitäten aufzulösen, oder aber bei Vermeidung dieser Analyse sie für Inhalte von Cogitationen, für Inhalte und Produkte unserer Innerlichkeit zu erklären.

Daß ich als Ich in der ihm eigentümlichen Selbststellung zu dieser merkwürdigen Innerlichkeit gehöre, für welche als spezificum der Ausdruck cogitans von Descartes gewählt wurde, legt (noch ontologisch) den Grund für die Subjektivierung der nichtausdehnungshaften Bestandteile in der Natur. Es steht eben neben der Ausdehnung nicht die Intensität, sondern die Innerlichkeit, das „Denken" oder das Bewußtsein. Für das Nichtausgedehnte ist kein anderer Platz als die Sphäre der res cogitans gelassen. Die positive Bestimmung einer einzigen Gegensphäre entscheidet bereits über den Aufbau des ganzen Weltbildes. Dazu bedarf es nicht der weitergehenden Behauptung, die in idealistisch-subjektivistische Gedankengänge der nachcartesianischen Philosophie führt, daß die Innerlichkeit nur zu mir als Ich gehört.

Zu solcher Einengung des Cogitansseins auf den Umfang des eigenen Ichs kommt es durch die erkenntnistheoretische Überlegung, die Descartes auf berühmte Weise veranlaßt hat, daß an dem Sein des eigenen Ichs, gerade weil es eine res cogitans ist, nicht gezweifelt werden könne. Das Sein des Zweifels, und der Zweifel ist eine cogitatio, ist gegen sein eigenes Gift immun, muß es sein, wenn überhaupt Zweifel Bestand haben soll.

Als cogitans ist das Ich jedoch nur in Selbststellung, d. h. sich faßbar. Von einer res cogitans kann nur auf Grund der Zuwendung zu sich selbst gesprochen werden. Ein jeder darf darum die Zugehörigkeit des eigenen Ichs zum Sein der res cogitans annehmen, weil er in der (ausschließlich ihm selbst möglichen) Blickwendung zu sich als einem Ich, zum Ich als ihm selbst kommt. Auf das Cogitanssein stößt ein jeder also in einer ihm allein vorbehaltenen, auf ihn eingeengten Wahrnehmungsweise. Bloß in sich selbst faßt er es. Bloß als solches ist es unbezweifelbare Wirklichkeit. Andere Iche, in einer nicht ausschließlich einem jeden selbst möglichen Wahrnehmungsweise anzutreffen, sind daher vor Anzweifelung nicht geschützt. Aus der ontologischen Konzeption einer res cogitans ist unter Beachtung des Weges, auf dem man zu ihr kommt, eine methodologische Konzeption geworden. Der Satz, daß ich als Ich in der ihm eigentümlichen Selbststellung zur Innerlichkeit gehöre, hat die Umkehrung erfahren, daß die Innerlichkeit nur zu mir selbst gehört.

Als das zunächst Wichtige darf man festhalten: Daß das Bewußtsein, das eigene Ich die Verantwortung für die nichtquantitativen Phänomene des Naturmechanismus überhaupt tragen kann, liegt in der dem Ausdehnungssein völlig widersprechenden Gedankenhaftigkeit, Innerlichkeit des Ichseins begründet. Man begreift: ein Verfahren, die Erscheinungen vor der Auflösung ins ausdehnungshafte Sein, die Qualitäten vor dem Mechanismus zu retten, ist mit der Gegeninstanz des res cogitans gefunden.

Zwei ineinander nicht überführbare Erfahrungsrichtungen haben Urteilskompetenz bekommen, das Selbstzeugnis der inneren und das Fremdzeugnis der äußeren Erfahrung. Vergröbernd heißt das Aufteilung der Welterkenntnis in Erkenntnis der Körper und Erkenntnis des Ichs, modern gefaßt: in Physik und Psychologie.

Die Erscheinung als solche bleibt unbegreiflich. Das Problem der Empfindungsqualität konnte das naturwissenschaftlich geschulte 19. Jahrhundert nicht anders lösen wie Descartes und seine Nachfolger. Was qualitativ ist, muß subjektiv sein, einerlei ob in der groben Vorstellung einer Bedingtheit durch spezifische Sinnesenergien des nervösen Apparats oder in der sublimeren Auffassung seelisch-geistiger Ursachen für das qualitative Reich der Erscheinungen. Dieselbe Aporie von dem conjunctum zwischen Körper und Selbst, ausgedehntem und denkendem Ding als eigentlichem Kern der Empfindungsqualität, dasselbe Rätsel, wie aus dem Auftreffen mechanischer Reize und mechanischer Körpervorgänge in Nerv und Gehirn „auf das Ich" das qualitativ getönte Bild eines Gegenstandes bewirkt wird, begleitet die moderne Physiologie und Erkenntnistheorie bis auf den heutigen Tag.

Nur da hat bisher die Philosophie Antworten auf die nach der cartesianischen Alternative unlösbaren Fragen gefunden, wo sie den Mut aufbrachte, die ausschließliche Sachdienlichkeit der exakten Methoden für die Naturerkenntnis zu bestreiten. Die Wiederbelebung der Naturphilosophie im deutschen Idealismus gewann allerdings keine erhebliche Durchschlagskraft. Daran waren weniger die schwierigen Gedankengänge der Philosophen als die zur damaligen Zeit noch unentwickelten Zustände der exakten Naturwissenschaft schuld. Es bedurfte erst einer gewaltigen Durchführung der Auffassung, die Natur sei nur als Ausdehnung zu behandeln — mit allen cartesianischen Konsequenzen —, um die Gelehrten besonders auf dem Gebiete der

Biologie und Psychologie stutzig zu machen. An diesem Punkte sind wir heute angelangt. Die Losung: „Los von Descartes“ würde heute schon eine große Anhängerschar aus den verschiedensten Zweigen der organischen Naturwissenschaft, der Medizin und Psychologie gewinnen, wenn endlich die Philosophie nach dem Vorgang einzelner mutiger Denker sich entschließen könnte, den ganzen großen Problemkomplex von Neuem in Angriff zu nehmen.

2. Die Zurückführung der Erscheinung auf die Innerlichkeit.

Heute läuft ein solches Unternehmen nicht die Gefahr des Mißverständnisses, das zu den Zeiten der ihr Daseinsrecht erst erkämpfenden anorganischen und organischen Naturwissenschaften unvermeidlich gewesen war: der Naturwissenschaftsfeindlichkeit geziehen zu werden. Die experimentelle und messende Methode hat durch unbestrittene Triumphe ihre Unentbehrlichkeit für den Aufbau einer gesicherten Erfahrung längst erwiesen. Unsere gesamte Praxis müßte zusammenbrechen, wenn der Fortgang der exakten Wissenschaften an irgendeinem Punkte Hemmungen erlitte. Kenntnis vom Dasein auf anderen als den exakten Wegen bereichern zu wollen, heißt (wenigstens für das in Raum und Zeit Wirkliche) eine anmaßende Forderung aufstellen, welche die Beweislast für angebliche Unzulänglichkeit der exakten Methoden zu tragen hat.

Wogegen sich eine anticartesianische Bewegung richten muß, ist die Identifizierung von Körperlichkeit und Ausdehnung, physischem Dasein und Meßbarkeit, die es verschuldet hat, daß wir für die meßfremden Eigenschaften der körperlichen Natur blind geworden sind. So daß wir so weit gehen konnten, die Naturwissenschaften nicht nur für die einzig mögliche Erkenntnisweise der Natur, sondern die Natur geradezu für das Ergebnis der Naturwissenschaft, für ihr Methodenprodukt zu halten — eine Anschauung des Neukantianismus jüngst vergangener Zeit. Das Äquivalenzprinzip von Ausdehnung und Meßbarkeit — diesen geläuterten Sinn darf man der Extension in dem Augenblick geben, in welchem es sich nicht mehr um Interpretation des historischen Descartes, sondern um das Prinzipielle seiner Weltteilung handelt — mußte allerdings zur Auflösung physischer in rein quantitative bzw. rechnerisch darstellbare Verhältnisse führen.

Die Fundamentalisierung der offensichtlich jeden Widerstand im Gebiete physischen Daseins brechenden exakten Methode hat nach dem Cartesianischen Prinzip sehr bestimmte und bedeutende Folgen:

Besteht das Wesen der Körperlichkeit in Ausdehnung (wofür also Quantität bzw. Meßbarkeit eintreten kann), so dürfen die meßfremden, qualitativen Eigenschaften der Körper nicht zum Wesen der Körperlichkeit gehören. Wer ist für sie verantwortlich? In der Natur als dem Reich der Ausdehnung selbstverständlich nichts. Da es außer der Sphäre der Ausdehnung nur noch die Sphäre der Innerlichkeit, für welche das Selbst eintreten kann, gibt, bleibt keine andere Möglichkeit, als sie für die meßfremden qualitativen Eigenschaften der Körper verantwortlich zu machen. So werden um der restlosen Quantifizierung der Körper willen alle Qualitäten subjektiviert und zu Nur-Erscheinungen, weiterhin zu Empfindungen umgedeutet. Über Locke führt da ein direkter Weg zu Mach, den jeder Naturforscher noch heute geht.

Als Gegenstand in der Erscheinung ist der Körper ein Qualitätensystem. Auch das Quantifizierbare an ihm, Größe, Gewicht, Festigkeit, gegenständlich in der Erscheinung genommen, ist qualitative Bestimmtheit. Derselbe Körper aber läßt sich in allen seinen qualitativen Eigenschaften mechanisch-rechnerisch bestimmen. Da er nicht in demselben Sinne quantitatives und qualitatives System sein kann, muß er um der Identität des Daseinsgrundes seiner Eigenschaften willen in verschiedenem Sinne qualitativ und quantitativ sein.

Eine Möglichkeit für ihn, in verschiedenem Sinne und doch als derselbe zu sein, ergibt sich aus der Berührung oder Nichtberührung mit einem andern Seinsreich: der ausdehnungsfremden Innerlichkeit. Mit ihm dasein heißt dann gegenständlich erscheinen, ohne es dasein heißt ungegenständlich sein. Zu erscheinen ist einem Dasein äußerlich, einem Dasein nicht notwendig. Was der Körper eigentlich, im Kern, im Wesen ist, wird also von dem Kontakt mit der res cogitans nicht berührt. Jedoch bleibt der Kontakt nicht ohne Wirkung. Diese Wirkung liegt in dem „zum Gegenstand gebracht Sein", in der Erscheinung. Was am Körper mechanisch-rechnerisch unverständlich bleibt, die Qualitäthaftigkeit seiner Eigenschaften in der Erscheinung, wird nunmehr aus der Situation der Erscheinung, aus seinem Zusammensein mit der res cogitans, unter Mithilfe der res cogitans hergeleitet.

Warum sind die Körper nicht genau so da und erscheinen so wie sie sind: als pure Ausdehnungsverhältnisse? Warum gibt es da noch etwas, was zwar durch Mengenverhältnisse bedingt ist, aber nicht in ihnen restlos aufgeht, eben die Qualität einer Farbe, einer Gestalt? Weil die Körper für eine Innerlichkeit gegeben und von ihr erfaßt sind, eine Brechung ihres reinen Wesens in diesem ihnen selbst fremden und durchaus ungleichen Medium erleiden. Käme es wohl sonst zum bunten Farbenspiel, zum schillernden Reichtum der Klänge und Glänze auf den Körpern der Natur? Ihr Aussehen als das ihren Kern Umkleidende und insofern ihm Vorgelagerte kann seinen Grund lediglich in dem beständigen Kontakt mit eben jenem „Dinge" haben, dessen ganzes Sein darin aufgeht, zu denken, Akte zu vollziehen, innerlich zu sein.

Eine Grundtatsache aller Erfahrung, daß die Körper in der Gesamtheit ihrer Erscheinungen aus Qualitäten bestehen, erklärt das cartesianische Alternativprinzip aus dem unaufhebbaren Kontakt der Körper mit der Innerlichkeit, an deren Eigensein sich das Ausdehnungssein gewissermaßen zur intensiven Mannigfaltigkeit qualitativen Daseins entzündet: auf eine nach den Prinzipien der res extensa wie denen der res cogitans gleich unbegreifliche Weise. Das conjunctum der beiden Substanzen, welches die Gegenwart der Körper für das Selbst ermöglicht, wird der letzte Grund — nicht für diese und jene Eigenschaft, sondern für die Qualitäthaftigkeit der Eigenschaften selbst.

Im Aussehen stellt sich der Körper qualitativ dar. Seine substantielle Kernigkeit strahlt in den durch und durch qualitativen Eigenschaften an die Oberfläche, die an ihm selbst bleibend mit der res cogitans in Gegenstellung (auf unbegreifliche Weise) zusammenhängt. Diese (durch das conjunctum der beiden Substanzen ermöglichte) Frontstellung zum Selbst wird zum Grund für die Erscheinung, wohlgemerkt nicht nur für die Faßbarkeit der Erscheinung. Und in dem gleich strengen Sinne, in welchem die „Front" des Erscheinenden „vor" dem Tiefenkern, der eigentlichen Mitte seines Seins — in ihr ist es nur das, was es „eigentlich" ist — liegt und die zentrale Kompaktheit seines Wesens offenbart und zugleich verhüllt, muß die res cogitans der res extensa v o r g e l a g e r t sein. Als solche in ihrer Nacktheit ist also die res extensa nie vorhanden, sondern nur in dem „Mantel" der Erscheinung.

Mit der Identifikation 1. von Körperlichkeit und Ausdehnung, 2. der ausschließlichen Alternative von Ausdehnung und Innerlichkeit (Denken, Bewußtsein), 3. der Identifikation von res cogitans und dem „Ich selbst" zeigt sich wesensverknüpft die Subjektivierung der qualitativen Seite des Physischen und die Vorgelagertheit des Selbst.

3. Die Vorgegebenheit der Innerlichkeit und die Vorverlagerung meiner selbst. Satz der Immanenz.

Gegenständlich ist ein Ding nur, wenn es einem gegenständlich ist. Zur Gegenständlichkeit gehört ein Wogegen, wie eine Front nur Front gegen etwas, gegen eine Sphäre ist, nach der sie hinschaut. Objiziertsein des Körpers ist nur in einer Situation möglich, die dem Dasein des Körpers Anwesenheit ermöglicht. Gegenwärtigkeit, Anwesenheit heißt mehr als nur Dasein. Anwesendsein ist eine besondere Relation des Daseienden zu etwas, für welches es dann anwesend ist und Gegenwart hat. Da die res extensa nur als Qualitätensystem gegenwärtig ist, muß die einzige Gegensphäre der res cogitans zum Wogegen seiner Gegenwart, zur (vorgegebenen) Bezugssphäre seiner Gegebenheit werden. Körperliches Dasein erscheint mithin nur der Innerlichkeit. Dem physischen Objekt ist das innerliche Sein vorgelagert, vorgegeben, der erscheinenden Körperwelt das Selbst vorgeschaltet.

Ohne die eigentümlichen methodischen Konsequenzen betrachtet, die sich aus der Konzeption der res cogitans als des Ichs selbst ergeben, stellt sich die Gegenständlichkeit einfach als Relation zwischen beiden Seinssphären dar. Die Relationsglieder liegen einander gleichwertig gegenüber und da sie beide dem umgreifenden Sein angehören, bedeutet ihr rätselvoller Kontakt, auf dem die gegenständliche Welt der Erscheinungen beruhen soll, zunächst nichts anderes als irgend ein Zueinandersein. In der Gegenstellung sind die Glieder noch vertauschbar, die Relation richtungslos.

Gegenständlichkeit ist jedoch nur als eine besonders geartete Gegenstellung oder Gegenüberstellung möglich. Die Relation zwischen dem Sein, das gegenständlich erscheint bzw. erfaßt wird, und dem „Wogegen" als demjenigen, welchem es gegenständlich ist, besitzt eine nichtumkehrbare Richtung, die in polarer Gegensätzlichkeit der Relationsglieder ihren Grund haben muß. Ein Ding sieht nur „von ihm her", nicht „zu ihm hin" so und so aus. Qualitäten haften eigenschaftlich am Gegenstande. Schon aus diesem Grunde der Erscheinungsweise von Gegenständen ist die Sphäre, gegen welche sie objiziert sein sollen, ihrem Wesen polar entgegengesetzt. Die Innerlichkeit darf also nicht einfach als res cogitans der res extensa des Körpers entgegentreten, wenn der Körper als Körper erscheinen, gegenständlich dasein, anwesend sein soll. Solange Innerlichsein und Ausgedehntsein in ihrer Gegenstellung noch den gemeinsamen

Charakter des Seins wahren, ist die Forderung polarer Gegensätzlichkeit zwischen ihnen nicht wirklich erfüllt.

Nur wenn die res extensa gegen die cogitatio steht, erscheint sie. Zum ausgedehnten Ding ist allein der Akt des Subjekts absolut polar. Denn unter welchen Umständen verliert die Innerlichkeit den Charakter der Seinshaftigkeit und erfüllt damit die Bedingung einer echten Wogegensphäre zur gegenständlichen Erscheinung? Sobald sie in Selbststellung als Vollzugszentrum der Akte (cogitationes) verharrt, rein als Ich dem Sein gegenüber sich behauptet und auslebt. Nur insofern, als die res cogitans selbstmäßig, ichhaft der res extensa entgegengestellt ist, hat diese die Möglichkeit der Erscheinung. Woraus nach den oben dargelegten Konsequenzen wiederum folgt, daß nur ich selbst als Ich das entscheidende Glied in der Kette der Bedingungen für die objektive Erfahrbarkeit der Welt bin.

Der Satz, daß die res cogitans der res extensa vorgelagert sein muß, damit diese (immer natürlich im Geiste der cartesianischen Alternative und nicht nach dem historischen Descartestext gesprochen) gegeben sein kann, erfährt weitere Bestimmung. Gegeben sein heißt jetzt: mir selbst gegenwärtig sein. Erscheinen aber heißt Anwesendsein des Dinges kraft seiner Bezogenheit auf mich als Subjekt. Ergo — und nun erfolgt ein verhängnisvoller Schritt — bin ich in der nur mir vorbehaltenen Selbststellung die Bedingung, nach welcher Dinge gegenständlich erscheinen können. Was also erscheint, ist Inhalt meines Selbst, Bewußtseinsinhalt, Vorstellung. Aus dem noch ontischen Vorgelagertsein als Vorgegebenheit der Innerlichkeit zu Zwecken der Ermöglichung der phänomenalen Welt ist ein Vorgelagertsein meiner selbst geworden. Ich selbst sende den Blick auf die Dinge der Welt. Was ich, was mein Bewußtsein aber darin zu fassen bekommt, ist immer „schon" selbstbezogen, ist gegen das Wesen gehalten Erscheinung, d. h. durch mich selbst modifiziertes Wesen.

Die res cogitans als Ich berührt nicht direkt das körperliche Sein in seiner reinen Wesenheit, sondern nach dem Prinzip der Polarität nur seine Erscheinung, durch die sein Eigentliches verdeckt ist. So wird die Innerlichkeit eine Macht der Veränderung an der physischen Welt, das Prinzip ihrer Erscheinung, ihrer Verhüllung und insofern ihrer Verfälschung. Ihr vollziehender Akt, Blick, einfache Hinwendung ist dem Sinne nach wohl direkter Kontakt mit dem Körper. Trotzdem bleibt der Kontakt im Blick dem Situationsprinzip der Gegenstellung des Körpers gegen die Innerlichkeit verfallen: weil vorgegeben, liegt sie sich selbst im Blick, verhüllt den Körper in seinem nackten Dasein, gibt ihn im Bilde seiner Erscheinung. Der Intention nach direkt auf das Eigensein des Körpers gerichtet, leistet der Blick der cogitatio doch die nur indirekte Vermittlung zwischen ihm und der res cogitans durch die Erscheinung: nach dem Gesetz der Situation, wie sie Anwesenheit nun einmal darstellt. —

Ohne Partei für die Argumentation zu ergreifen, sei erwähnt, daß objektivistische und realistische Theoretiker zu Unrecht den Versuch gemacht haben, diesen Übergang vom Satz des Vorgelagertseins zum Satz der Vorgegebenheit als einen per nefas logicum erfolgten zu verdächtigen. Einmal, sagen sie, sei die Forderung erhoben worden, daß die res cogitans in voller polarer Gegensätzlichkeit zur res extensa dem körperlichen Dinge entgegentrete, d. h. als cogitatio, Akt, reiner Blickvollzug. Dann aber werde die Argumentation dieser Forderung wieder untreu, indem sie an Stelle der cogitatio doch die res cogitans, an Stelle des Blickes den Blicksender, die Innerlichkeit einsetze und nun natürlich gezwungen sei, dieses dem Dingobjekt vorgelagerte Etwas, diese andere res trotz ihrer Subjektsfunktion wie ein Objekt zu behandeln. Aus solcher Verwechslung resultiere der Zwang, dasjenige, dem ursprünglich die Aufgabe der Auffang- und Wogegensphäre zugedacht war, seinerseits auffangen und objizieren, das Ichobjekt (Mich) dem Ichsubjekt (Ich) gegeben sein zu lassen.

So liegt die Sache aber nicht. Denn bedeutsamerweise ist der gewiß verhängnisvolle Schritt vom Vorgelagertsein zur Vorgegebenheit durch die Subjekt-Objektstruktur des Ichs selbst vorgezeichnet. Zum Wesen der Selbststellung gehört die Spaltung in das Ich, auf das Bezug genommen wird, und in das Ich, welches Bezug nimmt. In Selbststellung ist Innerlichkeit nur, sofern sie sich erfassen kann, und sie erfaßt sich nur, sofern sie Ich ist. Die Identität des Ichs wird dadurch nicht etwa zerrissen, sondern allererst ermöglicht. Identität als Dieselbigkeit besteht geradezu in dem Fortgehen „von" dem Etwas, was identisch (mit „sich") sein soll, als Rückgang „zu" ihm. Um identisch zu sein, braucht also auch das Selbst, genau so gut wie jedes Etwas, den Fortgang „von" ihm als Rückgang „zu" ihm. Das Selbst steht im Doppelaspekt des Fortgangs „von" ihm (Akt, reiner Blick, cogitatio) als des Rückgangs „zu" ihm (Ich als Vollzugszentrum der Akte, Blicksender, res cogitans). Man darf die Schärfe dieser Bestimmung nicht dadurch verwischen, daß man die Spaltung in die Subjekt-Objektivität nur als Betrachtungsweise des Ichs auffaßt. Es ist lebendige Einheit durch Entgegensetzung von Ausgangsselbst (Akt) und Rückgangsselbst (Aktzentrum) und zwar Vollzug dieser Spaltung als ihrer Aufhebung.

Unmittelbarkeit der Icherfassung ist ebenso nur als vermittelte wie Einunddieselbigkeit des Ichseins nur kraft seiner Spaltung möglich und wirklich. Nur wo diese Bedingung innegehalten wird, beharrt ein Ich in echter Selbststellung. Daß nach den oben gemachten Ausführungen als Gegensphäre der res extensa allein die cogitatio, der lebendige Akt, das Ich als Selbst, nicht als Sein in Betracht kommt, schließt also nicht aus, sondern geradezu mit ein die Gegenstellung des Ichs als res cogitans, als Sein, als Objekt.

Hieß es oben: ihr vollziehender Akt, Blick, einfache Hinwendung ist dem Sinne nach der direkte Kontakt der Innerlichkeit mit dem Körper, trotzdem bleibt er dem Situationsprinzip der Gegenstellung des Körpers gegen die res cogitans verfallen: er liegt sich selbst im Blick, so verwandelt sich das Trotzdem hier in ein Weil. Das Ich in Selbststellung ist nur in der „Ich bin"form, ich bin nur kraft des in Selbststellung seienden Ichs. Als dargelebte Einheit von erster und dritter Person konstituiert sich das Ich als Ich, ist es res cogitans und cogitatio in Einem. Vom Ich gilt jenes tiefsinnige Wort des Evangeliums in beschreibendem Sinne: nur wer sich verliert, wird sich gewinnen. Als cogitatio ist ihm seine substantielle Natur, sein res-Charakter verloren gegangen (und darum vermeint das Ich im Blickvollzug die Sache originär und direkt zu haben). In der cogitatio erfüllt sich jedoch erst das substantielle Wesen der res cogitans zur spezifischen, der res extensa polar entgegengesetzten Seinsgröße (und darum leistet der Blickvollzug die nur nachträgliche und vermittelte Beziehung eines bereits subjektsbezogenen Inhalts d. h. der Erscheinung auf das Subjekt).

[Freilich erheben sich hier die entscheidenden Schwierigkeiten. Bedeutet die Vorgegebenheit des Ichs vor dem Objekt dasselbe wie die Gegebenheit des Objekts? Vor allem: folgt aus ihr die Selbstabsperrung gegen die „äußere" Welt und die Selbsteinsperrung des Ichs in seiner eigenen Bewußtseinssphäre? Ist der Idealismus wirklich unvermeidlich und könnte der Realismus nur durch Beseitigung der eben entwickelten Thesen zu seinem Rechte kommen? Oder gilt nicht ein Drittes: ist nicht vielleicht der direkte Konnex zwischen Subjekt und Objekt notwendig nur als indirekter, der unmittelbare Zusammenhang mit dem Sein nur als vermittelter, die originäre Anwesenheit des Wirklichen nur im Bilde möglich? Hier sei das Problem nur gestellt, keine Entscheidung getroffen.] —

Die berühmte Konsequenz aus dem Prinzip der Vorgelagertheit der Innerlichkeit oder des Selbst ist als Satz der Immanenz bekannt. Über sich und seine Sphäre greift das Subjekt nicht hinaus. Was ihm gegeben ist, ist in ihm gegeben. Das Seiende ist erfaßt, heißt: es ist anwesend für den Erfassenden oder ist ihm objiziert. Seine Gegenwart oder Gegenständlichkeit setzt den Bezugspunkt für das Erscheinende voraus. Die Erscheinung wird dementsprechend dem Inhalt des Bewußtseins äquivalent und in einer gewissen Hinsicht mit ihm identisch sein müssen.

Gemäß der Art, wie man diese Identität zu fassen suchte, bildeten sich eine Fülle verschiedener Immanenzphilosophien, die vom Physiologismus über den Psychologismus mehrere Etappen der Sublimierung durchlaufen haben, um schließlich im Transzendentalismus zu gipfeln. Auf jeder dieser Stufen ist nach dem Gesetz der Subjekt-Objektivität des Ichs die Stellung der res cogitans doppelsinnig und das Ich ebensosehr Quelle des Scheins als Quelle der Wahrheit.

So wiegt, um ein Beispiel zu geben, in rein physiologischer Hinsicht der positive Beitrag der Sinne und Nerven zur Erfassung des Objekts nicht schwerer wie die Verfälschung, welche die notwendige Funktion der Sinnesorgane und des Nervensystems an dem Objekt vornimmt. Physiker und Physiologen stellen die doppelsinnige Leistung unserer Sinnesorgane so vor, daß sie von der physikalischen Definition des Objekts dabei ausgehen. Bestimmte elektromagnetische Zustände, sagen sie, werden qualitativ als leuchtend erfaßt. Nach den Versuchen, welche die Existenz spezifischer Sinnesenergien der Nerven wahrscheinlich machen, darf diese Erscheinungsweise des Leuchtens auf das Konto des Nervus opticus geschrieben werden, dessen Funktion allerdings unentbehrlich ist, um solche elektromagnetischen Zustände in unmittelbare Erfahrung zu bringen. Der Nerv fälscht ebensoviel als er Wahres ermittelt; und er muß fälschen, um zu ermitteln.

Ganz sublimiert und gegen die Cartesianische Ausgangssituation weitreichend verändert erscheint das Verhältnis von Ich und Objekt im transzendentalen Idealismus. Denn hier ist die Ichheit Prinzip der res extensa geworden, wenn man so vergröbernd sagen darf, Prinzip der Möglichkeit naturwissenschaftlicher Erkenntnis im messenden Sinne. Anschauungs- und Denkweisen konstituieren die Erscheinungen in gegenständlicher Bedeutung. Und trotzdem hat Kant dem Prinzip des doppelsinnigen Charakters des Selbst in der Idee vom Ding an sich (Affektionswirkung auf die Sinnlichkeit, Begrenztheit möglicher Erfahrung) Rechnung getragen. Die Gegenstände erschöpfen eben nicht das Sein und nicht einmal das Dasein. Sie sind Welt in Frontstellung zum Betrachter und damit Erscheinungen, deren eigenes Sein verborgen, wenn auch nicht — sonst wären sie bloßer Schein — verloren ist. Zwar fügen sich die Erscheinungen den Prinzipien der Messung, aber sie bleiben vordergründig gegen das unbekannte Sein an sich. Selbst die Erweiterung des Immanenzbereichs zum Inbegriff möglicher Erfahrung hebt dieses Gesetz des Zerfalls in eine ichmitbedingte Gegenstandssphäre und eine transobjektive, vom Ich abgekehrte Sphäre des Ansichseins nicht auf. Gerade die Verschiebung der Immanenzgrenze durch den transzendentalen Idealismus, der eine Rechtfertigung des empirischen Realismus der Naturforscher ist, gegenüber Descartes oder Locke macht das Immanenzprinzip nur umso deutlicher. —

Gleichgültig gegen ihre Wesensbestimmung, die bisher absichtlich offen gelassen wurde, übernimmt die res cogitans von selbst die Funktion des Subjekts. Anfänglich eine Zone des Seins von gleichem Rang wie die Zone der res extensa und ihr in jedem Sinne gleichgeordnet, zeigt sie sich ihr vorgelagert, um die Möglichkeit der Qualitäten sicherzustellen. Mit dieser Vorlagerung wird die res cogitans als das Selbst bestimmt, dessen Funktion in Zuwendung zum Ding und Hinnahme des Dinges besteht. Durch eben diese Funktion legt sich das Selbst notwendig zwischen sich und die Dinge, ganz wie die Erscheinung zwischen dem Sein und dem Blick liegt, der es sieht. Das Selbst greift also nur in der Intention, nicht faktisch über seine eigene Sphäre hinaus. Es bleibt in ihr gefangen und steht nur vermittels seiner Inhalte mit dem jenseitigen Sein in Verbindung. Einzig als Selbst kann die res cogitans die ihr aus der Identifikation von Körperlichkeit und Ausdehnung zufallende Aufgabe einer Rettung der Erscheinung erfüllen. Und sie erfüllt die Aufgabe nur um den Preis ihrer Selbstabsperrung gegen die physische Welt.

4. Ausdehnung als Außenwelt, Innerlichkeit als Innenwelt.

Die res cogitans kann einzig als Selbst und zwar genauer als Ich Selbst die ihr aus der Identifikation von Körperlichkeit und Ausdehnung zufallende Aufgabe einer Ermöglichung der Erscheinung erfüllen. Und sie erfüllt diese Aufgabe nur um den Preis ihrer Selbstabsperrung gegen die physische Welt, nur kraft eines Sprungs im Ganzen des Seins, der als trennende Kluft zwei nicht ineinander überführbare Erfahrungsstellungen schafft.

In der gewöhnlichen Anschauung liegen die Dinge anders. Hier gibt es ausgedehntes Sein und Bewußtsein unabhängig und unbeeinflußt von mir als „Denkendem". Ich selbst bin eingebettet in das Gesamtsein, das in diese gegensätzlichen Arten zerfällt. Neben mir gibt es noch andere Iche, res cogitantes, die ihr eigenes Leben für sich führen, eingebettet in das Gesamtsein. Jedes Ich kann mit jedem anderen in direkten Kontakt treten, so gut wie mit der physischen Welt. Die Welt ist offen gegen Auge und Hand, die sie fassen wollen, und das Ich ist offen gegen die Welt, die sich ihm gibt. Natur und Mitwelt sind für diesen, wie man sagt, natürlichen Realismus der naiven Einstellung selbständig in ihrem Sein, doch nicht verschlossen. Ihn im Sinne des Immanenzsatzes aufzugeben, bedeutet für die naive Einstellung des lebendigen Menschen eine faktisch unvollziehbare Zumutung. Evidenz streitet da gegen Logik.

Merkwürdigerweise hat die empirische Wissenschaft diesen Widerspruch in Permanenz erklärt, obwohl sie doch gerade am natürlichen Realismus in seinen Grundzügen festhält und festhalten muß, wenn sie ihre Methoden, die zur Voraussetzung eine vom Subjekt unabhängige Welt haben, nicht entwerten will. Die Empirie macht eben von dem cartesianischen Prinzip soweit Gebrauch, als ihr dadurch vollkommene Bewegungsfreiheit geschaffen wird. Sie überläßt die Diskussion aller jener sonderbaren Fragen von der Realität und Erkennbarkeit der Außenwelt, des fremden Ichs und des Verhältnisses von Körper und Seele, die erst aus der Immanenzsituation und dem „Sprung" zwischen zwei verschiedenen Seinsarten verständlich werden, den Philosophen, handelt jedoch der Immanenzsituation im Ganzen gemäß, indem sie die zwiefache Erfahrung von einer Körper- und einer Innenwelt fundamentalisiert.

Das Interesse an der Reinheit der Erfahrungsquellen, ein zugleich methodisches Interesse, erklärt immerhin diese Neigung der Empirie, an der cartesianischen Lehre von den nicht ineinander überführbaren Erfahrungsstellungen selbst um den Preis des Konflikts mit der natürlichen Weltsanschauung festzuhalten. Unbestreitbare Erfolge nach dieser Methode rechtfertigen auch bis zu einem gewissen Grade das Wagnis des Konflikts. Trotzdem bleibt natürlich die Forderung bestehen, den Ausgleich zwischen dem natürlichen Realismus der naiven Einstellung und seiner wissenschaftlichen Interpretation zu suchen.

Hierfür ist von entscheidender Bedeutung die Einsicht, daß die gesamte empirische Interpretationsart unseres natürlichen Daseins von einer stillschweigenden Voraussetzung ausgeht: Ich selbst bin „in" meinem Körper, mein Körper „umschließt" mein Selbst. Der eigene Körper wird nicht ganz zur Körperwelt gerechnet, sondern zugleich als Grenze des Ichs gegen sie, als Peripherie der Innerlichkeit behandelt. Man weicht also den Konsequenzen des Occasionalismus dadurch aus, daß man den eigenen Körper sowohl als Inhalt der physischen Welt wie auch als Zugang zu ihr, als ihr Konstitutionsprinzip versteht. Mein Körper ist ein ausgedehntes Ding und zugleich der Träger der Sinne, durch welche das Ich Kunde von einer ihm selbst transzendenten „Außen"welt erhält. Daß man wirklich dem Occasionalismus ausweicht, ist allerdings sehr fraglich. Sicher ist nur, daß man ihn fürchtet und darum jene berühmten Durchbrechungsprobleme der Immanenz immer noch als Probleme festhält, obwohl die Lösungsmöglichkeiten von vornherein durch die cartesianische Alternative abgeschnitten sind.

Wie kommt es nun überhaupt zu jener berühmten Binnenlokalisation der Innerlichkeit im eigenen Körper? Wie wird aus der Innerlichkeit eine Innenwelt? Man sollte doch glauben, daß der einfache Hinweis auf den Unterschied zwischen dem Ineinander der Mannigfaltigkeit, die als ichzugehörige Seins- und Aktfülle in der Selbststellung faßbar wird und sich auslebt, und dem In-einem-anderen-sein eben dieser Mannigfaltigkeit genügte, um jeder Verwechslung vorzubeugen und eine Verräumlichung des per definitionem Unräumlichen zu verhindern. Trotzdem besteht hier ein eigentümlicher Anschauungszwang, auf welchen die Unterscheidung von Innenwelt und Außenwelt zurückgeht.

Daß nämlich ich selbst den eigenen Körper als meinen Körper betrachte, ist in der Hierstellung meiner selbst und meines Körpers begründet. An welcher Raumstelle ich mich auch befinden mag, so ändert sich dieser Charakter dabei nie. Als reines Objekt betrachtet, erfülle ich eine beliebige Raumstelle, als Ichsubjekt bin ich wesensgemäß Hier. Das Selbst ist geradezu „dasjenige", wogegen alles Seiende konvergiert. So wenig es einen Sinn hat, von ihm als dem Unausgedehnten schlechthin die Möglichkeit irgendeiner Art von Raumerfüllung zu behaupten, also zu sagen, es sei hier oder dort, so unvermeidlich ist es, den

Hiercharakter des Ichsubjekts als ein zu ihm gehörendes, sein Wesen konstituierendes Moment festzuhalten. Insofern ist das Selbst das Hier und nicht im Hier. Der absolute d. h. nie zu einem Dort werdende, durch eine angebbare Raumstelle nicht vertretbare Hierpunkt gehört also dem objektiven Raum nicht nachweisbar an. Jedoch konstituiert er als absolute Mitte die anschauliche Struktur des Raumes, die Umhaftigkeit des Raumes.

Vom Körper dagegen kann ich ein Gleiches nicht sagen. Er ist nicht das Hier, sondern er ist bald hier, bald dort, die Bestimmung seiner Lage ist notwendig eine auf den gewählten Meßstandpunkt relative. Nur von meinem Körper kann ich sagen: er ist „immer" hier oder im Hier. Die Stelle, die er als mein eigener, zu mir selbst gehöriger Körper einnimmt, liegt nachweisbar im objektiven Raum. Als solche kann sie zu einem Dort werden, das für einen andern Körper Platz bietet. Als mein Körper ist er immer hier, trotzdem nie das Hier selbst.

Insofern hat er eine zum Ich ausgezeichnete Stellung, die man gewöhnlicherweise räumlich als Umschlossensein des Ichs von seinem Körper betrachtet. Gerade die naive Anschauung unterscheidet das reine Ich, gegen welches auch der eigene Körper „ringsum" noch konvergiert, von diesem Körper, gegen welchen — „subjektiv gesehen" — die Außenwelt konvergiert und von dem möglicherweise getrennt zu werden durchaus keinen Widersinn bedeutet. Objektiv gesehen gehört auch er der Außenwelt und damit der Relativordnung des objektiven Raumes an. Schon diese Schwierigkeit, für die Totalkonvergenz des Gegebenen auf das Hier und die Stellung des eigenen Körpers im Hier unmißverständliche Ausdrücke zu finden, welche Raumhaftigkeit und Räumlichkeit, raumbedingenden und raumbedingten Charakter unterscheiden, erzwingt für gewöhnlich die Binnenlokalisation der Innerlichkeit im eigenen Körper.

Ferner spielt dabei eine wichtige Rolle die Binnenordnung, in der die Mannigfaltigkeit des eigenen Körpers selbst auftritt. Sie fällt nicht mit dem Ineinander der innerlichen Seins- und Aktmannigfaltigkeit zusammen, obwohl auch sie (wie jene) nur in der Selbststellung zur Erscheinung kommen kann. Am fremden Körper ist sie nicht aufweisbar. Dort gibt es das spezifisch raumerfüllende Neben- und Ineinander der Teile, wie es jedem räumlich ausgedehnten Ding wesentlich ist.

Dieser Unterschied wird für gewöhnlich übersehen, weil auch der eigene Körper, und gerade in der Selbststellung, eine Ausdehnung besitzt. Der eigene Körper ist eine von einheitlicher

Oberfläche umschlossene Tiefenfülle, die als solche durchfühlbar und von Impulsen durchsetzbar ist. Ein Reiz, auf die Oberfläche ausgeübt, präsentiert sich „da und dort“ in mehreren Empfindungsfeldern, optisch, taktil, kinästhetisch. Der Impuls, der ihm antwortet, greift bald hier, bald dort „innen“ an, um die entsprechende äußere Wirkung zu erzielen. Dieses System von Organ-, Bewegungs-, Gelenkempfindungen, durchzogen von Schmerz- oder Lustgefühlen, bildet eine zwar nicht meßbar, aber qualitativ ausgedehnte Mannigfaltigkeit, Mächtigkeit und Fülle, zusammengehalten und empfindungsmäßig begrenzt von den Oberflächen der Haut und der Sinnesorgane. Für das primitivere Unterscheidungsvermögen, dem meßbare und nichtmeßbare Ausdehnung in Eins verfließen, nimmt daher die Binnenordnung des eigenen Körpers die Züge eines Innenraumes für das Ineinander psychischer Mannigfaltigkeit an.

Schließlich wirkt in der Richtung einer Lokalisation des Ichs im eigenen Körper sehr wesentlich der Nichtgebrauch der Sinnesorgane bei der Selbstbeobachtung, Reflexion, Versenkung, Konzentration. Da prinzipiell jeder Kontakt mit anderen sinnlich faßbaren Dingen fortfallen kann, ohne die Beschäftigung des Ichs mit sich selbst zu behindern, wird auch aus diesem Gesichtspunkt das Drinnensein der Innerlichkeit unabweisbarer Schein.

Konvergenz des eigenen Körpers gegen das reine Hier, die strukturelle Verwandtschaft zwischen der Binnenordnung des eigenen Körpers und dem Ineinander der Seins- und Aktmannigfaltigkeit des Ichs einerseits, dem räumlichen Auseinander anderseits und die weitgehende Ausschaltbarkeit der körperlichen Außenorgane bei der Selbstbeobachtung führen zu der Anschauung einer vom Körper räumlich umschlossenen und verhüllten Innenwelt.

In Verbindung mit dem Satz der Immanenz des Ichs ergeben sich daraus Thesen von größter Tragweite: 1. das Prinzip der Weltgliederung in Innenwelt und Außenwelt; 2. die Lehre von der inneren und äußeren Wahrnehmung und ihrer Nichtüberführbarkeit ineinander; 3. (auf Grund der Identifikation der Außenwelt mit der Welt der Ausdehnung, der Innenwelt mit der Innerlichkeit) die Bindung der äußeren Wahrnehmung an physische Objekte, der inneren Wahrnehmung an das eigene Selbst; 4. die Indirektheit der äußeren Wahrnehmung; 5. die Zurückführung der Außenwelt auf Sinnesempfindungen — das Prinzip des methodischen (wie auch des dogmatischen) Sensualismus; 6. die Problematik des Zusammenhangs von innerer und äußerer Welt.

Mit einem Schlage wird die Ausdehnung und Tiefe der gesamten vom cartesianischen Alternativprinzip bedingten Fragen übersehbar. Berühmte Probleme, die unter dem Einfluß dieses Prinzips in ganz verschiedenen Disziplinen der Philosophie abgehandelt zu werden pflegen, lassen ihren inneren Zusammenhang erkennen: die Fragen nach der Realität der Außenwelt und des fremden Ichs; die Fragen nach der Möglichkeit physischer und psychischer Fremdwahrnehmung; das Problem der Haltbarkeit einer vergleichenden, an Introspektion methodisch und gegenständlich nicht gebundenen, insbesondere auf Tiere ausgedehnten Psychologie bzw. Biologie (der Fragenkreis von Umwelt und Innenwelt der Tiere); das Problem der Wechselwirkungsweise zwischen Umwelt und Organismus („Anpassung"); die Zusammenhangsweisen körperlichen und seelischen Seins.

5. Satz der Vorstellung. Das Element Empfindung.

Die aus Gründen der Anschauung so plausible Lokalisation des Ichs im eigenen Körper hat an Hand des cartesianischen Alternativprinzips einem mehr oder weniger durchdachten Idealismus und Anthropozentrismus zu seiner heutigen Verbreitung verholfen. Wenn eine gewisse Blindheit gerade für die elementarsten Fragen, welche die Erscheinung der Natur an uns stellt, und Gleichgültigkeit gegen die unmittelbare Naturwirklichkeit in der Philosophie heute noch dominieren, wenn sogar bis auf ganz wenige Ausnahmen zugestandenermaßen vollkommene Ohnmacht herrscht, Sinn und Leistungen der Geschichte der Naturphilosophie aus den Dokumenten zu interpretieren, so hat man darin die deutlichen Symptome einer noch in den Mißverständnissen vom cartesianischen Alternativprinzip bestimmten Weltanschauung zu erblicken.

Ist man einmal dazu übergegangen, das Reich der cogitatio, das Bewußtsein hinter die Stirn und in den Kopf zu verlegen und damit trotz aller gelehrten Versicherungen die alten Beispiele, dem Subjekt einen Sitz zu suchen, zu befolgen, so muß natürlich, unter Berücksichtigung des Vorausgegangenen, der Zwiespalt in den Konstituentien der Welt zu einem Zerfall in zwei verschiedenen geartete Welten werden. Einer Innenwelt muß die Außenwelt gegenübertreten, einer Hier-Welt die Dort-Welt. Nach dem Immanenzprinzip kann jedoch die Hierwelt keinen direkten Kontakt mit der Dortwelt haben. Deshalb läßt sich der Bestand der Dortwelt nur auf indirektem Wege, durch Vermittlung der Hierwelt ermöglichen. Die Fensterlosigkeit des Subjekts oder die absolute Einsamkeit des Ichs bekommt den Charakter einer unumstößlichen Ausgangsgewißheit.

Die Vorzugsstellung des eigenen Selbst, die um der qualitativen Gegebenheitscharaktere der physischen Dinge willen zu einer Vorgegebenheitsstellung werden mußte, findet im Satz der Immanenz nicht nur die Feststellung ihrer Abgeschlossenheit von der physischen Welt. Dieser Satz ist kein einfacher Aussagesatz. Immanenz des Ichs besagt mehr als einen Sachverhalt. Sie bedeutet zugleich das Prinzip des Vorrangs der Gegebenheit vor dem Sein, ein methodisches Prinzip, Urteile über Seiendes zunächst dadurch zu prüfen, daß man die Zugänglichkeit des Seins untersucht. Seiendes wird etwas, zu dem man hingelangen bzw. das gegeben sein, erscheinen muß, um beurteilbar zu sein. Satz der Immanenz, das heißt: der Manifestation irgendeines Seienden entspricht ein Akt subjektiver Zuwendung, auf Grund dessen es vorhanden ist. Zugänglichkeit (Gegebenheit) und „Wissen von" werden einander äquivalent und bleiben bei gegensinniger Richtung notwendig miteinander verknüpft.

Gegen anderes Sein verschlossen, ist jede Art Bewußtsein, wie Fichte es formuliert hat, Selbstbewußtsein, mag es sich um Daten der Außen- oder Innenwelt handeln. Zwar differenziert sich der nehmende Akt des Ichs in äußere und innere Wahrnehmung entsprechend den Gegebenheiten, auf die er sich richtet. Aber die äußere Wahrnehmung greift nur dem Sinne nach ins Außen, dem Werte nach bleibt auch sie drinnen, ist auch sie „innere" Wahrnehmung, Selbstbewußtsein. [Hier hat die bedeutsame Scheidung des Psychischen als des Inbegriffs objektivierbarer (wahrnehmbarer) innerlicher Phänomene vom unobjektivierbaren Ichsubjekt, dem reinen Hier, gegen das auch die Welt der Bewußtseinsinhalte konvergiert, noch keinen Platz. Zunächst bleibt das Ichsubjekt der Welt des wahrnehmbaren Bewußtseins streng angehörig. Erkenntnistheoretische Überlegungen im Sinne Kants treten noch nicht ins Spiel. Das reine Ich ist identisch mit dem realen in Selbststellung lebenden, das Bewußtsein identisch mit dem „sich" objektiv werdenden Subjekt.][1])

Äußere Wahrnehmung geht nur auf die Außenwelt, die mit der ausgedehnten Welt, der körperlichen Dingwelt schon darum

1) In Fichtes Begriff des absoluten Ichs ist noch auf ganz andere, hier nicht zu erörternde Motive Rücksicht genommen.

identisch wird, weil das innerliche Sein zur Innenwelt geworden ist. Physischen Inhalten entspricht in unverrückbarer Zuordnung die äußere, psychischen bzw. bewußtseinsmäßigen Inhalten die innere Wahrnehmung. Außen gibt es nur körperliche Daten, innen nur seelische Phänomene. Nach dem Prinzip der Immanenz sind aber körperliche Daten nicht originär da und in direktem Kontakt mit ihnen gegeben, wie die Wahrnehmungsintention und -evidenz glauben macht; sie sind nur als psychische Daten originär da, nur als Bewußtseinsinhalte direkt gegeben. Jedes Element der (dadurch in ihrem Eigenbestand problematisch werdenden) Außenwelt ist infolgedessen psychisch-bewußtseinsmäßig vermittelt, hat Bewußtseinsinhalte zu seinen Repräsentanten.

Das Gesetz der Repräsentation oder der Vorstellung der Außenwelt leitet sich ohne weiteres vom Immanenzprinzip her: die Erscheinung ist zur Vorstellung geworden, hat den Seinswert und Rang der Vorstellung erhalten. Vergeblich ruft die natürliche Einstellung in ihrem naiven Wirklichkeitsglauben den Augenschein gegen die Argumentation als Zeugen an. Vergeblich weist sie auf den erlebnismäßigen Unterschied zwischen echter Erscheinung als der in ihrem originären Selbst gegenwärtigen Sache und echter Vorstellung (Erinnerungsbild, Phantasiebild) hin. Diese Unterschiede werden zu bloßen Unterschieden innerhalb des Bewußtseins, behalten nur den Wert verschiedener Meinungen des Ichs.

[Es gibt da allerdings Schwierigkeiten, mit denen der Vorstellungsidealismus nicht fertig wird: die Tatsache heterogener sinnlicher Materialien an den Vorstellungen mit Außencharakter und die Tatsache der Abhängigkeit des Auftretens dieser Vorstellungen von den körperlichen Sinnesorganen. Offenbar muß die Verbundenheit des Ichs mit dem eigenen Körper den Sinn haben, dem Ich Kunde von einer außer ihm existierenden Welt zu vermitteln, und wenn man den Vorstellungen auch nicht gleich Abbildwert zusprechen will (niemand kennt die Originale), — den Wert von Zeichen für diese Sphäre des Dinges an sich wird man ihnen nicht nehmen können. Selbst angenommen, irgendeine Form des metaphysischen Idealismus träfe das Richtige, käme sie nicht an diesem einfachen Phänomen vorbei. Der Körper als ausgedehntes Ding gehört dann allerdings schon zum Selbstbewußtsein, und zwar zur Sphäre äußerer Wahrnehmung, vermittelt aber offenbar doch dem Ich, der Sphäre innerer Wahrnehmung, Materialien zum Aufbau seiner Vorstellungen. In diesem Doppelaspekt präsentiert sich, idealistisch oder nichtidealistisch angesehen, das psychophysische Gesamtselbst, dessen äußerste Zone seiner eigenen Organe das reine Hier des Ichs in beständiger Bindung umschließt. Einmal bildet der eigene Körper die Peripherie der Immanenzsphäre, weil er sowohl Teil an der Außenwelt als auch Teil an der Innenwelt hat. Dann wieder umschließt die Innenwelt, als Selbstbewußtsein die Gebiete innerer und äußerer Wahrnehmung enthaltend, im Schatz ihrer Vorstellungen die Außenwelt. Wie soll aber eine Sphäre zugleich mit ihren Grenzen in der Außenwelt geborgen sein und die Außenwelt in sich bergen?]

Daß der radikale Dualismus, die Verewigung des Doppelaspekts im Sinne des Occasionalismus, eine sich selbst zerstörende Situation darstellt, führt zu dem Zugeständnis der Affizierbarkeit des Ichs durch die Sinne, der Affizierbarkeit der nur in ihren Phänomenen bekannten Welt durch das handelnde Ich. Das Recht zu diesem Zugeständnis holt sich die Philosophie wieder aus der eigentümlichen Stellung des eigenen Körpers zum Ich, seiner Totalkonvergenz gegen das reine Hier und seiner Binnenordnung. Als ein von innen her durchfühlbares und impulsiv mehr oder minder beherrschbares, nach außen gewandtes und teilweise als Außen gegebenes System, dessen Zentrum das Ich, dessen binnenhafte Mannigfaltigkeit dem Ineinander der Akte und Vorstellungen völlig eingeschmolzen erscheint und dessen Grenzflächen bei aller Gegenständlichkeit (also trotz ihrer Vorstellungsnatur) von innen her die Bedeutung von Sinnes- und Bewegungsfeldern, von Einmündungs- und Ausmündungszonen der Wahrnehmungs- und Impulsakte zeigen, gibt er sich selbst als die gesuchte Brücke von der Innenwelt zur Außenwelt zu erkennen.

Da nun nach dem Satz der Immanenz zwischen Ich und Außenwelt jede Brücke abgebrochen sein soll, darf der Übergang von Innen nach Außen, von Außen nach Innen, wie es auch die vollkommene Heterogenität der Ausdehnung und der Innerlichkeit verlangt, nicht als ein nach räumlichem Schema kontinuierlicher Austritt bzw. Eintritt gedacht werden. Der Modus des Übergangs bleibt überhaupt notwendig unerkennbar. Man kann in dieser Problemsituation den Übergang nur in der Form eines gegen Außenwelt und Innenwelt, Körper und Psyche gleich indifferenten Elementes zu fassen suchen, aus dem beide Welten letztlich sich erbauen. Dieses Grenzdatum der Ein- und Ausmündungszone meiner selbst als eines Körpers unter Körpern und als eines Ichs in diesem Körper mit Sinnes- und Bewegungsorganen ist die Empfindung, das Ausgangsmaterial aller Vorstellungen.

Mit diesem Terminus und dem, was ihm aufweisbar entspricht, ist das Äußerste erreicht, was nach cartesianischem Alternativprinzip erreicht werden kann: zugleich der Ansatz zu einer Selbstüberwindung des Weltdualismus nach den Gesetzen seiner eigenen Perspektive.

Natürlich braucht man in der „Empfindung" einen derartigen Ansatz nicht zu sehen und kann sie als Element der Vorstellung wie diese in das Innere verlegen. Praktisch arbeitet der Naturwissenschafter mit solcher Anschauung wie auch der Psychologe. Die Empfindung wird von dem Empfundenen getrennt, den Unterschieden gemäß, welche die unmittelbare Erlebnisevidenz zeigt. Und die naive Auffassung erfährt sogar dadurch eine gewisse Rehabilitierung, daß nunmehr aus der Außenstellung der Sinnesorgane die natürliche Konsequenz gezogen ist. Nichts ist im Bewußtsein, was nicht irgendwie die Sinne passiert hat. Dinge, Kräfte oder etwas, was wir nicht kennen, affizieren die peripheren Organe unseres Selbst. Sie erfahren dadurch eine Weiterleitung in einem ihnen selbst fremden Medium (Nerven mit spezifischen Sinnesenergien) und werden nach der Transformation ins Psychische als Empfindungen faßbar. Aus diesen Empfindungen baut sich die sinnlich anschauliche Welt auf, mein eigener Körper mit seiner Innerlichkeit darin einbegriffen.

Will man jedoch im Sinne des Positivismus aus dem Weltdualismus nach den Gesetzen seiner eigenen Perspektive heraus, so bietet die Elementarschicht der Empfindungen dazu tatsächlich die Ansatzfläche. Nur muß „Empfindung" dann als psychophysisch indifferentes oder neutrales, weder der Außenwelt noch der Innenwelt allein schon angehöriges Bauelement gefaßt werden. In dieser Grenzstellung erschöpft sich außerdem ihr Elementarcharakter nicht. Denn ebensosehr ist Empfindung dem Unterschied von Akt und Gegenstand gegenüber neutral oder subjekt-objektiv indifferent. Die gegensinnige Polbeziehung zwischen Subjekt und Objekt, die an der indifferenten Elementarschicht angreift, kann sogar, das lehren neukantische Denker wie etwa Münsterberg, mit der gegensinnigen Polbeziehung zwischen Natur und Psyche sich kreuzen. Auf jeden Fall ze gt die Entwicklung des Positivismus das Bestreben, von einer Binnenlokalisation der Empfindung im Psychischen loszukommen und sie, wie etwa Ziehen es mit seinem Begriff des Gignomens versucht, als reines Grenzdatum zu fassen.

6. Die Unzugänglichkeit des fremden Ichs nach dem Prinzip des Sensualismus.

Selbst die positivistische Auswertung des Empfindungsbegriffs kann nicht über die Schwäche und Ungeklärtheit der Zweiweltensituation hinweghelfen. Es bleibt auch hier bei dem seltsamen Grundphänomen des Doppelaspekts von Außen und Innen und der fundamentalen Unmöglichkeit, von einer Erfahrungsstellung in die andere ohne absoluten Bruch zu gelangen. Es bleibt bei den Widersprüchen zwischen der Selbstinterpretation der natürlichen Weltanschauung, wie sie der praktische und der wissenschaftlich beobachtende Mensch besitzen, und der Philosophie. Wobei nicht zu vergessen ist, daß Praktiker und Empiriker in ihrem naiven und kritischen Realismus die Schwierigkeiten, welche die Philosophie an der realistischen Weltüberzeugung findet, auf eine ganz primitive Weise lösen oder überhaupt übergehen.

Bedeutsam ist zweifellos die methodische Seite der Fundamentalisierung des Empfindungsbegriffs. Sie engt dasjenige, was als gegeben gelten darf, auf das sinnliche Material ein. Aus der Fülle des Vorhandenen bleiben nur diejenigen Bestandteile übrig, welche einem bestimmten Sinnesfeld zugeordnet werden können. Nicht bloß die unanschaulichen Komponenten, auf denen gerade die Einheit des Vorhandenen, seine geistige Physiognomie, Wertcharakter und kategoriale Prägung beruhen, dürfen dann noch gegeben sein, auch die anschaulichen, obzwar formalen, nichtsensuellen Komponenten, wie es der Gestaltcharakter, die Rhythmik, die Situation („Feldstruktur") sind, fallen aus dem „eigentlich" Vorhandenen heraus. Gegeben kann dann nur Sinnliches sein, das durch den Fortfall aller unsinnlichen, komplexbildenden Relationen und Funktionen atomistische Struktur annimmt.

Diese einheitsstiftenden Funktionen braucht man jedoch, um die Ganzheit der Erscheinung zu rechtfertigen. Notwendigerweise werden sie als zu dem atomistisch Gegebenen hinzukommend, d. h. als subjektiv bzw. psychisch gedeutet. Sie sind dann nicht gegeben, sondern beruhen auf Eingriffen des Subjekts und sind nur als deren Niederschlag zu verstehen. Soweit die erscheinende Welt unsinnlichen und ganzheitlichen Charakter zeigt, reicht die Macht des Subjekts. Besteht nun die Aufgabe der Wissenschaft in der möglichst sauberen Herausarbeitung des Objektiven an der Erscheinung, so fallen ohne weiteres die unsinnlichen und ganzheitlichen Charaktere als Produkte des Subjekts und nichtprimäre

Gegebenheiten aus. Fundament gibt eben allein das sinnliche Material ab. In der modernen Sinnesphysiologie und -psychologie, die sich gegen die Vorurteile des Sensualismus erhoben hat, finden sich eindringliche Darstellungen der Wesenszusammenhänge zwischen dem Empfindungsatomismus und der Annahme einheitsbildender Funktionen wie „Assoziation“ und „Apperzeption“, durch welche die Ganzheit der Erscheinung wiederhergestellt werden soll.

Durch das Prinzip des methodischen Sensualismus erhält die Identifikation von ausgedehntem Sein und Außenwelt oder die eindeutige Zuordnung zwischen physischer Natur, Mechanismus und äußerer Wahrnehmung erst ihre Bedeutung für die Praxis der Forschung. Äußere Wahrnehmung bezieht sich auf sinnliche Empfindungen, die körperlichen Sinnesfeldern entsprechen. Diese Empfindungen bilden eine gänzlich ungeordnete Mannigfaltigkeit, in welche auf zweierlei Art Ordnung kommt: 1. durch das Subjekt mit Hülfe seiner Funktionen, — dann steht vor unseren Sinnen die Erscheinung, 2. durch das Objekt bzw. das, was verborgen hinter ihm wirkt, dann wird unserem Verstand das Gegebene nach mathematisch-mechanischen Gesetzen erklärlich und durchsichtig. Für das Feld der inneren Wahrnehmung gilt Ähnliches, doch mag es hier außer Betracht bleiben.

Von hier aus läßt sich die prinzipielle Skepsis der Empiriker und Philosophen gegen die Möglichkeit, mit fremder Psyche in unmittelbaren Kontakt zu treten, wirklich verstehen. Etwas ist da, heißt zunächst überhaupt: ich stehe mit ihm in wahrnehmender Verbindung. Fremdwahrnehmung von Psychischem bleibt ausgeschaltet, weil sie äußere Wahrnehmung ist, die nach dem Alternativprinzip nur auf Physisches geht. Die berühmten Theorien zur Erklärung des Bewußtseins von außer mir existierenden seelischen Wesen und ihrer Verständlichkeit bilden sich alle an dieser Schwierigkeit. Primär ist der „andere“ Mensch ein physischer Gegenstand („außen“ ist bei ihm doch auch bloß Körper), — wie kommt es, daß es meinem Blick möglich ist, diese physische Front bis auf die „dahinter“liegenden seelischen Regungen hin zu durchstoßen? Dabei hat man alles Erdenkliche aufgeboten, die Hierstellung des Psychischen und die Dortstellung des Physischen unangetastet zu lassen, weil ohne den Zwang, diese Kluft zu überbrücken, jede Theorie von der Möglichkeit anderer Iche außer mir gegenstandslos werden würde. Sobald Hiergebundenheit des Psychischen, Dortgebundenheit des Physischen nicht mehr die Grundvoraussetzung darstellen und äußere und innere Wahrnehmung zu Richtungen des Kontaktes werden, die frei „beweglich" sind gegenüber dem Unterschied von mir selbst und dem Anderen, ist auch das Problem der Wahrnehmung und Verständlichkeit des anderen Ichs fortgefallen, wohlgemerkt, ohne gelöst zu sein[1]).

Sichtbare Folgen hat das Prinzip des methodischen Sensualismus für die vergleichende Psychologie. Hier hängt die Existenz einer ganzen Wissenschaft davon ab, ob man zu ihm steht oder nicht. Allerdings komplizieren sich die Dinge dadurch, daß noch andere Bedenken grundsätzlicher Art ins Spiel treten. Die Artfremdheit der Organismen gegenüber der Spezies Mensch macht es ganz abgesehen davon, wie man die Kontaktmöglichkeit mit einer tierischen (oder gar pflanzlichen) Innenwelt beurteilt, problematisch, ob der Mensch imstande ist, seine Menschlichkeit soweit von sich zu distanzieren, daß er jeden Anthropomorphismus in der Deutung der artfremden Psyche vermeiden kann. Immerhin entscheidet die Beurteilung der Tragfähigkeit der Fremdwahrnehmung überhaupt über das Schicksal einer (nicht behavioristisch betriebenen) wirklich auf Erforschung fremder Psyche ausgehenden Psychologie.

Deshalb hatte eben bis in die neueste Zeit die tierpsychologische Forschung darunter zu leiden, daß die Gelehrten in ihrem Problem schon eine Verleugnung strengwissenschaftlicher Methode sahen. Warum sollen wir, so argumentierten die Biologen, eine psychologische Fragestellung gegenüber Lebewesen zulassen, die nicht nur ihrer Organisation und Lebensweise nach grundverschieden vom Menschen sind, sondern mit denen auch eine Verständigung durch Laute, Zeichen und selbst durch Ausdrucksbewegungen unmöglich, wenigstens ganz fragwürdig erscheint? Berechtigen uns die Erfahrungen im Zusammenleben mit höheren Wirbeltieren, wie sie Jäger und Tierhalter machen, von den bewährten Prinzipien kausaler Erforschung abzuweichen und zu einer verstehenden Deutung überzugehen? Darf uns der scheue Blick des Rehs, die bittende Haltung des Hundes, das zornige Gebrüll des Löwen bei aller zwingenden Anschaulichkeit mehr als ein Metapher sein? Wohl verhalten sich manche der höheren Tiere durch gewisse Ähnlichkeit ihrer Organe oder ihres Gesamttypus mit denen des Menschen, als ob sie von menschenähnlichen Affekten, Trieben und Vorstellungen bewegt würden. Aber darf die Forschung hier von mehr als einem Als ob sprechen?

Die Antwort lautete: Da uns der direkte Zugang zum Innen-

1) Vgl. hierzu Buytendijk und Plessner, Die Deutung des mimischen Ausdrucks. Philos. Anzeiger I, 1 1925.

leben, wie ihn (notdürftig genug) die sprachliche Verständigung mit dem andern Menschen gewährt, gegenüber Tier und Pflanze verwehrt ist, sollten wir uns hier mit einem Ignorabimus bescheiden. Psychologie — und diese These stützten die Erkenntnistheoretiker aus der Schule Descartes' — ist nur da möglich, wo Psychisches direkt faßbar wird, letzten Endes also in der introspektiven Selbstbeobachtung eines jeden Menschen, der in dieser Reflexion nur ihm allein unmittelbar sichtbare Phänomene findet. Indolgedessen forderten Forscher wie Beer, Bethe und v. Uexküll eine objektive, alle Anlehnungen an psychologische Begriffe meidende Terminologie der Lebensforschung, Uexküll besonders statt Tierpsychologie Biologie als eine die objektiv kontrollierbaren Zuordnungen von Reiz und Reaktion im Bauplan des jeweiligen Tieres feststellenden Wissenschaft. Nicht die ewig verborgen bleibende Innenwelt der Tiere mit ihrem uns unzugänglichen Empfinden und Befinden, sondern die Umwelt, d. h. die jeweilig verschiedene Gestalt der Einheit derjenigen Momente, die für sie wirksam werden und auf die sie wirken können, sei das wissenschaftliche Programm des „Tierpsychologen". Keine Kryptopsychologie, sondern Phänologie des lebendigen Verhaltens: Erklärung des uns sichtbaren Gebahrens der Tiere aus sinnlich wahrnehmbaren Faktoren.

7. Die Forderung nach einer Revision des cartesianischen Alternativprinzips im Interesse der Wissenschaft vom Leben.

Dieses Programm, das streng den Arbeitsbedingungen experimenteller Untersuchung angepaßt ist, läßt die großen Fragen: Mechanismus oder Vitalismus, Automatismus oder Spontaneität der Lebensprozesse, auf sich beruhen und beschränkt die Zielsetzung der vergleichenden „Psychologie" auf die Erkenntnismittel sinnlicher Wahrnehmung. Seine Strenge tut absolut not, um Anthropomorphismen, wie sie die Berichte über den klugen Hans des Herrn v. Osten, die Elberfelder Pferde des Herrn Krall, den Hund Rolf der Frau Möckl in Mannheim schmücken und zum Hausgebrauch jedes Tierfreundes gehören, aus der Wissenschaft ein für allemal zu verbannen. Nur darf man nicht vergessen, sich die Frage vorzulegen, ob man es beim Uexküllprogramm mit einem Maximal- oder einem Minimalprogramm zu tun hat.

Wäre es ein Maximalprogramm, so müßten sich alle Fragen, welche die sogenannte Tierpsychologie aufgeworfen hat, als Probleme der Reiz- und Bewegungsphysiologie erledigen. Tatsächlich nimmt aber Uexkülls Biologie (Lebensplanforschung) das Programm gar nicht in diesem Sinne. Sie ist auf die Erforschung der für den Organisationstyp des betreffenden Tieres je charakteristischen Reize und Reaktionen beschränkt, nicht weil sie die Zielsetzung einer vergleichenden Psychologie (im Sinne des dogmatischen Mechanismus) ablehnt, sondern sie mit Rücksicht auf die mangelnden Mittel für undurchführbar hält. Sie stellt durchaus nicht in Abrede, daß sich dem Gedanken des „Lebensplans" noch eine andere Seite abgewinnen läßt. Nur bestreitet sie ihre empirische Erforschbarkeit, ohne damit die Möglichkeit einer solchen (nicht empirischen) Untersuchung von vornherein abzuschneiden.

Zur Idee des Plans gehört, daß er mehr ist als die Summe der ihn realisierenden Faktoren. Es braucht sich dabei garnicht einmal um Pläne mit Zweck- und Zielcharakter zu handeln. Der Tatbestand der Planmäßigkeit ist schon erfüllt, wenn ein Ganzes sich in der Ordnung von Elementen ausprägt. Lebensplan als Einheit der Reize, die erkennbar vom Organismus beantwortet werden, und eben seiner Antwortreaktionen kann darum nicht mit der Summe derartiger wahrnehmbarer Vorgänge identisch sein. Diese an den Vorgängen sichtbar werdende, selbst unsichtbare Einheit der Sphäre, die den vorgegebenen Rahmen für Reize und Reaktionen bedeutet, gehört damit weder dem Körper des Organismus noch der ihn umgebenden Welt allein an. Sinnes- und Bewegungsorgane können, wenn es solche „Pläne" gibt, nicht „vor" der Welt der Dinge sein, für die sie da sind — und umgekehrt.

Wie sieht es nun mit dem Nachweis solcher Planformen des Lebens oder Vitalkategorien aus, die gleichursprünglich dem Organismus und der auf ihn relativen Umwelt „vorgegeben" sind bzw. als Organisationsideen beiden Zonen des Daseins ihr Gepräge geben? Empirische Beobachtung und Experiment reicht doch natürlich nur so weit, als es auf die bestimmte Umgrenzung der Aprioriformen der im Tierkörper und „seiner" Umwelt erscheinenden Lebensorganisation ankommt. So kann z. B. nur das Experiment die Tatsache festlegen, daß für die Eidechse ein in nächster Nähe abgefeuerter Pistolenschuß keinen akustischen Reiz darstellt, wohl aber ein leises krabbelndes Geräusch, Knistern oder Rascheln. Der Sinn der Tatsache dagegen versteht sich aus einem Prinzip der biologischen Bedingtheit der Reizschwelle, wonach nur das von der Welt dem jeweiligen Organismus bemerkbar wird, was für ihn biologisch irgendwie bedeutsam sein kann. Jede empirisch feststellbare Eingepaßtheit des Organismus in die Umwelt, Angepaßtheit der Umwelt an den Organismus, weist eben auf übergreifende, Lebenssubjekt und Welt gleichmäßig beherrschende Gesetzmäßigkeiten hin. Daß keines der beiden Glieder dieses Gegenseitigkeitsverhältnisses den Vorrang vor dem andern hat, läßt sich jedoch selbst nicht mehr empirisch begreifen. Hier ist die Kompetenz der empirischen Lebensplanforschung zu Ende und die Analyse der Vitalkategorien beginnt.

In einem umfassenderen Sinne hat Lebensplanforschung also auch eine nichtempirische Seite an dem Problem dieser eigentümlichen Eintracht zwischen Lebewesen und Umwelt. Wie ist sie zu denken, wie ist sie möglich? Soll man den Weg der Hypothese eines überindividuellen Seelischen gehen, den in letzter Zeit Becher wieder gewiesen hat, oder läßt sich hier überhaupt ohne Hypothesen auskommen, wenn man sich an das Studium der Wesensgesetze des Organischen richtig einmal dransetzt? An dem Ausdruck Vitalkategorie darf man sich nicht weiter aufhalten, an ihm ist nichts Besonderes gelegen. Wenn sich aber herausstellen sollte, daß es wirklich Gesetze des Zusammenhangs zwischen Lebewesen und Welt, Gesetze der Eintracht, der Konkordanz und gleichursprünglichen Gestaltung gibt, die in der Wasform, der Wesensstruktur des Lebens begründet sind, material apriorische Gesetze also, dann läßt sich auch nachweisen, daß sie den Wert von Kategorialgesetzen haben müssen.

Kategorie heißt im philosophischen Sprachgebrauch eine Form, der sich die Erfahrung fügt, die aber nicht aus der Erfahrung stammt; eine Form, deren Bereich nicht mit der Aktsphäre des Subjekts zu Ende geht, sondern übergreift auf die Sphäre der Objekte, weshalb ihr nicht nur die Erfahrung, die man von den Gegenständen macht, sondern ebenso die Gegenstände selber unterstehen. Kategorien sind demnach Formen, die weder dem Subjekt noch dem Objekt allein angehören und sie vermöge ihrer Neutralität zusammenkommen lassen. Sind Bedingungen der Möglichkeit des Übereinkommens und der Eintracht zweier wesensverschiedener und voneinander unabhängiger Größen, so daß diese weder durch eine unüberbrückbare Kluft getrennt sind noch direkt aufeinander Einfluß haben.

Natürlich ist bei Übereinkommen und Zueinanderkommen in erster Linie an die rationale Weise der Erkenntnis gedacht, deren Glieder Intellekt und Gegenstand sind. Warum sollte es aber nicht erlaubt sein, die Funktion der Kategorie aus ihrer besonderen Zuspitzung zur Denk- und Erkenntnisform versuchsweise loszulösen und das Problem von Kategorien oder Kategorialfunktionen aufzuwerfen, die zu anderen, primitiveren oder fundamentaleren Existenzschichten gehören? Schon Kant lehrte apriorische Formen der Sinnlichkeit, die bei der noch erkenntnisfreien einfachen Wahrnehmung ins Spiel treten. Diese Formen sind ebenso wie die Rationalität stiftenden Kategorien noch an die Einheit des Bewußtseins gebunden. Ist der Gedanke nun ganz von der Hand zu weisen, daß es vorbewußte, zu tieferen Existenzschichten der Lebensträger, der Organismen (nicht als seiende Objekte, sondern als lebende Subjekte verstanden) gehörige Aprioriformen, Existenzkategorien, Vitalkategorien gibt, auf denen das Zueinander und Miteinander des Organismus und der Umwelt beruht? Den Wert von Kategorialfunktionen hätten sie jedenfalls, da sie, obzwar weder von der Gegenwelt hergenommene noch auf die Gegenwelt vom Lebenssubjekt übertragene Formen, die Struktur dieser Gegenwelt zugleich mit der Struktur des Lebenssubjekts, das in sie eingepaßt ist, bestimmen.

In der systematischen Begründung solcher Vitalkategorien liegt die Aufgabe einer philosophischen Biologie als Wissenschaft von den Wesensgesetzen des Lebens, der grundlegenden Disziplin auch für eine denkmögliche Tier„psychologie". Denn es wird sich bei näherer Betrachtung zeigen, daß der Lebensplan, wenn wirklich die sphärische Einheit von Lebenssubjekt und Gegenwelt an ihm herausgearbeitet wird und nicht nur die einzelnen Reize und Reaktionen, in denen sie für die sinnliche Wahrnehmung des Experimentators greifbare Umrisse bekommt, das Fundament auch derjenigen Beziehungen zwischen Subjekt und Welt darstellt, durch welche sein Bewußtsein bestimmt ist.

[Psychologie ist allerdings nicht mit der Wissenschaft vom Bewußtsein identisch, so wenig seelisches Sein und Geschehen mit dem Bewußtsein von ihm zu verwechseln sind. Doch liegt darin ein Recht, die Erforschung der Bewußtseinsstruktur mit der Psychologie in Verbindung zu bringen, als beides, Bewußtsein und innerliches Leben, auf die Selbststellung, den Innenaspekt bezogen ist. Es macht also noch einen Unterschied aus, ob man die Frage: Hat das Tier Bewußtsein oder nicht? als Grundfrage aller Tierpsychologie im Sinne einer Erforschung der Planformen des Lebens, d. h. der auf Subjekte, Wesen in Selbststellung bezogenen Gegenweltformen oder aber im Sinne einer Erforschung der Innerlichkeit solcher Wesen auffaßt. Sicher ist nur, daß die Grundfrage im ersten Sinne positiv oder negativ entschieden sein muß, bevor an die zweite Problemstellung überhaupt herangegangen werden kann.]

Mit der geläufigen Meinung ist jedenfalls zu brechen, daß eine Entscheidung über das Problem: Bewußtsein oder Nichtbewußtsein beim Tier die menschliche Erkenntniskraft übersteige. Diese Annahme operiert mit einem unhaltbaren Bewußtseinsbegriff, der in der Psychologie und Psychopathologie großen Schaden angerichtet hat. Sie denkt sich das Bewußtsein als eine unsichtbare Kammer oder Sphäre, als ein unräumliches Pendant zum räumlichen Gehirn, das mit diesem immerhin die Binnenexistenz im Kopf hinter den Sinnesorganen gemeinsam habe. Natürlich könnte man dann nie entscheiden, ob hinter einem Kopf eine solche Binnenrepräsentation stattfindet oder nicht.

In Wirklichkeit ist die Sache gerade umgekehrt: nicht ist das Bewußtsein in uns, sondern wir sind „im" Bewußtsein, d. h. wir verhalten uns als eigenbewegliche Leiber zur Umgebung. Das Bewußtsein kann getrübt, eingeengt, ausgeschaltet sein, seine Inhalte wechseln, seine Struktur hängt ab von der Organisation des Leibes, aber seine Aktualisierung ist immer da gewährleistet, wo die einheitliche Beziehung zwischen Lebenssubjekt und Umwelt in doppelter Richtung, rezeptiv und motorisch, durch den Leib besteht. Bewußtsein ist nur diese Grundform und Grundbedingung des Verhaltens eines Lebewesens in Selbststellung zur Umgebung. Insofern ist Wasmann im Recht gewesen, wenn er gegen Uexkülls tierpsychologiefeindliches Programm zum wenigsten die wissenschaftliche Rechtmäßigkeit von Ausdrücken wie Sehen, Hören, Tasten, Riechen usw. bei Tieren verteidigte. Diese Arten der Bewußtheit sind Arten und Bedingungen lebendigen Verhaltens, das eine Überbrückung des Zwiespalts zwischen dem Eigensystem des Leibes und der Umwelt bedeutet.

Bewußtsein ist eben nicht notwendig die in der Identifikation des Ichs mit sich selbst gestiftete Bezugsform des Subjekts zur Gegenwelt, wie sie dem Menschen wesentlich ist. Bewußtsein braucht nicht Selbstbewußtsein zu sein. Ebensowenig ist Bewußtsein, sphärische Einheit von Subjekt und Gegenwelt, eine in dem Körper des lebendigen Subjekts steckende Größe. Zu diesem falschen Anschein kommt es nur durch die eigentümliche Mittlerrolle des Leibes, der das Subjekt mit den Objekten auf eine synthetische Art zugleich trennt und verbindet. Und ebensowenig ist Bewußtsein etwas Letztes, das, zwischen Leben und Sein unerklärlich ausgespannt, eine bloße Zone der Imagination und der Irrealität darstellte; deren „Entstehung" aus organischer Materie und deren Verhältnis zum Körper (hoffnungslos) diskutiert werden müßten. Es zeigt sich eingebettet in jene Sphären der Existenz, von deren Kategorien oben gesprochen wurde. Die Strukturgesetzlichkeit des Bewußtseins gehorcht streng den umfassenderen Strukturgesetzen der Lebenspläne. So gehorcht auch die anschaulich-wahrnehmungsmäßige bzw. die rational-intellektuelle Verbundenheit zwischen Subjekt und Objekt den elementaren Weisen der Eintracht zwischen Lebewesen und Welt. Paul Claudel hat in seiner l'art poétique diesen Zusammenhängen vorahnend die klassische Form gegeben: connaissance est co-naissance.

Es bleibe hier natürlich noch dahingestellt, ob sich Wege finden lassen, die Behauptungen über Äquivalenz von Lebensplanform und Bewußtsein zu erweisen. Wenn es aber wirklich auch gelingen sollte, solche Wesenstypen von Beziehungen zwischen Lebenssubjekt und Welt aufzudecken, muß doch von vornherein der Grenznutzen einer derartigen Untersuchung scharf betont werden.

Bewußtsein bedeutet nicht nur Sphäre, die allem konkreten Erleben vorgegeben ist, es schließt auch das gesamte Spiel dieses konkreten Erlebens und seiner Gehalte mit ein. Diese inhaltliche Fülle läßt sich auch dann wesenstypisch fassen, wenn eine Erlebnisgemeinschaft mit ihr durch Sprache, Einfühlung, Sympathie nicht besteht, wenn es sich also um außermenschliches, tierisches, wohl gar pflanzliches Leben handelt, mit dem keine unmittelbare Wir-Bindung mehr möglich ist. Wie also dem Tier zumute ist, in welcher Qualität es erlebt —, diese Fragen sind aufs strengste daraufhin zu prüfen, ob sie sich noch im Rahmen der Beantwortbarkeit halten. In jenem Rahmen, der einerseits durch die experimentelle Methode der bestimmten Umgrenzung dessen, was im konkreten Fall einem Organismus Bewußtseinsinhalt ist, andererseits durch die philosophische Methode der wesensgesetzlichen Bestimmung, welche Beziehungs*möglichkeit* ein Organismus zu Dingen hat, festgelegt wird.

Dementsprechend kümmert sich die junge Wissenschaft der Tierpsychologie nicht um Erlebnisse, sondern sucht sich als eine Lehre vom tierischen Verhalten, seinen Formen und Faktoren, zu entwickeln. Zwischen der Scylla anthropomorphisierender Seeenschilderung von Klugheit, Treue und Liebe und der Charybdis des Uexküllprogramms, das alle Bewußtseinserforschung in Verruf erklärt, führt ihre schmale Straße. Sie vermeidet auf diese Weise sowohl den aus Objektivitätsdrang überängstlichen und ganz in der physiologischen Reiz-Reaktionsschematik befangenen „Behaviorismus", den manche Amerikaner gepflegt haben (wobei die objektive Beschreibung aller Einzelglieder des Verhaltens das Verständnis des Ganzen gefährdete), als auch die unkritische Allbeseelungs- und Vermenschlichungsromantik der Laien.

Uexküll war der Erste, der das Verhältnis Organismus-

Umwelt als Arbeitsgebiet einer zur Vernunft gebrachten Tierpsychologie (Biologie, Lebensplanforschung) proklamierte. Die junge Wissenschaft ist jedoch insofern über ihn hinausgegangen, als sie dieses Verhältnis (im Gegensatz zum „Kantianer“ Uexküll) in seiner Lebendigkeit und Verständlichkeit zu erfassen strebt und nicht mehr die physiologischen Bedingungen, an die sein Zustandekommen geknüpft ist, mit dem Gesamthabitus des Benehmens der Tiere identifiziert. W. Köhler, dem wir die hervorragenden Untersuchungen über Intelligenz der Anthropoiden verdanken, David Katz und F. J. J. Buytendijk treiben wohl am entschiedensten Tierspychologie in dieser Richtung: mit vollem Bewußtsein der rein bildmäßigen Natur der Basis dieser Wissenschaft, von dem reinen Phänomencharakter des „Verhaltens“, „Benehmens“, „Gebarens“, den man sofort zerstört, wenn man physikalisch-physiologische Begriffe zu seiner Beschreibung verwendet. Ohne die Respektierung des Gestaltcharakters des Verhaltens kommt die Tierpsychologie nicht vom Fleck, ihr eigentümliches Objekt geht ihr dann verloren, sie behält schließlich nur die Teile in ihrer Hand, die Teile, welche Physik und Physiologie, aber nicht mehr eine Lehre vom Verhalten beschäftigen dürfen.

Das lebendige Verhalten und Benehmen ist nur im Habitusbild gegeben. Physiologen und Anatomen könnten oft nicht die geringfügigen Differenzen meßbar machen, die im Habitusbild für den Charakter des Verhaltens entscheidend den Ausschlag geben und hier alles bedeuten, was dort nichts bedeutet. Unmittelbar „verständliche“ Habitusbilder geben hauptsächlich nur die höheren, dem Menschen morphologisch am nächsten stehenden Tiere. Die Verständlichkeit eines Habitusbildes ist jedoch nicht entscheidend. Vielmehr wird eine Tierpsychologie von universeller Ambition danach streben, auch die unmittelbar nicht verständlichen, nicht der Ausdrucksdeutung und Einfühlung zugänglichen Habitusbilder der dem Menschen ganz unähnlichen, besonders also der niederen Tiere systematisch zu erforschen: immer in Fühlung mit der physiologischen Beobachtungskontrolle und gestützt auf die experimentelle Methodik, aber gerichtet auf die Bildeinheiten lebendigen Verhaltens.

8. Formulierung der Ausgangsfrage in methodischer Hinsicht.

Die eingehendere Diskussion der Prinzipienfrage, wie es möglich sei, ohne Verleugnung der naturwissenschaftlichen Ergebnisse die Zugänglichkeit fremden Bewußtseins sicherzustellen, hat mitten in die zentralen Probleme der kommenden Untersuchung hineingeführt. Sie bildet insofern eine Ergänzung der oben zitierten Arbeit über „Die Deutung des mimischen Ausdrucks“, die in ihren positiven Partien für das Problem der Gegebenheit des anderen Ichs einen neuen Weg zur Lösung gewiesen hat. So wenig die dort und hier behandelten, aus dem Festhalten am Prinzip des methodischen Sensualismus und seinen Voraussetzungen entstandenen Probleme nach diesem Prinzip gelöst werden können, so sehr sie also eine andere Methode zur Lösung und damit eine Abkehr von dem Prinzip, eine nichtnaturwissenschaftliche Betrachtungsweise fordern, so selbstverständlich muß diese andere Methode die naturwissenschaftlichen Ergebnisse in ihrer Wahrheit anerkennen. Philosophische Arbeit (darum handelt es sich bei der neuen Methode) darf nicht gesicherte Erfahrung übersehen oder ersetzen wollen. Nichts in der Welt spricht gegen eine Erfahrung als wieder eine Erfahrung. Beide Methoden müssen zur Kooperation kommen, weil sie nur zusammen, aber bei völliger Wahrung ihrer Autonomie, den komplexen Gegenstand in seinem Doppelaspekt von Körperlichkeit und Innerlichkeit in Angriff nehmen können.

Nicht auf die Überwindung des Doppelaspekts als eines (unwidersprechlichen) Phänomens, sondern auf die Beseitigung seiner Fundamentalisierung, seines Einflusses auf die Fragestellung ist es im folgenden abgesehen. Nur auf die Entkräftung dieses Doppelaspekts als eines die wissenschaftliche Arbeit in Naturwissenschaft, d. h. Messung, und Bewußtseinswissenschaft, d. h. Selbstanalyse, zerreißenden Prinzips kommt alles an. Dabei läßt sich hier nicht programmatisch sagen, welche komplexen Gegenstände im Doppelaspekt erscheinen. Vermutungsweise darf man annehmen, daß es die „belebten“ Dinge der Welt sind, die nicht nur dem Sein angehören, sondern auch das Sein in irgendeinem Sinne als Welt haben, mit ihm und gegen es leben. Diese Vermutung wird sich erst durch die genauere Problemfassung bestätigen.

Streng genommen steht im Doppelaspekt nur das Wesen, welches als Selbst und körperliches Ding manifest ist; als körperliches Ding wie andere Dinge wirkt, zugleich aber als Selbst sich bekundet und gegebenenfalls von sich weiß. Dies soll nach allen bisher entwickelten Prinzipien, die sich aus der Fundamentalisierung des Doppelaspekts im cartesianischen Sinne ergeben, nur ich selbst sein. Trotz aller Immanenz- und Repräsentationsbedenken gehe ich aber über mich hinaus und spreche vom Menschen als einer in vielen Individuen wirklichen Gattung, zu deren Wesen es gehört, im Doppelaspekt zu existieren. Und da es unsicher ist, wo tatsächlich die Grenzen laufen, strebt der Kreis der Dinge, denen das Innen- und Außensein wesentlich ist, über den Menschen hinaus sich zu erweitern, um Tiere, Pflanzen und selbst die anorganischen Körper als bewußte, beseelte, begeistete Existenzen aufzunehmen. Denn es entspricht dem Menschen, zu seiner Umgebung Du zu sagen und, was er selbst ist, im Widerschein der Welt zu suchen.

Dieser unkritischen Ausdehnung des Doppelaspekts auf womöglich alle Dinge der Welt muß sich die Philosophie schon darum widersetzen, weil sie die Pflicht hat, zunächst das Phänomen des Doppelaspekts selbst auf seinen Fundamentalcharakter hin zu prüfen. Was aber wiederum nur auf neutralem Boden möglich ist. Eine Vorentscheidung für oder gegen die prinzipielle Bedeutung des Doppelaspekts brächte die ganze Untersuchung um ihren eigentlichen Wert.

Nach zwei Seiten dies zu betonen, ist heute von besonderer Wichtigkeit. Einmal begegnet man einer sehr unbekümmerten Art „objektiv" gerichteten Philosophierens, die sich die berechtigte Opposition gegen das monomane Standpunkttheoretisieren und den Panmethodismus — Richtungen, die dem Primat des Subjekts verfallen waren — zunutze macht, um unbelastet und distanzlos dem Unmittelbaren die Wahrheit zu stehlen: Mißbrauch der Intuition durch eine Zeit, die keinen Atem mehr hat. Was auf solche Weise an Schriftstellerei (obzwar nicht unbedingt ohne Tiefe) in die Welt gesetzt wird, mag seine Wahrheit haben und persönlich auch von ihr wissen, — nur ermangelt es der echten Objektivität. Da gegenwärtig nicht bloß Zeitungsschreiber, Politiker, Literaten, sondern sogar Gelehrte dieser intuitiven Direktheit verfallen, sei mit aller erdenklichen Schärfe betont, daß nach unserer Überzeugung ein derartiges Verfahren, Philosophie en passant zu treiben, ihrem Untergang gleichkommt. Ihm gegenüber weiß sich die gegenwärtige Untersuchung als streng methodisch orientiert.

Der anderen Seite, den Idealisten und Formalisten aus erkenntnistheoretischer Furchtsamkeit, sei gesagt, daß methodische Strenge mit Methodismus gar nichts zu tun hat. Es besteht aus einer bedeutenden Tradition heraus die Angewohnheit, philosophische Probleme als Erkenntnisfragen oder Bewußtseinsprobleme zu behandeln (und zwar auch da noch, wo gar keine idealistische Grundrichtung mehr herrscht), die ungewollt zur Verewigung des Idealismus beiträgt. Ein sehr begreiflicher Zustand, da gerade diejenigen Philosophen, welche es ernst nehmen und mit den Dingen wirklich ringen, ihre neuen Erkenntnisse aus der bestehenden Problemlage entwickeln und dadurch altes Begriffsgut unwillkürlich mitverwenden müssen. Und sehr oft steckt auch noch idealistisches und subjektivistisches Theorem in dem zur Lösung ganz neuer Fragen verwandten begrifflichen Handwerkszeuge. Ausdrücke wie Geist, Bewußtsein, Subjekt, Vernunft, denen vielleicht garnicht das Gewicht der Hegelschen, Fichteschen, Kantschen Lehre gegeben ist, entfalten die ihnen aus der Geschichte zuströmende Kraft in irgendeinem nicht vorausgesehenen Sinne und rufen den Anschein idealistischer Position hervor, wo gar keine mehr ist.

Die Wendung zum Objekt ergibt sich für die folgende Untersuchung einfach aus dem Zwang der Problemlage heraus. Kein postulierter Primat des Objekts, sondern die frei aufgegriffene Schwierigkeit, mit welcher vorwissenschaftliche und wissenschaftliche Weltbetrachtung zu kämpfen haben, drängt zu einer Revision jener divisio mundi, die Descartes mit denkwürdiger Einfachheit festgelegt hat.

Angesichts der unbestreitbaren Tatsache, daß insbesondere mit dem Aufkommen der empirischen Geisteswissenschaften, mit der empirischen Verwendung des Begriffes Kultur die seit dem 17. Jahrhundert traditionellen Einteilungen an Bedeutung verlieren und das cartesianische Alternativprinzip auf einen indirekten Einfluß beschränkt wird, angesichts auch der Tatsache, daß die Philosophie unserer Zeit die Wendung zum Objekt, den Primat des Objekts durchzuführen schon begonnen hat, wird man die Revision des Alternativprinzips vielleicht als keine sehr dringliche Sache ansehen. Uns scheint jedoch gerade durch die beginnende Verlagerung und Neubildung der Erfahrungswissenschaften die Nachprüfung der fundamentalisierten Gegensätze von Körper und Bewußtsein, Außen- und Innenwelt, Subjekt und Objekt, deren bewußt oder unbewußt anerkannte Geltung unser Weltbild, wie dargelegt worden ist, tiefgehend beeinflussen, von Wichtigkeit.

Nicht als ob solche Nachprüfung etwa zum ersten Male geschähe. In gewissem Sinne ist die gesamte Geschichte der neueren Philosophie in ihren theoretisch-metaphysischen Problemen eine große Auseinandersetzung mit dem Alternativprinzip des Descartes. Bis zu Leibniz hin der Versuch, für res extensa und res cogitans auf ontologischer Ebene einen Ausgleich zu finden; von Kant bis zu Hegel dann die großartige Tendenz, aus einer zu der Ebene der Einteilung in die beiden Substanzen gleichsam senkrechten Dimension transzendentaler Gesetzlichkeit das Prinzip zu objektivieren und damit von ihrer prinzipiierenden Wirkung die Philosophie zu befreien, — eine Tendenz, die nur bei Hegel stark genug war, zum wirklichen Siege zu führen. Dieses Niveau konnte die Folgezeit nicht halten. Hegels Bestimmung des Substanz-Subjekts als Geist bot den Kleinmeistern der Philosophie willkommene Handhabe, die res cogitans und damit den unvergessenen Cartesianismus zu rehabilitieren. Die gewaltige Entwicklung der Naturwissenschaft erschien wie eine Probe auf's Exempel. Nur die gleichzeitige Heraufkunft der empirischen Kulturwissenschaft verhinderte eine offene Bewegung „Zurück zu Descartes".

Zuerst suchte man für die neue Problemlage, die nach cartesianischem Alternativprinzip nicht zu fassen war, Hilfe bei Kant. Das hat neben vielem unmittelbar für die neu aufgeworfenen Fragen Belangreichen das Gute gehabt, daß die Philosophie wieder auf ein hohes Niveau gelangte. Sie kam wieder zum Bewußtsein ihrer Eigenstellung gegenüber jeder empirischen Wissenschaft. So wurde die Wendung möglich, die mit den Namen Dilthey und Husserl verknüpft bleibt, die Wendung zu einer neuen Fassung der Elementarphänomene und Anschauungsquellen jeder möglichen Erfahrungsart. Ihr Leitproblem war das wissenschaftliche Verständnis jener kulturell-geschichtlichen Gebilde, deren Wesen sich der Scheidung von physisch und psychisch nicht fügt. Eben dieses Versagen der traditionellen Einteilung an Produkten, Zuständen und Schicksalen des Lebens, das naturgeboren und naturbedingt über seine irdischen Kreise in ein unwirkliches, doch nicht psychisches Diesseits emporragt und sich im Werk verewigt (das die Geschichte bewahrt, damit es Geschichte werde), eben dieses Versagen wurde erst fühlbar mit der Konsolidierung der empirischen Kultur- und Geschichtswissenschaft. Die Methodenkämpfe in diesen Disziplinen, wie sie zuletzt um Lamprecht und Breysig geführt wurden, sind noch in aller Erinnerung.

Dem Historiker, Kulturwissenschaftler, Soziologen sind wahrhaft unter der Hand diese prinzipiellen Kategorienfragen wichtig geworden. Mit einem Alternativschema Physisch-Psychisch kann eben niemand historische, soziale, kulturelle Größen erfahrungsmäßig fassen, die aus sinnlichem Stoff, an Psychisches appellierend und mit Psychischem durchtränkt geistig-sinnhaft, wertvoll oder wertlos sind und, an den Sphären der ausgedehnten Natur, der Innerlichkeit partizipierend, aus unwirklichem Sinngehalt bestehen. Staat, Wirtschaft, Sitte, Kunst, Religion, Wissenschaft, Recht —, die komplexen wie die elementaren Größen dieser eigentümlichen Zonen der Kultur und Geschichte verlangen nicht als Konglomerate aus Physischem, Psychischem und vielleicht noch einem Dritten, sondern als ursprüngliche Einheiten begriffen zu werden. Ein Verlangen, das logisch auf den Lebensgrund zurückverweist, dem die Kultur in ihrer geschichtlichen Bewegtheit entstammt: den Menschen.

Seit Dilthey hat die Aufgabe einer grundsätzlichen Umformung aller Fundamentalbegriffe, mit denen die Träger der geistigen Welt, Person und Personenverbände, als Glieder der wirklichen Welt behandelt werden, immer schärfere Umrisse bekommen. Zunächst stand das Problem nur unter geisteswissenschaftlichem Aspekt. Realitäten, die traditionell entweder als physisches oder psychisches oder psychophysisches Sein rubriziert waren, sollten nach dem Willen der jungen Geschichtswissenschaft und Kulturwissenschaft den Anforderungen der Personalität, Individualität, Lebendigkeit genügen, — Anforderungen, für welche der seinswissenschaftliche Aspekt aber keine Handhabe bietet. Was unter dem Dualismus zweier wesensverschiedener Methoden, der Naturwissenschaft und der Kulturwissenschaft, in zwei Wesen zu zerfallen drohte, der Mensch in seiner ursprünglichen Lebenseinheit, hatte die geisteswissenschaftliche Erfahrung als Einheit und als Eines festzuhalten. Die rein vitalen („naturhaften") Seiten des Gebildes Mensch waren mit seinen kulturtragenden und geschichtlichen Seiten so zu vereinbaren, daß über diesem (nie abzuleugnenden) Bruch in seiner Existenzform nicht die Identität der individuellen Existenz in die Brüche ging. Nach Windelband und Rickert ist freilich diese Identität nur Idee und die Wissenschaft vom Menschen notwendig auf zwei wesensverschiedene Standpunkte bezogen, der Übergang vom Menschen als Naturobjekt zum Menschen als Kultur- und Geschichtssubjekt ewig eine μετάβασις εἰς ἄλλο γένος. Formal-methodisch mag es so aussehen, aber Geschichte und Leben haben sich von jeher dagegen gewehrt.

Später griffen dann auch Mediziner, Pädagogen, praktische Psychologen, Psychiater, Soziologen das Problem der Lehre vom Menschen, der philosophischen Anthropologie auf. Als Wissenschaft von der „Person" (Scheler) beginnt sie sich zu bilden. Die Einsicht in neue Zusammenhänge zwischen physischen und psychischen Funktionen, das Interesse am konkreten Menschen als Subjekt und Objekt der Erziehung, ärztlichen Hilfe, politischen Entscheidung erzwingen die Neubildung anthropologischer Begriffe aus neuer Art, die lebendigen Dinge anzuschauen. Der als Körper „und" Seele erfaßte Mensch bleibt eine Summe von Bruchstücken. Seine ursprüngliche Wesenseinheit, dieseits der

Trennung in Körper und Seele gelagert und im tätigen Leben einem jeden Gewißheit, besteht und versteht sich nur in dem Bezug aller menschlichen Eigenschaften auf Ziele, Güter und Werte menschlichen Verhaltens. Nur unter dem Wertaspekt eines Sinn beanspruchenden Lebens stehen Natur und Geist in jener personhaften Spannung, die gerade dadurch, daß sie Spannung ist, von eben diesem Leben Zeugnis ablegt, das alle Schichten menschlicher Existenz trägt und durchdringt. Mit Schädelmessung, Serumuntersuchung, Prüfung der psychologischen Reaktionszeit allein ist es in Sachen der Anthropologie ebensowenig getan wie mit der auf Grund vergleichender Anatomie, Physiologie, Entwicklungsgeschichte versuchten Eingliederung des Genus Homo in mutmaßliche Stammbäume.

Überhaupt ist mit Erfahrung für die Grundlegung einer solchen Wissenschaft von der „Person" nichts gewonnen. Erfahrung heißt Isolierung an Hand von Richtlinien, Richtlinien, die weder vom Gegebenen einfach abgenommen noch ihm aufgezwungen werden, sondern auf einseitiger Betrachtung beruhen, welche das Gegebene in geregeltem Zusammenhang sichtbar macht. Um dieser geregelten Zusammenhänge willen ist empirisches Verfahren notwendig und auf seine Richtigkeit nachprüfbar. Romantische Flucht vor dieser Erfahrung ist daher nicht weniger unangebracht wie positivistische Überschätzung ihrer Methode und Resultate. Erfahrung gibt viel, aber nicht ihre eigene Grundlegung: nicht ihre Ansatzpunkte. Wie es gar nicht anders sein kann, müssen die Gegebenheiten, an welchen und mit welchen Erfahrung gemacht wird, im Erfahrungsbild verschwinden. Das Resultat hat die Bedingungen seiner selbst nicht als ablösbare Momente an sich, sie sind in ihm verschwunden, weil es „durch" sie besteht.

Das Studium der vorerfahrungsmäßigen, für die Erfahrung verantwortlichen Bedingungen und Ansatzpunkte bildet die notwendige Ergänzung einer rein empirischen Kenntnis und Erkenntnis der Welt. Ob diese Bedingungen subjektiver Art, ob sie formaler Art sind, wie Kant es annahm, wird durch das Ziel eines derartigen Studiums noch nicht entschieden. Über den Charakter ihrer Apriorität vor ihrer differentiellen Untersuchung Allgemeines zu sagen, kann sich die vorliegende Arbeit ersparen. Auf jeden Fall brauchen Bedingungen der Möglichkeit der Erfahrung nicht Erkenntnisbedingungen zu sein. Es kann auch um die Möglichkeit von Gegenständen und Substraten, an denen die Erfahrung ansetzt, gestritten werden.

Auch mit Metaphysik hat das Studium der Ansatzpunkte und

Aprioritäten selbst nichts zu tun. Grundverkehrt wäre es also in diesem Falle einer Begründung der philosophischen Anthropologie, die mannigfachen Spekulationen über das Verhältnis des denkenden Seins zum ausgedehnten Sein zu Hilfe zu rufen oder in ihrer Richtung neue monistische, dualistische, trialistische Theorien zu versuchen, solange man allererst eine Nachprüfung des Fundamentalcharakters dieser Alternative für notwendig hält. Denn die Aufgabe besteht nicht darin, wie man den Fundamentalgegensatz (nachdem man sich einfach mit ihm abgefunden hat) begreiflich macht und die mannigfachen Formen seiner Erscheinung in einheitlichen Gebilden erklärt, sondern zu untersuchen, ob es sich um einen Fundamentalgegensatz überhaupt handelt. Vielleicht läßt sich zeigen, daß bestimmte metaphysische Bemühungen darum gegenstandlos werden, weil die Phänomene, auf die sie sich stützen und an deren Konflikten sie einsetzen, gar nicht die Bedeutung letzter unauflösbarer Gegebenheiten haben. Ihre Konflikte können im Resultat der Erfahrung auftreten und werden doch nie eine Auflösung im Jenseits der Erfahrung finden, weil sie im Diesseits der Erfahrung d. h. in ihren Ansätzen gar nicht aufweisbar sind. Und Lösungen von Problemen sind wertlos, solange nicht das Fundament der Phänomene, auf denen sich die Probleme erheben, gesichert ist.

Fürs Erste entscheidet das Problem, das nicht willkürlich, sondern durch die Entwicklung vieler Disziplinen in der neueren Wissenschaft der Philosophie gestellt ist und sie selbst zu einer Revision mancher ihrer Grundbegriffe zwingt: das Problem der Fundamentalität des cartesianischen Alternativprinzips. Die empirischen Kulturwissenschaften und die Geschichte demonstrieren schon für den Bereich des Menschen die Schiefheit der Alternative. Wenn ihnen die Neufassung des Lebensgrundes von Kultur und Geschichte notwendig erscheint, so darf diese Forderung natürlich nicht nur auf das Wesen „Mensch" begrenzt werden. Den Menschen trägt die lebendige Natur, ihr bleibt er bei aller Vergeistigung verfallen, aus ihr zieht er die Kräfte und Stoffe für jegliche Sublimierung. Deshalb drängt von selbst die Forderung nach einer philosophischen Anthropologie auf die Forderung nach einer philosophischen Biologie, auf eine Lehre von den Wesensgesetzen oder Kategorien des Lebens.

Also nicht naturalistisch argumentiert: weil der Mensch das höchst entwickelte Wesen auf der Stufenleiter der Organismen ist und am spätesten zu seiner jetzigen Wesensform gelangte, und weil alle seine geistigen Lebensäußerungen auf seinen körperlichen Eigenschaften beruhen, muß eine Anthropologie von einer Biologie unterbaut werden, philosophisch wie empirisch, sondern: weil der Aufbau einer philosophischen Anthropologie zur Voraussetzung die Untersuchung jener Sachverhalte hat, die um den Sachverhalt „Leben" konzentriert sind, wird das Problem der organischen Natur aufgerollt werden. Nicht die naturwissenschaftliche Erfahrung — von ihrer Verabsolutierung überhaupt nicht zu reden —, die geisteswissenschaftliche Erfahrung ist es, der die Initiative zum Aufbau einer konkreten Naturphilosophie zufällt.

Der nächstliegende Weg zur Lösung dieses Problems wäre demnach durch den Ausgang von der geisteswissenschaftlichen Erfahrung und ihren Objekten gekennzeichnet. Wir haben ihn in unserer Untersuchung „Die Einheit der Sinne" gewählt. Dort war das Ziel, unter geisteswissenschaftlichem Aspekt, genauer gesagt, unter dem Problemaspekt der Erfahrung, die wir von geistigen Gebilden der Kultur haben, zu einem Verständnis des bedingenden Charakters, des Prinzipiencharakters unserer Sinne zu kommen. Denn für die naturwissenschaftlich-psychologische Empirie sind die Sinne selbst bloßer Inhalt der Erfahrung, die ihnen je zugeordneten Empfindungen etwas Letztes und Hinzunehmendes, über dessen Eigenart nicht diskutiert werden kann. Sehen und Hören werden auf die Funktionen der Augen und Ohren zurückgeführt, deren Faktoren die Naturwissenschaft analysiert.

Durch die an der spezifischen Leistungsfähigkeit orientierte Wertkritik der Sinne zeigten sich dagegen ästhesiologische Gesetze, nach denen die verschiedenen Modalitäten der Sinnesempfindungen prinzipielle Bedeutung für den Aufbau der Person als eigentümlicher Einheit von Leib und Seele besitzen. Elementen, die der psychophysischen Vitalschicht des Menschen angehören, und die man unter dem Einfluß der Naturwissenschaft als körperliche bzw. seelische Eigenschaften angesehen hatte, war dadurch ein neuer Wert gegeben worden. Körperlich-seelische Eigenschaften zeigten mit einem Male eine apriorische Seite.

Wenn wir das Werk der Ästhesiologie nicht auf diesem Weg weiter fortsetzen, so tun wir es, um möglichst starke Kontrollen für die Richtigkeit ihrer Ergebnisse zu schaffen. Es gibt in der Wissenschaft kein stärkeres Kriterium für die Stichhaltigkeit eines Fundes als die Bestätigung auf einem von der zuerst angewandten Methode verschiedenen Wege. Um solcher Bestätigung willen muß eine neue Methode ausfindig gemacht werden.

Negativ bestimmt sie sich dadurch, daß sie nicht den Ausgang von der geisteswissenschaftlichen Erfahrung, radikaler gefaßt, daß sie überhaupt ihren Ausgang nicht von der Erfahrung nimmt. Die Ästhesiologie ging „kritisch" zu Werk und arbeitete regressiv von gegebenen objektiven Gebilden her die Bedingungen der Objektivität heraus. Die neue Methode darf nicht so arbeiten, also nicht „Kritik", nicht regressive Analytik sein. Positiv ist sie natürlich durch ihren Gegenstand bestimmt. Ihr Gegenstand liegt jedoch nicht zum Voraus fest. Er wird (da er nicht der Erfahrung angehört, so daß man keine Begriffe vor der Untersuchung für ihn zur Verfügung hat) seine Umrisse erst mit der Einengung des anfangs gestellten Problems gewinnen.

Dafür muß das Problem eine Form erhalten, die wirklich zur Bestimmung eines Gegenstandes führt. In der Perspektive des Erkenntnissubjekts gefaßt, bekommt das Problem folgendes Aussehen: Hat für Gegenstände, welche im Doppelaspekt erscheinen, dieser Bruch die Bedeutung alternativer Blickstellung gegenüber den Gegenständen oder nicht? Und gegenständlich gefaßt, heißt es: Haben diejenigen Gegenstände, welche im Doppelaspekt erscheinen, nur alternative Bestimmtheiten, so daß die Einheit des Gegenstandes nicht bestimmt gegeben, sondern nur bestimmbar aufgegeben ist, oder sind bestimmte Einheitscharaktere dem Doppelaspekt immanent bzw. vorgegeben? Ist der Doppelaspekt vielleicht sogar von solchen vorgegebenen Einheitscharakteren bedingt und in ihrem Wesen mit angelegt?

Um keine falsche Vorentscheidung in der Auswahl von Gegenständen zu treffen — denn ob außer mir noch andere Dinge im Doppelaspekt erscheinen, ist ja gerade fraglich und wird vom Cartesianismus streng bestritten — und um im Interesse der Methode in keinem Sinne an der Erfahrung zu beginnen, schlägt die Untersuchung ein indirektes Verfahren ein. Noch ist unausgemacht, ob sich mit Sachverhalten, die derselben Seinssphäre wie Körper und Seele und doch keiner der beiden Sphären ganz angehören sollen, ein anschaulicher Sinn verbindet. Das müßte sein, wenn durch solche Sachverhalte der Zerfall realer anschaulicher Naturdinge in bloße Außenansichtsdinge und bloße Innenansichtsdinge (bzw. Dinge der Verborgenheit) vermieden wäre. Sinnlich anschaulich braucht darum der Sachverhalt nicht zu sein. Daß man ihn in der Wissenschaft so hartnäckig geleugnet hat, deutet fast darauf hin. Was aber selbst der sinnlichen Anschaulichkeit ermangelt, kann darum doch einen Funktionswert für die Anschauung haben; einen Funktionswert, der sich nur im Gebiete der Anschauung entfaltet. Auf die Klärung dieser Frage ist die Untersuchung zunächst einzustellen. Hier liegt, wenn überhaupt ohne Vorentscheidung und Anleihen bei der Erfahrung gearbeitet werden soll, der Boden für alles Folgende. —

Unsere Zeit bringt den Mut auf, den philosophischen Primat des Objekts zu verkünden, und auch die Kraft, ihn zu beweisen. Aber die Neigung, formal zu bleiben und die materialen Fragen ausschließlich der Einzelwissenschaft und damit der Erfahrung zu überlassen, herrscht noch stark in der Philosophie, weil es nicht leicht ist, einer hundertjährigen Tradition von erkenntnistheoretischem Formalismus gegenüber Distanz zu gewinnen. Mit den konkreten Dingen der Kultur und Geschichte besteht zwar von jeher ein engerer Zusammenhang als mit der konkreten Natur, weil die Geisteswissenschaften in der Ebene ihrer Erfahrungen und Kombinationen selbst material-apriorische Zusammenhänge berücksichtigen. Ohne zu wissen, was „Charakter", „Persönlichkeit", „Staat", „Wirtschaft" ist, was für Möglichkeiten darin gegeben sind, ohne Wesensanschauung und Einsicht in Modulationsformen von Wesen gibt es keine Geschichte und Geisteswissenschaft. Die Verklammerung geisteswissenschaftlicher Erfahrung mit der Philosophie geht wirklich so weit, weil zur primitiven Artikulation ihrer Objekte (von ihren Theorien ganz zu schweigen) ein vorgegebener Hintergrund von Wesensgesetzen und Zielbildern gehört, ohne welche geistig-geschichtliche Realität einfach nicht *ist*. Die exakte Naturwissenschaft ruht dagegen auf völlig anderen Grundlagen; sie ist in ihren Gegenständen autonom, in der Ebene ihrer Erfahrungen und Kombinationen frei von Philosophie. Dadurch verlor sich der Zusammenhang zwischen Philosophie und konkreter Natur in dem Maße, als die exakte Naturwissenschaft von ihr Besitz ergreift. Umgekehrt verringerte sich der Einfluß naturwissenschaftlicher Entdeckungen auf die Philosophie in dem Maße, als diese in der naturwissenschaftlichen Methode die einzige Erkenntnismöglichkeit der Natur sah. Es gibt eben keine konkrete Philosophie der Natur, solange jener dogmatische oder methodische Anthropozentrismus in Geltung bleibt, der die Alternative von Körperansicht und Bewußtseinsansicht bedingt, — wie er von ihr bedingt ist.

Was dieses Problem bedeutet, dürfte aus dem bisher erörterten Zusammenhang klar hervorgegangen sein. An der Entscheidung über Fundamentalität oder Nichtfundamentalität der cartesianischen Alternative hängt eine Fülle von Entscheidungen über Probleme grundsätzlicher Art in der Philosophie und Wissenschaftslehre. Die natürliche Form ihres Zusammenhangs und damit die Reichweite der angeschnittenen Frage wird jedoch erst die tatsächliche Untersuchungsarbeit ergeben.

Drittes Kapitel.

DIE THESE.

1. Das Thema.

Hat für Gegenstände, welche im Doppelaspekt erscheinen, deren anschaulicher Habitus also durch den Zerfall in ein Inneres und ein Äußeres ausgezeichnet ist, dieser Zerfall die Bedeutung alternativer Blickstellung gegenüber den Gegenständen oder nicht? Haben diejenigen Gegenstände, welche als Einheiten von Innerem und Äußerem erscheinen, nur alternative Bestimmtheiten, so daß die Einheit des Gegenstandes nicht bestimmt gegeben, sondern nur in der Idee als bestimmbar aufgegeben ist, oder sind bestimmte Einheitscharaktere dem Doppelaspekt bereits eingelagert bezw. vorgegeben, mitgegeben? Ist der Doppelaspekt vielleicht sogar von solchen vorgegebenen Einheitscharakteren bedingt und in ihrer Wesensstruktur mitangelegt? Verträgt sich der Zerfall in zwei nicht in einander überführbare Aspekte noch mit der anschaulichen Einheit eines Gegenstandes und unter welchen Bedingungen ist das der Fall? Welchen Gegenständen gegenüber gibt es eine konvergente Blickhaltung auf prinzipiell divergente Gegenstandssphären?

Inneres und Äußeres als räumliche Aspekte bestimmen zwar divergente, doch nicht in einander unüberführbare Seiten eines Gegenstandes. In das Innere eines Kruges kann man von außen hineinkommen, die Transformation folgt durch den einigen Raum hindurch. Die Wandung des Kruges, außen an einer bestimmten Stelle besonders gebaucht, hat dann unter der Voraussetzung stetiger Wanddicke an gleicher Stelle innen eine entsprechende Konkavität. Konvex und konkav sind richtungspolar und erfordern doch nur eine Drehung, um zur Deckung zu kommen. Hier kann das Innere zum Äußeren, das Äußere zum Innern werden, wie es das Beispiel des umgestülpten Handschuhs zeigt, der durch die Umstülpung die Richtungspolarität „kongruenter Gegenstücke“, wie Kant es nennt, von links und rechts überwindet.

Prinzipiell divergente Sphären, auf deren Zueinander die Einheit einer gegenständlichen Struktur beruhen soll, sind zwar polar einander zugeordnet wie das räumlich Innere dem räumlich Äußeren, aber im Unterschied zu deren Verhältnis ineinander nicht überführbar. Die auf Descartes-Spinoza zurückweisende Fechner'sche Zweiseitenlehre etwa hat für das Verhältnis von Physis und Psyche, von Äußerem und Innerem eine Formulierung erstrebt, die gerade in den Anschauungsfundamenten die Erinnerung an das räumliche Außen-Innenverhältnis wachruft. Speziell Fechners Beispiele appellieren daran. Demgegenüber empfiehlt es sich im Interesse des Fortgangs der Analyse, welche die Antwort auf die oben gestellten Fragen bringen wird, unangebrachte Vergleiche mit dem räumlichen Außen-Innenverhältnis dadurch ein für allemal von der Wesensbestimmung des Zueinanders unüberführbarer Sphären fernzuhalten, daß man an räumlichen Gegenständen in der Anschauung die Untersuchung durchführt. Dann werden sich die raumbedingten Außen-Innenbezüge klar von den nicht raumbedingten abheben lassen und jene Einheitscharaktere isoliert hervortreten, die, in konvergenter Blickstellung (d. h. in den Bahnen der sinnlichen Wahrnehmung) erfaßt, zugleich den divergenten Aspekt des Gegenstandes tragen.

2. Der Doppelaspekt in der Erscheinungsweise des Wahrnehmungsdinges.

Jedes in seinem vollen Dingcharakter wahrgenommene Ding erscheint seiner räumlichen Begrenzung entsprechend als kernhaft geordnete Einheit von Eigenschaften.

Der Baum vor meinem Fenster ist nicht bloß eine Summe von Farbendaten, zusammengehalten von einer Gestalt, er gewinnt nicht bloß summenhaft Tastdaten und Geruchsdaten, wenn ich an ihn herangehe, und das Rauschen in seinen Zweigen ist nicht nur eine vielleicht letzte Ergänzung zur Summe seiner Erscheinung. Zu allererst ist der Baum da draußen, soweit er nicht ausdrücklich meinem Blick als Phantasiegebilde oder, wie es im Traum bisweilen und in dem von Jaensch bestimmten eidetischen Bewußtsein geschieht, als reines, zwischen bloßer Vorstellung und echter Wahrnehmung die Mitte haltendes Bild vorschwebt, eine selbständige Größe. An ihm hängen die Eigenschaften, in denen er selbst manifestiert ist. Die sinnlichen Daten, eingebettet in die übergreifenden und dominierenden Gestaltcharaktere, erschöpfen sich weder in der Bildung eines bunten Phantoms von dünner und gleichsam flächiger Ordnung noch erscheinen sie als einer Substanz äußerlich aufgeheftete und beliebig von ihr ablösbare, d. h. sie verkleidende Momente. In ihnen und als sie zeigt sich das eigenständig gegründete Baumding selbst, so daß jeder zu voller Wirklichkeitswahrnehmung erwachte Mensch sagen muß: die Rinde des Baumes ist rissig, sein Blatt ist grün. Sie gehören zu diesem selbst daseienden Baum als seine Bestimmtheiten.

Zum Wesen dieser Struktur gehört infolgedessen, daß die sinnlich-anschaulichen Daten — dieser Satz sieht den beschriebenen Sachverhalt eben nur in umgekehrter Richtung — als Eigenschaften „von ihm“ in dieses Ding als mit dessen kernhafter Mitte durch und durch verbunden hineinweisen, ohne sie doch selber restlos zur Erscheinung zu bringen. Das Blatt hat das Grün an seiner Oberfläche, aber das Grün hat nicht auch umgekehrt das Blatt. In diesem Gehabtsein (was hier gleichbedeutend ist mit Gestützt- und Getragensein) spricht sich die Abhängigkeit der Eigenschaft von der Kernsubstanz des Dinges, die Getragenheit im Unterschied zur Eigenständigkeit anschaulich aus.

Was von dem Dinge reell erscheint und als Baum, Tintenfaß sinnlich belegt werden kann, ist selbst nur eine von unendlich möglichen Seiten (Aspekten) dieses Dinges. Dieses Reelle ist durchaus für die Anschauung das Ding selbst —, aber von einer Seite, nicht das ganze Ding, welches reell überhaupt nie „auf ein Mal“ sinnlich belegbar ist. Die reell präsente Seite impliziert nur das ganze Ding und erscheint ihm eingelagert, obwohl weder für das ganze Ding noch für die Art und Weise des Eingelagertseins ein sinnlicher Beleg beizubringen ist. Man mag das Ding wenden, um es herumgehen, es zerschneiden, wie man will: was sinnlich belegbar da ist, bleibt Ausschnitt aus einer selbst nicht auf ein Mal erscheinenden, trotzdem als das daseiende Ganze anschaulich mitgegebenen Struktur.

Das reelle (belegbare) Phänomen weist auf dieses tragende Ganze von sich aus hin, es überschreitet gewissermaßen seinen eigenen Rahmen, indem es als Durchbruch, Aspekt, Er-Scheinung, Manifestation des Dinges selbst sich darbietet. In dieser Transgredienz des Erscheinungsgehalts besteht die sinnlich nicht belegbare Weise der Zugehörigkeit des reellen Phänomens zum ganzen Dinge. Nur weil dieser Transgredienzcharakter das reelle Phänomen mitbestimmt, ist dieses mehr als ein bloßer Aspekt auf das Ding, ist es ein Aspekt, eine Seite des Dinges.

Für die konkrete Dingerscheinung bestehen zwei Richtungen der Transgredienz, die — den räumlichen Bestimmungen eigentümlich entsprechend — wesenhaft zusammengehören, obwohl nie zusammenfallen: die Transgredienz vom Phänomen „in“

das Ding „hinein" und „um" das Ding „herum". Die erste Richtung zielt auf den substantiellen Kern des Dinges, die zweite Richtung zielt auf die möglichen anderen Dingseiten. Zum reellen Bilde gehört diese doppelte Blickführung, wenn es als gegenwärtiges Ding wahrgenommen werden soll, und erst in dieser doppelt gerichteten Blickgebung erscheint das räumlich sinnliche Phänomen als kernhaft geordnete Einheit von Seiten, als Ding.

Kant, Hegel und in unserer Zeit Husserl haben dieses Gesetz der notwendigen Einseitigkeit der Erscheinung des kraft seiner erscheinungstransparenten Natur unendlich vielseitigen Wahrnehmungsdinges gebührend hervorgehoben. Der reellen Erscheinung ist der Dingkern, die „Achse" seines Seins weder reell immanent, d. h. belegbar, in ihr aufweisbar noch transzendent bzw. hinzugedacht und deshalb ohne Brücken zu ihr. Insofern erscheint das Ding notwendig abgeschattet, wie Husserl sagt. Nicht weil wir unsere Sinne nicht überall haben und mit einem auf das Totalding konzentrisch gerichteten Sinnensystem es nicht wahrnehmen können, gilt dieses Gesetz, sondern weil im Wesen der Erscheinung eines Etwas, das mehr als nur Scheinendes ist, die Aspektivität, das Von einer Seite Sein liegt. Aspektivität ist darum noch lange nicht Subjektivität, sondern nur die von der Erscheinung her garantierte Möglichkeit der Gegenstellung zu einem Subjekt. Aspektivität als dem Objekt selbst zugehörige Begrenztheit, als die ihm im Erscheinen strukturell zugehörige Seitenhaftigkeit ist nicht mit dem Bilde zu verwechseln, das als Wahrnehmungs- oder Vorstellungsbild im Bewußtsein bleibt. Diejenigen, welche Husserls Abschattungsgesetz als einen Rückfall in subjektiv-idealistische Gedankengänge auffassen, lassen sich von Husserls eigener Interpretation zu sehr beeinflussen und machen sich diesen Unterschied von Aspektivität und Subjektivität nicht klar genug.

In der Wahrnehmung des reellen Phänomens ist die Richtung in das Ding hinein und um das Ding herum vorweggenommen. Man könnte diese Vorwegnahme anschaulich auch so ausdrücken: das Ding erscheint als „tiefes" Kontinuum von Aspekten. Hinein und herum scheinen allerdings ausgesprochen räumliche Prädikate zu sein. Sind Tiefenhaftigkeit und Seitenhaftigkeit in der Räumlichkeit des Dinges begründet oder sind umgekehrt Tiefenhaftigkeit und Seitenhaftigkeit Gründe für seine Räumlichkeit?

Identisch sind auf jeden Fall — dies schließt bereits die Fragestellung aus — die beiden Charaktere nicht. Räumlich sein heißt im Raum aufweisbare Grenzen haben. Als räumliches

Gebilde hat jedes Ding seine bestimmten Abmessungen an einem bestimmten Ort, anschaulich gesprochen, es hat Konturen, eine aufweisbare Peripherie, eine aufweisbare Mitte. Auf das Zentrum und die Seiten im räumlichen Sinne kann man den Finger legen. Auf Zentrum und Seiten als dingkonstituierende Charaktere kann man das aber nicht. So wenig die zentrale Bindung der eigenschaftstragenden Seiten nur eine Metapher für das unräumliche Verhältnis von Substanzkern und Eigenschaft ist, so wenig läßt sie sich im Raum aufweisen. Dingkonstituierende Momente und räumliche Momente sind also, obzwar in der Anschauung von einander untrennbar, nicht identisch.

Auch für das unräumlich Wirkliche seelischen Lebens läßt sich das Gesetz verteidigen, daß etwas, ohne in seinen Eigenschaften restlos aufzugehen, Eigenschaften hat und nur in Eigenschaften zur Erscheinung kommt: Wille, Gefühl, Gedanke sind mehr als die Seiten, die sie einem Bewußtsein zukehren. Für dieses Transgredienzverhältnis zwischen Phänomen und Kerngehalt einer seelischen Realität dürften räumliche Bilder nur einen metaphorischen Wert haben, obwohl die Beziehung zwischen dem Phänomen und dem realen Kerngehalt, welche den Bestimmtheiten des Phänomens Eigenschaftswert, dem realen Kerngehalt Substanzwert verleiht, im Falle des unräumlich Wirklichen wie im Falle des räumlich Wirklichen dieselbe ist. Die Gegenüberstellung zeigt, daß die Transgredienzstruktur, also das Verhältnis von Substanzkern und Seite bzw. Eigenschaft, gegen den Unterschied von Räumlichkeit oder Unräumlichkeit selbst indifferent ist.

Ihre Farblosigkeit bedingt es, daß sie sich mit den besonderen Strukturformen des jeweiligen Materials, an dessen Gebilden sie aufzeigbar wird, an räumlichen Dingen oder an unräumlichen, etwa psychischen Wirklichkeiten also, zu einer anschaulich untrennbaren Einheit verbindet. Erst die gedankliche Überlegung sondert die sinnhafte Relation zwischen Kerngehalt und Eigenschaft von der material bedingten Daseinsweise. Sie macht damit verständlich oder bringt es wenigstens auf einen Ausdruck, was in seiner zeitlichen Existenz das Ding real offenbart, wenn es der Vernichtung anheimfällt: die augenscheinliche Ablösbarkeit dessen, was den Raum als Realität einnahm, von dem, womit es ihn plastisch in Form und Material erfüllte. So ist die Asche, zu welcher die Zigarre wird, die Dokumentierung zugleich der Vergänglichkeit der Form und des Materials, d. h. der Indifferenz gegenüber ihrer Funktion, eine Realität darzustellen, ihrer eigenschaftlichen Zugehörigkeit zu einer Realität. Wenn das frühere Phänomen der Zigarre nicht wahrer als „ihr" jetziges sein soll, wenn es ebenso wirklich war, wie es jetzt ist, so muß das, was das Ineinanderverschwinden der Phänomene überdauern soll, ihnen auch hinsichtlich ihrer Daseinsart überhoben sein. Hegel hat in der Phänomenologie gezeigt, wie hier dem Bewußtsein keine Möglichkeit mehr gelassen ist, den Kerngehalt räumlich zu interpretieren und das Substantielle des Wirklichen noch als seine Mitte anzusehen. Es wird, indem sich die Erscheinung verflüchtigt, notgedrungen zu dem, was Raum einnimmt, ohne ihn zu erfüllen, zur Kraft. Die statische Wesenscharakteristik des Dingkerns macht der dynamischen Platz.

Für das räumliche Ding in der Wahrnehmung ist die Konvergenz aller seiner möglicherweise erscheinenden Seiten bzw. der den Seiten eingelagerten Eigenschaften auf den („zentralen") Kerngehalt der seiner Räumlichkeit entsprechende Ausdruck für den damit gefaßten unräumlichen Sachverhalt. Erst die Überlegung kann einen von der Sinnlosigkeit des Versuchs überzeugen, zu welchem trotzdem die Anschauung immer wieder verführt, durch reales Eindringen in das Ding, durch ein schichtmäßiges Entblättern seinem zentralen Kerngehalt näherzukommen. Die räumliche Mitte ist nicht die kernhafte „Mitte", als die sie trotzdem die Anschauung vermeint. Und die räumliche Peripherie ist nicht die Einheit der eigenschaftstragenden „Seiten", für welche die Wahrnehmung sie doch nehmen muß. Zwischen den die Dinglichkeit konstituierenden Momenten der Tiefen- und Seitenhaftigkeit einerseits, den die Räumlichkeit des Dinges konstituierenden Momenten der Tiefe und geschlossenen Oberfläche andererseits besteht — und damit wird die oben gestellte Frage beantwortet — nicht ein Begründungs-, sondern ein rein gegenseitiges Bedingungsverhältnis. Insofern sind raumbedingten Charakteren raumbedingende, räumlichen Bestimmtheiten raumhafte in der Anschauung wesensnotwendig zugeordnet.

Es könnte wohl sein, daß diese eigenartige Gesetzlichkeit nicht ohne Einfluß auf die berühmten metaphysischen Streitigkeiten gewesen ist, die um die Stellung des Raumes zur Substanz gingen. Natürlich spielten noch ganz andere ontologische Motive darin eine Rolle. Aber die Frage, ob der Raum oder die Substanz (diese etwa als Kraft gedacht) das Frühere sei, weist auch unabhängig von der Art ihrer Beantwortung unweigerlich auf jene berührten Unterschiede räumlicher und raumhafter Charaktere hin, weil sie sich anschaulich evident machen lassen.

3. Gegen die Mißdeutung dieser Analyse. Engere Fassung des Themas.

Die Unangemessenheit der rechnenden Methode zu diesem zunächst bloß anschaulichen Sachverhalt von Substanzkern und Eigenschaft kommt immer wieder dadurch zum Vorschein, daß die Substanz des Dinges weder als Inbegriff ihrer Eigenschaften noch auch als Inbegriff dessen, worauf sie nach exakter Methode reduziert werden können, aufzufassen ist. Was mit der in den Eigenschaften manifest werdenden und zugleich unter und hinter ihnen verborgen bleibenden Substanz anschaulich erlebt wird, spottet jeder naturwissenschaftlichen Auflösung in Elemente: Elektronen und Energien. Substanz des Dinges ist nicht das, woraus es besteht. Besagt nicht in dem Sinne Inneres, wie der Markstrahl Inneres des Baumgewebes, Sägemehl Inneres der Holzpuppe ist. Insofern der naive Ansatz, durch Aufbrechen eines Dinges sein Inneres als sein Eigentliches, sein Wesen und seinen Kern zu bekommen, in der Richtung vorbildlich für die naturwissenschaftliche Elementaranalyse der Atomisierung ist, verfehlt der exakte Wissenschafter notwendig die Substantialität. (Wer den Sinn exakten Vorgehens richtig versteht, wird darin keinen Mangel sehen. Nur aus falscher Interpretation naturwissenschaftlicher Arbeit und Zielsetzung kommt das Interesse, schon der einfachen Anschauung des Wahrnehmungsdinges die Struktur Substanz-Eigenschaft abzustreiten und nach dem Prinzip des Sensualismus seine Eigenschaften als bloße Sinnesdaten gegeben sein zu lassen. Erst wenn man glaubt, die exakte Methode sei die einzige Art der Naturerkenntnis, will man im Gegenstande nichts da sein lassen, was sie nicht erklären kann.)

Welche Mühe hat man sich nicht gegeben, durch Tatsachen der Entwicklungspsychologie und Argumente der Erkenntnistheorie die Behauptung zu entkräften oder zu verdächtigen, daß das Kern-Eigenschaftsverhältnis eine dem angeschauten Dingbestand schon als Angeschautem eingelagerte Struktur ist. Bei solcher Behauptung handle es sich um Deutung auf Grund gemachter Erfahrung, um eine bestimmte Erwartung auf Grund allmählich gestifteter Assoziationen, um den Niederschlag intellektueller, ja sogar urteilsmäßiger Bewußtseinsprozesse, die bei der Schnelligkeit, mit der der reife Mensch reagiert, nicht mehr von der eigentlich sinnlich-anschaulichen Unterlage getrennt auftreten könnten, obzwar sie durchaus von ihr getrennt seien. „Substanz“ sei ein spät erworbener Begriff, der eine gewisse Erfahrung im

Umgange mit Dingen voraussetze, um verstanden, geschweige denn um in Aktion gegenüber der Erfahrungswelt gesetzt zu werden. Oder auch: Substanz sei eine Wissenskategorie, ein Verstandesbegriff und darum keine Anschauung. Die einen lassen dabei dem Substanzkern-Eigenschaftsverhältnis die Apriorität, doch nur um den Preis seiner intellektuellen Rationalität. Die anderen erklären es für ein relatives Spätprodukt der Erfahrung, betonen aber seinen verstandesmäßigen Charakter als einer Hilfskonstruktion im Interesse der Wissenschaft.

Keine dieser Theorien hätte auch nur Sinn, wenn sie nicht irgendwie das Phänomen einer als Substanz-Eigenschaft auftretenden anschaulichen Ordnung am sinnlichen Bestand selbst vorfände und als anstößig empfände. Die Theorien wollen doch gerade erklären, wie es zu einem derart merkwürdigen Gebilde im Bewußtsein der Anschauung kommt. Sie sind nur Versuche, dieses anstößige (weil mit den Grundprinzipien der Naturwissenschaft, dem Methodenprinzip des Sensualismus unverträgliche) Phänomen nach dem sensualistischen Prinzip bzw. in Übereinstimmung mit ihm zu deuten. Daß ein gewisses gereiftes Wahrnehmungsbewußtsein Dinge (halluzinatorisch oder echt) als Substanz-Eigenschaftsstrukturen anschaulich faßt, „meint", kann wirklich keine noch so mit diesem Phänomen unzufriedene Theorie leugnen, ohne sich damit sofort unnötig zu machen.

Auf das Phänomen der Struktur kommt es hier aber allein an, nicht auf ihre Genesis, nicht auf ihre Legitimation und nicht auf ihren Wahrheitswert. Substantielle Kernigkeit zeigt gerade auch der Gegenstand der Wahrnehmungstäuschung und der Halluzination. Sonst wäre eben das Subjekt nicht verführt worden, Wirklichkeit zu glauben, wo keine ist. Substantielle Kernigkeit, wesenskorrelativ mit Eigenschaftlichkeit der sinnlichen und formalen Dingbestimmtheiten, ist zunächst nur eine besondere Struktur der vollen Dingerscheinung. Sie liegt nicht im reellen Bilde der Dingerscheinung und kann überhaupt in keinem möglicherweise reellen Erscheinungsbilde des Dinges aufgewiesen bzw. durch bestimmte gestalthafte Züge gedeckt werden. Allein als Rückhalt und Hintergrund gibt sie den Richtpunkt für die Transgredienz der möglichen Erscheinungen zur (selbst nie voll, sondern nur perspektivisch abgeschattet) erscheinenden anschaulichen Einheit des Dinges.

Daß dem anschauungsimmanenten Dingbegriff bzw. derjenigen Wahrnehmungsintention, welche solchem Begriff entspricht, seine Vorläufigkeit nicht als innere Unhaltbarkeit angerechnet werden darf, dafür gibt es keinen besseren Zeugen — wenn man einmal die vorliegende Analyse ganz aus dem Spiel lassen will — als Hegel in den Anfangspartien seiner Phänomenologie. Er läßt den Prozeß der systematischen Überbelastung, der das Bewußtsein aus einer scheinbaren Ruhelage in die andere treibt, bis es sich selbst gefunden hat, damit beginnen, daß die Anschauung sich als Wahrnehmung anspricht. Sie mutet also dem reell aufweisbaren Phänomenbestand zu viel zu, indem sie ihn als das anspricht, was er („in Wahrheit") noch nicht ist. Vom Standpunkt einer Adäquation zwischen begrifflich-cognitiver und anschaulicher Bestimmtheit mag das unhaltbar sein, vielleicht hatte auch Hegel Unrecht, daß er gegen dieses statische Adäquationsprinzip und für das dynamische Partei nahm. Deskriptiv aber sah er richtig. D. h. gegen das faktische Vorkommen der anschauungsimmanenten Dingintention darf auf keinen Fall die Zweideutigkeit ihres Gegenstandes ins Feld geführt werden.

Die erste Aufgabe erscheint gelöst: am räumlichen Gegenstand der Anschauung die raumbedingten Außen-Innenbezüge von den nichtraumbedingten abzuheben und damit jene Einheitscharaktere zu isolieren, die in konvergenter Blickstellung (d. h. in den Bahnen der sinnlichen Wahrnehmung) erfaßt werden und zugleich den divergenten Aspekt des Gegenstandes tragen. Denn um prinzipiell divergente Gegenstandssphären, die nie, wesensmäßig nie in einander überführbar sind, handelt es sich bei der Struktur, die durch zentralen Kerngehalt-eigenschaftstragende Seiten bestimmt ist. Der Gegenstand zerbricht nicht an diesem Zwiespalt eines nie erscheinenden, d. h. nie Außen werdenden Innen und eines nie Kerngehalt werdenden Außen, sondern formt sich geradezu aus ihm zu seiner typisch dinglichen Einheit.

Immerhin ist das Resultat in seinem Wert dadurch eingeschränkt, daß die Aspektdivergenz, welche als Vorbedingung jeder dingkörperlich erscheinenden Einheit aufgewiesen wurde, nicht selbst auch in Erscheinung tritt. Die Anschauung gewahrt nur ein geschlossenes, kernhaft solides Gebilde, das mit seinen Außenflächen ein Innen umschließt. Erst die nachträgliche Besinnung analysiert die Voraussetzungen jenes Anspruches der Anschauung, der über die Fassungsgrenze der Sinne hinausgeht, ohne für die sinnliche Anschauung selbst bemerkbar zu werden. Daß es sich bei dem Innen-Außenverhältnis überhaupt um eine echte Aspektdivergenz und nicht um das Verhältnis einer relativen Verborgenheit des durch's Äußere verdeckten Innern handelt, leuchtet erst durch philosophische Überlegung ein. Der Doppelaspekt konstituiert das Anschauungsgebilde des Dingkörpers, aber als echte Bedingung verliert er sich in dem von ihm Bedingten. Gerade die Unkompliziertheit des anschaulichen Gegenstandes ist es, die über die Komplikation der Voraussetzungen hinwegtäuscht.

Das bisher gewonnene Ergebnis wird an Wert gewinnen, wenn es gelingt, Gegenstände ausfindig zu machen, die nicht nur kraft des Doppelaspekts, sondern im Doppelaspekt erscheinen, bei denen also die Divergenz der gegenstandsbedingenden Sphären selbst den Gegenstand der Anschauung bildet. Konkret ausgedrückt ist es die Aufgabe der nächsten Untersuchung, solche Wahrnehmungsdinge zu ermitteln und in ihrer anschaulichen Gegebenheit zu analysieren, an welchen die Außen-Innenbeziehung im Bilde der Anschauung selbst gegenständlich gegenstandsbedingend auftritt, und weiterhin die damit wesensmäßig gegebenen Konsequenzen herauszuarbeiten.

4. Die Doppelaspektivität des belebten Wahrnehmungsdinges. Köhler contra Driesch.

Körperliche Dinge der Anschauung, an welchen eine prinzipiell divergente Außen-Innenbeziehung als zu ihrem Sein gehörig gegenständlich auftritt, heißen lebendig. Mit dieser Bestimmung ist sogleich der Nerv der Schwierigkeiten im Eigenschaftscharakter des Lebendigseins berührt, das mit anderen Eigenschaften desselben Körpers schon erscheinungsmäßig nicht auf gleiche Stufe gestellt werden kann. Es ist nicht zuviel behauptet, wenn man sagt, daß um dieses Problem jede Lebenstheorie im letzten Grund allein bemüht gewesen ist. —

Ein Ding, das lebendig erscheint, fällt damit natürlich nicht total aus der Reihe der Dinge überhaupt heraus. Wesenscharaktere des Körperdings bleiben die gleichen, ob es sich um nichtbelebte oder belebte Dinge handelt. Frosch oder Palme unterliegen denselben Erscheinungsgesetzlichkeiten der Dinglichkeit (von der breiten Zone durchgehender physikalischer Gemeinsamkeiten zu schweigen) wie Stein oder Schuh. Nur haben die belebten Dinge gegenüber den unbelebten das Plus jener rätselhaften Eigenschaft des Lebens, die trotz ihrem Eigenschaftscharakter nicht nur material die Erscheinung des betreffenden Dinges, sondern darüber hinaus formal seine Erscheinungsweise verändert.

Es erhebt sich die Frage, ob diese Veränderung nicht solchen Phänomenen zuzurechnen ist, die man unter dem gemeinsamen Titel der komplexqualitativen oder gestalthaften Gebilde (trotz der Differenzen zwischen den Anschauungen Krügers und Köhlers) zusammenfassen und sie den bloß summenhaften gegenüberstellen kann. Dieses ist zunächst Gegenstand der Untersuchung.

Es gibt ein Anwachsen oder eine Verminderung von Merkmalen rein summenhaften Charakters. Die Merkmale bilden reine Undverbindungen. Etwa dann, wenn eine primär mit Bleistift ausgeführte Figur farbig ausgemalt wird. Das Anfangsgebilde ist um bestimmte Merkmale undhaft bereichert worden, das Endganze ist eigenschaftsreicher als das Anfangsganze.

Man hat in der modernen Psychologie mit Recht darauf hingewiesen, daß dieser rein additiven, undhaften Merkmalsanreicherung (auf die sich gegebenenfalls die Aufmerksamkeit richten kann) im Erlebnis eine qualitative Umwertung des merkmaltragenden Gebildes und keine quantitative Umformung, wie man theoretisch annehmen sollte, entspricht. Die Bleistiftzeichnung ist etwas Ganzes, die ausgemalte Zeichnung ist aber wieder etwas Ganzes, das im Erlebnis mit dem Anfangsgebilde wohl Ähnlichkeiten, doch (trotz faktisch durchgehender Charaktere) keine partiellen Gleichheiten aufweist. Obwohl summenhaft zustandegekommen, stellt es sich ganzheitlich dar. In der Erscheinung ist die Gesamtgestalt das Primäre, erst der isolierenden Abstraktion wird der Aufbau aus Komponenten bewußt. Ganz bekannt ist aus der Sphäre musikalischer Gebilde, Akkorde und Melodien, oder des mimischen Ausdruckes, daß einer rein undhaften Veränderung im Aufbau des Gebildes eine ganzheitliche Veränderung in seiner erlebten Erscheinung entspricht. Immer zeigt sich der Wahrnehmung ein Phänomen von ursprünglich besonderer Note, das trotz größerer oder geringerer Ähnlichkeit mit anderen Phänomenen seine innere Geschlossenheit nicht aufgibt.

Die Übertragung dieser Gesetzlichkeit auf das Phänomen des belebten Dinges liegt natürlich nahe. Hier scheint derselbe Fall gegeben zu sein wie bei den erwähnten Aggregaten, deren Erscheinung spezifisch ganzheitliches Gepräge zeigt: Merkmalvariationen bedingen qualitative Totaländerungen, Hinzufügung oder Fortnahme eines isolierbaren Elements wird von Totalvariation des Gesamtgebildes begleitet. Die eigentümliche Präponderanz der Eigenschaft des Lebendigseins in der Erscheinung des lebendigen Körpers über andere Eigenschaften wie etwa seine Form,

Farbe, Größe, Gewicht usw., welche zunächst der Eigenschaftsnatur widerspricht, läßt sich also vielleicht auf diese Art gestalttheoretisch erklären. W. Köhler hat den Versuch dieser Erklärung in seiner Abhandlung [1]) „Gestaltprobleme und Anfänge einer Gestalttheorie" gemacht. Philosophisch von besonderem Interesse ist die damit gegebene Tendenz, die bisherige Alternative „Mechanismus oder Vitalismus" durch eine neue Position zu überwinden. —

In der Diskussion über die kausale Eingliederungsmöglichkeit der Lebenserscheinungen gehen die Parteien traditionell von drei Voraussetzungen aus: 1. Naturerscheinungen verstehen heißt sie durch Ursachen erklären. 2. Das Ziel der naturwissenschaftlichen Erklärung biologischer Phänomene ist ihre Zurückführung auf chemisch-physikalische Zusammenhänge und ihre Gesetze, deren letztes Modell die mechanischen Verhältnisse zwischen isolierten Teilchen abgeben. 3. Biologische Phänomene sind solche Naturphänomene, die gegenüber den unbelebten ein gewisses, in mehreren Eigenschaften (Wachstum, Stoffwechsel, Fortpflanzung, Regenerationsfähigkeit, Reagibilität auf Reize) faßbares Plus an Vitalität besitzen, das in dieser Summierung — wenn auch nicht nach jedem einzelnen Summanden genommen — das Belebte kennzeichnet. Je nachdem die Zurückführbarkeit dieses Plus auf chemisch-physikalische Faktoren für möglich gilt oder nicht, gibt es Mechanisten oder Vitalisten.

Die Mechanisten können auf die großen Fortschritte in der Identifizierung für spezifisch vital gehaltener Dinge an Organismen mit anorganischen Dingen hinweisen, ohne allerdings die Vitalisten von ihrer prinzipiellen Gleichartigkeit bzw. der restlos mechanischen Charakterisierbarkeit des Organischen zu überzeugen. Umgekehrt machen die Vitalisten gegenüber ihren Gegnern vergeblich geltend, daß die in dem vitalen Charakter der organischen Prozesse gegebene Komplikation eine Wesensgrenze zwischen lebendiger und unlebendiger Natur bedeutet. Hindernd stand einer Annäherung beider Parteien das Verfahren der Altvitalisten im Wege, die Autonomie des Lebendigen auf das Vorhandensein besonderer dem Organismus vorbehaltener Stoffe oder Kräfte zu gründen. Das belebte Körperding sollte nach dieser Ansicht durch gewisse gegenständliche Eigenschaften

1) Jahresbericht über die gesamte Physiologie 1922. Sie gibt u. a. die Anwendung der in dem Buch „Die physischen Gestalten in Ruhe und im stationären Zustand" entwickelten Gedanken auf das Problem des Organischen.

eine Ausnahmestellung einnehmen. Gegen dieses Argument remonstrierte der Mechanist in der logisch gut begründeten Überzeugung, daß zwischen Eigenschaft und Eigenschaft vom Standpunkte kausaler Forschung d. h. des Experimentes und der Messung kein prinzipieller Unterschied gemacht werden kann. Was als Stoff oder Kraft da ist, gehört in den Zusammenhang des natürlichen Geschehens und fügt sich formal jener Einheit der Bedingungen, als welche wir die Wirklichkeit immer ansprechen müssen, auch wenn sie uns unübersteigbare Hindernisse entgegenstellt. So ungünstig liegt aber der Fall garnicht. Die Geschichte der neueren Biologie ist geradezu die Geschichte des Rückzugs der Vitalisten vor der stetigen physikochemischen Eroberung des Gesamtgebietes der Lebenserscheinungen und die endgültige Preisgabe des Eigenschaftsvitalismus von Lebensstoff oder Lebenskraft.

Der moderne Vitalismus, wie Driesch ihn geprägt hat, erkennt die Gültigkeit der physikalischen Prinzipien für die organische Welt durchaus an. Nach seiner Anschauung erschöpft nur die physikalische Charakteristik nicht das lebendige Sein, dessen energetisch bedingte Erscheinungen überdies noch die Wirksamkeit eines in den Raum hineinspielenden und nicht im Raum beschlossenen Faktors, Entelechie genannt, verraten, für dessen Bestimmung die physikalischen Begriffe vollkommen versagen. Phänomene wie Selbstregulation und Restitution, Fortpflanzung und Entwicklung von niederen zu höheren Mannigfaltigkeitsgraden können nach seiner Lehre nicht restlos energetisch bzw. aus Konstellation letzter Teilchen begriffen werden. Bestenfalls führt eine ideal gedachte Entwicklungsphysiologie zu exakt-rechnerisch gefaßten Zuständen der Materie, welche der Entelechie Gelegenheit zum Eingreifen bieten. Eine Biologie, die Physik des Organischen werden will, bringt es immer nur zur Kenntnis der Anlässe, der Gelegenheiten für das Wirksamwerden jenes unräumlichen, mit Kraft bzw. Energie nicht vergleichbaren Faktors Entelechie.

Driesch glaubt nicht wie der alte Vitalismus in dieser oder jener gegenständlichen Eigenschaft des Organismus, sondern in dem eigentümlichen Übergewicht der Eigenschaften, die als spezifische Charaktere der Lebendigkeit gelten (in erster Linie Restitution, Entwicklung, Vererbung, Handlung), über andere Eigenschaften des lebendigen Körpers die Manifestation der Entelechie sehen zu müssen. Denn dieses merkwürdige Übergewicht haben die lebenscharakteristischen Eigenschaften gegenüber den nichtcharakteristischen der Farbe, der Konturierung, des Gewichts, der Größe, der Stofflichkeit usw., weil sie nach Gesetzen der Ganzheit verlaufen bzw. strukturell zu einem Ganzen gehören.

Da der besonnene Mechanismus zur Rechtfertigung des Vorhabens der Naturwissenschaft, die organische Welt nach den Prinzipien messender Beobachtung zu erforschen, sich auf Kants Kritik der reinen Vernunft berief, der zufolge die Einführung eines Entelechiefaktors den Grundsätzen der reinen Naturwissenschaft widerspricht, suchte Driesch mit der Methode der kantischen Kategoriendeduktion die Ganzheit als Kategorie zur Erfassung organischer Erscheinungen zu legitimieren. Neben der summativen Kausalität, die charakteristisch für die anorganische Natur sein soll, gebe es Ganzheitskausalität als spezifische Verknüpfungsweise organischen Werdens. Organismen ließen sich daher nicht als Maschinen verstehen, wenn man als Maschine „das System“ mit genau festgelegten Bindungen im Sinne der analytischen Mechanik bezeichnet. Insofern als diese „Maschine“ für Driesch das Modell physikalischer Gesetzlichkeit schlechthin darstellt, ist für ihn in dem Augenblick die Zurückführbarkeit biologischer Vorgänge auf physikalisch-chemische Vorgänge erledigt, in welchem feststeht, daß beliebige „Störungen von „Stadien“ (sc. eines Systems) in einer an ihm ablaufenden Geschehensreihe doch immer das proportional richtige zusammengesetzte Endganze ergeben.“[1]) Seine Versuche am Seeigel, an Aszidien und Turbellarien haben diese Tatsache zuerst sichergestellt.

Für die These des entelechialen Ganzheitsvitalismus wird es daher eine ernste Bedrohung bedeuten, wenn der Nachweis gelingt, daß auch im Anorganischen Ganzheiten vorkommen. In der Polemik gegen Driesch haben von jeher die Hinweise auf die ganzheitliche Struktur und Reaktionsweise von Kristallen und Kolloiden eine wichtige Rolle gespielt. Nunmehr hat Köhlers dem Gedankenkreis psychologischer Gestalttheorie entstammende Untersuchung über das Vorkommen und die Eigenschaften physischer Gestalten die Frage wieder in Fluß gebracht.

„Ganzes“ und „Gestalt“ bedeuten insoweit dasselbe, als beide darin übereinstimmen, mehr zu sein als die Summe ihrer Teile. Ihre charakteristischen Eigenschaften und Wirkungen, so dürfen wir in Anlehnung an eine Köhlersche Definition sagen, sind aus artgleichen Eigenschaften und Wirkungen ihrer so-

1) H. Driesch, Physische Gestalten und Organismen. Annalen der Philosophie V.

genannten Teile nicht zusammensetzbar. Unter reiner Summe versteht Köhler ein System, das aus Teilen „und zwar einem nach dem andern hergestellt werden kann, ohne daß infolge der Zusammensetzung einer der „Teile“ sich ändert“ (Physische Gestalten S. 42). Köhler zeigt an Beispielen etwa elektrischer oder chemischer Vorgänge und Zustände, daß es derart übersummenhafte Gebilde und Wiederherstellungen solcher Gebilde nach Eingriffen im Anorganischen gibt, ja daß ihr Vorkommen gar nichts Außergewöhnliches ist. Nimmt man in einem Dreierkondensatorsystem, dessen Kugeln miteinander leitend verbunden sind, von einer der drei Kugelkondensatoren ein Drittel der Gesamtelektrizitätsmenge weg, so bleibt die Ladungsgestalt mit zwei Drittel der ursprünglichen Elektrizitätsmenge erhalten. Man könnte von einer physikalischen Restitution sprechen. Wiederherstellung eines chemischen Gleichgewichts, einer Tropfenform u. ä. besagen das Gleiche.

Liegt in derartigen Phänomenen physischer Übersummenhaftigkeit etwas der organischen Ganzheit Wesensgleiches vor? Driesch verneint diese Frage. Nach seiner Ansicht hat Köhler nur Einheiten, nicht Ganzheiten im Anorganischen nachgewiesen, und diese Einheiten, Wirkungseinheiten, wie er sie nennt, ließen sich summativ d. h. „als Gesamtheit aus Kenntnis der Teile, einschließlich ihrer dynamischen Potenzen“ verstehen (S. 3 loc. cit.). „Gewiß, wenn wir in ein System elektrischer Ladungen irgendwo eine neue Ladung einführen, ändern sich alle Teile. Aber sie tun es doch nicht in ihrem Wesen, sondern nur ihrer dynamischen Aktualität nach, welche Aktualität aber in ihrer Stärke nach den verschiedenen Richtungen nie von ihnen allein abhängt, wie das ja im Coulombschen und verwandten Gesetzen ohne weiteres zum Ausdruck kommt. Das jedoch fällt in den Rahmen summativer Wirkungseinheit allein“ (S. 4 loc. cit.).

Driesch erblickt in Köhlers weiterführendem Satz, daß keine der in Gestalt auftretenden physischen Gegebenheiten ihre Strukturen frei ausbildete, sondern es sich hier immer nur um einen Komplex von unveränderlichen Bedingungen handelte, — „welche das Strukturmaterial räumlich banden und zugleich seine Ausbreitungsart spezifisch bestimmten. Diese Bedingungen nannten wir die physische Topographie, auch die physische Form des Gestaltbezirkes“ (Physische Gestalten S. 161) —, das entscheidende Zugeständnis an den Wesensunterschied von physischer Gestalt und Ganzheit. Er gerade zeige, „daß physisch unbelebte Strukturen nicht aus sich, nicht aus ihrem eigenen

Wesen heraus Ganzheiten sind. Sie selbst sind aus eigenem Wesen heraus nur Wirkungseinheiten, und alle Ganzheit an ihnen . . . ist ihnen durch . . . die Topographie aufgezwungen" (Driesch loc. cit. S. 5). Erst wenn der Nachweis gelänge, daß die z. B. in den Apparaten der Physiker und Chemiker gegebene physische Topographie eines Kugelkondensators, eines Blitzableiters usw., jene von Menschen gemachte „Maschine", sich restituiert, dürfe organische Ganzheit mit Gestalt gleichgesetzt werden. Wo immer jedoch „Energie- und Elektronenverteilung ganzheitlich erscheint, ist doch die Ganzheit eben einer gegebenen Maschine alles Ganzheitlichen letzte Grundlage." Aus inneren Kräften selbst, spontan aus innerer Dynamik geht also die Ganzheit dessen, was Köhler Struktur nennt, gerade nicht hervor (S. 7).

Bindung der physischen Gestalten an eine feste Topographie unterscheidet nach Driesch die anorganische von der organischen Ganzheit. Denn der organischen Ganzheit liegt eben gerade keine starre Topographie oder Maschine zugrunde, welche jedem Teil einer Variation seine „Eigenschaft" aufzwingt. „Daß Eigenschaften und Funktionen eines Teils von seiner Lage in einem Ganzen abhängen, dem der Teil angehört, ist eine Grundeigenschaft aller . . . Gebilde, mit denen sich die sog. Gestalttheorie beschäftigt", sagt Köhler. Damit wird nach Driesch nur der Wesensunterschied anorganischer und organischer Funktionen und Eigenschaften verdeckt: im ersten Falle sind es bloße quantitative Variationen der Kraft oder der Energie, im zweiten sind es komplizierte Leistungen und die Vermögen dazu. Der Satz von Driesch, daß das wirkliche Schicksal einer Zelle Funktion ihrer Lage im Ganzen ist, muß stets im Rahmen des Grundsachverhalts verstanden werden, wonach organische Gestaltbildung nicht auf Grund vorgegebener Maschinenganzheit erfolgt. „Und selbst wenn wir das Maschinelle nur in einem sehr zusammengesetzten System fest gegebener Randwerte sehen würden — nun, so würden sich im Lebendigen eben die Randwerte als solche nach ihrer Störung in Ganzheit wieder herstellen, was nigends im Unbelebten der Fall ist, abgesehen von ein paar sehr einfachen ganz spezifischen Fällen, z. B. in der homogenen Tropfenbildung, welche als Analogien für das Biologische gar nicht in Frage kommen" (S. 8). — Physische Gestalt unterschiede sich von physischer Ganzheit durch das Moment der Autoergie (Roux), der Selbsttätigkeit. Lebendige Gestaltbildung wäre als autonome, automorphe der toten Gestaltbildung als einer heteronomen, heteromorphen gegenüberzustellen.

Ergibt sich diese tiefe Einsicht nicht jedoch aus einer etwas anfechtbaren Argumentation? Liegt nicht der Wesensunterschied zwischen toter und lebendiger Gestalt, wie ihn gerade Driesch sieht, eine Stufe höher und in einer Seinsebene anderer Ordnung, als sie durch das Wesen der Gestalt bestimmt ist? Die Polemik zwischen Mechanismus und Vitalismus ist auf ein höheres Niveau gekommen, weil die Gegner sich nähergerückt sind, als sie es je früher waren. Für den Mechanisten gibt es nicht mehr nur das Modell der Teilchensumme, sondern außerdem das Modell der Gestalt, der als transponierbare Gesamtgröße in Form vorhandenen Wirkungseinheit, nach welchem eine „mechanische" Erklärung erfolgen kann. Für den Vitalisten reduziert sich die Eigenart lebendiger Zustände und Prozesse auf die Autoergie und Autonomie ihrer Gestaltsyteme, die sich eben dadurch als Ganzheiten mit spontaner Dynamik darstellen. Wird es nicht infolgedessen notwendig sein, statt zwischen Wirkungseinheit und Ganzheit nur negativ zu unterscheiden, die Grenze positiv aufzuweisen, welche überschritten werden muß, damit eine Gestalt die spezifischen Prädikate der Ganzheit zeigt?

Für Köhler ist es kein Einwand, daß sich die zerbrochene Leidener Flasche nicht in zwei proportional richtige Fläschchen umwandeln kann, er vergleicht nicht das Gebilde „Physische Topographie + physische Struktur (etwa einer elektrischen Ladung)", sondern nur die physische Struktur mit dem belebten Körperding. Das tertium comparationis ist die Gestaltetheit, d. h. Transponierbarkeit der Struktur bei Variation etwa der Menge einer elektrischen Ladung, chemischer Komponenten usw. Auf Eingriffe stellt sich — im Rahmen der gegebenen Möglichkeiten — von selbst die Gestalt wieder her, spontan aus innerer Dynamik, obwohl das Strukturmaterial räumlich gebunden, seine Ausbreitungsart durch die vorgegebene Topographie speziell bestimmt ist.

Hier liegt in der Tat etwas Bemerkenswertes vor, dessen Hervorhebung Köhlers Verdienst ist. Das Strukturmaterial „könnte" doch auch anders auf die physische Topographie reagieren, „könnte" doch auch der Ganzheit der physischen Form nicht Rechnung tragen. Wenn eine Kugel etwa mit Wachs bedeckt wird und man halbiert die Kugel, so ordnet sich das Wachs auf jeder Kugelhälfte ohne Erhitzung nicht im Sinne einer Gestalt, die der Ausgangsgestalt ähnlich ist. Trotzdem ist auch die nicht erhitzte Wachsschicht im Ausgangs- und im Eingriffsfall eine Wirkungseinheit. Köhler will mit dem Hervorheben der aus spontaner, innerer Dynamik erfolgenden gestalthaften Reaktionen bestimmter Strukturmaterialien nicht sagen, daß das Eintreten dieser Reaktionen irrational sei. Im Gegenteil: aus dem physikalisch bestimmten Wesen des jeweiligen Strukturmaterials und der jeweiligen Topographie muß die — darum immer noch als gestalthaft anzusprechende — Reaktion erfolgen. Sie ist eine Reaktion auf die Gestalt der gegebenen Topographie, spontan erfolgend aus den inneren Bedingungen des Strukturmaterials, in ihrer Ausbreitungsart durch die Topographie gebunden. Nur daß physische Materialien sich als bindefähig, als reagibel auf Gestalt zeigen, ist nach Köhler das Bedeutsame, weil nicht jede Wirkungseinheit in der anorganischen Natur diese Eigenschaft aufweist.

Fraglos wird das Studium dieser physischen Gestalten dazu verhelfen, Vorgänge an Organismen, die bis heute als spezifisch vital gelten, in physikalisch-chemische Vorgänge aufzulösen. Gibt doch Driesch selbst zu, daß bei der homogenen Tropfenbildung Randwerte als solche nach ihrer Störung in Ganzheit sich wiederherstellen. Der Fortschritt der Kolloidchemie wird Licht verbreiten über die Restitutionsphänomene wie vor allem über das Grundphänomen der Selbstdifferenzierung eines relativ undifferenzierten Ausgangssystems zu einer Mannigfaltigkeit höheren Grades, so wie die gegenwärtige Kolloidforschung die früher doch nicht exakt begriffene Tatsache einer Formkonstanz bei hochgradiger Verschiebbarkeit aller Teile, bei einem zwischen fest und flüssig liegenden Aggregatzustand kausal verständlich zu machen begonnen hat.

Daß Systeme mit ihrem eigenen Material ohne vorgegebene Maschine, Mikrostruktur, physische Topographie außerhalb oder innerhalb ihrer selbst ihre Randwerte ganzheitlich (d. h. dem Ausgangsganzen ähnlich) wiederherstellen, daß sie (etwa durch komplizierte Entwicklungsvorgänge) zu Differenzierungen gelangen, wobei „die“ Teile nicht nur nach ihrer dynamischen Aktualität, sondern nach ihrem „Wesen“ umgestaltet werden, liegt wirklich nicht prinzipiell mehr außer dem Bereich anorganischer Möglichkeiten. Vorschnelle Analogisierungen, wie man sie an Hand etwa der vorzüglichen Beobachtungen Rhumblers, Bütschlis, Lehmanns u. a. wohl (besonders im Laienpublikum) beliebte, schaden allerdings. Nur muß loyalerweise anerkannt werden, daß solche Analogisierungen Köhler fernliegen. Auch darf die Polemik nicht den jeweiligen Rahmen übersehen, in dem eine besondere Gestaltgesetzlichkeit bestimmt wird. Relativ auf ein System elektrischer Ladungen ist die durch Einführung einer neuen Ladung bewirkte Änderung der dynamischen Aktualität der Teile durchaus eine Wesensänderung, denn was für ein Wesen haben Teile einer elektrischen Ladung und können sie überhaupt haben? Änderung der Lage und dynamischen Aktualität bedeutet relativ auf die Art des Systems ebensoviel wie die als qualitativ herausspringende Änderung etwa der Zellen in einem vorgeschrittenen Furchungsstadium nach Lage, Granulation des Plasmas, Form, spezifisch stofflichen und funktionellen Eigenschaften. Darf man auch nicht gleich die unendlich komplizierte Sache nach dem Bilde des viel einfacheren Vorgangs auffassen wollen, so ist es doch erlaubt, Gemeinsamkeiten an beiden herauszuarbeiten.

Unabhängig von den psychologischen Argumenten gegen die Gestalttheorie ist die Frage nach der Wesensgrenze zwischen (anorganischer) Gestalt und (organischer) Ganzheit zu prüfen. So wird sich am besten zeigen, wer Recht hat. Denn es ist zu vermuten, daß die Darstellung der Autonomie des Lebendigen durch eine ängstliche Abgrenzung gegen die Sphäre summativer Kausalität Dinge zur Verteidigung heranzieht, die der Sphäre physischer Wirkungseinheit angehören und damit eben nicht dem Vitalen vorbehalten sind. Vielleicht führt Driesch die Verteidigung der unauflöslichen Wesenseigentümlichkeiten des Organischen mit Waffen, welche gerade gegen die Theorie der physischen Gestalten nichts Entscheidendes vermögen. Darum braucht die gestalttheoretische Erklärung der vitalen Ganzheitsphänomene noch nicht richtig und die Sache selbst, um die sich Driesch die allergrößten Verdienste erworben hat, verloren zu sein.

Offenbar bestimmt die Ausgangsthese, wonach diejenigen körperlichen Dinge der Anschauung, an welchen eine prinzipiell divergente Außen-Innenbeziehung als zu ihrem Sein gehörig gegenständlich auftritt, lebendige Dinge heißen, die Grenze des Lebendigen gegen das Unbelebte in anderer und das Gestaltmoment miteinschließender Weise. Die Außen-Innenbeziehung, die an dem betreffenden Körper als eine gegenständliche Bestimmtheit wie seine Farbe, seine Form, sein Gewicht, seine Oberflächenbeschaffenheit, sein Härtegrad auftritt, bestimmt den Dingkörper in seiner Erscheinung als Ganzen. Obzwar sie — als eine Eigenschaft neben andern — nur einen Summanden in der Summe sämtlicher Bestimmtheiten des lebendigen Dingkörpers bedeutet, erscheint sie ihnen doch nicht einfach nebengeordnet, sondern übergeordnet.

Ist diese Art Überordnung noch unter den Begriff der Gestalt zu bringen oder hat Driesch Recht, wenn er in ihr eine besondere Ordnungsart (der Ganzheitlichkeit) erkennt? Ist der die Eigenschaft der Lebendigkeit besitzende Körper mit Rücksicht auf sie nur insoweit übersummenhaft aufgebaut, als seine charakteristischen Eigenschaften und Wirkungen aus artgleichen Eigenschaften und Wirkungen seiner Teile nicht zusammensetzbar sind, oder beruht die (schon in der anschaulichen Erscheinung manifestierte) Präponderanz der Lebendigkeit auf einer übergestalthaften Ordnungsweise?

Trifft das Letztere zu, so kommt man also mit der Rubrizierung der spezifischen Ganzheitsphänomene unter die Gestaltphänomene nicht mehr aus. Und die weitere Frage ist zu entscheiden, ob damit ein endgültiges Votum für den Vitalismus abgegeben wird.

5. Wie ist Doppelaspektivität möglich? Das Wesen der Grenze.

Eine Entscheidung der Frage, ob die organische Form auf gestalthafter oder übergestalthafter Ordnungsweise beruht, muß unter dem Gesichtspunkt der These erfolgen, daß lebendige Körper erscheinungsmäßig eine prinzipiell divergente Außen-Innenbeziehung als gegenständliche Bestimmtheit aufweisen. Genügt die Gestaltetheit eines Gebildes, um an ihm das Moment der Doppelaspektivität hervortreten zu lassen, oder wird dazu ein anderer bzw. höherer, die Gestaltetheit einbegreifender Ordnungstypus erfordert? Trennen lassen sich diese beiden Probleme nicht. Denn sie betreffen in Wahrheit ein und denselben Sachverhalt des anschaulich-erscheinungsmäßig gefaßten belebten Körpers — und unabhängig davon, ob er nur in der Anschauung oder auch real existiert —, als dessen Wesensmerkmale sie auftreten. Man kann unmöglich annehmen, daß Wesensmerkmale, welche derselben Ebene der Erscheinung angehören, gegeneinander gleichgültig sein sollen. Eher läßt sich vermuten, daß sie auf ein gemeinsames Grundgesetz zurückführen.

Die Untersuchung hat daher zunächst das Verhältnis von Gestalt einerseits, Doppelaspekt andererseits zu bearbeiten. Sie wird von selbst dahin gebracht werden, jene Grenze positiv anzugeben, welche überschritten werden muß, damit eine Gestalt die spezifischen Prädikate der Ganzheit zeigt.

Auf den ersten Blick haben Gestalt und Doppelaspektivität des Gebildes nichts miteinander zu tun, selbst wenn man sich durchaus auf physische Gestalten beschränkt. Wo sollte wohl an einer Gesamtheit elektrischer Ladungen oder gar an einem chemischen Gleichgewicht zwischen Reaktionen abgesehen von der physischen Form (Topographie), an welche diese Gestalten gebunden sind, Innen und Außen unterscheidbar sein? Nimmt man die physische Topographie jedoch mit in die Betrachtung hinein, dann wird die Unterscheidung von Innen und Außen entweder eine räumlich-relative oder sie charakterisiert nur jene oben besprochene Erscheinungsgesetzlichkeit physischer Dinge überhaupt.

Ausdrücklich ist in der These festgelegt, daß die Doppelaspektivität gegenständlich am Ding, in Eigenschaftsstellung also, auftreten muß, damit das Ding den Namen eines lebendigen verdient. Das bedeutet für die Anschauung, daß die erscheinende Gesamtheit des Dingkörpers als Außenseite eines unaufweisbaren Innern sich darbietet, welches Innere — wohlgemerkt — nicht die Substanz des Dinges ist, sondern mit zu seinen (sonst aufweisbaren) Eigenschaften gehört. Kernhaftigkeit der Dinglichkeit fällt als Trägerin aller möglichen Prädikate (Eigenschaften) des Dinges deshalb nie mit jener Zentralität zusammen, von welcher die spezifischen vitalen Äußerungen ausgehend und gehalten angeschaut werden.

Um an einem Gebilde die Richtung nach Innen von der Richtung nach Außen unterscheiden zu können, muß an ihm etwas gegeben sein, welches gegen den Richtungsunterschied selbst neutral ist und den Ansatz in der einen oder der anderen Richtung erlaubt. In dieser neutralen Zone stoßen, wie man sagt, beide Richtungen gegeneinander, von ihr gehen beide aus. Durch sie hindurch kommt man von dem einen Gebiet in das andere. Der Richtungsunterschied beider Gebiete gegeneinander bleibt dabei erhalten, wenn sich im Durchgang durch die neutrale Zone der Richtungssinn umkehrt. Insofern die richtungsneutrale Zone selbst kein Gebiet einnehmen darf, welches die Ausschließlichkeit des Richtungsgegensatzes an dem betreffenden Gebilde aufhöbe und neben das Außen und Innen ein real aufweisbares Zwischen setzte, ist sie Grenze.

Infolgedessen darf man dem Satz, daß lebendige Körper erscheinungsmäßig eine prinzipiell divergente Außen-Innenbeziehung als gegenständliche Bestimmtheit aufweisen, die Form geben: lebendige Körper haben eine erscheinende, anschauliche Grenze.

Anschauliche Grenzen liegen bei allen Dingkörpern da, wo sie anfangen oder zu Ende sind. Die Grenze des Dinges ist sein Rand, mit dem es an etwas Anderes, als es selbst ist, stößt. Zugleich bestimmt dieses sein Anfangen oder Aufhören die Gestalt des Dinges oder den Kontur, dessen Verlauf man mit den Sinnen verfolgen kann. In den Konturen, innerhalb seiner Ränder ist der Dingkörper beschlossen und als dieser bestimmt, oder, was hier dasselbe heißt, mit den Konturen, an seinen Rändern ist das Ding als dieses bestimmt. Der Kontur kann nur in vager und abstrakter Redewendung von dem, dessen Kontur er ist, abgehoben gedacht werden. Wohl tritt die Grenze unter Umständen als prägnante Gestalt hervor, aber sie läßt sich nicht dem von ihr Begrenzten oder dem, woran sie als Grenze stößt, gegenüber als Eigenes fassen. Für die bloße Anschauung mag es scheinbar gelingen, wie man beispielsweise die Konturen durch einfache Linien zeichnerisch wiedergeben kann. Aber der Linie entspricht keine eigene Entität. Sie hält, was seinem Wesen nach pures Übergehen vom Dingkörper zu dem ihn umgebenden Medium ist, sinnlich nur durch die Heraushebung des begrenzten Raumgebietes aus der Umgebung fest.

Der gewöhnliche Sprachgebrauch unterscheidet hier nicht scharf zwischen Dingen, welche die und die Grenzen haben oder mit den und den Grenzen sind. Er stützt sich ganz ausschließlich auf die sinnliche Anschauung, ohne sich Rechenschaft darüber abzulegen, daß das betreffende Ding seine Grenze, Gestalt, Form nicht als etwas noch für sich Bestehendes hat, sondern daß es mit und in ihr, als sie ist, sie, die ja sein Anfangen oder Aufhören, gegen ein anderes außer ihm Seiendes gehalten, darstellt. Der gewöhnliche Sprachgebrauch scheint also gegen die gedankliche Seite der Sache blind zu sein.

Demgegenüber muß man wieder daran erinnern, daß die Sprache im Grunde jede der sogenannten Eigenschaften in der gleichen Weise behandelt wie den Grenzkontur im Verhältnis zum Dingkörper. Oberflächenbeschaffenheit, Härtegrad, Gewicht, Farbe, Klanglichkeit, Tiefenstruktur sind ja auch ebensosehr das Ding selbst als seine Eigenschaften (wenn man im Sinne des üblichen Sprachgebrauchs vorgeht). Vom Ding sagt man, es klingt, wiegt, fühlt sich an, glänzt — und meint doch (trotz dieser Wendung) dabei, es hat den Klang, das Gewicht, die Oberfläche und Farbe als Eigenschaften. Wie diese ist auch der Grenzkontur eine relative Entität, ein für sich Bestehendes, weil er transponierbar und an anderen Dingen, in anderen Materialien wiederherstellbar ist. „Die Gestalt" ist verkleinerungs- und vergrößerungsfähig, kann verzerrt und richtig wiedergegeben, nachgemacht, abgeformt, zerstört werden. Ihre Zugehörigkeit zum

Dinge unterliegt eben derselben charakteristischen Zweideutigkeit, die der Stellung aller Eigenschaften anhaftet, wenn das Ding sie ebensosehr hat als es in ihnen, mit ihnen, ganz streng ausgedrückt: sie ist.

Insoweit erschöpft jedoch der Grenzkontur nicht den Sinn der oben präzisierten Grenze zwischen Außen und Innen, bedeutet nicht die Umschlagszone der prinzipiell divergenten Richtungen, sondern nur die räumliche Grenze zwischen relativen Richtungsgegensätzen eines ins Außen transformierbaren Innen, eines ins Innen transformierbaren Außen. Der Grenzkontur gehört als Eigenschaft zum Mantel, welcher den Kern des Dinges umgibt, in welchen der Kern ausstrahlt. Im Verhältnis zu diesem nie manifest werdenden Innen liegt der Grenzkontur in der Außensphäre des Dinges. Als Raumgrenze ist er Ansatzzone einer nur relativen Richtungsdivergenz, während er als Eigenschaft (im Rahmen der absoluten Aspektdivergenz der Körperdinglichkeit) selbst eine Außenbestimmtheit darstellt.

Verlangt wird aber eine gegenständlich als Eigenschaft aufweisbare Grenze, welche zugleich Ansatzzone der absoluten Richtungsdivergenz ist. Diese Grenze muß sowohl Raumgrenze oder Kontur sein, weil sie ja gegenständlich in der Erscheinung auftreten soll, als auch Aspektgrenze, in welcher der Umschlag zweier wesensmäßig ineinander nicht überführbarer Richtungen erfolgt. Aus dieser Forderung geht hervor, daß die organische Formgrenze als Gestalt einen übergestalthaften, mit Gestalt nicht erschöpften Charakter haben muß.

Schon die formale Überlegung zeigt, wie aus einer derartigen Situation die Schwierigkeit für den Analytiker (vgl. die Polemik zwischen Köhler und Driesch) erwächst, bei der organischen Form zu entscheiden, ob für sie die Charakteristik als Gestalt ausreicht oder nicht. Denn es kann ja nie der Fall eintreten, daß im anschaulichen Bilde der Erscheinung die organische Form anders manifest wird denn als Gestalt. Was der an sinnliche Wahrnehmung gebundene biologische Forscher feststellt, wird also immer wieder Gestalt und Gestaltgesetzlichkeit sein. Das außergestalthafte Moment an der sinnlichen Formgrenze, an der Konturgestalt, gewissermaßen ihr „Wert" als Aspektgrenze und zwar, wie sogleich dargetan wird, als ontisch zum belebten Ding selber gehörende, die Erscheinungsweise vom Ding aus bestimmende Aspektgrenze, kann selbst nicht sinnlich gegen das sinnliche Konturbild, den typischen Umriß abgehoben und als solches dargestellt werden.

Wie kann ein Ding dem Verlangen nach Vereinigung der beiden Grenzfunktionen nachkommen? Äquivalent gefragt: unter welchen Umständen bildet der Kontur eines Körperdings die auschlaggebende seiner Eigenschaften (und bestimmt insofern sein Wesen), sodaß die Zugehörigkeit des Grenzkonturs zum Ding und seine bestimmende Bedeutung für das Ding sich nicht mehr gegeneinander aufheben können, wie es allgemein der Fall bei den sogenannten Eigenschaften eines Dinges ist? Welche Bedingung muß erfüllt sein, damit in einer relativen (räumlichen) Begrenzung das nichtumkehrbare Grenzverhältnis zwischen einem Außen und einem Innen vorliegt?

Die Antwort lautet paradox: wenn ein Körper außer seiner Begrenzung den Grenzübergang selbst als Eigenschaft hat, dann ist die Begrenzung zugleich Raumgrenze und Aspektgrenze und gewinnt der Kontur unbeschadet seines Gestaltcharakters den Wert der Ganzheitsform.

Auf das Verhältnis des begrenzten Körpers zu seiner Grenze kommt es also an. Zwei Fälle sind hier möglich:

1. Die Grenze ist nur das virtuelle Zwischen dem Körper und den anstoßenden Medien, das Worin er anfängt (aufhört), insofern ein Anderes in ihm aufhört (anfängt). Dann gehört die Grenze weder dem Körper noch den anstoßenden Medien allein an, sondern beiden, insofern das Zu-Ende-Sein des Einen der Anfang des Andern ist. Sie ist reiner Übergang vom Einen zum Anderen, vom Anderen zum Einen und wirklich nur als das Insofern eben dieser wechselweisen Bestimmtheit. In diesem Falle ist die Grenze etwas von der realen, dem Körper als sein Kontur angehörenden Begrenzung Verschiedenes und wenn auch nicht eigentlich „neben" ihr Laufendes, doch ihr selbst noch Äußerliches, da das Übergehen zum Anderen zwar durch die Begrenzung gewährleistet wird, aber nicht als Vollzug zu ihrem Wesen gehört, d. h. zum Sein des Körpers erforderlich ist.

2. Die Grenze gehört reell dem Körper an, der damit nicht nur als begrenzter an seinen Konturen den Übergang zu dem anstoßenden Medium gewährleistet, sondern in seiner Begrenzung vollzieht und dieser Übergang selbst ist. Deshalb wird hier die Grenze seiend, weil sie nicht mehr das (als Linie oder Fläche vorgestellte und darin eigentlich verfälschte) Insofern der wechselweisen Bestimmtheit, der selbst nichts für sich bedeutende leere Übergang ist, sondern von sich aus das durch sie begrenzte Gebilde als solches von dem Anderen als Anderem prinzipiell unterscheidet.

Nicht insofern das anstoßende Medium aufhört, fängt der Körper an (oder umgekehrt), sondern sein Anfangen bzw. Aufhören ist unabhängig von außer ihm Seiendem, obwohl die sinnliche Feststellung nicht in der Lage ist, diese Unabhängigkeit an sinnlichen Merkmalen direkt aufzuzeigen. Als Kontur (Begrenzung, Gestalt) gliedert die Form das geformte Gebilde natürlich in den einigen Anschauungsraum ein und unterwirft es damit der Struktur durchgängiger wechselweiser Bestimmtheit.

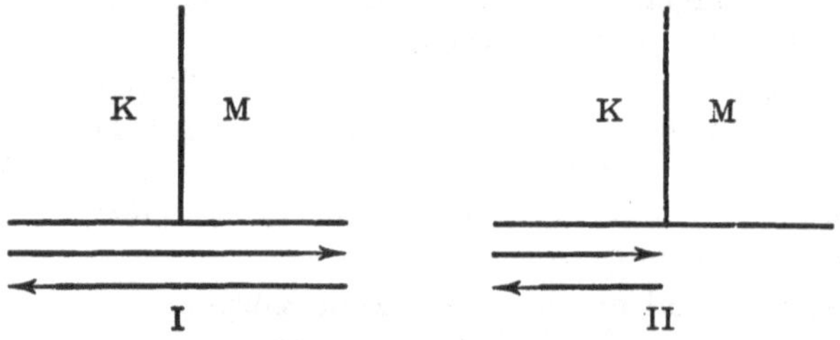

K bezeichnet den begrenzten Körper, M das angrenzende Medium. Figur I symbolisiert das „leere Zwischen" der weder K noch M bzw. sowohl K als auch M angehörenden Grenze. In Figur II fällt das leere Zwischen fort, da die Grenze dem begrenzten Körper selbst angehört. Den Unterschied zwischen beiden Fällen bringt die Kombination der Pfeile zum Ausdruck: der wechselseitigen Begrenzung von K und M in Fall I steht die „absolute" Begrenzung in Fall II gegenüber.

Man erkennt sofort, daß im zweiten Fall der Körper jenen geforderten prinzipiellen Doppelaspekt zeigen muß, dem zufolge er als eine Einheit von Außen und Innen erscheint. Der Doppelaspekt trägt nicht nur das Gebilde und verleiht ihm dadurch den Charakter der Dinglichkeit, sondern er tritt als Eigenschaft, und zwar in Wesensverknüpfung mit der Gestalt (Kontur) des Körpers, auf. Dadurch daß ein Aspekt Eigenschaftsstellung gewinnt, wird, wie oben bereits gesagt, die Erscheinung eines lebendigen Dingkörpers gegen die eines unbelebten nicht material, sondern formal verändert. Sie brauchen nicht im Erscheinungsgehalt zu differieren, müssen es aber in der Erscheinungsweise.

Zur Kennzeichnung der spezifisch organischen Einheitsform reicht der Begriff Gestalt nicht aus. Er vermag nicht die Eigengegründetheit, Selbständigkeit, das In ihm selber Sein und Aus ihm selber Sein eines lebendigen Dinges ohne Anleihen bei anderen Begriffen verständlich zu machen. Er faßt gewissermaßen nur eine Dimension an diesem mehrdimensionalen Phänomen und vernachlässigt vollkommen die eigentümliche Autokratie des lebendigen Systems. Driesch spürt dies, seine Argumente verraten es, auch wenn er nicht ausdrücklich den Schwerpunkt seiner Einwände darauf verlegt. Immer wenn es sich darum handelt, die Spontaneität restitutiver, regenerativer, evolutiver Prozesse, die Autonomie der Formbildung gegen die Scheinspontaneität anorganischer Vorgänge herauszustellen, hat er es im Auge. Für dieses doppelaspektive physische System, Einheit aus zeitlich-räumlichen, raumhaften und zeithaften Relationen, hat er den Begriff Ganzheit vorbehalten.

6. Die Aufgabe einer Theorie der organischen Wesensmerkmale.

Gibt es diese Ganzheit wirklich und nicht nur in den Köpfen der Philosophen? Bisher steht die Entwicklung des Gesetzes der Grenze unter der Voraussetzung der Richtigkeit des Satzes, daß körperliche Dinge der Anschauung, an welchen eine prinzipiell divergente Außen-Innenbeziehung als zu ihrem Sein gehörig gegenständlich auftritt, lebendig heißen. Der Nachweis der Richtigkeit ist aber noch zu erbringen. Zunächst bleibt alles hypothetisch: wenn es richtig ist, daß lebendige Körper in der Anschauung durch das Moment der Doppelaspektivität spezifisch ausgezeichnet sind, dann ist es auch richtig, daß sie im Unterschied zu den unbelebten Körpern jenes in Fall II beschriebene Verhältnis zu ihrer eigenen Grenze haben. Dann „erklärt" dieses Verhältnis auch die Eigenschaft der Doppelaspektivität in erster Annäherung.

In welchem Sinne soll man aber den in Fall II beschriebenen Sachverhalt verstehen? Es wurde ausdrücklich darauf hingewiesen, daß die sinnliche Feststellung nicht in der Lage ist, für das Vorhandensein einer Ganzheit bestimmte Kriterien anzugeben. Nach ihren in Raum und Zeit kontrollierbaren Merkmalen unterscheidet sich die Ganzheit nicht von einer Gestalt, darf sie sich sogar, wenn die gegebene Exposition zu Recht bestehen soll, von ihr nicht unterscheiden. Vom Standpunkt empirischer Naturwissenschaft müßte Köhler Recht, Driesch Unrecht behalten. Vom Standpunkt der Anschauung, welcher bekanntlich mit dem der empirischen Feststellung nicht voll zur Deckung zu bringen ist, behielte dagegen Driesch Recht und Köhler Unrecht. Zeigt doch schon die abstrakte Erwägung die Möglichkeit einer übergestalthaften Ordnungsform, die — soweit das sinnliche Aufweisverfahren (das Mittel der Empirie) zuständig ist — von der gestalthaften Ordnungsform nicht unterschieden werden kann.

Der in Fall II beschriebene Sachverhalt bezeichnete also (in schematischer Form) eine Wesensmöglichkeit für die Anschauung, deren direkt erfahrungsmäßiger Nachweis jedoch durch sie selbst von vornherein ausgeschlossen ist. Soll das nun heißen, daß die „Ganzheit" gewissermaßen nur einen Eindruckswert bedeutet, den bestimmte hochkomplizierte physische Gestaltsysteme für die Anschauung haben, vielleicht deshalb, weil das anschauende Bewußtsein nicht in der Lage ist, die innere Mechanik des Systems zu überblicken? Ein Unterschied also zwischen dem, was die Sache selbst ist, und ihrem Aussehen? Eine ästhetische Differenz?

Offenbar hätte man mit einer solchen Schlichtung des Streites seinen Gegenstand vollkommen verfehlt. Für Driesch wie für Köhler geht es um die Erkenntnis der Ordnungsweise, der spezifischen Gesetzlichkeit der Sache selbst. Wenn trotzdem die These aufgestellt wird, daß Köhler nur im Rahmen exakter Feststellbarkeit, Driesch aber im Rahmen der vollen, methodisch noch nicht restringierten Anschauung Recht hat, so besagt das nicht eine Verlagerung des Unterschieds auf die subjektive Seite unseres Erkennens, sondern eine Trennung im Gegenstande zwischen seinen feststellungsfähigen und nichtfeststellungsfähigen, obwohl anschaulichen Schichten.

Von der Rechtmäßigkeit dieser Trennung kann nur der Fortgang der Untersuchung überzeugen. Gelingt es, aus dem in Fall II gegebenen Ansatz diejenigen Grundfunktionen zu entwickeln, deren Vorhandensein an belebten Körpern als charakteristisch für ihre Sonderstellung geltend gemacht wird und dem Vitalisten als Stütze seiner Beweise dient, so kann füglich daran kein Zweifel mehr entstehen, daß der Unterschied zwischen Fall I und Fall II ein Seinsunterschied, d. h. — und diesen Satz halte man sich während der Lektüre des Buches ständig vor Augen — kein für sich, sondern nur in seinen Konsequenzen oder seiner Erscheinung erfahrbarer Unterschied ist. Gelingt die Entwicklung dieser für alles Leben charakteristischen Funktionen, so erweist sich dadurch der in Fall II dargestellte Sachverhalt als Fundament und Prinzip der konstitutiven Merkmale der organischen Natur. Fall II bedeutete dann den Grund (nicht die Ursache) der Lebenserscheinungen.

Freilich ist dies ein hohes Ziel. Viele werden in solcher Zielsetzung nur den Mangel richtiger Einschätzung der eigenen Kräfte sehen und sie zum Anlaß nehmen, die alten Vorwürfe gegen die naturphilosophischen Donquichoterien zu wiederholen. Aber dies darf uns nicht schrecken. Wir fordern, unsachliche Sentiments über den ruhelosen Forschergeist, der stets von Neuem nach den letzten Dingen greift, zu unterlassen und die Disziplin der Fragestellung nüchtern einzuhalten. Wir fordern eine Entwicklung der Wesensmerkmale des Organischen und an Stelle der bisherigen Aufzählung, die rein induktiv vorging, wenigstens den Versuch einer strengen Begründung. Unsere Aufgabe ist eine apriorische Theorie der organischen Wesensmerkmale oder, um einen von A. Meyer[1]) in Anlehnung an Helmholtz geprägten Ausdruck zu benutzen, eine Theorie der „organischen Modale", wobei unter Modal im Sinne von Helmholtz eine solche qualitative Letztheit zu verstehen ist, die nicht durch Reduktion auf andere Qualitäten weiter analysiert werden kann.

Der naturwissenschaftliche Logiker führt hier noch ein „einstweilen" ein. „Demgemäß hört ein organisches Modal in dem Augenblick auf als solches zu existieren, in dem es physikalisch-chemisch restlos aufgelöst worden ist, d. h. dann, wenn es gelungen ist, seine organische Gestalt — denn Gestalten sind natürlich alle diese hochdynamischen Komp'exe — von einfacheren physischen Gestalten abzuleiten" (ebenda). Wir gehen darin sogar weiter als die naturwissenschaftlichen Logiker, wenn wir die restlose Zurückführbarkeit aller organischen Modale auf physikalisch-chemische Bedingungen für nicht nur theoretisch möglich und praktisch durchführbar, sondern geradezu für wesensnotwendig erklären. Aber wir fassen den Begriff Modal enger, wenn wir es in seiner Qualität für unbedingt unauflösbar und irreduzibel halten und damit sagen, daß es als solches nie aufhört, auch wenn seine physikalisch-chemischen Bedingungen exakt angegeben worden sind.

Anorganische Modale sind z. B. die Farbqualitäten. Ihre Qualität kann nie elektromagnetisch definiert werden. Das Quale setzt der Physiker in eindeutige Beziehung zu einer bestimmten Wellenlänge und Geschwindigkeit, ohne auch nur im Mindesten die Absicht zu haben, damit das spezifische Farbquale in seinem Fürsichsein, in diesem seinem besonderen Grün etwa zu erklären. Er trifft eine reine Zuordnung zwischen dieser Farbe und quantitativ faßbaren Grundlagen ihres Seins. Die auf solche rechnerische Weise feststellungsfähigen Schichten der Farbwirklichkeit erschöpfen sie durchaus nicht. Sie hat eben darüber hinaus die

1) Logik der Morphologie im Rahmen einer Logik der gesamten Biologie. Berlin 1926, S. 30.

nur anschauungsfähige Schicht der spezifischen Qualität, des „So Aussehens“, für deren Analyse jede empirische Begriffsbildung (physikalische, physiologische, psychologische) versagt.

Eine heute mehr und mehr durchschaute Täuschung ging dahin, in den anorganischen Modalen wie Farben, Tönen usw., da sie als solche nur der sinnlichen Anschauung zugänglich sind, Eigenschaften der Sinne bzw. Sinnesorgane zu sehen und ihnen einen eigenen Wirklichkeitswert zu bestreiten. Der Kritik hält diese Ansicht nicht stand. Denn aus der Einsicht, daß zum Auftreten einer Qualität nicht nur auf der Objektseite, sondern ebensosehr auf der Seite des Wahrnehmenden eine ganze Reihe von Bedingungen erfüllt sein muß, kann man nicht schließen, daß die Existenz der Qualität lediglich in den Wahrnehmungsbedingungen aufgeht. Und auch wenn dies der Fall wäre, könnte der bedeutungsvolle, sprunghafte Übergang aus der Zone des chemisch- physikalischen Seins unserer Sinnesorgane und Nerven in die Zone rein qualitativen Seins, reiner Solchheiten ebensowenig übersehen werden wie bei jener andern nichtssagenden Auffassung, nach welcher die Gegebenheit von Qualitäten aus einem Zusammenwirken physikalischer, physiologischer und psychologischer Faktoren erklärbar sein soll.

In seiner Qualität ist jedes Modal irreduzibel, auch wenn die Bedingungen seines Auftretens und Verschwindens voll angebbar sind. Die Modale bestimmen für sich bereits eine durchaus geschlossene Sphäre anschauungsfähigen, aber nicht direkt meßfähigen, quantifizierbaren „Seins“. Ihre Theorie kann daher überhaupt nur den Charakter einer apriorischen, d. h. nicht mit den Mitteln der Wirklichkeitsbeschreibung und Kausalverbindung arbeitenden Disziplin tragen[1]). Eine Theorie der organischen Modale, welche ein System der für alles Leben wesenscharakteristischen Eigenschaften, eine Axiomatik des Organischen (wir sagen wohlgemerkt nicht: der Biologie) zu geben hat, setzt infolgedessen eine „apriorische gültige Theorie des Organischen voraus, die wir zur Zeit noch nicht besitzen“ (Meyer loc. cit. S. 41). —

Es gilt die Fehler des Mechanismus und des Vitalismus gleichermaßen zu vermeiden. Sie sind vermeidbar, denn sie sind

1) Wenn man die Anmerkung im Zusammenhang mit dem ersten Kapitel recht verstehen will: Unter diesem Gesichtspunkt einer Theorie der Modale (nicht zu verwechseln mit Modalität!) bildet die vorliegende Untersuchung mit ihrer Begründung der Modale des lebendigen Seins das Gegenstück zur „Einheit der Sinne“, deren ästhesiologische Methode eine Theorie der Modale des unbelebten Seins versucht.

Fehler der Einseitigkeit. Der Vitalist hat das Phänomen eines Wirklichen vor Augen, welches seiner nur anschauungsfähigen Schichten noch nicht entkleidet ist. Der Mechanist dagegen achtet allein auf die Reduzibilität dieser Schichten, ohne sich (als exakter Naturwissenschafter gewiß mit Recht) über die Irreduzibilität der in ihr befaßten Qualitäten oder Modale den Kopf zu zerbrechen. In der anorganischen Naturwissenschaft ist man darin schon weiter. Wenn der physikalische Optiker statt mit Augen mit Thermoelementen arbeitet, so leugnet er darum noch nicht die Notwendigkeit — mit der er sich freilich nicht beschwert —, die Strukturgesetze des phänomenalen Spektrums zu erforschen. Ganz in derselben Weise muß der Streit zwischen Vitalisten und Mechanisten geschlichtet werden, denn sein Gegenstand gehört einfach verschiedenen ontischen Ebenen an. Und man darf nicht an die Wirklichkeit mit der vorgefaßten Überzeugung herantreten, daß sie nur soweit Wirklichkeit ist, wie sie sich physikalisch-mathematisch bestimmen läßt.

In dem Verhältnis der erscheinenden zur erkannten Natur beobachtet man allgemein das Gesetz der Autonomie der Erscheinung. Was seinem inneren Aufbau nach aus Elektronen und Energie besteht, erscheint rot oder grün, tief- oder hellklingend, hart oder weich, glatt oder rauh. Sind diese Erscheinungen darum weniger wirklich als die ihnen zu Grunde liegenden dynamischen und materiellen Konstellationen, weil sie in ihrem Auftreten mit von der Gegenseite des wahrnehmenden Subjekts abhängen? Daß z. B. gerade hier für das normale Auge ein Grün und kein Grau oder Rot vorliegt, hat gewiß seinen Grund in einer physikalischen Gesamtsituation. Nur bedeutet dieser Grund für die eigentümliche Solchheit des Bewirkten, für seinen Modalcharakter höchstens den notwendigen und hinreichenden Anlaß, aus dessen Seinsart aber die Seinsart des Veranlaßten nicht einzusehen ist. Vor jeder derartigen μετάβασις εἰς ἄλλο γένος muß die Empirie haltmachen. Was allerdings noch nicht besagt, daß damit für die Erkenntnis überhaupt eine unübersteigbare Schranke gegeben sei. An diesen Stellen hat vielmehr die Philosophie ihre eigenste Arbeit zu leisten.

Wenn es hiernach nicht zweifelhaft erscheinen darf, daß die radikale Erklärung aller für spezifisch vital gehaltenen Merkmale an organischen Dingen und Prozessen aus physikalisch-chemischen Vorgängen nur eine Frage der Zeit ist, so bedeutet dieser Satz doch keineswegs ein Bekenntnis zum Mechanismus. Aufgelöst wird das Organische durch seine Erklärung nicht. Die exakte

Biologie als Physik des Organischen zeigt, wenn überhaupt, nur das System der Bedingungen und Anlässe für das Auftreten der in ihrer Qualität irreduziblen organischen Modale. Allerdings wird der Vitalismus von dieser Rettungsmöglichkeit kaum befriedigt sein, da seine auch heute wieder vorgetragene, zunächst nicht durch Tatsachen widerlegbare These von der „Beliebigkeit", also Indeterminiertheit organischer Vorgänge (nach Driesch kann die Entelechie energetische Umwandlungen zeitweilig suspendieren!) in Zukunft nicht mehr zu halten wäre. Die Indeterminiertheit lebendiger Prozesse an Körpern bliebe auf den Übergang von der rechnerisch erforschbaren Schicht des Seins zur Sphäre der Modale beschränkt. Innerhalb der Schicht des spezifisch Lebendigen, zu dessen Wesen Indeterminiertheit gehört, zeigt sie sich im Lebensprozeß als das Prinzip des Übergangs — wie es im phänomenalen Spektrum eine Indeterminiertheit des Übergangs von einer Farbqualität zu der benachbarten trotz Stetigkeit der Vermittlungen in den Zwischenfarben (und trotz nachweisbarer Stetigkeit des Übergangs von einer Wellenlänge zur nächsten) gibt —, weil der in sich selbst qualitative, sprunghafte Übergang durchaus nicht mit den Nachbarqualitäten eindeutig festzulegen ist.

Als Verdienst kann der Vitalismus, wie immer sich die wissenschaftliche Lage gestaltet, für sich in Anspruch nehmen, daß er gegenüber vorschnellen Identifizierungen des Lebens mit Unbelebtem, insbesondere zur Zeit der noch ausschließlichen Herrschaft der analytischen Mechanik, den Blick für die organischen Modale wachgehalten und geschärft und, wenn auch hierbei über das Ziel hinausschießend, die Irreduzibilität der Modale als solcher, die Eigengesetzlichkeit einer nur anschauungsfähigen Schicht lebendiger Dinge betont hat. —

Für den Fortgang der Untersuchung ergibt sich aus dieser Betrachtung die besondere Pflicht, die Anschaulichkeit der Modale herauszuarbeiten. Die Exposition der in Fall I und Fall II gegebenen Möglichkeiten des Verhältnisses eines Körpers zu seiner Grenze mutet vielleicht sehr wenig anschaulich an. Denkt man weiterhin an jene z. T. recht abstrakten Begriffe wie Vererbung, Wachstum, Entwicklung, Ernährung u. a., mit denen organische Modale, Letztheiten einer Wesenscharakteristik des Lebendigen bezeichnet sein sollen, so wird man noch weniger geneigt sein, sie gerade in eine eminent anschauliche Sphäre zu legen, ja die Erfassung ihrer Eigentümlichkeit nur der Anschauung vorzubehalten. Vererbung, Entwicklung, Ernährung, Regulation scheinen doch bloße Namen für Klassen von z. T. äußerst komplizierten und noch wenig erforschten Vorgängen zu sein, von denen man weiß, daß sie sich meistens im Verborgenen abspielen, und von denen man deshalb annimmt, sie entzögen sich der Anschauung, wenn auch nicht geradezu der Anschaulichkeit.

Richtig ist, daß die organischen Modale, die Wesensmerkmale des Lebens, wie sie uns zunächst die Erfahrung an die Hand gibt, zugleich Grundbegriffe und Themen für einzelne Disziplinen der Biologie bedeuten, so daß ihr anschaulicher Elementarsinn dadurch verdeckt wird. Es ist auch keineswegs ausgemacht, daß der Anschauungsgehalt dieser empirisch gewonnenen Modale jedem Begriffe in gleicher Gegenständlichkeit zugehört. Aber von unten auf, von der Empirie her die Frage aufzurollen, verspricht nicht den geringsten Erfolg. Wohl darf die Orientierung an der Erfahrung nie abreißen, doch soll die Erfahrung hier nicht diktieren. Was wirklich Modal genannt zu werden verdient, irreduzible Letztheit, Wesensmerkmal, lehrt Erfahrung niemals, sondern setzt es unbewußt bereits voraus.

7. Definitionen des Lebens.

Um über die Gegenstände der kommenden Untersuchung, welche mit der Aufgabe einer apriorischen Begründung der Wesensmerkmale des Lebendigen gegeben sind, einigermaßen orientiert zu sein, müßte man eigentlich all die verschiedenen Lebensdefinitionen und Wesensbestimmungen Revue passieren lassen, die sich im Lauf der Zeit als maßgeblich für die biologische Erfahrung herausgestellt haben. Das gäbe zugleich eine gewisse Sicherheit darüber, wie weit man bisher in der Theorie der organischen Modale gekommen ist, aber natürlich keine absolute Gewißheit. Ein Kriterium der Vollständigkeit der Begründung besteht hier auch nicht, da die „Summe“ der Wesensmerkmale der Bestimmung einer letztlich nur erschaubaren Einheit dessen, was Leben und lebendig heißen darf, dient, nicht aber diese Einheit durch die Wesensmerkmale begrifflich festlegen soll. Vollständigkeit von einer Begründung zu verlangen hat allein da Sinn, wo die Zahl der einen Begriff bildenden Merkmale von vornherein feststeht.

Auf jeden Fall wird es den Überblick über die nächsten Untersuchungen erleichtern und ihrem Verständnis von Nutzen sein, wenn man aus der Fülle der Versuche, das Leben inbegrifflich zu „definieren“, zwei herausgreift, die wohl am sorgfältigsten die

Umsicht über die Mannigfaltigkeit der biologischen Phänomene wahren und jede Einseitigkeit, zu der hier starke Motive Veranlassung geben, vermeiden. W. Roux[1]) hat eine funktionelle Definition des Lebens versucht: „Lebewesen . . . sind Naturkörper, welche mindestens durch eine Summe bestimmter, direkt oder indirekt der Selbsterhaltung dienender Elementarfunktionen . . . sowie durch Selbstregulation . . . in der Ausübung aller dieser Funktionen vor den anorganischen Naturkörpern sich auszeichnen und dadurch trotz der Selbstveränderung und durch dieselbe sowie trotz der zu alledem nötigen komplizierten und weichen Struktur sehr dauerfähig werden." Unter Elementarfunktionen faßt Roux neun Formen der Selbsttätigkeit (Autoergasien) zusammen: Selbstveränderung, Selbstausscheidung, Selbstaufnahme, Selbstassimilation, Selbstwachstum, Selbstbewegung, Selbstvermehrung, Selbstübertragung oder Vererbung, Selbstentwicklung, die mit dem Vermögen der Selbsterhaltung und der Selbstregulation die Kennzeichen des Lebens bilden. Unter Berücksichtigung noch einer ganzen Reihe anderer Autoren (Bichat, John Brown, Pflüger, C. Hauptmann, Auerbach, E. Bauer, H. Spencer, E. Ungerer, Cl. Bernard, Wo. Ostwald, v. Kries, Pütter, Petersen, A. v. Tschermak) gibt dann A. Meyer in seiner bereits zitierten Logik der Morphologie (Berlin 1926) eine Zusammenfassung der durchweg angenommenen Lebenskennzeichen: Ernährung (Stoffwechsel) — Vermehrung — Entwicklung — Vererbung — Wachstum — Reizbarkeit — Regulation — Bewegung (Energiewechsel) — Struktur. Damit wird auch den Bestimmungen ihr Recht, welche wie z. B. die von Bichat gegebene: La vie est l'ensemble des fonctions qui résistent à la mort oder die von Claude Bernard stammende Merkmalsaufzählung: L'organisation, génération, nutrition, l'évolution, caducité, maladie, mort die Hinfälligkeit und Sterblichkeit als Wesensmerkmale aufführen.

Natürlich hat es nicht an Versuchen gefehlt, die Summe der Lebenskennzeichen aus einem einheitlichen Gesichtspunkt zu begreifen. Drieschs „Entelechie" oder Reinkes „Dominanten" ermöglichen durchaus ein Verständnis des spezifisch Vitalen in den einzelnen Lebensäußerungen. Aber Heraushebung des Gemeinsamen ist noch etwas anderes wie Einsicht in die Notwendigkeit

---

1) Vgl. namentlich Terminologie der Entwicklungsmechanik 1912 und Das Wesen des Lebens in „Kultur der Gegenwart, Abt. Allgem. Biologie" 1915.

der Differenzen. Man übertreibt wohl nicht, wenn man unter diesem Postulat einer Einsicht in die Notwendigkeit der verschiedenen lebenswesentlichen Merkmale, d. h. der Mannigfaltigkeit der organischen Modale, den gegenwärtigen Zustand der Lehre von den Wesensmerkmalen des Lebens mit dem der Kategorien vor Kant vergleicht.

Kant begnügte sich nicht mit einfacher Aufzählung erfahrungsmäßig nicht ableitbarer Seinsformen, sondern suchte eine Ordnung in ihnen zu entdecken und einen Maßstab zu ihrer Entdeckung zu gewinnen. Fichte hat ihm dann den Vorwurf gemacht, mit seiner Deduktion aus der Urteilstafel die Kategorien doch nur aufgelesen, nicht wirklich aus einem Prinzip hergeleitet zu haben, und Hegel ist darin noch weiter gegangen. Kant schwebte eben eine andere Art von Deduktion als die rational-emanatistische oder metaphysisch-teleologische vor, die er als transzendentale bezeichnete und bewußt in Kontakt mit dem offenen System der Erfahrung hielt. Die transzendentale Einheit des Selbstbewußtseins ist zwar der Zentralpunkt aller Kategorien, nicht aber zugleich ihr Deduktionsort, Prinzip und Quelle ihrer Differenzierung. Ausdrücklich hält Kant an der Irrationalität der die Rationalität begründenden Kategorien fest und stellt der Deduktion dieser reinen Verstandesbegriffe nur die Aufgabe, sie als Prinzipien zu erweisen, wonach andere synthetische Erkenntnisse apriori möglich sind. Unter dem Aspekt dieser (in den exakten Wissenschaften verfestigten) Erkenntnisse steht also die transzendentale Deduktion der Kategorien. (Sobald man natürlich die erkenntnistheoretische Orientierung der Kategorienlehre als einseitig und die wirkliche Weite der kategorialen Funktionen einengend erkannt hat, tritt das — am umfassendsten bisher in Hegels Logik aufgerollte — Problem des Zusammenhanges der Kategorien als ontologisches Problem auf.)

So sehr es demnach ein Rückfall in die vorkantische Deduktionsmanier wäre, die Wesensmerkmale aus irgendeinem Lebensbegriff zu deduzieren, in den man sie vorher aufgenommen hat, so falsch wäre es, bei Kant gewissermaßen stehen zu bleiben und nur das als Wesensmerkmal des Lebendigen gelten zu lassen — und darauf die Deduktion einzustellen —, was die Biologie als „Kategorien“ ihrer empirischen Arbeit ausprägen muß. Wesensmerkmale im Sinne der die biologische Erkenntnis möglich machenden Kategorien sind am gegenständlichen Sein in der Anschauung gewonnen und, wenn auch bei Gelegenheit der

Erfahrung erst entdeckt, für die Erfahrung des Biologen bereits leitend in der Auswahl seiner Gegenstände. Lautet doch die von Kant selbst gegebene Erklärung der Kategorien: „Sie sind Begriffe von einem Gegenstande überhaupt, dadurch dessen Anschauung in Ansehung einer der logischen Funktionen zu Urteilen als bestimmt angesehen wird". Ihre Verifikation, d. h. das erfüllende Verständnis dessen, was unter ihnen zu verstehen sei, kann deshalb in letzter Linie nur der Anschauung der konkreten Lebenswirklichkeit gelingen: die Kategorien der empirischen Biologie wurzeln in den Kategorien des Lebendigen selbst.

Dabei sei ein häufig übersehener Unterschied gemacht zwischen solchen Wesensmerkmalen, die rein die Lebenserscheinung im Sinne des „Habitus" der Lebendigkeit anzeigen, und den Merkmalen, deren „vollständiges" Auftreten das wirkliche Vorhandensein eines Lebendigen („wirklich" nicht im Sinne der Kriterien der empirischen Naturwissenschaft, sondern im Sinne der Anschauung) phänomenal verbürgt. So gibt es sehr charakteristische Bewegungen, die Leben verraten und auch dort vortäuschen, wo der Bewegungsträger unbelebt ist (Papierschlange z. B.). Diese Bewegungen lassen den spezifisch vitalen Bewegungstypus erkennen, der für sich allein zu den „anzeigenden" Wesensmerkmalen gehört. Oder es handelt sich um bestimmte Rhythmen, um Phänomene der Plastizität, um Formen, die bei hoher Unregelmäßigkeit einer gewissen Regel unterworfen zu sein scheinen: überall liegen Wesensmerkmale indikatorischen Charakters vor.

Konstitutive Wesensmerkmale als die Kategorien des Lebendigen können (einzeln und insgesamt) auch nur in der Anschauung voll erfaßt werden. Sie bestimmen das Leben, täuschen es niemals vor. Sie bestimmen aber das Leben als Sein für die Anschauung, haben dagegen mit jenen Seinsschichten, in denen physikalische und chemische Begriffsbildung zu Hause ist, unmittelbar nichts zu tun. Die Eigenschaft der Anschaulichkeit ist also den indikatorischen und den konstitutiven Wesensmerkmalen gemeinsam, weshalb auch die Zurückführung jener auf diese gelingt.

Eine Theorie der konstitutiven Wesensmerkmale oder Modale des Lebens, welche ihre innere Einheit und Notwendigkeit selbst begreifen, d. h. sich nicht damit begnügen will, sie in ihrer Relativität auf das anschauliche Phänomen eines konkreten lebendigen Dinges als notwendig für das Lebendige, sondern als notwendige Ausprägungen einer bestimmten Seinsgesetzlichkeit zu erkennen, entfernt sich damit zwar unvermeidlich von der Sphäre der konkretsinnlichen Anschauung, in welcher die Wesensmerkmale des Lebens (ohne selbst sinnlichen Charakter zu haben) eingebettet liegen. Aber sie stützt sich doch nur auf echt intuitive Sachverhalte, nicht auf irgendwelche Begriffe, und sucht unter Vereinigung dieser Sachverhalte die Wesensphänomene des Lebens in ihrer Differenzierung zu begreifen.

Eine derartige apriorische Theorie des Organischen hat, so scheint es, mehr Verwandtschaft mit einer Dialektik als mit einer Phänomenologie. Sie geht von einem Grundsachverhalt, dessen Realität sie durchaus hypothetisch behandelt, aus und gelangt Schritt für Schritt von einer Wesensbestimmung zur anderen. Die Wesensbestimmungen ergeben sich aus einander, ordnen sich in Stufen, offenbaren sich als ein großer Zusammenhang, der damit wiederum als Manifestation des Grundsachverhalts begriffen wird. Während es doch Sache phänomenologischer Untersuchung ist, eine statische Deskription der Wesenskennzeichen des „Organischen" zu geben, so wie es die Anschauung zeigt, und jede Theorie der Wesenskennzeichen auf sich beruhen zu lassen oder anderen Wissenschaften zu überantworten.

Die phänomenologische Untersuchung muß ihrer Natur nach bei den indikatorischen Wesensmerkmalen einsetzen, wobei es noch zweifelhaft bleibt, ob sie in der Lage ist, darüber hinaus zu den konstitutiven vorzudringen. Zu ihrem Forschungsgebiet gehören sie sicherlich. Einsicht in ihren Kategorialcharakter bleibt ihr dagegen unbedingt verschlossen. Stellt man danach die Frage, wie sie sich ungezwungen aus den Problemen einer Logik der Biologie, ja schon aus den Systematisierungsversuchen der Biologie selber ergibt, so darf man die Methode der statischen Wesensdeskription nicht anwenden, sondern muß den Versuch einer Führung durch die Wesensschichten nach Maßgabe eines Prinzips oder einer Deduktion der Kategorien des Lebens machen. Wie in allen wissenschaftlichen Dingen entscheidet hier der Erfolg über die Richtigkeit der zugrunde gelegten Annahme.

Kompliziert wird die Situation nur dadurch, daß über den Begriff des Wesensmerkmals Unklarheit herrscht. Wesensmerkmale kennt auch der Empiriker. Da es sich für den Philosophen aber um Merkmale in der Schicht konkret sinnlicher Anschauung handelt, um Assimilation, Vererbung, Regulation, Entwicklung,

Altern, so liegt es natürlich nahe, an die empirischen Einheiten dabei zu denken, deren Studium Sache des Biologen ist. Beobachtet er auch die einzelnen Formen und Verknüpfungen dieser organischen Vorgänge, so interessiert ihn letzten Endes daran doch nur die allgemeine Gesetzlichkeit, der sie ausnahmslos unterliegen, das „Wesen" der Vererbung, des Stoffwechsels usw. Er fahndet infolgedessen auf dem Wege der Beobachtung und des Experiments nach den für die Vererbung, den Stoffwechsel wesentlichen Merkmalen, die naturgemäß zunächst einen deskriptiven Charakter haben (etwa bestimmte, überall sich wiederholende Vorgänge am Zellkern, in der Chromosomenspaltung, im Ansteigen des Sauerstoffverbrauchs bei relativ abnehmender CO_2-Abgabe usw.). An solchen empirischen Wesensmerkmalen orientiert sich der Fortgang der Untersuchung, um zu den Ursachen des Vererbungs- und Stoffwechselvorgangs vorzudringen.

In dieser Richtung geht der Empiriker, nicht der Philosoph. Der Philosoph muß die Erforschung der veranlassenden Bedingungen für das Auftreten der organischen Erscheinungen ganz dem empirischen Forscher überlassen. Aber auch dem Empiriker sind Grenzen gezogen. Er orientiert sich an der sinnlichen Anschauung und sondert darin die verschiedenen Phänomengruppen Entwicklung, Stoffwechsel, Regulation usw. voneinander. Die Sonderung stützt sich dabei auf Grundanschauungen, in denen Lebendigkeit im Unterschied zur Unbelebtheit erfaßt wird. Seine empirische Arbeit ruht also, was den Bestand an spezifisch biologischen Kategorien angeht, auf Voraussetzungen, die nur der Philosoph untersuchen kann. —

Unter Kategorien verstand ein sogenannter Neukantianismus, der bei den Empirikern populär geworden ist, Denkformen, Urteilsweisen, typische Begriffe. Ihre Erforschung, glaubten die Empiriker, liefe auf eine spezifizierte Formallogik und Methodologie der (z. B. biologischen) Begriffsbildung hinaus und überließe die Sphäre der Anschauung, in der doch die Begriffe ihre Anwendung, ihre Korrektur, ihre Erfüllung und ursprüngliche Bildung haben, ganz der Erfahrung. Davon ist natürlich keine Rede. Kategorien sind keine Begriffe, sondern ermöglichen sie, weil sie Formen der Übereinstimmung zwischen heterogenen Sphären, sowohl zwischen Denken und Anschauen wie zwischen Subjekt und Objekt, bedeuten. Nun kann niemand zum voraus sagen, was an den von der empirischen Forschung gesonderten Phänomengruppen der Regulation, des Stoffwechsels, der Entwicklung usw. rein empirischer und was daran kategorialer Anteil, was aposteriorische und was apriorische Bestimmtheit ist.

So wurde beispielsweise der erste Hauptsatz der Energetik, der Erhaltungssatz, durch Mayer und Helmholtz empirisch nachgewiesen, obwohl in ihm (im Unterschied zum zweiten Hauptsatz, dem Satz von der Entropie) eine apriorische Wahrheit zum Ausdruck kommt. Trotzdem kann man aus dieser nicht die speziellen Gleichungen gewinnen. Erst die Messung bestätigt, daß „unsere" Natur wirklich eine „Natur" ist, zu deren Möglichkeitsbedingungen die (relative) Systemgeschlossenheit apriorisch gehört. Überall da, wo der Fortschritt der empirischen Begriffsbildung eine gewisse Reife erreicht hat, umfaßt er Tatbestände, die bei nachträglicher Besinnung auch apriorische Komponenten erkennen lassen.

Im biologischen Gebiet ist es nicht anders. Wenn der empirische Forscher glaubt (und ihn darin ein formallogischer Positivismus oder Neukantianismus unterstützt), daß etwa Vererbung, Regulation, Altern allenfalls als Begriffe einen gewissen apriorischen Kern haben mögen, doch als Erscheinungen rein aposteriorische Fakten bedeuteten, so sieht er die Dinge verzerrt. Seine empirischen Wesensmerkmale enthalten gerade in ihrer gegenständlich-anschaulichen Qualität apriorische Züge, deren Differenzierung erst im Laufe der philosophischen Untersuchung ermittelt werden kann. Der Empiriker braucht, ohne daß er es weiß, diese apriorischen Wesensmerkmale zur Abgrenzung der verwandten Phänomene im Rahmen der gesamten Erscheinung. Er richtet danach seine Begriffe ein. Je mehr er sich von der unmittelbaren Beschreibung entfernt und kausalen Methoden Anwendung auf seine Objekte verschafft, desto freier wird er natürlich gegenüber den zunächst festgehaltenen Wesensmerkmalen; andere, anschaulich nicht direkt verifizierbare Begriffe treten dann auf und Verbindungen werden greifbar, die in der „natürlichen" Erscheinung nicht mehr faßlich sind. Die Forschung revidiert also die empirischen Wesensmerkmale beständig, verändert ihre Grenzen gegeneinander, hebt sie auf. Reizvorgänge erklären sich aus Stoffwechselprozessen, Wachstumsvorgänge werden auf Vererbung zurückgeführt. Ein „Modal" nach dem anderen fällt, die Einordnung unter gemeinsame Gesetzmäßigkeiten, die Reduktion auf Physik und Chemie nimmt zu.

Empirische Wesensmerkmale sind vergänglich, sie haben nur indikatorischen Wert für eine andere Seinssphäre, deren

Erscheinungen sie sind. Die apriorischen Wesensmerkmale werden von dieser Vergänglichkeit nicht berührt, denn sie konstituieren die konstante Schicht konkreter anschaulicher Erscheinung, von der die empirische Wissenschaft immer wieder ihren Ausgang nehmen muß. Ihre Namen fallen wohl teilweise mit den Namen der empirischen Modale, der relativen Wesensmerkmale zusammen und so kommen dann die Mißverständnisse. Der Empiriker wird eines Tages erklären können, daß es keine „Anpassung“ mehr gibt, sondern nur noch „Regulationen“, keine „Regulationen“ mehr, sondern nur noch bestimmt geartete, chemisch zu definierende Vorgänge: was an der Modalität „Anpassung“ oder „Regulation“ empirisch ist, hat dann seine Bestimmung durch Zurückführung erfahren. Nie aber kann die Modalität des Modals davon betroffen werden. Als Momente, welche den Wasbestand des Lebens in der Erscheinung festlegen, sind Regulation, Vererbung, Stoffwechselkreislauf usw. irreduzibel (und wenn, dann nur philosophisch verständlich) wie Blau, Süß, Rauh. Sie nehmen im Unterschied zu diesen Elementarmaterialien sinnlicher Erscheinung höchstens eine andere Größenordnung ein, weil sie als Konstitutionsformen der phänomenalen Seinsschicht des Lebens Strukturen bestimmen, die für die naive und wissenschaftliche biologische Begriffsbildung Leitwert haben.

8. Charakter und Gegenstand einer Theorie der organischen Wesensmerkmale.

Um nach Maßgabe des Prinzips der real gesetzten Grenze (Fall II) den Beweis für die Wirklichkeit des Ordnungstypus der Ganzheit auf dem Wege einer systematischen Entwicklung der organischen Modale zu erbringen, darf Erfahrung nicht als ausschlaggebende Instanz angerufen werden. In jeder echten Erfahrung werden die rein anschaulich gewonnenen Inhalte auf das Maß des Feststellbaren reduziert. Feststellen oder darstellen heißt aber einen Sachverhalt so fassen, daß er auf mehr als eine Weise zur Gegebenheit gebracht wird[1]). Daß es heiß ist, empfindet ein jeder in der Gegebenheitsweise, welche der Temperatur eigentümlich ist. Zur Darstellung aber wird die Hitze erst durch das Steigen der Quecksilbersäule am Thermometer oder durch den Schmelzvorgang an einer Substanz, durch

1) Vgl. Die Einheit der Sinne S. 63ff. Der Begriff Darstellung wird hier weiter gefaßt.

Verdunsten usw. gebracht. Daß er Appetit hat, fühlt ein jeder in der spezifischen Gegebenheitsweise bestimmter in gewissen Partien seines phänomenalen Leibes lokalisierter Empfindungen, eines besonderen Zumuteseins, einer Tendenz usw. Zur Darstellung aber wird der Appetit erst durch den Nachweis verstärkter Sekretion des Magensaftes etwa gebracht. Wesentlich für das Darstellen ist also die Übersetzbarkeit eines Sachverhalts von einer Gegebenheitsweise in eine andere oder das zur Gegebenheit Bringen in prinzipiell mehr als einer Sinnesmodalität.

Insofern Erfahrung auf einem derart kontrollierenden Zusammenwirken der Gegebenheitsweisen beruht (das seiner inneren Natur nach einem Gegeneinanderwirken gleichkommt), führt sie natürlich zu einer Auslese derjenigen Sachverhalte, welche nur in einer Gegebenheitsweise zu fassen sind. Es gibt infolgedessen viel mehr in der Welt, als an ihr feststellbar ist. Wenn es auch in die Erfahrung eingeht und sie mit formen hilft, so kann es doch aus ihr nicht wieder herausgeholt werden, weil es den Ansprüchen der Feststellung nicht genügt. Alle nur anschauungsmäßig zu gewinnenden Gehalte haben dieses Schicksal, in die Erfahrung einzugehen, ohne im Fortgang der Erfahrung bestimmbar zu werden.

Alle nur anschauungsmäßig zu gewinnenden Gehalte zerfallen in die zwei Klassen der eine Gegebenheitsweise (unmittelbar) gebenden und der sie selbst nicht gebenden Gehalte. Die erste Klasse umfaßt die Empfindungen, an deren Gehalt die Gegebenheitsweise selbst ausgesprochen, manifest ist. Die zweite Klasse umfaßt die Wesen, Ideen und Wesenheiten, welche einer sog. Wesensanschauung oder Schau entsprechen. In dieser Klasse bestehen zwei Möglichkeiten: entweder sind die Wesen an eine Gegebenheitsweise gebunden, wie die materialapriorischen Wesenscharaktere und -gesetze (etwa des optischen, akustischen, taktilen Sinneskreises), oder sie sind nicht derart gebunden und lassen sich an verschiedenen Gegebenheitsweisen d. h. gleichgültig gegen sie zur intuitiven Evidenz bringen.

Stellt man die darstellbaren den nur zu erschauenden Gehalten gegenüber, wie man vielleicht unmißverständlicher anstatt des Ausdrucks „nur anschauungsmäßig zu gewinnen" sagt, so kann man in Rücksicht auf das Verhältnis von Gehalt und Gegebenheitsweise folgende Möglichkeiten unterscheiden: 1. Gehalte einer bestimmten Gegebenheitsweise sind darstellbar, sofern sie mindestens in noch einer anderen Gegebenheitsweise erscheinen können, ohne ihre Identität aufzugeben. 2. Gehalte sind erschaubar, wenn sie entweder a) gegen ihre Gegebenheitsweise nicht variieren können, weil sie der Gegebenheitsweise immanent sind bzw. sie betreffen, oder b) keine spezifische Gegebenheitsweise haben. Die unter 1. gefaßten Gehalte erscheinen (in der oder jener Gegebenheitsweise); sie sind — in diesem Sinne gegebenheitsüberlegen — die eigentlichen Gegenstände der Wahrnehmung. Die unter 2. gefaßten Gehalte, einerlei ob hyletisch oder eidetisch, erscheinen selbst nicht; denn es fehlt ihnen das, was erscheinen könnte, jener in seinem Selbst nicht erscheinende gegebenheitsüberlegene, in der oder jener Gegebenheitsweise faßbare, identifizierbare Kern[1]).

Der Ordnungstypus Ganzheit gehört zur Klasse der nur erschaubaren Gehalte. Insofern geht er wohl in die Wahrnehmung des Organischen ein, darf aber den Fortgang der die Biologie bildenden Erfahrung nicht bestimmen, da er sich jeder Feststellung entzieht. Als Wesenheit hat Ganzheit keine spezifische Gegebenheitsweise. Sie kann ebensogut optisch wie taktil zur Erscheinung kommen, eben weil sie selbst sensu stricto gar nicht zur Erscheinung kommt. Es erscheint lediglich die Gestalt des organischen Systems. Weil diese als Gestalt von einer Gegebenheitsweise in eine andere transformierbar ist, entsteht die Verwechslung zwischen der erscheinungsfremden Wesenheit und der gegebenheitsindifferenten Gestalt. Die Verwechslung wird weiterhin dadurch begünstigt, daß, wie oben näher ausgeführt wurde, Ganzheit die Gestalt „braucht", weil das für sie charakteristische Merkmal der Grenze trotz des Bedeutungsunterschiedes von der Begrenzung nur als Begrenzung (Grenzkontur) feststellbar ist.

Welcher Weg ist einzuschlagen, um die Wirklichkeit dieses Ordnungstypus der Ganzheit zu ermitteln, wenn der empirische Weg hierfür nicht gangbar sein soll? Formt man die Frage um,

1) Die Gegenüberstellung der in antreffender Anschauung erreichbaren darstellbaren und der in füllender Schauung faßlich werdenden prägnanten Gehalte findet man bereits in der „Einheit der Sinne". Von beiden sind die präzisierbaren Anschauungsgehalte getrennt. Da für den Zweck der vorliegenden Untersuchung es wesentlich auf den Gegensatz der Wahrnehmung zur Schau ankommt, durfte anders als in der „Einheit der Sinne" der Begriff Darstellung weiter gefaßt werden, als die „Möglichkeit der Wiedergabe" reicht. So kann z. B. ein arithmetisches Gesetz geometrisch dargestellt werden, obwohl es in dieser zweiten Gegebenheitsweise gerade keine Wiedergabe der ersten ist. — Die Richtigkeit der in der „Einheit der Sinne "gegebenen Einteilung wird davon nicht berührt.

so wird die Beantwortung leichter erscheinen: Welche Bedingungen müssen erfüllt sein, damit der in Fall II präzisierte Sachverhalt als Eigenschaft eines physischen, in Raum und Zeit bestimmten Körpers wirklich sein kann? Gefragt ist nach der Verwirklichung einer Wesenheit; gegeben sind (in formaler Charakteristik) die Wesenheiten „Ganzheit" und „physisches Ding".

Formal betrachtet muß infolgedessen die Untersuchung das Ziel haben, die beiden gegebenen Größen einander anzugleichen, sodaß in allen Bestimmtheiten des wirklichen physischen Dinges die „Forderungen" der Wesenheit Ganzheit erfüllt sind. In diesem Sinne verläuft die Untersuchung „deduktiv". Allerdings ist kein Begriff vorgegeben, aus welchem nach dem Schema der analytischen Logik die in ihm enthaltenen Bestimmungen herausgeholt werden, ebensowenig wie eine Entität vorgegeben ist, aus welcher sich nach dem Schema der emanatistisch-metaphysischen Logik andere Entitäten entwickeln. Sondern zu der in konkreter Anschauung gegebenen Größe „lebendiges physisches Ding" werden nach Maßgabe des Prinzips der Grenze (Fall II) die inneren Bedingungen ihres Stattfindens gesucht.

Daß die Möglichkeitsfrage gestellt werden muß, hat die bisherige Untersuchung erwiesen. Denn sie ergab eine offensichtliche Diskrepanz zwischen dem Phänomen anschaulicher Lebendigkeit einerseits und den feststellbaren Mitteln seines Erscheinens andererseits. Wie also ist es möglich, daß etwas, welches nachweisbar Gestalt ist, als etwas anderes, nämlich als übergestalthafte Ganzheit erscheint? Dabei darf die Beantwortung gerade diese Bedingung nicht verletzen, daß nachweisbar gegeben eben nur eine Gestalt ist, ein (hochkompliziertes) System von mehr oder weniger prägnanter Konturierung, in der seine physische Existenz beschlossen bleibt.

Es wird der Versuch gemacht, unter ausschließlicher Zugrundelegung der oben entwickelten Auffassung, daß das Phänomen der Lebendigkeit nur auf dem besonderen Verhältnis eines Körpers zu seiner Grenze beruht, die Beantwortung durchzuführen. Auf diesem Gang der Beantwortung muß zugleich die Frage, ob es wesensursprüngliche Charaktere des Lebens gibt, mit entschieden werden. Die Untersuchung übernimmt dadurch von selbst die Aufgabe einer Axiomatik des Organischen oder einer apriorischen Theorie der organischen Modale. Denn dem Problem dieser Disziplin: gibt es wesenseigentümliche Merkmale des Lebens, die — unabhängig davon, ob sie an spezifische physikalisch-chemische Bedingungen geknüpft werden können oder nicht — in ihrer Qualität irreduzibel sind? muß hier eine Antwort zuteil werden. Wesensnotwendig für das Leben heißt für es möglichkeitsbedingend sein. Wenn sich also herausstellt, daß ein physisches Ding das in Fall II bezeichnete Verhältnis zu seiner Grenze nur dann hat, wenn es die Weise der Entwicklung, der Reizbarkeit, der Vermehrung annimmt, so ist damit der Modalcharakter von Entwicklung, Reizbarkeit, Vermehrung erwiesen.

Ganzheit läßt sich nicht abstrakt verwirklichen. Verwirklichung heißt Konkretisierung. Konkretisierung der Ganzheit aber — und in diese Formulierung könnte man die These unserer Untersuchung zusammenfassen — ist nicht direkt, sondern nur in den Wesenseigentümlichkeiten der organischen Natur möglich. „Damit" der in Fall II angegebene Sachverhalt mit den Bedingungen raumzeitlicher Dinglichkeit übereinkommt oder wirklich werden kann, muß das raumzeitliche Körperding die Eigenschaften des Lebens annehmen. Eine derartige Deduktion der Kategorien oder Modale des Organischen — wohlgemerkt nicht aus dem Sachverhalt der Grenzrealisierung, denn den gibt es ja für sich nicht, sondern unter dem Gesichtspunkt seiner Realisierung — bildet den Zentralteil der Philosophie des Lebens. Gerade in dieser Hinsicht erweisen sich die Kategorien als selbst nicht ableitbare, nicht logisch zu begründende, ursprüngliche Weisen der Realisierung eines für sich und in sich nicht realisierbaren Sachverhaltes. Von Panlogismus und Rationalisierung der Kategorien darf also nicht gesprochen werden, wenn es gelingen sollte, das Leben in seinen wesentlichen Erscheinungen als die Reihe der Bedingungen nachzuweisen, unter welchen allein eine Gestalt Ganzheit ist.

Viertes Kapitel.

DIE DASEINSWEISEN DER LEBENDIGKEIT.

1. Indikatorische Wesensmerkmale der Lebendigkeit.

Wenn Leben wirklich auf dem eigenartigen Verhältnis des Körpers zu seiner Grenze, konkret gesprochen (wenn auch in erster Annäherung nur konkret) auf einem — sit venia verbo — „hauthaften“ Verhältnis der Masse eines Dinges zu seiner Form, der Materie zur Gestalt, der „Ausfüllung“ zu ihren „Rändern“ beruhen soll, so darf man wohl erwarten, daß sich dieses Verhältnis irgendwie an den lebendigen Dingen zeigt. Die anschaulichen Randwerte eines organischen Körpers müssen sich von den entsprechenden Randwerten eines anorganischen Körpers charakteristisch unterscheiden. Ihr Unterschied wird dann phänomenal faßbar sein und mit den empirischen Unterschieden nicht zusammenfallen.

Verfolgt man dieses eigentümliche, nach der These dem Leben spezifische Verhältnis von Materie und Form an den individuellen Dingen der Anschauung — Materie hier nur als die geformte Fülle, als die mehr oder minder durchlässige, widerstandsfähige, gefärbte, weiche oder harte Masse genommen —, so kommt man auf die indikatorischen Wesensmerkmale, von denen schon oben im allgemeinen gesprochen und deren Deduktion als notwendig bezeichnet wurde. Es handelt sich dabei um jene rein anschaulichen Kriterien, an denen man gleicherweise pflanzliche und tierische Dinge als belebte erkennt, ohne allerdings an ihnen mehr als nur anzeigende Wesensmerkmale des Lebens zu haben. Ihr Vorhandensein berechtigt auch bei faktisch leblosen Dingen zu der Vermutung, daß ihr Träger wirklich lebendig ist[1]).

---

1) Vgl. zum folgenden besonders v. Kries, Über Merkmale des Lebens, in den Veröffentlichungen der Freiburger Wissenschaftl. Gesellschaft Nr. 6, 1919 und Buytendijk, Anschauungskriterien des Organischen, Philosophischer Anzeiger III (im Druck).

Alles Lebendige zeigt Plastizität: Zerrbarkeit, Dehnbarkeit, Biegbarkeit, in welcher die Schärfe der Begrenzung des Ganzen mit einer hochgradigen Verschiebbarkeit der Grenzkonturen zusammengeht. Die Form ist nicht wie im Anorganischen die Außenfläche der Substanz (als einfacher Ausdruck der Wirkeinheit ihrer Elemente), sondern scheint wie eine unsichtbare Haut ihre wirkliche Oberfläche zu umschließen. Je mehr die Plastizität in der Anschauung — oder um mit Buytendijk zu sprechen: die Schärfe der Begrenzung — hervortritt, bei den Phänomenen der Entwicklung, des Wachstums, der Restitution, der Bewegung, desto lebendiger erscheint das Ding.

Alles Lebendige zeigt Unstetigkeit im Stetigen, regelmäßige Unregelmäßigkeit, statisch sowohl wie dynamisch. Sehr eindrucksvoll hat Buytendijk diese Eigenschaft in der Konfiguration organischer Gebilde durch einen Figurenvergleich demonstriert. Hält man nebeneinander die Umrißbilder des Kreises, der Ellipse, des Eies und des Lindenblattes, so wächst der Lebendigkeitseindruck mit der steigenden Unregelmäßigkeit (bei trotzdem gleich evidenter Regelmäßigkeit) der Linienführung. Dieser Charakter verstärkt sich natürlich an wirklichen Objekten, die von schematischen Vereinfachungen ihrer Umrisse gänzlich verschieden sind. Nicht als ob dabei die Unregelmäßigkeit allein die tragende Rolle spielte. Immer muß sie sich beherrscht zeigen von einer (nicht isolierbaren) Regel, so daß eine selbst weitgehende Deformierung das Gesamtbild nicht etwa stören, sondern in seiner Wirkung geradezu verstärken wird, wie es denn auch wirklich der Fall ist.

Dynamisch tritt regelmäßige Unregelmäßigkeit, „springende Form des Zusammenhangs", in den Phänomenen der Rhythmik auf. Ihre Verbreitung ist ungeheuer, sodaß man sehr wohl verstehen kann, wie der Rhythmus geradezu zum Zentralmoment alles Lebendigen proklamiert werden konnte. Auch hier ist das Kennzeichnende die relative Variierbarkeit (der Periode). Der Herzschlag kann beschleunigt oder verlangsamt, spitz oder flach usw. sein, die Kurve des Wachstums kann steil oder allmählich ansteigen, die Peristaltik des Darmes variiert nach der Verschiedenheit der Reize träge oder konvulsivisch. Jede Lebensäußerung unterliegt dem Wechsel von Tag und Nacht, der Jahreszeiten, der Ernährung usw. nicht auf eine direkt mechanische Weise, sondern stellt sich mit eigener Rhythmik darauf ein. Verändert man die äußeren Einflüsse, so läßt sich erst nach Überwindung starker Hemmungen die Periodizität umstellen.

Der lebendige Prozeß kann langsam und schnell, voll und dünn, sicher und stockend, tastend und mit Elan ablaufen, seine Rhythmen sind also als echte Gestalten der Transponierung wie Melodien fähig. Auch in den Formen des Werdens erscheint jene „Schärfe der Begrenzung“, welche das Lebendige nicht dort zu Ende sein läßt, wo es doch faktisch aufhört. Die springende Form des Zusammenhanges macht einen derartigen Hiatus zwischen dem Werdenden und seinem Rhythmus beständig fühlbar.

Von hier aus ergibt sich ein Verständnis gewisser Merkmale, die besonders am Phänomen der lebendigen Bewegung zu unterscheiden sind. Es könnte nämlich der Hiatus, der in der Schärfe der Begrenzung gegebene Zwischen„raum“ zwischen dem Prozeß und seiner Rhythmusform, nicht so anschaulich hervortreten, erschiene er nicht als echte Grenze, die das im Werden begriffene Ding über es selbst hinaus — in es selbst hinein führt. Dadurch gerade kommt, wenn man so sagen darf, das Phänomen des Hiatus, der Abgehobenheit des Geformten von seiner Form zustande. Für die lebendige Bewegung ergibt sich infolgedessen zwangsläufig der Tendenzcharakter als ein auszeichnendes Merkmal, durch welches sie von der toten Bewegung unterschieden wird: lebendig erscheint diejenige Bewegung, die einer ihr vorgegebenen oder vorlaufenden Tendenz folgt und deren reeller Verlauf somit im Charakter der Erfüllung gegeben ist. Tote Bewegungen stellen sich dagegen für die Anschauung ohne Fundierung im Kommenden dar und ermangeln des Charakters der Erfüllung. Präsentiert sich die tote Bewegung als absolut determiniert, „so wie sie ist“, fällt ihre Form restlos mit der von ihr beschriebenen Bahn zusammen, *ist* sie, so liegt es bei der lebendigen Bewegung anders. Hier hat jede faktisch abgelaufene Phase, *weil* sie durch eine Tendenz begründet und hervorgerufen zu sein scheint, das Merkmal, in jedem Punkte ihrer Bahn indeterminiert gewesen zu sein. Sie präsentiert sich als eine Bewegung, die auch anders hätte erfolgen können, als sie wirklich erfolgt ist. Diese Freiheit gegen die Form unter der Form gehört sinngemäß zum Tendenzcharakter. Erfüllung kann einer Tendenz dem Anschauungssinne nach nur „ungezwungen“ werden. In der Abgehobenheit der Erwartung, in dem Moment der Spannung, die ihre Lösung finden soll, liegt jener Hiatus des Vorweg, den nur ein spontaner, aus einer Beliebigkeit herauskommender Akt überbrückt.

Die Irrationalität und Spontaneität des Lebendigen, die Neigung, unter einer gegebenen Zahl von Möglichkeiten sich zur unwahrscheinlicheren zu entscheiden, jene Eigenschaft, die man mit dem verführerischen Gleichnis des „Ektropismus“ bezeichnet hat, dokumentiert sich in der Anschauung als Freiheit gegen die Form unter der Form. Daraus irgendwelche ontologischen Schlüsse zu ziehen, ist jedoch ein sehr gefährliches Beginnen. Man sollte nie direkt aus phänomenologischen Sachverhalten in ontologische Aussagen übergehen. Das Sein, das erscheint, ist zwar auch Sein, aber nicht das ganze Sein, wie es an ihm selbst und in ihm selbst weset und ist.

Wenn die Untersuchung mit den indikatorischen Wesensmerkmalen, den eigentlichen phänomenologischen Indizien des Lebens einsetzt, so verfolgt sie damit nur einen pädagogischen Zweck. Nach vollendeter Untersuchung kann die Besprechung dieser Merkmale wohl auch einen anderen Wert gewinnen. Nachdem man sich überzeugt hat, daß die aus einer bestimmten Problemstellung entwickelte These, wonach lebendige Dinge grenzrealisierende Körper sind, ihre Bestätigung durch Ableitung der organischen Wesensmerkmale findet, Wesensmerkmale des lebendigen (auf experimentelle Methodik nicht restringierten) Seins, darf man dann auch den indikatorischen Merkmalen des Organischen einen Seinswert zugestehen und sagen, daß sich in ihnen das eigentümliche Verhältnis eines geschlossenen Gebildes zu seiner Grenze manifestiert. Die Tatsache, daß diese Merkmale unter Umständen Leben vortäuschen, vermag dann nichts mehr an ihrem Zusammenhang mit dem für das Leben konstitutiven Grenzverhältnis zu ändern. Nach dem Gesetz der Antonomie der Erscheinung können Phänomene zu Unrecht, d. h. ohne die entsprechende Seinsgrundlage auftreten. Darum ist die Erscheinung als solche noch nicht bloßer Schein.

Eine nähere Interpretation der indikatorischen Wesensmerkmale des Organischen auf diesen ihren Zusammenhang mit der Grenzstruktur hin erübrigt sich. Er scheint überall hindurch und ist leicht zu isolieren. Im übrigen lassen sich solche Anschauungsindizien wahrscheinlich noch vermehren, wofür die makroskopische Betrachtungsart, wie sie z. B. in der modernen Gestalt- und Komplexpsychologie angewendet wird, eine wichtige Hilfe darstellt. Auch aus dem Vergleich mit anderen Gegenstandsgebieten, in denen man im übertragenen Sinne von Organischem redet, in den Sphären des Sozialen und des Künstlerischen etwa, kann man nützliche Anregungen bekommen.

2. Die Positionalität des lebendigen Seins und seine Raumhaftigkeit.

Für das Folgende nehmen wir noch eine Vereinfachung vor. Die Sachverhalte in Fall I und II lassen sich formelhaft ausdrücken. Auf diese Weise werden die in den Pfeilrichtungen des Schemas auf S. 104 symbolisierten Grenzverhältnisse übersichtlich festgelegt. Bezeichnet K den Körper, M das angrenzende Medium, so gilt für Fall I die Formel: K ← Z → M. Die Grenze ist zwischen (Z) K und M. Fall II dagegen hat die Formel: K ← K → M. Die Grenze gehört dem Körper selbst an, der Körper ist die Grenze seiner selbst und des Anderen und insofern sowohl ihm als dem Anderen entgegen. Der Terminus „sich" wird hier noch vermieden, da er später eine besondere Bedeutung zu übernehmen hat.

Ein Körper, der sich entsprechend der Formel K ← K → M zu seinen eigenen Grenzen verhält, ist, da ihn seine Grenzen nicht nur einschließen, sondern ebensosehr dem Medium gegenüber aufschließen (mit ihm in Verbindung setzen), über ihm hinaus. Denn die Grenze, welche im andern Fall, ausgedrückt in der Formel K ← Z → M, das weder (sowohl) dem Körper noch (als auch) dem Medium angehörende, also rein virtuelle Zwischen, die bloße Möglichkeit des Übergehens vom Einen zum Andern bedeutet, gehört hier reell dem einen der beiden angrenzenden Größen an. Besteht das Wesen der Grenze aber im Unterschied zur Begrenzung darin, mehr als die bloße Gewährleistung des Übergehens zu sein, nämlich dieses Übergehen selbst, so muß ein Ding, welchem Reich des Seins es auch zuzurechnen sei, wenn es die Grenze selbst hat, dieses Übergehen selbst haben. Besser vermeidet man allerdings an dieser Stelle das Wort „haben", um es für einen besonderen Fall auszusparen.

Das Reellsein der Grenze an einer der einander begrenzenden Größen drückt sich für diese aus als die Weise des Über ihr hinaus Seins. Insofern Grenze ein gegensinniges Verhältnis zwischen den durch sie getrennten und zugleich verbundenen Größen stiftet — sonst wäre sie nicht Grenze und das Übergehen von einer zur anderen wäre das bloße Weitergehen ohne den qualitativen Sprung, der gleichsam von sich aus gemacht und annulliert wird —, drückt sich das Reellsein der Grenze an dem Realen als die Weise des Ihm entgegen Seins aus.

Verhält sich ein Körper entsprechend der Formel K ← K → M zu seinen Grenzen, sodaß ihm die Grenzen eigen sind, so muß er als ein Körper erscheinen, der sowohl über ihm hinaus als ihm entgegen ist. Jeder dieser Charaktere soll sich mit den Charakteren der Körperlichkeit vertragen, obwohl jeder von ihnen den feststellbaren Zügen eines begrenzten physischen Dingkomplexes zunächst zuwider ist. Denn was heißt „eigentlich“: ein Körper ist über ihm hinaus, wenn er meßbar dort und dort zu Ende ist, oder er ist ihm entgegen, wenn er nachweisbar bis zu seinen Grenzkonturen, bis an den Rand vor gediegenem Sein strotzt?

Und doch muß sich dieses besondere Verhältnis zu seinen Grenzkonturen, wenn anders es überhaupt ontisch und nicht nur logisch möglich sein, wenn es real stattfinden soll, an dem Realen aussprechen und bemerkbar machen, in einer Art, die dem Realen als physischem Ding nicht zuwiderläuft und seinen „Mitteln“ konform ist. Ein physisches Ding hat als Mittel, sich auszusprechen und bemerkbar zu machen, nur das, was man gemeinhin seine Eigenschaften nennt, die wiederum das Ganze seiner anschaulichen Erscheinung aufbauen. Wie oben bemerkt, wird sich um seines besonderen Charakters als eines Verhältnisses zur Grenze willen das Reellsein der Grenze an den Konturen des Körpers manifestieren müssen. Das Über ihm Hinaus und das Ihm Entgegen — wie man deutlich erkennt, nichts anderes als die anschauliche Präzisierung der Doppelaspektivität— erscheint (sinnentsprechend) als Randphänomen des physischen Systems.

So begreift man den anschaulichen Antagonismus der ineinander nicht überführbaren Richtungen nach Außen und nach Innen als eine notwendig eigenschaftlich an dem Körper auftretende Bestimmtheit seiner Erscheinung. Man begreift sie weiterhin als eine nur erschaubare, nicht feststellbare Eigenschaft, insofern das Grenzverhältnis im Unterschied zum Begrenzungsverhältnis nicht demonstriert (dargestellt), sondern nur intuiert (erschaut) werden kann; eine Eigenschaft, die dem Versuch ihrer Feststellung derart sich entzieht, daß hierbei nur die demonstrierbaren Randeigenschaften einer Gestalt zurückbleiben.

Als Körperding steht das Lebewesen im Doppelaspekt ineinander nicht überführbarer Richtungsgegensätze nach Innen (substantialer Kern) und nach Außen (Mantel der eigenschaftstragenden Seiten). Als Lebewesen tritt das Körperding mit dem gleichen Doppelaspekt als einer Eigenschaft auf, der infolgedessen das phänomenale Ding in doppelter Richtung transzendiert, es einerseits über es hinaus setzt (streng genommen: außerhalb seiner setzt), anderseits in es hineinsetzt (in ihm setzt), — Ausdrücke, die gleichbedeutend mit den früher gebrauchten Ausdrücken sind: über es hinaus sein und ihm entgegen, in es hinein sein.

Der Ausdruck setzen — belastet aus der großen idealistischen Tradition — drängt sich an dieser Stelle geradezu auf. Nur darf man ihn hier nicht in Erinnerung an Fichte mit dem Sinne eines vom Subjekt vollzogenen Aktes des Denkens verknüpfen. Setzen als Niedersetzen hat ein Aufgestandensein, ein Angehobensein zur Voraussetzung. Ganz dieser Lage gegenüber befindet sich die Beschreibung, wenn sie die durch das Sein der Grenze bedingte eigentümliche Komplikation des Seins des belebten Dinges ausdrücken soll. Als physischer Körper „ist“ das Ding schon von sich aus, das Sein tritt ihm in keinem Sinne gegenüber oder hebt sich von ihm als Seiendem ab. Durch das Ihm zu eigen Sein der Grenze wird das Seiende jedoch zu einem in doppelter Richtung Übergehenden. Insofern wird es „angehoben“, die Beschreibung kann nichts tun als diesem Bilde folgen. Bloß „angehoben“ kann es nicht bleiben, dann wäre die Bestimmung verletzt, daß es trotz des „Übergehens“ seiendes Körperding bleibt.

Nur dem Ausgleich mit dieser Bestimmung entspricht der Ausdruck des Setzens, welcher das Moment des Angehobenseins, In-Schwebe-Seins anklingen läßt, ohne darum das andere Moment des Aufruhens und Festseins zu verlieren.

In seiner Lebendigkeit unterscheidet sich also der organische Körper vom anorganischen durch seinen positionalen Charakter oder seine Positionalität. Hierunter sei derjenige Grundzug seines Wesens verstanden, welcher einen Körper in seinem Sein zu einem gesetzten macht. Wie geschildert, bestimmen die Momente des „über ihm Hinaus“ und das „ihm Entgegen, in ihn Hinein“ ein spezifisches Sein des belebten Körpers, das im Grenzdurchgang angehoben und dadurch setzbar wird. In den spezifischen Weisen „über ihm hinaus“ und „ihm entgegen“ wird der Körper von ihm abgehoben und zu ihm in Beziehung gebracht, strenger gesagt: ist der Körper außerhalb und innerhalb seiner. Der unbelebte Körper ist von dieser Komplikation frei. Er ist, soweit er reicht. Wo und wann er zu Ende ist, hört auch sein Sein auf. Er bricht ab. Ihm fehlt diese Lockerung in ihm selber. Da sein System die Grenze nicht zu eigen hat, ist sein Sein ohne die doppelsinnige Transzendierung. Es kann also nicht zu der doppelsinnigen Rückbeziehung auf das System, nicht zu der Selbstbeziehung des Systems kommen (wenn es gestattet ist, an Stelle des schwerfälligen Ausdrucks Ihmbeziehung dieses gangbarere Wort zu verwenden).

Bei einem Körper von positionalem Charakter liegt stets eine Durchdringung des Verhältnisses Kern-Eigenschaft mit dem der doppelsinnigen Transzendierung vor[1]), indem die Transzendierung (= Doppelaspektivität) den Wert der Eigenschaft hat und als Eigenschaft erscheint. Nur bedingt das besondere Wesen gerade dieser Eigenschaft das seltsame Überwiegen über die anderen Eigenschaften, indem es sie alle durchdringt und sich somit ihnen allen aus dem Dingkern heraus mitzuteilen scheint. Die Untersuchung hat gezeigt, daß der Dingkern, konstitutiv zwar für den Doppelaspekt, in welchem das lebendige Ding als Ding erscheint, mit der Eigenschaft der Doppelaspektivität an ihm unmittelbar nichts zu tun hat. Trotzdem wird er hineingezogen, weil die Doppelaspektivität phänomenal das Über den seienden Körper hinaus bzw. In ihm hinein Sein bedeutet. Der bei den nicht lebendig erscheinenden Dingen lediglich als Richtpunkt, als X der Prädikate gegebene Kern erhält bei den lebendigen den Charakter des Gesetztseins. Das Sein erscheint als hindurchgegangen (wobei die Präposition hindurch nur ein Notbehelf ist, um dem Begriff Gesetztsein — Angehoben gewesen sein gerecht zu werden).

Wie zu fordern, spricht sich der positionale Charakter am Ding anschaulich aus. Man kann sich davon leicht überzeugen, wenn man auf den phänomenalen Wandel achtet, den ein Ding, von dessen Unbelebtheit Beweise gegeben werden können, unter Umständen durchmacht, sodaß es wie im Märchen plötzlich in voller Anschauung als lebendig dasteht. Aus einem einfachen Ding wird da mit einem Mal ein Wesen, d. h. ein für sich bestehendes Gebilde. Dieses Für sich Sein oder Für ihm Sein — so genau unterscheidet die gewöhnliche Anschauung nicht — bildet gewissermaßen den unsichtbaren Rahmen, in welchem das Ding sich gegen seine Umgebung mit jener besonderen Schärfe der Begrenzung abhebt. Natürlich erleichtert eine scheinbar spontane Bewegung des Dinges das Zustandekommen

1) Vgl. hierzu das Kapitel IV S. 35ff. in Drieschs klassischer Schrift „Der Begriff der organischen Form" (Abhandlungen zur theoretischen Biologie Heft 3, Berlin 1919). Hier handelt es sich um die Durchdringung der Doppelkategorie Ding-Eigenschaft mit der Doppelkategorie Das Ganze — die Teile.

dieses Phänomens der Positionalität. Man kennt wohl jenen Scherz, durch einen unter dem Tischtuch versteckt angebrachten Gummiball, der mit einem kleinen Schlauch verbunden und durch Druck der Hand aufzublasen ist, Teller und Gläser zum Tanzen zu bringen. So ein tanzender Teller versucht für Momente die Anschauung, in ihm „etwas wie Lebendigkeit" zu sehen. Im übrigen bedarf es hierfür nicht unbedingt der Bewegungsphänomene. Wie man z. B. eine stille Pflanze betrachtet, mit jener Neigung zur Beseelung, gegen die sich der Besonnene immer wieder wenden muß, so sieht das Kind Tisch, Stuhl, Bett und Zimmer, den Löffel, alle Dinge seines Umgangs. An diesem Prozeß der Personifizierung läßt sich der erste Ansatz, in dem uns das „Tote" mit anderen Augen als das Lebendige ansieht, deutlich erkennen.

Ein Lebewesen erscheint gegen seine Umgebung gestellt. Von ihm aus geht die Beziehung auf das Feld, in dem es ist, und im Gegensinne die Beziehung zu ihm zurück. Den Positionalcharakter faßt die Anschauung — deutlich wird das gerade an der Art, wie man bewegungslos scheinende Pflanzen nüchtern betrachtet — durchaus unabhängig von jeder Beseelung und Personifizierung. Sie faßt Positionalität an einem Ding gerade so, daß es nicht mehr eine bloße Redewendung ist zu sagen, dieses Ding habe seine Teile als Eigenschaften[1]: solche Blätter, Blüten, Stengel, Stamm, Wurzeln; denn es selbst gehe doch nicht in ihnen auf, sondern sei noch etwas für sich, weil es lebe: kein bloßes Ding, sondern ein Wesen. In solchem Fürsichsein liegt die Abgehobenheit gegen das Feld seines Daseins. Es füllt nicht nur eine Stelle im Raum aus, sondern es hat einen Ort, strenger gesagt: es behauptet von ihm aus einen Ort, seinen „natürlichen Ort".

Jedes physische Körperding ist im Raum, ist räumlich. Seine Lage besteht, was ihre Messung angeht, in Relation zu andern Lagen und zur Lage des Beobachters. Von dieser Relativordnung sind auch die lebendigen Körper als physische Dinge nicht ausgenommen. Aber erscheinungsmäßig unterscheiden sich die lebendigen von den unbelebten als raumbehauptende von den nur raumerfüllenden Körpern. Jedes raumerfüllende Gebilde ist an einer Stelle. Ein raumbehauptendes Gebilde dagegen ist dadurch, daß es über ihm hinaus (in ihm hinein) ist, zu der Stelle „seines" Seins in Beziehung. Es ist

1) Vgl. Driesch loc. cit. S. 39ff.

außer seiner Räumlichkeit in den Raum hinein oder raumhaft und hat insofern seinen natürlichen Ort.

Wenn ein unbelebtes Ding zerbricht, so fragt man wohl auch: wo ist „es" jetzt? Von dem Gelehrten wird man freilich zu hören bekommen, ein „es" habe da gar nicht existiert, sondern nur eine bestimmte Konstellation von Elektronen und Energie, die jetzt eine Umlagerung erfahren habe. Die Frage ist der Erscheinung gegenüber trotz allem berechtigt gewesen. Dem Lebendigen gegenüber könnten wir uns aber mit jener Antwort auch dann nie zufrieden geben, wenn wir wüßten, daß sie objektiv die richtige ist.

3. Prozeßcharakter und Typenhaftigkeit des lebendigen Seins. Dynamischer Charakter der lebendigen Form. Individualität des lebendigen Einzeldinges.

Lebendigkeit kündigt sich in voller Deutlichkeit für die Anschauung erst in der Bewegung an. Deshalb macht die Charakterisierung der Positionalität in statischer Hinsicht auch solche Schwierigkeiten und drängt überall auf das Gebiet des Dynamischen hin. Nicht aus psychologischen Gründen, nicht aus Gründen des lebhafteren Eindrucks, den das Bewegte im Vergleich zum Ruhenden macht, sondern aus Gründen der Sache selbst. Leben ist Bewegung, kann ohne Bewegung nicht stattfinden. Auch wenn die Erfahrung diesen Satz nicht durchgängig bestätigt gefunden hätte, stünde seine Wahrheit aus apriorischer Notwendigkeit fest.

Ein Ding positionalen Charakters kann nur sein, indem es wird; der Prozeß ist die Weise seines Seins.

Zum positionalen Charakter gehört, daß das Ding über ihm hinaus, in ihm hinein ist. Um dieser Forderung Rechnung zu tragen, muß das Ding sozusagen in die Lage versetzt sein, von ihm Abstand zu nehmen. In der Abhebung von ihm, in der Lockerung seines Seins gegen dieses Sein besteht die einzige Möglichkeit, das Übergehen (als den Sinn der Grenze) real an ihm zu haben. Ein Ding wird aber nur dann wirklich in die Lage versetzt, von dem Bereich seines Seins wesenhaft abzustehen, d. h. über ihm hinaus, in ihm hinein zu sein, wenn es nicht in den Begrenzungen bleibt, die ihm — obwohl nicht zufällig — gezogen sind. Sein „Sein" ist damit wesenhaft zum Übergehen bestimmt.

Das reine Übergehen ist das Werden, jene Einheit von Noch nicht und Nicht mehr, deren leere Stetigkeit zur Gediegenheit eines in ihr bestehenden Werdenden noch der Akzentuierung im Jetzt ermangelt. Denn das Jetzt ist hier der bloße Limes des Übergehens, das pure Zwischen den beiden Modis des Nichtseins. In dieser Reinheit gefaßt, zerstört aber das Werden als bloßes Übergehen jedes begrenzte Gebilde. Es ist seinem Sinne nach jeder Begrenzung entgegen. Dem Übergehen muß deshalb eine bedingte Weise gegeben werden, wenn es noch die Weise einer Verwirklichung, d. h. einer Konkretisierung in den Grenzen der Dinghaftigkeit bleiben soll.

Insofern es übergeht, verläßt natürlich das Ding seine Begrenzung. Setzt es gegen dieses (wesensnotwendige) Verlassen seines Bereichs nicht in irgendeinem Sinne ein Beharren, so zerläuft es und fällt der Vernichtung anheim. Die Realität der Grenze an ihm wäre dann sein Verschwinden, die Zerstörung der begrenzenden Konturen und damit die Aufhebung der Grenze. Also machte die Verwirklichung der Grenze ihren Sinn illusorisch, und der Versuch, den Fall II als wirklichen darzutun, wäre bereits gescheitert.

So liegt der Fall aber nicht. Zum Sinn der Grenze gehört außer dem Moment des Übergehens das Moment des Stehens, das unbedingte Halt. Beide Momente erst bestimmen das Wesen der Grenze als das, was in das Andere führt und zugleich gegen es abschließt. Deshalb bedingt die Grenze Begrenzung, ohne damit das Begrenzte aus dem Zusammenhang mit anderem auszustoßen. Die mit der Begrenzung erreichte Isolierung bedeutet geradezu die Eingliederung des Begrenzten in den Zusammenhang. Das physische Ding braucht also nicht auf besondere Weise ein Beharren gegen das grenzhaft geforderte Verlassen seines Bereichs zu setzen, um sein Verschwinden zu verhüten, denn dieses Verschwinden ist nur die Konsequenz einer halb bestimmten Grenze. Ihm strömt wie der Zwang zum Übergehen auch die Macht des Beharrens aus der Realität der Grenze selbst zu. Bleiben, was es ist, und Übergehen sowohl in das, was es nicht ist (über ihm hinaus) als auch in das, was es ist (in ihm hinein), müssen in Einem vollzogen werden, um die Art zu ergeben, wie das Organische ist.

Grenze ist stehendes Übergehen, das Weiter als Halt, das Halt als Weiter. Infolgedessen ist das „Produkt“ aus beiden Momenten nicht das einfache grenzauflösende Werden, welches das Jetzt nur als Limes enthält, sondern Werden eines Beharrens, Beharren eines Werdens: die „Momente“ des Stehens und des Übergehens vereinigen sich. Die Vereinigung gelingt in der Form einer Sonderung der zwei Seiten des Werdens und des Beharrens, die im Unterschied zu den nur abstrakten, d. h. unselbständigen Grenzmomenten des Übergehens und des Stehens selbständig gegeneinander erscheinen können, aber als Bedingungen der Realität des lebendigen Dinges natürlich nur im Zusammenhang vorkommen. Werden ist wesensmäßig nur am Werdenden, d. h. im Kontrast zu einem Beharren, an das es sich gebunden zeigt, und Beharren nur am Beharrenden, d. h. im Kontrast zu einem Werdenden, an das es sich gebunden zeigt — dem es Widerstand leistet — wirklich. — Moment des Stehens ist demnach nicht dasselbe wie Beharren, Moment des Übergehens nicht dasselbe wie Werden. Sondern die Seite des Beharrens ist ebenso wie die Seite des Werdens jede für sich eine Synthesis aus Stehen und Übergehen, und nur beide zusammen bestimmen die Art, wie dem physischen Ding seine Grenze zu eigen ist.

Damit nun beide Seiten, deren Wesen doch einander entgegengesetzt ist, an einem und demselben physischen Ding zusammensein können, muß eine sinngemäße Verteilung auf diesem Ding stattfinden, was nur möglich ist, wenn die eine Seite gegen die andere zurücktritt. Das Werden bestimmt sich als das Werden eines Etwas (des Beharrenden) in dem Modus, daß das Beharren das Werden „trägt", oder das Beharren bestimmt sich als das Etwas eines Werdens, wobei das Werden das Beharren trägt. Jede Bestimmungsform ist ein Moment dessen, was Prozeß heißt.

Im Prozeß geht 1. ein Beharren in Werden über, etwas wird, ohne an diesem Werden sich aufzulösen und sein Sein ganz an dieses Werden zu verlieren, und in gleichem Sinne führt 2. das Werden zu einem Beharren, wird etwas, ohne an diesem Etwas sich zu hemmen und sein Wesen an seinem Gegenteil einzubüßen. Prozeß ist (als Werden eines Etwas) von der Art, daß es das Jetzt nicht mehr als leeres Zwischen den Modis des Nichtseins, des Noch nicht und des Nicht mehr, d. h. als Limes des Übergehens, sondern als durchgehaltene Konstante des Übergehens enthält.

Wenn Prozeß das Werden eines Etwas ist, so greift das Etwas als Beharren in doppelter Weise durch das Werden: als Ausgangsetwas und als Endetwas, als das Woher und als das Wohin in den Modis des Entstehenden und des Entstandenen Eines und desselben. Etwas wird und ist damit über sein früheres Sein hinausgekommen. Ihm entquillt das Werden, ohne in ihm zunichte zu werden, es entquillt selber dem Werden, es wird also etwas, das es vorher nicht war, und insofern entsteht aus ihm etwas — Anderes.

Ein körperliches Ding, welches seine Grenze realisiert, ist notwendigerweise im Prozeß begriffen, es wird nicht nur oder verströmt, sondern es wird etwas. Pures Werden, ohne daß dem Werden ein Beharren koordiniert ist, unterscheidet sich eben nicht vom reinen Übergehen und müßte im Realisierungsfalle eine Aufhebung der Begrenztheit des Dinges und damit seine Vernichtung als eines Gebildes bedeuten. (Damit ist zugleich etwas Wesentliches in Rücksicht auf das Verhältnis von Werden und Ding festgelegt: es ist die Möglichkeit ausgeschlossen, ein lebendiges Ding als etwas aufzufassen, welches nur es selbst wird. Reines (unechtes) Werden heißt zum Sein erst Kommen. „Reines" Werden (=Übergehen) versteht sich ohne vorgegebenes Sein und ohne durch das Werden gegebenes Sein. In diesem Sinne taugt es nicht zur Realisierung. Echtes Werden ist eine Synthese aus Übergehen und Stehen. Real findet echtes Werden nur eigenschaftlich statt — an einem Beharrenden. Dieses Wesensgesetz deutet schon auf die Notwendigkeit hin, daß Leben eine anhängende Bestimmtheit ist).

Ein lebendiges Ding wird etwas, d. h. es verändert sich, oder — um den Ausdruck „sich" nicht zu früh zu vergeben — es wird anders. Diese Änderung darf jedoch die Dieselbigkeit dessen, was an dem physischen Ding wird bzw. das Werden hergibt und trägt, nicht in Frage stellen. Also bleibt das anders werdende Ding dasselbe.

Häufig wird der Fehler gemacht, dasjenige, welches dasselbe bleibt, mit dem physischen Ding, seiner Struktur aus Kern und Mantel, dasjenige aber, welches in Änderung aufgeht, mit dem Prozeß zu identifizieren. Dann hat man das Bild eines realen Körperdings, das gewissermaßen von einem Prozeß überrieselt wird, ohne an ihm selbst beteiligt zu sein. Eine leicht zu popularisierende Anschauung benutzt das Bild, um das Leben als materiellen Vorgang (als Sekretion bestimmter Stoffe, intramolekulare Wärme u. ä.) vorzustellen, der neben der sonst gegebenen Konstitution des Körperdings einherläuft. Auch die Idee der Lebensgeister, obwohl mit einem immateriellen Agens operierend, ist auf dieses Modell bezogen.

Die Wahrheit ist, daß der Prozeß weder ein reines zum Sein Kommen noch eine dem Seienden gleichgültig anhängende und ihm äußerliche Bestimmtheit bedeutet, sondern daß er als echte Eigenschaft des Dinges auftritt und sich damit in den Wesensgrenzen der Dinglichkeit hält. Nun heißt Prozeß allerdings: etwas werden. Im vorgegebenen Wesensrahmen der Dinglichkeit muß also das Ding etwas werden oder anders werden. Die Änderung darf die Dieselbigkeit dessen, was an dem Ding das Werden hergibt (das „es", Subjekt des Werdens) nicht in Frage stellen. Was sich als Resultat des Werdens (das „etwas") ergibt, muß anders sein als „es" und mit ihm identisch sein. Wohlgemerkt: diese Forderung stellt der Prozeß als eine Eigenschaft des Dinges.

Vom Ding muß sie erfüllt werden, im Rahmen der Bedingungen physischer Körperlichkeit, unter Respektierung also aufweisbarer Grenzkonturen. Der Prozeß darf die Konturierung nicht zerstören. Dann bleibt das Ding in den aufweisbaren Grenzen dasselbe. Und doch soll es sie verändern, weil der Prozeß die Weise ist, wie das Ding (in seinen Grenzen) existiert oder seine Begrenzungen als Grenzen realisiert.

Um die widersprechenden Momente zu vereinigen, müssen sie sinngemäß verteilt werden: Die Konturierung des Dinges bleibt dadurch gewahrt, daß keine Phase im Prozeß von der anderen prinzipiell unterschieden ist. In der wirklichen Konturierung müssen alle jemals feststellbaren Phasen des Prozesses eine durchgehende Konstante zeigen. Oder: die jeweils wirkliche, feststellbare Form einer Prozeßphase kann nur als variabler Ausdruck dieser durchgehenden Konstante erscheinen. Das durch alle Phasen der Konturierung reell durchgehaltene Identische bestimmt sich in Beziehung zu ihnen allen, in denen es in immer anderer Gestalt wirklich wird: als ihr Typus oder als Gestaltidee.

Deshalb ist organische Form wesensnotwendig Gestalt von einem bestimmten Typus, Ausprägung einer konkret in individueller Gestalt anschaubaren Formidee. Als solche ist sie dynamische Form, in der das körperliche Ding die Grenze an ihm verwirklicht.

Zusammengefaßt: ein lebendiges Ding kann existieren, weil es möglich ist, die grenzbedingten Seiten des Werdens und Beharrens zum Prozeß zu vereinigen, ohne damit die phänomenale Dingkörperlichkeit selbst aufzugeben und dem Prozeß zum Opfer zu bringen. Das Ding hält sich dem Prozeß gegenüber nicht fern, sondern nur in ihm begriffen bleibt es Ding. Wodurch? Durch Abhebung 1. der Dinglichkeitscharaktere, 2. des Typus oder der Formidee von der faktisch in den Prozeß hineingezogenen dinglich-körperlichen Form. Um der Konstanz der Dinglichkeit willen, die im Prozeß verloren gehen müßte, ist die Körpergestalt des lebendigen Dinges typisch oder seine Form dynamisch.

Für gewöhnlich werden „dynamische Form" und „Prozeß" miteinander identifiziert, obwohl sie verschiedenen Ebenen des Seins angehören. Die dynamische Form ist jedoch Bedingung der Möglichkeit des Prozesses, in welchem das Ding begriffen seine Identität als Ding und Gestalt behalten soll. Dagegen versteht sich die Notwendigkeit des modus procedendi wiederum aus der synthetischen Verbindung der Seiten des Werdens und des Beharrens, die ihrerseits, und zwar eine jede für sich, synthetische Verbindungen der Grenzmomente des Stehens und Übergehens, des Halt und des Weiter sind. Unter dem Zwang dieser Notwendigkeit gewinnt die Gestalt den Charakter des im Individuum verwirklichten ausgeprägten Typus oder der geprägten Form, der Gestalt im Spielraum der Gestaltidee. Die Gestalt des Einzeldinges hat sich damit ihrer bloßen Isoliertheit begeben und erscheint in der Bindung eines Formgesetzes vom Typus ... An diesem Gesetz hat das Einzelne seinen Rückhalt, wird es ein Individuum. Das bloße Einzelding muß, falls es lebt, Ausprägung einer Formidee sein oder den Charakter der Individualität haben, das Einzelne ist hier nur als Individuum möglich.

So versteht man die inneren Gründe, aus welchen sich die ganze organische Natur von dem Gesetz des Typus beherrscht zeigt. Nirgends tritt ein lebendiger Körper sozusagen als absolute Einmaligkeit auf. Er ist stets ein (vielleicht der einzige) Fall eines Typus und untersteht einer Stufenfolge solcher typischen Einheiten, die nach Graden der Verwandtschaft zu ordnen sind. Die Typizität und damit die Einstufungsmöglichkeit belebter Einzeldinge ist keine glückliche Tatsache, die den Interessen der systematischen Biologie zufällig entgegenkommt, und sie ist kein empirisch zu erklärendes Faktum. Empirisch erklärt kann der einzelne Typus und seine Stufenhöhe werden. Typizität und Stufung der organischen Welt sind dagegen wesensnotwendige Modi, nach denen Leben (als Verwirklichung der Grenze eines physischen Dinges) allein physische Realität gewinnt. —

Was wird nun aus dem Prozeß? In ihm wird das Ding anders. Die Einheit des Typus und die Charaktere der Dinglichkeit sind der Rahmen, in dem das Anderswerden sich zu halten hat. Innerhalb dieses Spielraums geht die Veränderung vor sich. Veränderung heißt zunächst konkret: Umgestaltung.

Das jeweils Dastehende wird aufgelöst und diese Auflösung seiner ist schon die neue Gestalt. Aber welchen besonderen Charakter hat die Umgestaltung? Geht sie in einer Richtung? Welche Momente, die aus der Erfahrung bekannt sind, erhalten hierdurch das Licht der Notwendigkeit?

Die Antwort ergibt sich aus der Verbindung des Prozesses mit dem ontischen Antagonismus, der im Wesen der Grenzverwirklichung ausgesprochen ist: Bleiben, was es ist, Übergehen in das, was es nicht ist (über ihm hinaus) und in das, was es ist (in ihm hinein).

4. Entwicklungscharakter des lebendigen Prozesses.

Das Individuum soll etwas werden oder immer anders sein. Als bloßes Einzelnes könnte es das nicht, als Individuum dagegen hat es den Spielraum an dem, was dem Einzelnen die Veränderung verwehrt: an seiner Begrenzung selbst. Indem das Individuum unter seiner Gestaltidee bleibt, was es ist, kann sich seine Gestalt verändern. Ohne diese Abhebung hätte man nur einen stehenden Prozeß, gewissermaßen ein Treten auf der Stelle gewonnen, welches einer unausgesetzten Umformung auf gleichem Niveau entspricht. Die Gesamtheit aller Beziehungen an dem mannigfaltig gegliederten Körper bliebe trotz dauernder Verlagerung der unterscheidbaren Beziehungselemente die gleiche; der Mannigfaltigkeitsgrad änderte sich nicht. Also wäre die Bestimmung verletzt, daß das Individuum wirklich anders wird, von Grund aus, weil es nicht eine Eigenexistenz neben dem Prozeß führen darf, sondern real in dem Prozeß begriffen sein muß.

Aber die Bestimmung braucht gar nicht verletzt zu werden, ihre Erfüllung ist durch die Forderung garantiert, daß das lebendige Ding ebenso bleibt, was es ist, wie übergeht in das, was es ist und nicht ist. Der Prozeß erhält dadurch einen praegnanten Charakter. Er bekommt Richtung und er bekommt Ziel. Man braucht nicht mehr zu befürchten, daß er nur als stehender Prozeß, als Treten auf der Stelle gedacht werden könne, sondern er ist allein als ein von der Stelle Rücken realisierbar. Die Phasen verschwinden nicht bloß ineinander, indem sie sich ablösen und das jeweils Gewordene dem Werden preisgeben. Ihr ineinander Verschwinden hat das Gewordene aus dem Werden abzusetzen, damit der jeweilige Ausgangspunkt des Prozesses, im jeweils Gewordenen liegend — von dort geht es weiter —, selbst von der Stelle rückt. So kreist der Prozeß nicht bloß um seinen Ausgangspunkt oder steht als Ganzer, sondern führt weiter. Das Ding wird wirklich etwas, das es im Ausgang nicht war. Es behält sein Gewesensein an ihm und geht damit aus ihm heraus. Es geht real über in das, was es noch nicht war. Das Bild des Prozesses als eines Fortgangs ist nicht der Kreis, welcher das Stehen ausdrückt, sondern die gerade Linie.

Seinem Übergehen soll die Richtung in das, was es ist, ebenso wesentlich sein, wie die Richtung in das, was es nicht ist. Der Fortgang des Prozesses hat also in jedem seiner Schritte Beides zu verwirklichen. Aus dem Vorangegangenen ist klar geworden, daß das In ihm Hinein und das Über ihm Hinaus nicht als räumliche Gegensinnigkeit verstanden werden kann, weil die prinzipielle Divergenz dadurch in eine Relativdivergenz verwandelt wäre. Wenn also der Prozeß in jedem seiner Schritte die Verwirklichung der absoluten Divergenz oder die Doppeltranszendierung, die gegensinnige Über-ihm-Hinausführung des Körpers zu leisten hat, so darf das Resultat nicht in einer räumlichen Verteilung auf die Außenseite und die Innenseite des Körpers bestehen. Nur die echte synthetische Verbindung der beiden Divergenzrichtungen bietet die Gewähr für eine wesensentsprechende Verteilung der Bestimmungen auf dem realen Körper. Das Übergehen in das, was er ist, muß bestimmt sein als ein Übergehen in das, was er nicht ist, und umgekehrt. Allein unter der Bedingung, daß es gelingt, das Über ihm Hinaus als das In ihm Hinein zu fassen, und daß es dem physischen Ding gelingt, die Einheit dieser Divergenz zu sein, wird der Ausgangsforderung Genüge geleistet.

Vom Prozeß aus gefaßt: er soll nicht nur immer weiter führen und damit den Ausgangspunkt des kommenden Werdens in seine jeweils zuletzt erreichte Phase bringen, sodaß das im Prozeß begriffene Ding sein Gewesensein an ihm trägt und — obzwar werdend — doch nur als das Gewordene dasteht (wobei eigentlich bloß das Vergangene Subjekt des Kommenden ist). Denn in dieser Hinsicht wäre das Ding allein das beständig über ihm Hinausseiende. Es selbst wäre gleichsam verteilt auf das, was es gewesen ist, und das, was es noch sein wird. Gegenwart bewahrte es nur als prozeßfremde Konstanz der Bedingungen, unter denen der Prozeß selbst steht, nämlich in dem Durchhalten der Körperlichkeit einerseits, der Formidee des Typus andererseits. Das an ihm jetzt Wirkliche wäre pures Übergehen.

Aber das ist erst die halbe Wahrheit. Noch entzieht sich die konkrete Realität des Realen der anderen Bestimmung des Übergehens, nämlich in das zu führen, was es selbst ist.

Um ihr zu genügen, muß der Prozeß gegen ihn selber laufen. Täte er das radikal, so wäre er wieder das geworden, was er nicht sein darf: ein kreishaft geschlossener, stehender Prozeß. Das Gegen ihn Laufen muß also einen anderen Sinn haben, der synthetisch die Bestimmung des „von ihm fort" mit der des „gegen ihn" zu einem neuen Sinn vereinigt. Im Bilde gesehen ist diese Synthese nur möglich, wenn sich die Linie geraden Fortgangs mit der Linie des geschlossenen Kreises zur Linie zyklischen Fortschreitens, zur Schraubenlinie verbindet. Damit ist aber für die neue Bestimmung des Prozesses erst ein Hinweis, noch nicht die Bestimmung selbst gewonnen.

Das, was das Ding ist, wird im Prozeß dauernd aus ihm herausgesetzt. Für sich isoliert, führte er es so als reines Übergehen beständig aus dem Modus der Vergangenheit in den der Zukunft und nähme dam t dem, was er zurückläßt, gleichzeitig den Wert, zu dem, was das Ding etzt eigentlich ist, noch zu gehören. Er entweste sein Gewesensein und ließe es somit als bloßen Rückstand, Spur einstigen Lebens, übrig. In dem, was physisch da ist, wäre er schon nicht mehr. Der lebendige Körper wäre, wenn es sich wirklich so verhielte, sein eigener Hinterbliebener. Er wäre das Totenhaus, aus dem das Leben entflohen ist, sein Leben wäre nur Sterben und der Tod kein Ende des Lebens, das Leben selbst nicht wirklich.

So l diese unechte Realisierung des lebendigen Prozesses verm eden werden und der Körper sein Leben bei ihm behalten, so muß der P ozeß den Körper ebenso beständig in hn hinein setzen, wie er ihn übe ihn hinausetzt. In einer bestimmten Beschränkung findet dann das, was oben als alleiniges Wesensgesetz des prozeßhaften Werdens abgewehrt wurde, im Prozeß statt: das Ausgangsetwas wird das Endetwas; der Körper, im Prozeß begriffen, hat „sich" zum Resultat. Aber der Sinn ist neu, da er die Vereinigung des Wesenszuges, zu bleiben, was er ist mit dem entgegengesetzten, ebenso geforderten Wesenszuge bedeutet, etwas anderes, als er selbst ist, zu ergeben. Die Synthese findet als eine besonders gerichtete Form des modus procedendi statt: als Entwicklung. In ihr wird erst das, was schon ist, ohne daß das Werden sich in ein bloßes zum Sein Kommen verwandelt. Und zugleich bleibt es das, was es ist, indem es anders wird. Obwohl die

Entwicklung als Prozeß das, was das Ding ist, beständig aus dem Modus der Vergangenheit in den der Zukunft führt, ist dem Prozeß als Entwicklung das Sein als das Werdende entzogen. In diesem Werden gibt es Gegenwart, weil das Ding nur insoweit ist, als es kommt. Es ist im Werden und trotz des Werdens unter einer Bedingung: daß es dem Prozeß als Ziel vorweg ist.

Was aber kann allein am wirklichen Ding ihm selber vorweg sein? Nur dasjenige, welches mit dem, wozu es wird, dem Anderen also, identisch ist. In ihm stimmen Ausgangsetwas und Endetwas überein. Dasjenige, worin sie übereinstimmen, ist die Formidee. Am Ding, das in Entwicklung begriffen ist, ist also die Formidee ihm selber vorweg. Sie ist notwendigerweise das Ziel der Entwicklung.

Ist das Ziel der Entwicklung für sie erreichbar oder unerreichbar? Wäre es unerreichbar —, mit welchem Recht spräche man da noch von Entwicklung? Und im Fall der Erreichbarkeit müßte der Entwicklungsprozeß ein Idealisierungsprozeß sein: die Formidee wäre am Ende Wirklichkeit. Das Ende unterschiede sich vom Anfang der Entwicklung nach Art des Unterschieds der Idealität und der Realität, — wenn nicht das Ende der Entwicklung eben doch real wäre und damit aus der Idealität fiele. (Gelingt es auch eine Idee zu verwirklichen, so doch niemals ihre Idealität.) Deshalb fiele in diesem Fall der Unterschied zwischen Ausgang und Ende des Entwicklungsprozesses ebenfalls fort, die Formidee bliebe gleich unerreichbar für jede Phase und es hätte sich nichts im Laufe des Prozesses begeben, was dazu berechtigte, ihn als Entwicklung zu bezeichnen. Das Ding wäre auch unter dem Vorwegsein der Formidee nicht anders geworden.

Was heißt also, daß eine Entwicklung ihr Ziel erreicht und verwirklicht, wenn doch in Zielstellung eine Idee steht? Welche Bedingung muß noch erfüllt sein, damit das Ding unter dem Vorwegsein der Formidee wirklich anders wird? In der Formidee kann sie unmöglich stecken, sie ist konstant und erfüllt ihren Sinn nur als absolute Konstante. Also muß man die Bedingung im Vorwegsein suchen. Was heißt mit Rücksicht auf die wirkliche Bestimmtheit des Dinges, daß etwas zu seinem Wesen Gehörendes ihm selber vorweg ist? Doch wohl nur, daß ihm noch etwas fehlt, eine Unfertigkeit, die im Laufe des Prozesses, „mit der Zeit“ ausgeglichen werden kann. Vielleicht — das bleibt dabei noch offen — wird diese Unfertigkeit nie völlig beseitigt, wird das Ding faktisch nie das, was es sein „soll", aber unter dem Vorwegsein einer wesenhaften Bestimmtheit kann es nicht anders als immer fertiger werden. — Man darf sich hier nicht durch bequeme Vorstellungen irre machen lassen. Mit dem Bilde eines bloß Vorschwebenden, dem der Prozeß einfach nachläuft, ist der Sachverhalt so wenig gedeckt wie mit dem eines Sich selbst Überholens des Prozesses. Im ersten Fall ist ja das Vorwegseiende von dem im Prozeß Begriffenen völlig getrennt, im zweiten dagegen gehört es ihm ganz und gar an, fällt mit ihm zusammen und ist ihm dann natürlich nicht mehr vorweg. Raumzeitliche Gleichnisse gehen eben an dem Kern der Sache unvermeidlich vorbei.

Entscheidend ist die Wesenszugehörigkeit des Vorwegseienden zu dem Ding, dem es vorweg ist. Damit bestimmt es das Ding als effektiv unfertig und den jeweils nächsten Schritt des Prozesses als einen solchen, der im Sinne des Ausgleichs dieser Unfertigkeit vollzogen wird. Die Einheit der Momente der Zugehörigkeit zu dem schon Seienden und des Vorwegseins gibt dem Prozeß — der zunächst einfach als zielgerichteter Ablauf, als endbezogener Vorgang auf immer gleichem Niveau verstanden werden konnte — jene bedeutsame Deklination, nach welcher jede der aufeinander folgenden Phasen auf höherem Niveau als die vorhergegangene liegt. So unfertig bleiben, wie es vor Einsetzen des Prozesses bzw. in einem seiner vorhergegangenen Phasen war, hieße für das Ding nicht mehr in einem Prozeß begriffen sein, dem eine Wasbestimmtheit seiner selbst vorweg ist.

Dieser Prozeß hat sein Gefälle lediglich aus ihm selber, d. h. aus den Bedingungen, denen er selbst sein Dasein dankt. Er bedarf keines ihn von außen lenkenden Faktors, sondern er lenkt sich selbst. Nur ist diese Selbstlenkung keine unmittelbare a tergo, sondern eine mittelbare a fronte, die deshalb auf nichts dem im Prozeß begriffenen Ding selbst nicht Angehörendes, einen von außen ansetzenden Faktor, eine Lebenskraft oder eine Entelechie zurückgeführt werden darf.

Als Ausgleich einer Unfertigkeit zeigt der Prozeß ansteigende Richtung gegen das Ziel, die ihm vorwegseiende Formidee. Damit wird die Formidee unvermeidlich zum Ideal des Prozesses, d. h. zu jenem Fixpunkt der Annäherung, der um seiner Ideellität willen unendlich fern bleibt, aber ein Näherkommen dabei doch nicht ausschließen soll. Wie ist das möglich, da wirkliches Näherkommen und unendliche Ferne einander direkt widersprechen? Dadurch, daß der Prozeß eine Veränderung in der zweiten Dimension zeigt. Das Näherkommen erreicht nur in dem Hö h e r steigen des Prozesses die einzig sinnentsprechende Verwirklichung einer Annäherung an's Ideal. Deshalb erscheint der Prozeß selbst durch das bedingt, wohin er führt. In der Neigung gegen das Ziel „wird ihm" das Ziel zur Veranlassung seiner selbst. So genügt der Prozeß der oben präzisierten Forderung, daß er gegen sich laufen muß, weil sonst das Ding nur in der einen Richtung über es hinaus transzendiert wäre. Die Formidee als das dem im Prozeß begriffenen Ding Vorwegseiende nimmt notgedrungen die Charaktere der Zweckursache an, als deren motivierte Wirkung die Entwicklung des Dinges zutage tritt.

Wenn die dynamische Form, selbst Möglichkeitsbedingung für einen in Grenzen gefaßten Prozeß, mit Rücksicht darauf, daß der Prozeß in jeder Phase ein gestaltetes Ding sein soll, den Charakter des Typus annimmt und damit der Umriß des Dinges in konkrete Gestalt und Gestaltidee gespalten wird; wenn um der Echtheit und Wirklichkeit des Prozesses willen die Gestaltidee in den Modus des dem prozedierenden Ding Vorwegseins rückt, d. h. das Ding zu einem sich vervollkommnenden stempelt, den Prozeß zur Entwicklung ausprägt und selbst die Wesenszüge des Ideals annimmt, so zeigt die Herleitung dieser „Kategorien" des Vitalen, einschließlich der berühmten causa finalis, wie hilflos der Streit zwischen Präformationstheorie und Epigenesistheorie dem Phänomen der Entwicklung gegenüber ist.

Beide haben ebenso Recht wie Unrecht. Schlägt man sich zur Partei der Epigenetiker, die als die eigentliche Partei der strengen, jede Zweckursache ausschaltenden Forscher seit den klassischen, Weismanns Vorstellungen vom Keimplasma widerlegenden Experimenten Drieschs zur Führung gelangt ist, so kommt man, um dem Evolutions p h ä n o m e n gerecht zu werden, an der Annahme eines Lenkfaktors nicht vorbei. Schlägt man sich zur Partei der Präformationisten als der Partei der Teleologen, so gerät man in Widerspruch mit den Tatsachen. Die erste Partei kann das Phänomen seiner kausalen Erforschung gegenüber nur vitalistisch mit der Annahme einer causa finalis retten. Die zweite Partei versucht Phänomen und kausale Grundlage auf Kosten der Tatsachen in Einklang zu halten. Beides ist unmöglich. Durch unaufhaltsam fortschreitende Forschung wird Evolution als ein kausal-epigenetischer Vorgang dargestellt. Hier wie in allen Fällen geht das Phänomen in seiner spezifischen qualitas der naturwissenschaftlichen Erklärung durch die Finger.

Auch wenn man die Unterschiede zwischen Präformationstheorie und Epigenesistheorie anders faßt und die Präformationisten als die Vertreter der strengen Kausaldetermination (vgl. gerade Weißmanns Anschauung), die Epigenetiker dagegen als die Vertreter des vitalen Indeterminismus à la Bergsons schöpferischer Entwicklung ansieht, ist mit diesen Theorien nichts gewonnen. Sie lassen sich überhaupt nicht eindeutig der Alternative von causa efficiens und causa finalis, Wirkdetermination und Zweckdetermination und der Alternative Determination-Indetermination zuordnen. Präformiert kann eine maschinenhafte Ausgangskonstellation, aus der automatisch die Entwicklung als Abwicklung (bzw. Auswicklung) folgt, oder eine Konstellation aus Maschine (oder Material) und Lenkfaktor sein. Und Epigenesis ist als allmähliche Verwicklung (wie Uexküll einmal an Stelle von Entwicklung zu sagen vorschlug) ebenso kausal bzw. final determiniert wie auch indeterminiert möglich. Im Grunde sind es keine Gegensätze. Ihr ursprüngliches Streitobjekt ist durch den Fortgang der experimentellen Biologie längst aufgelöst worden. Die Entwicklungsphysiologie und die moderne Vererbungsforschung haben in der Aufklärung streng kausaler Bedingtheiten in dem letzten Anderthalbjahrzehnt bedeutende Fortschritte gemacht und es sieht nicht so aus, als ob sie an den vom Vitalismus bezeichneten Grenzen Halt machen müßten. Aber es ist eben ganz etwas anderes — und so erhält die vitalistische Grenzsetzung ihr vom Fortgang der Forschung nicht tangierbares Recht —, wenn man hervorhebt, daß diese Erklärung zum Verständnis des Erscheinungscharakters des Entwicklungsprozesses nichts beiträgt. Wie alle Qualitäten will auch diese in ihrem sinngesetzlichen Aufbau, d. h. in erfahrungsfreier Wasanalyse untersucht werden.

Will man die bisherigen Ergebnisse der Deduktion in einer bequemen Formel zusammenfassen, so kann man sagen, Präformation und Epigenesis bestimmten gleichermaßen das Wesen der Entwicklung. Allerdings mit jener bedeutsamen Einschränkung, gegeneinander nicht als isolierte und voneinander abhebbare Seiten der Entwicklung zu erscheinen, sondern nur hinsichtlich gewisser Momente an ihr zu einem relativen Recht zu kommen.

Genügt ein physischer Körper der zu Anfang präzisierten Bedingung, seine Grenze zu realisieren, so entwickelt er sich.

Die Evolution ist die notwendige Seinsweise des in der Sukzession des Prozesses ihm selber vorwegseienden Körpers. Infolgedessen gehört es zu seinem inneren Wesen, erscheinungsmäßig zweckverursacht zu sein, ohne jedoch sein Dasein (mitsamt seinem Wesen) von ihm getrennten Zweckursachen, d. h. dem System des sich entwickelnden Körpers selbst nicht angehörenden Bedingungen zu verdanken. Die Trennung von der in Zielstellung stehenden Gestaltidee, welche dadurch Zweckursache ist, ist sein eigenes Werk. Er greift ihm vor. Das „von außen“ eingreifende entelechiale Agens ist der Modus, in welchem die Randwerte des Körpers Grenzwert gewinnen. Insofern der Körper zu dieser Entwicklung nur kommt, als er die Grundbedingung der Grenzverwirklichung einhält, und nur, weil er als Körper von spezifischer Beschaffenheit das Material, Stoff in Gestalt, mitbringt, wird in dieser Entwicklung im Grunde nichts, was nicht im Ausgang schon gegeben gewesen wäre. Das Anderswerden von Phase zu Phase trägt im Verhältnis zum Inbegriff aller stofflich-gestalthaft gegebenen Bedingungen gewissermaßen einen nur formalen Charakter. Allerdings greift diese Formalität in die letzte Tiefe des Lebens. —

Die apriorische Charakteristik der Entwicklung wäre lückenhaft, wenn nicht zwei Momente noch hier ihre Berücksichtigung und Begründung fänden: das Wachstum und die Differenzierung. Ein Körper kann aus ihm selber nur in zwei Hinsichten mehr werden, als er ist: in seiner Größe und in seiner Mannigfaltigkeit. Die einfache auf gleichem Mannigfaltigkeitsniveau sich haltende Zunahme an Umfang wäre keine Entwicklung; denn der Körper wird in ihr nicht wirklich über ihm als das, was er war, hinausgehoben. An einem nur quantitativ mehr werdenden Ding hebt sich gerade das Quale, das Was als Konstante von der Variation ab. Dieses Quale muß von dem Prozeß betroffen sein, damit das Ding in seinem Wesen anders wird. Infolgedessen werden alle an dem Ding vorhandenen Beziehungen, deren „Konstellation“ das ist, was von der bloßen „Masse“ nicht abhängt, in den Prozeß hineingezogen. Gegen das Quantum — wohlgemerkt im anschaulichen, nicht im rechnerischen (mathematisch-physikalischen) Sinne genommen —, gegen die (phänomenale) Masse oder Fülle erleidet dann die Struktur samt der Gestalt eine Veränderung. Nicht bloß in ihren Randwerten, sondern nach dem Inbegriff aller zu ihr gehörenden Beziehungen. Eine bloße

Umgruppierung der Relationen entspräche wiederum nicht der Forderung des Prozesses, höher zu führen. Das jeweils nächste Niveau soll über dem vorangegangenen liegen, es also nicht einfach hinter sich, sondern unter sich lassen. Über und unter kann hier selbstverständlich nur noch einen Unterschied an Mannigfaltigkeitsgrad bedeuten.

Entwicklung führt höher, heißt: der Prozeß bringt von Phase zu Phase eine Zunahme an Struktur hervor, die in Verbindung mit der Zunahme an Fülle — denn auch diese muß anders werden — den Tatbestand des Wachstums bzw. der Selbstdifferenzierung ausmacht. Driesch hatte vollkommen Recht, wenn er gegen vorschnelle Analogisierungen organischen Wachstums mit anorganischen „Wachstums“vorgängen dieses Wesensmerkmal der inneren Differenzierung in qualitativ, morphologisch und funktionell verschiedene Elemente, Teile und Teilkomplexe (Zellen, Gewebe, Organe) geltend machte und als ein Specificum der Entwicklung das Übergehen von Zuständen niederen in solche höheren Mannigfaltigkeitsgrades bezeichnete. Wenn ihm dieses qualitative Reicherwerden einen Hinweis darauf zu enthalten schien, daß an seinem Zustandekommen ein intensiver Naturfaktor schuld sei, so können wir ihm (mit der oben gegebenen Erklärung) zustimmen.

Die blinde Tatsächlichkeit dieses verursachenden Faktors als eines mit den feststellbaren und berechenbaren Faktoren der Energie in Konkurrenz tretenden Naturfaktors akzeptieren wir dagegen nicht und sie kann auch, wie die Darlegungen gezeigt haben, verschwinden. An Stelle der Entelechie als Naturfaktor tritt Entelechie als Seinsmodus entsprechend jener Grenzbedingung, die sich selbst noch verstehen läßt, obzwar für sie keine physikalische Charakterisierung („Erklärung“) gegeben werden kann. Jene Grenzbedingung, welche die relative Eigenkausalität mit dem Phänomen der Autonomie des lebendigen Systems in Einklang bringt, aus der schließlich die Entelechialität selbst begreiflich und notwendig wird.

5. Die Kurve der Entwicklung. Altern und Tod.

Hat es nur äußere, dem Wesen der Entwicklung selbst fremde Gründe, daß sie jene besondere Kurve beschreibt, deren aufsteigender Ast die Periode der Reife, deren absteigender Ast die Periode des Alters heißt? Trägt Entwicklung das Gesetz ihrer Hemmung in sich oder kommt ihr die Hemmung von außen, vielleicht durch die physische Dinglichkeit, die nicht ausreicht, einer unendlichen Anstiegstendenz das Material zur Verwirklichung zu liefern? Man sieht, es ist die Frage nach dem Notwendigkeitscharakter des Todes, die sich hier auftut und von der alles Weitere abhängt.

Formal genommen, scheint es hier zwei Möglichkeiten zu geben: 1. Der Tod, das Altern ergibt sich aus der Konkurrenz zwischen Leben und Körperlichkeit, wobei Leben als Träger unendlicher Entwicklungstendenz das Aufsteigen, Körperlichkeit als Träger herabziehender Tendenz das Absteigen bedingt, um im Tode über das Leben zu triumphieren. In der realen Entwicklung würde der Kampf zweier einander wesensfremder „Mächte" sichtbar. Eigentlich wäre das Leben qua Leben unendlich im Sinne endlosen Fortgangs. Es erschöpfte sich an den endlichen Systembedingungen des Körpers, sodaß die charakteristische Kurve der wirklichen Entwicklung als allmählicher Erschöpfungsvorgang aufzufassen wäre. Gegen den Parabelgang von Jugend, Reife, Alter wäre das Leben in Reinheit nur als Tangente zu denken. So verknüpft sich mit dieser Anschauung von der absoluten Lebensfremdheit des Todes der Gedanke einer durch das Wesen des Lebens selbst verbürgten Unsterblichkeit über das wirkliche physische Leben hinaus. Die Todesstunde wird zur Stunde der Befreiung vom Leibe und der Eingang in das wahrhafte, in der Gediegenheit seines eigenen Wesens fortlaufende ewige Leben.

2. Der Tod ist dem Leben wesentlich, es ist in sich selbst endlich. In der realen Entwicklung spielte sich nur ein durch das Leben selbst gesetzter Kampf zwischen zwei gegeneinander laufenden Tendenzen ab, von denen die eine als aufsteigende, „positive" zunächst, die andere als absteigende, „negative" zuletzt die Oberhand hätte und die notwendigerweise in der Mitte eine Durchgangsphase besäßen, in der sie sich die Wage hielten. Entwicklung wäre in jedem ihrer Schritte zugleich Leben und Sterben, Weg nach oben und nach unten, wenn auch die Akzente in jedem Schritt verschieden verteilt sein müßten. Diese Auffassung entspricht, wie man sich erinnern wird, jener oben bereits abgewehrten These, für die der Körper sein Leben gewissermaßen nie erreicht, sondern ihm dauernd nachläuft (eine These, nach welcher der Prozeß den Körper nur in einer Richtung transzendiert, ihn nur über ihn hinaussetzt). Wenn aber der Körper nie wirklich voll den Bedingungen des Lebens an ihm genügen kann, so kann er ebensowenig wirklich sterben. Tod und Leben sind für ihn dann nur Aspekte, unter denen

sein Zwischenzustand die Farben der Wirklichkeit wie im Abglanz von einer verborgenen Sonne bekommt.

Mit diesen beiden Möglichkeiten ist es nicht getan. Noch ist eine dritte offen: der Tod ist dem Leben unmittelbar äußerlich und unwesentlich, wird jedoch durch die lebenswesentliche Form der Entwicklung mittelbar zum unbedingten Schicksal des Lebens.

Und so ist es der Fall. Wie oben bestimmt, muß der Prozeß in der Weise gegen sich selber laufen, daß darin die Richtungen „von ihm fort" und „zu ihm hin" zu einem neuen Sinn synthetisch verbunden sind. Die Linie geraden Fortgangs gibt aber ihre Wesensmomente mit den Wesensmomenten der Linie kreishafter Geschlossenheit nur in der Schraubenlinie zusammen. Sie also symbolisiert die Kurve der echten Entwicklung. Jeder Punkt, den man auf dieser Linie fixiert, liegt höher wie der vorhergehende und bildet in der Richtung der Linie mit keinem der anderen eine gerade Verbindung. Der Prozeß führt, ohne die Gegenrichtung real zu implizieren, notwendig in diese Gegenrichtung und wendet die Bahn, ohne sich direkt in derselben Dimension gegen sich zu wenden. Er läuft damit auf einen Punkt zu, der notwendig über dem Ausgangspunkt liegt. Bildet man ein bestimmtes Kurvenstück auf einer ebenen Fläche ab, so erhält man unter Verlust der Momente, welche das Höhersteigen des Prozesses veranschaulichen, das Bild der Parabel mit aufsteigendem Ast, Gipfelpunkt und absteigendem Ast, das Bild einer kontinuierlichen laufenden Richtung, die, ohne in irgendeinem Punkte der Bahn unmittelbar gegen sich anzugehen, zu jedem Punkt (mit Ausnahme des Wendepunktes) einen Gegenpunkt bestimmt. Ebenso wie das lebendige Ding als bloße Gestalt unter die Formidee treten muß, die ihm als Typus den Spielraum individueller Variabilität gewährt, tritt der Entwicklungsprozeß unter das Formgesetz des Anstiegs, der Höhe und des Verfalls. Leben ist nicht Sterben, sein eigener Abbau, seine Selbstnegation, sondern es geht in der Entwicklung von Altersstufe zu Altersstufe dem Sterben, dem Tod entgegen. Und weil die Reifestadien in der Entwicklung nicht einfache Kompromisse zwischen zwei gegensinnig nebeneinander herlaufenden Tendenzen des Lebens sind, wächst das Leben dem Tode als seiner unbedingten Vernichtung zu und fällt ihm schließlich zum Opfer. Es ist ein gänzlich unbegründeter Tragizismus, dieses Gesetz so umzudeuten, daß der Tod zum unmittelbaren Wesensmoment des Lebens, das Sterben mit dem

Leben identisch wird. Dann wäre wirklich auf rationale Weise dem Tod sein Stachel genommen und noch in der Sterbestunde triumphierte das Leben als bloße Selbstverneinung nicht nur über sich, sondern sogar über den Sinn seiner Verneinung. Diese Aufhebung der Aufhebung ist nur dem Geist, d. h. dem Menschen in seiner besonderen Lebensform möglich.

Der Tod will gestorben, nicht gelebt sein. Er tritt an das Leben heran, das sich natürlicherweise ihm zuneigt *und doch* von ihm überwältigt werden muß, damit es stirbt. Nur dies ist der echte Sinn des Todes, daß er das Jenseits *des* Lebens und *für* das Leben, die *vom Leben selbst zwar getrennte*, doch durch das Leben erzwungene Negierung des Lebens ist. Die empiristischen Todestheorien haben nur halb gesehen. Er bleibt allerdings — soweit sahen sie richtig — dem Leben wesensfremd, mit ihm unvereinbar und keiner Synthese mit ihm fähig. Als eine durchaus blinde Macht (ganz so wie sie die oben unter 1) präzisierte These in das Wesen der Körperlichkeit setzt) ist er vom Leben aus weder begreiflich noch erträglich. Trotzdem ist die empiristische Ausdeutung dieser Blindheit und Transzendenz des Todes einseitig. Denn die Entwicklung antizipiert ja das Ende, kommt unter die Hinfälligkeit und reift der Vernichtung entgegen. Der Tod wird von der Entwicklung möglich gemacht. In der Entwicklung sind dem Leben Jugend, Reife und Alter apriori. Von sich aus kann und muß das Lebendige sterben. Es hat die Möglichkeit des natürlichen Todes.

Nur ist möglich machen nicht dasselbe wie wirklich machen, — was wieder die aprioristische Todestheorie übersieht. Antizipiert wird die *Nichtheit*, aber nicht das *Nichtsein* des Lebens. In der Weise des Alterns und der Hinfälligkeit bringt die Entwicklung die Möglichkeit in das Leben (und nicht nur an das Leben heran), zu vergehen. Wirklich vergehen kann aber das Leben nicht mehr allein von ihm aus. *Denn wirklich vergehen heißt einen absoluten Grenzübergang in ein qualitativ Anderes vollziehen.* Das könnte das Leben — es *ist* ja dieser beständige absolute Grenzübergang — nur: *als* Leben. Damit wäre der Moment des Erlöschens hinausgeschoben und das Leben ginge weiter. Seine eigene Transzendierung bereitet das Leben in dem Entwicklungsmodus der Hinfälligkeit vor, aber die Erfüllung, aus ihm selber faktisch hinausgehoben zu werden, bringt erst die vom Leben durch eine absolute Kluft geschiedene Gewalt des Todes.

Schafft das Leben seinen Tod? Nein, es schafft in Wesenskonsequenz durch die Entwicklung nur die Eintrittsbedingungen des Todes. Insofern gibt es einen natürlichen Tod — und einen unnatürlichen Tod. Wenn der natürliche Tod die Apriorität der Hinfälligkeit, der letzten Altersphase zum Ausdruck bringt, so dokumentiert der unnatürliche Tod zugleich die vom Leben geschiedene, seinsmäßig wesenhaft geschiedene Gewalt, von der die Vernichtung ausgeht.

Philosophisch betrachtet, liegt hier ein äußerst merkwürdiger Fall vor. Zunächst erkennt man, daß empiristische und aprioristische Todestheorien in ihrer Einseitigkeit falsch sind. Der Empirismus übersieht die Apriorität der Altersstufen, der Apriorismus übersieht die Wesensfremdheit und pure Faktizität des Todesaktes. Hierin liegt gerade die eigentliche Schwierigkeit des Todesproblems, von dessen Lösung auch wohl auf andere Partien dieser Untersuchung Licht fallen mag.

Offenbar ist man imstande, die apriorische Notwendigkeit eines bloßen Faktums (des Todes) zu begreifen, ohne das Faktum darum seiner Faktizität zu berauben, ohne den Tod zu relativieren und ihn zu einer Selbstaufhebung des Lebens, zu einem einfachen Negativ, zu einem Gegenwurf des Lebens gegen sich zu machen. Diese Wendung wäre die typisch dialektische, wie sie ganz allgemein Fichte und Hegel klassisch ausgeprägt haben, um Positivem und Negativem, Sein und Nichts gleichmäßig gerecht zu werden —, während sie faktisch dadurch beidem sein Gewicht nehmen, daß sie den Gegensatz in einem Dritten, dem Leben, dem Ich, dem Geist vermitteln.

Fichtes Ich *setzt* das Nichtich im wesensgesetzlichen Gegenwurf. Das hic et nunc Nichtich-Seiende wird zwar *per hiatum irrationalem* gesetzt. Um die absolute Wesensfremdheit der stofflichen Einzeldinge in ihrer Eigengegründetheit sicherzustellen (sonst wäre Handeln nicht *echtes* Überwinden!), gibt Fichte die Apriorität ihres materialen Daseins und Soseins preis, bleibt sein Apriorismus formal. Aber der hiatus irrationalis ist nur relativ auf das Ich, welches den Einzeldingen gegenübersteht, auf das Ich, das selber eine Einschränkung jener absoluten Sphäre *des reinen Ichs* ist, in der Subjektivität und Welt beide geborgen ruhen.

Bei Hegel hat sich die Sache gewissermaßen umgekehrt. Der Apriorismus ist material vollkommen gesättigt. (In diesem Sinne spricht Kroner mit Recht von dem Irrationalismus Hegels.) Infolgedessen ist der hiatus irrationalis, wenn man will, dadurch verschwunden, daß er zum Prinzip der Konstitution jeder Bestimmtheit geworden ist. Der dialektische Umschlag bei Hegel hat in sich das rationale Moment der wesensmäßigen Implikation der Kehrseite (dessen, was die Sache dadurch, daß sie so ist, nicht ist) und das irrationale Moment völliger Wesensdiskrepanz aufgehoben. Die Folge davon ist, daß ein Medium der Vermittlung alles und jedes Heterogenen bleiben konnte, für welches Ausdrücke wie Substanz-Subjekt, Geist, Begriff nicht einmal so entscheidend sind wie jene ganze große Grundkonzeption einer durchgehenden Homogenität und gediegenen Vermitteltheit aller Kontraste, Widersprüche, Gegensätze dieser Welt. Für Hegel ist wohl das Negative, der Mangel, der Schmerz, die Zerstörung eine dem Positiven gleichwertige Macht, aber an ihrer Weltgeborgenheit, Geistnatur rüttelt er nicht. Es gibt bei ihm keine Intermundien, es gibt nicht wie etwa für Leibniz echte Risse, von keiner Welt überbrückte hiatus irrationales.

Ohne hier voreilige Schlüsse ziehen zu wollen, verdient also die im Verlauf der Deduktion der Wesenscharaktere des Lebens mehrfach berührte „Hiatusgesetzlichkeit" auch aus allgemein philosophischen Gründen besondere Aufmerksamkeit. Der Umriß des Dinges wird, um die Möglichkeit dafür zu schaffen, daß das Ding real im Prozeß begriffen sein kann, zur individuellen Ausprägung einer Idee, das Ding tritt unter die Gestaltidee; es gewinnt den Wert einer typischen Form. Also schafft das Leben zwar die Bedingung für das Stattfinden, die konkrete Ausprägung des Typus; den Typus selbst schafft es nicht. Er stellt sich „gelegentlich" ein. Ausprägung und prägende Formidee bleiben absolut voneinander getrennt. — Die gleiche Gesetzlichkeit wird manifest in dem Verhältnis des sich entwickelnden Individuums zum Tod. Unter oder in den Formen der Jugend, der Reife und des Alters reift das Leben dem Tode entgegen. Auch sie schaffen die Gelegenheit für ihn, der von ihnen sinnhaft-seinshaft als das absolut Andere des Lebens getrennt bleibt.

Der Typus dort, der Tod hier sind nur als notwendige Möglichkeiten zu begreifen. Zu begreifen in strengem Sinne als die Gelegenheiten, die das Leben wesensgesetzlich aus sich heraussetzt, um den Typus, den Tod zu empfangen. Aber unbegreiflich bleibt, wie das jeweilige Schicksal sich vollziehen kann, es sei denn, man versucht zu Unrecht wie die dialektischen Monisten, die beiden schicksalbedingenden Komponenten, die Formidee bzw. den Tod einerseits, das Leben anderseits miteinander zu vermitteln, d. h. auf dasselbe Niveau des Seins zu bringen.

Und hier machen wir eine Anmerkung, die genauer Beachtung empfohlen sei: das Verfahren der traditionellen Philosophie, mit einem Generalnenner zu arbeiten, auf den alles Sein (sic!), alle Gegebenheit (!) zu bringen ist, darf nicht dazu verführen, an die Realität dieser Nenners unbesehen zu glauben. Sonst zerstören die unvermeidlich vorgefaßten Grundkategorien des Philosophierens Lösungsmöglichkeiten der Probleme, die nur mit Hülfe jener Grundkategorien gefunden werden wollten.

Muß denn die Formidee schon „sein“, bevor sie in einer Ausprägung am Lebendigen sichtbar geworden ist? In ihrer Sichtbarkeit ist sie das vom Leben nicht zu Produzierende, nur Hinzunehmende und zu Erleidende, das von ihm Getrennte und unabhängig für sich, in sich Bestehende, das schon immer Gewesene und in alle Zukunft Seiende. Das Sein von Ideen ist — wenigstens diskutabel, so daß es sich hier nicht von vornherein verbietet, die Verbindungsmöglichkeit zwischen der Formidee als einem für sich bereits Seienden und dem physischen Ding zu erörtern. Verständlich gemacht werden kann nur der Modus, in welchem der Kontakt zwischen Idee und Körper erfolgt, weil die Zweckursächlichkeit der Formidee für den Lebensprozeß, der Entwicklungscharakter haben muß, eine Wesensbedingung ist. Aber unverständlich bleibt, wie der Kontakt zwischen Idee und Körper — man denke an Platons Lehre von der μίμησις, an Kants Schematismus — selbst erfolgt.

Dasselbe gilt vom Verhältnis des Todes zum lebendigen Ding. Auch hier versteht man den Modus, in dem er eintritt. Auch hier kann sein Eintreten nur begriffen werden als der Eingriff einer vom Leben nicht zu produzierenden, von ihm getrennten, nur hinzunehmenden und zu erleidenden Gewalt. In seiner Sichtbarkeit kündet sich der Tod als echtes Sein an, als Kontakt per hiatum mit einem absolut Anderen. Ist man darum berechtigt, dem Tod unabhängig vom sterbenden Leben ein Sein zuzusprechen? An einem Kontakt, ähnlich dem zwischen Typus und Körper, darf man doch nur solange festhalten, als es das wirkliche Phänomen des Sterbens verlangt.

Ein Sein des Todes, ein Fürsichsein, ein vor und nach und außer dem Sterben Sein ist nicht diskutabel, er ist nur die Vernichtung des Lebens, auch wenn die mythische Vorstellung im richtigen Gefühl seiner Lebenstranszendenz ihm das Bild des Engels mit dem Schwert, des Knochenmanns mit der Sense gegeben hat. Und so bleibt, was oben durch die Formulierung verdeckt wurde, hier noch offen: wie etwas, das dem Leben transzendent ist, auf es wirken kann, ohne außer dieser Wirksamkeit in irgendeinem Sinne Bestand zu haben? Wie ein Kontakt mit dem absolut Anderen möglich sei, der kein Kontakt, sondern ein voneinander Abheben, ein dazwischen Leerlassen, ein Nichtberühren zweier Größen ist; zweier Größen, von denen nur die eine, das lebendige Ding, sicher *ist*, von denen die andere (die Formidee, der Tod) nicht „ist"? Sodaß man nicht einmal mehr von einer Getrenntheit *zweier* Größen sprechen darf, die doch auf einander per hiatum real bezogen sind.

Tod und Leben sind unvermittelt als absolute Gegensätze im Akt des Sterbens auf einander bezogen. Das Sterben ist, wie wir gesehen haben, *nicht* die Vermittlung, sondern gehört durchaus dem Leben an. Transzendiert das Lebendige über sich hinaus, so *lebt* es und das Resultat ist eine Steigerung des Lebens. Ergo kann der Tod nur als „von außen" eingreifende Macht eintreten und den Akt des Sterbens zur Erfüllung bringen. In dieser Wirksamkeit und für diese Wirksamkeit ist er ein eigenes Sein, also unabhängig für sich bestehend, und wirksam werdend, wenn das Leben reif dafür ist. Soll man aber annehmen, daß der Tod als ein nur im Zerstören sich kundgebendes Sein außerdem noch für sich Bestand hat, unabhängig vom Sterben?

Wer sich zu einer derartigen Annahme drängen läßt, hat den Zusammenhang dieses Kontakts durch Abhebung der Kontaktglieder voneinander — per hiatum irrationalem — mit dem Gesetz der Grenze nicht begriffen. Und doch folgt der χωρισμός zwischen Gestalttypus und Lebendigem, Tod und Lebendigem — zwar nicht aus dem Wesen des Lebens, wohl aber aus dem *ihm* (nach unserer These) *zugrundeliegenden* Verhältnis des Körpers zu seiner Grenze. Da ihm (nach Fall II) die Grenze angehört, trifft für ihn die sogenannte „Schärfe der Begrenzung" zu, durch welche er von seiner Umgebung abgehoben und gegen sie selbständig wird. Gewiß gilt dies zunächst in eigentlich räumlicher Hinsicht. Es kann aber nicht ausbleiben, daß in dem Maße, als sich das Grenzverhältnis für die konkreten Lebenserscheinungen konstitutiv erweist, die Abhebung des lebendigen Körpers ihren engeren räumlichen Sinn ebenfalls verlieren und einen jeweils für die konkrete Lebenserscheinung passenden Sinn gewinnen muß.

Abhebung ist aber wesensmäßig Abhebung *wovon* und damit Konstitution einer Ferne, die nicht vage bleibt, sondern nur ein Konkretum sein kann. Gegen dieses Konkretum allein bewährt der lebendige Körper seine Abhebung oder die Schärfe seiner Begrenzung. Löst man dieses konkrete Wovon der Abhebung aber aus dem Zusammenhang m t dem Lebendigen, was gleichwohl durch den Hiatus der Abhebung möglich zu sein scheint, so verstößt man gegen seinen Sinn und gerät in schließlich absurde Probleme.[1]) —

Jugend, Reife und Alter sind die Schicksalsformen des Lebens, weil sie dem Entwicklungsprozeß wesentlich sind. Schicksalsformen sind nicht Formen des Seienden, sondern für das Seiende; das Sein tritt unter sie und erleidet sie. Neben die wasgesetzliche (wesensmäßige) und die vorgangsgesetzliche (folgemäßige) tritt als dritte Art der Notwendigkeit das Schicksal. Nach der ersten Art ist alles, was Etwas ist, bestimmt. Nach der zweiten ist alles, was in der Zeit verläuft, bestimmt. Nach der dritten Art sind nur die lebendigen Dinge bestimmt.

6. Systemcharakter des lebendigen Einzeldinges.

Wenn die Lebendigkeit eines Körpers darin beruhen soll, daß er sich entsprechend der Schemaformel $K \leftarrow K \rightarrow M$ zu seinen eigenen Grenzen verhält, d. h. diese Grenzen impliziert, so hat er auch das Moment der Grenze in den Bereich des Seins gezogen, welches in der Entgegensetzung des Begrenzten gegen die umgebende Sphäre zum Ausdruck kommt. Daß Grenze ein gegensinniges Verhältnis zwischen den durch sie getrennten und zugleich verbundenen Größen stiftet, war schon oben bemerkt worden. Dementsprechend ist der die Grenze implizierende Körper über ihm hinaus und in ihm hinein. Um solcher Forderung zu genügen, muß das Ding in der Lage sein, von ihm selber Abstand zu nehmen. Diese Lage gewinnt das Ding im Werden. Es ist nicht stehend, sondern im Übergehen. Als pures Übergehen gäbe es seine isolierte, begrenzte Existenz auf; es löste sich in ein reines Verfließen. Das widerspräche dem fixierenden Sinn der Grenze. In der geforderten Synthese von Übergehen und Stehen, Weiter und Halt bekommt das Werden den bestimmten Charakter des „Etwas Werdens", des Prozesses. An die weiteren Stufen der Untersuchung wird man sich noch erinnern.

Seiende Grenze heißt Werden. Durch die Bestimmung des Richtungsgegensatzes ist das Werden notwendigerweise ein

1) Die Fassung des Hiatus entdeckt ihn als das Verhältnis der „Verschränkung", wie es (in seiner höchsten Form, als Wesen der Intuition) als Erster König beschrieben hat (Der Begriff der Intuition, Halle 1926).

doppeltgerichtetes, ein Werden über den Körper hinaus und in den Körper hinein. Aus dieser Abhebung von ihm selber ist der Körper in seiner Begrenzung ein in ihm hinein, aus ihm heraus gesetzter, steht er außerhalb und innerhalb seiner. Als Körper solcher Bestimmtheit hat er positionalen Charakter und diesen Charakter der Positionalität behält er als im Prozeß begriffener, als sich entwickelnder Körper bis zu seinem Tode.

Insofern verlangt Positionalität im Unterschied zu den die Doppelsinnigkeit der Grenze dynamisch realisierenden Bestimmungen Übergehen — Werden — Prozeß — Entwicklung sinnentsprechend auch eine statische Realisierung. Zwar geht die genauere Spezifizierung der dynamischen Verwirklichung nur mit Hilfe der Brechung an dem grenzbedingten Wesensmoment des Statischen vor sich. Ganz so wie umgekehrt die genauere Spezifizierung der Verwirklichung der statischen Wesenscharaktere die Brechung an der grenzbedingten Dynamik braucht. Aber in beiden Fällen handelt es sich doch nur um die Verwirklichungsweisen der Grenze als das Zwischen, um die Realisierung der „Forderung“ an den Körper: zu bleiben, was er ist, und überzugehen in das, was er nicht ist und was er ist.

Jetzt muß es die Aufgabe sein, jener Funktion der Grenze, die in der Entgegensetzung des Begrenzten gegen die umgebende Sphäre besteht, zu unbedingtem, d. h. zu einem nicht von den dynamischen Realisierungsformen gebrochenen und abhängigen Ausdruck zu verhelfen. Offenbar gehört zum Wesen der Grenze, auch in einer Richtung ihre Funktion voll erfüllen zu können: gegen das „Außen“ ebensosehr abzuschließen als aufzuschließen, d. h. in das Außen hineinzuführen (das Außen hereinzuführen). Das Wesen der Grenze erfüllt sich nicht nur von einem neutralen, über ihr gelegenen Blickpunkt aus, der die gegeneinander stoßenden Sphären wie mit einem Blick umfaßt. Sondern Grenze ist für das von ihr umgrenzte Gebiet auch dann Grenze, wenn sie allein in Richtung auf dieses Gebiet ihre Doppelfunktion ausübt. Schranke dagegen ist eine Hemmung, welche in Richtung auf das von ihr umschränkte Gebiet nur die abschließende Funktion ausübt.

In abstracto kann jede Schranke als Grenze betrachtet werden, wofern sie in einem Kontinuum möglichen Weitergehens liegt. In concreto dagegen tritt der Unterschied von Grenze und Schranke nicht selten mit peinlicher Deutlichkeit zutage. Wesentlich bleibt für die Grenze von einem hinter ihr gelegenen Blickpunkt aus die Einheit von Abschließen und Aufschließen, die von einem über ihr gelegenen Blickpunkt aus also die Einheit von Stehen und Übergehen (aus dem einen ins andere Gebiet) ist. Für beide Blickpunkte ist der gleiche Sachverhalt faßbar. Der Satz ist falsch, daß man, um etwas als Grenze zu bestimmen, über sie hinausgelangt sein müsse.

Gibt es aber für einen von ihr umschlossenen, „hinter ihr" liegenden Blickpunkt das Wesen Grenze (ontisch gewandt), läßt sich die volle Funktion der Grenze bei ausschließlicher Beziehung auf das von ihr umgrenzte Gebiet erhalten, so muß die Verwirklichung des Wesens der Begrenztheit durch die lebendigen Dinge auch dieses Moment zum Ausdruck bringen.

Unter diesem Aspekt zeigen sich die statischen Wesenscharaktere der Positionalität in Reinheit. Der Sinn der Forderung an das Körperding: zu bleiben, was es ist, dem ewigen Wechsel gegenüber zu beharren und der völligen Veränderung gegenüber die Monotonie des einmal gegebenen Wasbestandes zu behaupten, wird jetzt erst verständlich und in seiner Auswirkung faßlich. Denn zum Wesen der Grenze gehört ebenso wie das Moment gegensinniger Verbindung das Moment des Trennens. Ein Begrenztes macht nicht in der Grenze, sondern sinngemäß vor ihr Halt. Nur in dieser vollkommenen Hemmung äußert sich die abschließende Funktion, die man nicht einfach der Funktion des Aufschließens bzw. des Überleitens subordinieren darf. Es fehlte ja sonst zur oben näher gegebenen Bestimmung des absoluten Richtungswechsels im Grenzübergang die Voraussetzung. In welchem Sinne wechselt denn die Richtung „sprunghaft" trotz stetiger Überleitung im Wesen der Grenze, wenn nicht in Rücksicht auf das ebenso wesentliche Moment des Abschließens, welches das eine Gebiet zum umschlossenen, das andere zum ausgeschlossenen Gebiet macht. Die Relativität der Blickstellung, aus der sowohl das eine wie das andere der aneinander stoßenden Gebiete als das umschlossene angesehen werden kann, hebt die Absolutheit des Gegensatzes in sich nicht auf, sondern bestätigt sie.

Begrenzung ist das Aufhören, Zuendesein, Haltmachen des Umgrenzten vor seiner Grenze. Die Ausdrücke dürfen bei einem anorganischen Körper nicht in voller Schärfe verstanden werden, aber der Sachverhalt als solcher ist klar: der Körper reicht bis da und da hin, bis zu seiner Grenze. Impliziert er die Grenze — nach unserer These der Fall des organischen

Körpers —, so muß er doch vor ihr Halt machen, reicht also „nicht ganz“ bis zu ihr, die ihm ja nach der Voraussetzung angehört. Er macht also vor dem, was er noch ist, bereits Halt. Er hört eher auf, als faktisch seinem Sein entspricht.

Was soll man sich darunter denken? An die Vorstellungskraft offenbar eine absurde Zumutung, in der aber trotz allem ein richtiger Kern stecken muß. Versucht man sich ein Bild zu machen (natürlich an sich kein Weg zum Wesen der Sache), so kommt man auf die Anschauung, der Körper stecke in ihm selbst. Stellt man sich die Grenze wie eine Haut vor, so liegt diese Haut um ihn, dem die Haut noch als ein Teil seiner körperlichen Existenz angehört.

Diesem „in ihm Stecken“, „in ihm Hineingesetztsein“ ist die Untersuchung schon begegnet. Bei der Besprechung des Wesensmomentes des „in ihm Hineinseins“ entdeckte sich die Notwendigkeit, dem lebendigen Körper jene „Lockerung in ihm selber“ zuzusprechen, die als Angehobensein den Ausdruck rechtfertigt, den Grundcharakter seines Seins als den der Gesetztheit zu bestimmen. Die Untersuchung wies auf den Zusammenhang dieses Gesetztseins oder Gestelltseins des lebendigen Körpers mit dem Wesensmoment seiner Eingliederung in eine Umgebung hin, auf die er bezogen sei. In dem Bezogensein von Organismus und Umgebungsfeld, die beide gegensinnig zueinander stehen, liegt das den lebendigen vom unbelebten Körper unterscheidende Kennzeichen der Positionalität. Ein raumerfüllendes Ding ist an einer Stelle, in einer Umgebung. Dadurch, daß das lebendige Ding in ihm selber ist, steht es zur Stelle seines Seins außerdem noch in Beziehung, ist es „in den Raum hinein“ und damit gegen die Umgebung gestellt. Es hat die Eigenschaft des raumbehauptenden Gebildes, das einen natürlichen Ort besitzt. — Die Untersuchung hatte diesen Faden dann nicht weiter verfolgt, um das Wesensmoment des „in ihm Seins“ zunächst nur in seinem sinnbestimmenden Einfluß auf das Werden zu charakterisieren.

Mit dem oben gebrauchten Bilde kommt man natürlich nicht weiter. Die Grenze ist keine zusätzliche Bestimmung eines Seienden, die als Teil gelten kann, weshalb das Gleichnis mit der Haut, sei sie auch noch so verschwindend dünn gedacht, schief bleibt. Vielmehr müssen alle oben angewandten Ausdrücke: der Körper bleibt vor seinem Zuendesein stehen, reicht nicht ganz bis dahin, wo er aufhört —, von ihrer räumlichen Anschauungsbindung befreit und radikal genommen werden. Dann ist die Situation so: obwohl der Körper bis in seine Grenze reicht (denn die Grenze gehört ihm real an), muß er doch vor der Grenze (als einer Grenze) anhalten und sie außer ihm, d. h. irreal lassen. Realisierung der Grenze heißt dann: Irrealisierung der Grenze.

Nach der These, auf der die ganze Untersuchung ruht, soll Realisierung der Grenze möglich sein. Infolgedessen darf die wesensmäßig geforderte, mitgesetzte Irrealisierung nicht die Möglichkeit der Realisierung ausschließen. Da es sich um einen Sachverhalt handelt, dürfen seine Momente ihn nicht selbst unmöglich machen.

Ein lebendiger Körper erfüllt dieses Wesensgesetz, indem er in ihm ist oder in ihm steckt, ohne natürlich dem „ihm" damit eine Unabhängigkeit von dem darin Seienden, einen größeren Umfang oder andere räumliche Eigenschaften zuzugestehen. Worin und Darin sind ein und dasselbe Sein, bestimmen also ein quasiräumliches Verhältnis, das den Körper als Ganzen zu seiner Räumlichkeit in Beziehung bringt.

Es gibt nur eine Möglichkeit, dieses In ihm Sein am Körper manifest werden zu lassen: der Körper ist auf einen in ihm liegenden Zentralpunkt bezogen, der keine räumliche Stelle hat, wohl aber als Zentrum des umgrenzten Körpergebietes fungiert und damit das Körpergebiet zu einem System macht. Die Beziehung erstreckt sich auf alle den Körper aufbauenden Elemente (Teile) und auf den Körper als Ganzen. Insofern der Körper in ihm (gesetzt) ist, nimmt diese darin liegende Zentralbeziehung zugleich einen besonderen Charakter an. Es tritt dem Körper ein Punkt gegenüber, in dem von ihm eingenommenen Gebiet, der trotzdem von unräumlicher Art ist.

Die Sprache trägt diesem seltsamen Gesetz dadurch Rechnung, daß sie sagt: der lebendige Körper ist ein System, das Teile hat, oder auch: das Lebewesen hat einen Körper mit den und den Teilen. Die Weise des Körpers, vor seiner ihm angehörenden Grenze zu Ende zu sein, sie als reale außer dem Gebiet seiner begrenzten Wirklichkeit zu halten, ist das In ihm Sein oder das Zu ihm, dem Körper, in Beziehung Sein, für welche Art von Beziehung die Sprache nur das Wort Haben zur Verfügung stellt. So ist der lebendige Körper ein Selbst oder das in der Einheit aller seiner Teile nicht allein aufgehende, sondern ebenso in den Einheitspunkt (der zu jeder Einheit gehört) als einen von der Einheit des Ganzen abgelösten Punkt gesetzte Sein.

„Selbst“ und „Haben“ sind zunächst ohne jede Belastung mit psychologischen Bestimmungen, rein strukturell in dem Sinne ihrer gegebenen Herleitung aufzufassen. Ein Selbst ist noch kein Bewußtseinssubjekt, Haben ist noch kein Wissen oder Fühlen. Nur das ist klar: daß die Untersuchung an jener entscheidenden Stelle der „Entstehung“ der Möglichkeit einer Bewußtseinsentfaltung überhaupt steht. Wenn für den cartesianischen Zweiweltentheoretiker und den Subjektsidealisten schon die Problemstellung, wie aus dem Sein Bewußtsein werden kann, eine kindische Anmaßung und Überschätzung unserer Erkenntnismittel, zutiefst aber geradezu das Symptom einer völligen Unkenntnis der Natur des Wissens bedeutet, so braucht sich jetzt die Untersuchung durch derlei Einwürfe nicht mehr von ihrem Wege abbringen zu lassen. Es gibt den einen Übergang aus dem Ausdehnungssein in das Innensein, aus der Welt des Seins in die Welt des Habens, nicht nur beim Menschen, soweit er sich philosophisch vornimmt und in sich geht, sondern ebenso überall da, wo Leben ihm entgegentritt. Auch dem nach außen gewandten Auge, der greifenden Hand zeigt sich die Welt von außen und von innen. Denn es gibt übergreifende Gesetze der Konstitution, die im Außen das Innen erkennen lassen.

Einheit in der Mannigfaltigkeit von Teilen ist in doppelter Richtung ein Aufgehen in den Teilen als einer Mannigfaltigkeit und ein aus aller Durchdringung der Teile Zusammengenommensein in einen Zentralpunkt der Verknüpfung; ein durchaus kreisender, in sich zurücklaufender Prozeß des Wechselspiels zwischen den beiden zueinander gehörenden Gegenpolen. Wo eine solche Einheit mannigfaltiger Teile vorhanden ist, darf man von einem gestalthaften Ganzen sprechen. Nur hat dieses Ganze gegenüber seinen Teilen keine eigene Stellung. Es ist „in“ ihnen als Inbegriff aller Resultateneffekte der Teile. Die Teile sind das Ganze, das sie eben deshalb nicht Stück für Stück zusammensetzen. Seine Übersummenhaftigkeit deckt sich mit der schon genauer besprochenen Gestalthaftigkeit.

Lebendige Körper sind aber Ganze in einem mit Gestalthaftigkeit nicht mehr zu deckenden Sinne, weil die zentrale Verknüpfung (bei den übrigen Einheiten bzw. Gestalten einfach die Bedingung der Einheit in der Mannigfaltigkeit) selbständig neben die Mannigfaltigkeitseinheit tritt. Sie sind systemhafte Ganze. Diese „Verdoppelung“ des synthetischen Zentrums ist nur der Ausdruck des in ihm Gesetztseins des lebendigen Körpers, braucht doch das im Kern substanzhaft geschlossene und gebundene physische Ding noch einen zweiten, „noch tiefer innen“ seienden Kern, um in ihm selbst gesetzt zu sein. In dieser Verdoppelung liegt der Grund für die eigentümliche systemhafte Ganzheitlichkeit der Organismen, die besonders in den Phänomenen der Regulation zutage tritt.

In ihr liegt die Gewähr für die Selbständigkeit des ganzen Dinges gegenüber seinen Teilen, eine Selbständigkeit, die wiederum raumzeitlicher Darstellbarkeit wesensmäßig entzogen ist. Denn jener Überschuß an In ihm Sein, der den Körper zum Selbst, zum Subjekt des Habens oder zum System macht, ist wohl raumhafter, aber nicht räumlicher Art.

7. Selbstregulierbarkeit des lebendigen Einzeldinges und harmonische Äquipotentialität der Teile.

Körperliche Dinge erscheinen im Doppelaspekt eines nie Außen werdenden Innen, des substanzialen Kerns, und eines nie Innen werdenden Außen, des Mantels eigenschaftstragender Seiten. Dieser Doppelaspekt ist konstitutiv für ihr Sein in der Erscheinung. Analysiert man das physische Ding, so findet man das konstituierte und natürlich nicht die Konstitution. Darstellen läßt sich das Ding nur als Resultanteneffekt von Faktoren bzw. Teilen, die in Wirkeinheit das übersummenhafte Gestaltbild eines Ganzen hervorrufen. Dieses Insgesamt kann man wohl grammatisch als dasjenige bezeichnen, welches die und die Eigenschaften „hat“, obwohl die an ihm und in ihm unterscheidbaren Elemente das Insgesamt in Wirkeinheit *sind*. Es *gibt* hier kein Realsubjekt, das Eigenschaften hat, sondern nur Wirkeinheit und Wirkelemente, die zu reiner Scheinselbständigkeit auseinandertreten.

Trotzdem erscheint das gestalthafte Insgesamt als Realsubjekt von Eigenschaften, im Licht jener Kerngetragenheit und Seitenhaftigkeit, in denen die dingliche Solidität sich anschaulich behauptet. Wenn diese unter den Händen der Darstellung zergehende und wahrhaft in Nichts sich auflösende Erscheinung nicht bloßer Schein gewesen sein soll, so bleibt keine andere Möglichkeit, als ihr — wie es die Untersuchung auch getan hat — den Wert einer zusätzlichen Seinsbestimmung zu nehmen und sie als nur erschaubare Qualität anzusprechen, in der eine physische Mannigfaltigkeit wahrnehmbar wird. Das Ding steht *im* Doppelaspekt von substantialem Kern (Realsubjekt) und eigenschaftstragenden Seiten.

Nach der anfänglich gegebenen These sind die lebendigen Dinge dadurch unter Dingen überhaupt ausgezeichnet, daß der Doppelaspekt, in welchem sie phänomenal als Dinge notwendigerweise stehen, außerdem an ihnen als eine zusätzliche Bestimmtheit ihres Seins auftritt. Lebendige Dinge sind gefärbt, hart, biegsam, schwer, lang — dies alles kann wie bei allen Dingen auch anders sein —, aber wesensmäßig doppelaspektiv; d. h. sie haben wirkliche Eigenschaften, weil ihr Sein so geartet ist, daß es etwas haben kann: der Kern, dem Sinne nach das Realsubjekt, welches „hat", ist hier wirklich. Lebendige Dinge stehen nicht nur im Aspekt eines Kerns, erscheinen „vom Kern her", sondern sind kernig, kernhaltig. Dieser Kern hat das Ding mit allen seinen Teilen in ihrer Wirkeinheit, er hat die Gestalt mit ihren Eigenschaften, denn er ist.

Was heißt das nun? Ist der Kern im Raum aufweisbar? Offenbar nicht, denn dann wäre er selbst zur Eigenschaft des von ihm getragenen, gehabten Seins geworden. Er darf jedoch wesensmäßig diese Stellung nicht einnehmen, weil der Sinn seines Wesens darin liegt, Subjekt des Habens zu sein. Er ist also nicht irgendwo. Natürlich ist damit auch gleich gesagt, daß er nicht irgendwann sein kann, denn aufweisbar wäre dieses Sein in der Zeit nur unter der Bedingung seiner Festlegbarkeit nach der Uhr. Und diese Festlegung ist notwendig eine solche im gemessenen Raum.

Da die Funktion des Kerns, wie nachgewiesen worden ist, in wesensgesetzlicher Beziehung zu der Begrenzung des Körpers steht, insofern diese mit der Grenze selbst zusammenfallen soll, kann das Problem seiner Lage nicht abgewehrt werden. Er entfaltet seine Funktion nur als Mitte — man nenne sie nun imaginär oder ideal oder wie immer — des von dem Körper in seinen Grenzen eingenommenen Raumes. Da sich aber in bezug auf ein räumliches Gebiet seine Mitte ebenfalls nur als räumlich fixierbare Stelle in ihm fassen läßt, die überdies, da der Kern sein soll, zum Bestandteil des Gebietes wird, zu einem realen und gar nicht imaginären oder idealen, exakt ausmeßbaren Punkt seines Körpers, so muß die Funktion der Mitte noch in einem anderen Sinne wirklich sein.

Mitte schließt alle Elemente eines Gebietes zur Einheit zusammen, sie ist der Durchgangspunkt für alle die Einheit gegenüber ihren Elementen bildenden Beziehungen. Jedes Element wie auch das in der Wirkeinheit der Elemente bestehende „Ganze" ist daher an die Mitte in gleichem Maße gebunden. Eine Größe des Abstandes der Teilelemente zur Mitte spielt hierfür noch keine Rolle. Soll die Mitte als Kern sein, d. h. eine Funktion in und an dem physischen Ding ausüben, so muß sich diese Funktion 1. als räumlich nicht festlegbar, obwohl nicht ohne Beziehung zum Raumding, also als „in den Raum hinein", 2. als allen Elementen (Teilen, Faktoren) des Raumdinges gleich gegenwärtige bzw. sie alle gleich bindende Einheitsfunktion, welche die Einheit als solche gewährleistet, manifestieren.

In den Raum hinein kann ein räumlich Wirkliches nur sein, indem es sich entfaltet, weil Entfaltung der einzige Modus ist, nach welchem ein Unräumliches trotzdem als extensive Mannigfaltigkeit existiert. Unräumlichkeit und Räumlichkeit können in idealer Simultaneität nicht zusammen sein. Sie finden zusammen nur in der Weise des Übergehens von unräumlicher in räumliche Mannigfaltigkeit statt, wobei das zuvor Unräumliche im Status der wirklichen Möglichkeit gewesen sein muß. Die Inexistenz der Mitte (des realen Kerns, des Subjekts des Habens) ist also allein als die wirkliche Möglichkeit des Körpers oder sein Vermögen (Potenz) real. In diesem Vermögen sind alle Elemente des Körpers gleichmäßig zur Einheit gebunden und als Einheit gewährleistet. Insofern das Vermögen die Einheit gegenüber den sie in Wirkeinheit bildenden Elementen gewährleistet, vertritt es die Einheit in jedem der durch sie verbundenen Elemente. Indem in jedem Element des lebendigen Raumdinges und zugleich gegenüber jedem Element die Einheit als Vermögen vertreten ist, sind die Elemente äquipotentiell und bilden als Insgesamt ein harmonisch äquipotentielles System. —

Es ist bekannt, daß Driesch diesen Begriff auf Grund der Regulationsphänomene, insbesondere der Phänomene der Restitution, geschaffen hat, deren Bedeutung für eine exakte Biologie seine Experimente und seine weitgehenden Analysen erwiesen haben. Dabei stellte sich heraus, daß neben der Regeneration in verletzten Geweben und Organen vor allem die eigentlichen Restitutionen ganzer Organe und Organismen in Betracht gezogen werden müssen. Denn sie sind es, die einer mechanischen Entwicklungstheorie die größten Schwierigkeiten bereiten. Driesch ging in seiner Analyse des harmonisch äquipotentiellen Systems so weit, daß eine maschinentheoretische Erklärung dieser Phänomene nicht mehr möglich schien. Denn es läßt sich keine fixe im Keim oder in den frühen Entwicklungsstadien (unter Umständen, wie im Fall der Aszidie, sogar späten Stadien) gegebene Struktur annehmen, die auf beliebige Zerstörung immer wieder das Fragment zu einem Ganzen ordnet. Vornehmlich auf dieser Überlegung ruht der Grundgedanke des Drieschschen ersten Beweises für die Autonomie des Lebensgeschehens und der Existenz jenes intensiven Faktors, dem er den Namen Entelechie gab.

Unsere Untersuchung bestätigt auf synthetischem Wege die Ergebnisse von Drieschs Analyse der Restitutionsphänomene, soweit sie analytischen Charakter tragen. Sie zeigt nur gleichzeitig (was der Vitalismus zwar nicht in der Form, wohl aber im Inhalt seiner Begriffe auch tut), daß die Potentialität der Elemente und ihrer in verschiedenen Mannigfaltigkeitsstufen liegenden Verbindungen (Zellen, Gewebe, Organe) in ihrer Potentialqualität der erschaubaren, nicht der darstellbaren Seinsschicht des Körpers angehört.

Im Experiment, in der Erfahrung wird das Phänomen der Restitution festgestellt. Aber seine Auffassung bzw. seine Erscheinung als Manifestation eines in den Raum hinein wirkenden Faktors, als Bekundung eines Vermögens ist, wenn auch von der Erfahrung angeregt, doch nicht erzwungen. Sie ist ontisch begründet und für die Sphäre des Erschaubaren ewig berechtigt, aber für den exakten Biologen nicht zwingend. Was an der harmonischen Äquipotentialität der Teile des Organismus rein tatsächlicher Befund, reines Phänomen ist, kann infolgedessen den Fortschritt seiner exakten physikalischen Analyse prinzipiell nicht hemmen. Sie bestimmt keine Grenze in der Ebene der messenden Beobachtung, sondern über ihr gegen die Ebene der nur qualitativ faßbaren und in wesensgesetzlichen Zusammenhängen verständlichen Wasstrukturen und Erscheinungsformen der Lebendigkeit[1]).

Nimmt man den Gegensatz des Vitalismus zum Mechanismus jedoch weniger von der methodischen, sondern von der inhaltlichen Seite, so reduziert er sich (gerade in der Interpretation der Selbstregulation wird das deutlich) auf den Gegensatz der Annahme und Ablehnung eines „von außen" an das System des Körperdinges herantretenden Faktors. Gegen dieses immaterielle, adynamische Formprinzip wehrt sich das moderne, naturwissenschaftlich geschulte Denken mit aller

1) Vgl. zu diesem Punkt meine Kritik des Drieschschen Entelechiebegriffs in dem Aufsatz „Vitalismus und ärztliches Denken". Klinische Wochenschrift I, Nr. 39, 1922.

Kraft. Es sieht in seiner Annahme einen Rückfall in jene (wiederum falsch verstandene) spekulative Denkweise, die mit okkulten Qualitäten, wirkenden Ideen, Zweckursachen, Potenzen, Nervengeistern, Prinzipien die Natur verstehen wollte, ohne sie nach Maßgabe von Messung, Beobachtung und Berechnung lediglich als einen nachweislichen Zusammenhang von Erscheinungen zu erklären. Mit der Einführung einer „Entelechie" zur Vervollständigung eine gerade empirisch gemeinten Erklärung von Lebensvorgängen, die hier an eine sonst unübersteigbare Schranke stoße, konnten die Naturwissenschafter nicht einverstanden sein. In ihrem Arbeitsgebiet selbst gibt es eben keine absoluten Hindernisse, die nicht mit den Grenzen der Arbeitsmöglichkeit zusammenfallen.

Das ist beim Phänomen der Selbstregulation nicht der Fall. Wir sind noch nicht in der Lage, sie exakt zu erklären. Ihre Auffassung im Sinne einer Potenzmanifestation aber ist nur einer Kategorialanalyse, wenn man will, einer ontologischen Analyse in der für die erschaubare Washeit „Leben" und „Lebendigkeit" spezifischen Seinsschicht erlaubt und keiner empirischen Analyse.

So wenig, um ein hübsches Wort aus Husserls Mund zu variieren, die Philosophie der Mathematik „hinter" den Abelschen Funktionen beginnt, so wenig beginnt die Philosophie des Organischen hinter den Regulationsphänomenen. D. h. die Einführung der Entelechie im Sinne eines empirische Tatsachen erklärenden Begriffs nach jener von Driesch geübten Restmethode ist die Seite des Vitalismus, gegen welche die Empiriker sich mit Recht wehren. Die Autonomie des Vitalen ist eine seinssphärisch begrenzte Autonomie. In diese Sphäre dringt der exakte Forscher nicht ein, da sie ganz jenseits seiner Zielsetzung liegt. Richtig ist, daß die Gesetze dieser Sphäre durch die Phänomene der Selbstregulation besonders nahegerückt werden, sodaß wohl ein Anlaß in ihnen vorliegt, sich einer Philosophie des Organischen zuzuwenden. Aber diese Zuwendung darf nicht den Charakter eines die empirisch nicht weiterkommende Erklärungsarbeit wieder flott machenden Restverfahrens annehmen. Autonom ist das Leben nur in der besonderen Schicht der Phänomenalität, in welcher die irreduziblen Wasstrukturen, wie überall in der Natur, liegen. —

Neben den Restitutionsphänomenen gehören die Adaptationsphänomene in den Bereich der Regulation. Soweit sie aus dem Prinzip der Regulation notwendig folgen, erübrigt sich in diesem Rahmen eine gesonderte Behandlung. In ihnen tritt jedoch noch ein anderes Wesensgesetz zutage, das erst im Zusammenhang mit der Eingliederung des Organismus in die Umwelt seine Begründung finden kann. Anpassung ist nicht nur Umstellung des Organismus in ihm selber, sondern eine durch die Außenwelt hindurch vermittelte Regulation.

8. Organisiertheit des lebendigen Einzeldinges. Der Doppelsinn der Organe.

Harmonische Äquipotentialität der Teile eines Organismus hat neben der ungeteilten und nicht zerstörbaren Gegenwart der Einheit als solcher in jeder der sie mitbedingenden Teile die qualitative Differenzierung des Organismus zur Voraussetzung. Man kann nicht eher von einer wirklichen Harmonie in der Verteilung einer Mannigfaltigkeit reden, als nicht qualitative Verschiedenheiten an dieser Mannigfaltigkeit ins Auge fallen.

Qualitative Grundverschiedenheiten zeigen im einzelligen Organismus bereits die verschieden geformten und spezifisch funktionierenden Elementarbausteine des Plasmas, Kerns, der Geißeln, Wimpern, Zellhaut usw., die als Organe („Organellen") der Einzeller gelten müssen. Bei den mehrzelligen Organismen tritt zu diesen intrazellulären Differenzen eine charakteristische Differenz in der Stufenhöhe der zu je besonderen Einheiten zusammengefaßten Zellverbände der Gewebe und Organe. Im Unterschied zu den anorganischen Ganzheiten, den Gestalten, sind hier die Teilformen nicht einfach Formen des Ganzen, sondern Formen der Teile.

Eine nicht unbestrittene Präzisierung. Zwar herrscht darüber Einstimmigkeit, daß man eine so weit getriebene Differenzierung, wie sie selbst primitive Organismen zeigen, niemals in der anorganischen Natur finden könne. Aber die Mechanisten wehren sich dagegen, zwischen der Differenzierungsart anorganischer und organischer Körper einen Wesensunterschied zu sehen, und versuchen, die lebendige Organisation als eine nur hochgradige Mannigfaltigkeitsbildung aufzufassen.

Vom physikalischen Standpunkt ist freilich nichts Entscheidendes dagegen einzuwenden. Nur wird er dem vollen Sinn der Sache notwendigerweise nicht gerecht. Die relative Selbständigkeit der den Organismus bildenden Teile erhält ihren ursprünglichen Charakter erst, sobald sie als O r g a n e, d. h. als n i c h t unmittelbar einheitsbildende Teile oder Hilfsmittel der Einheit betrachtet werden, und der Unterschied zwischen unmittelbarer und mittelbarer Einheitsbildung ist nicht darstellbar, nicht physikalisch faßbar. Nicht jedes Organ kann der lebendige Körper in gleichem Maß entbehren, aber diese Grade der Entbehrlichkeit haben mit dem berührten Unterschied nichts zu tun und das Eigentümliche liegt darin, daß diese Entbehrlichkeit oder Nichtentbehrlichkeit als reine Tatsachenfrage zur Diskussion steht, während die einheitsbildende Funktion der Organe als solche davon ganz unabhängig ist. Gerade daß es bei jedem Organismus absolut lebenswichtige Organe wie z. B. das Herz oder gewisse Teile des Zentralnervensystems gibt, an die das Leben gebunden erscheint, ist gegenüber der ungeteilten Einheit des Ganzen seltsam und mit Rücksicht auf den Werkzeugcharakter der fraglichen Organe an sich nicht notwendig.

An einer reinen Gestalt sind niemals, selbst nicht unter der Bedingung, daß die in ihr zu unterscheidenden Teile zu relativ selbständigen Einheiten zusammengefaßt sind, Organe möglich. Denn jeder Teil ist nur unmittelbar gestaltbildend, wenn er auch nicht wie in einer Summe seine Selbständigkeit behält und somit sein Beitrag zur übergreifenden Verbindung (Undverbindung) sichtbar und neben seiner isolierten Teilexistenz faßlich bleibt. Organe dagegen sind zwar unmittelbare Gestaltbildner, wie es jeder Teil einer Wirkeinheit ist, insofern also auch von dieser Gestalteinheit relativ unabhängig wie sie von ihm, aber überdies auf die Einheit bezogen oder mittelbar zu ihr gehörig. Organe setzen nicht nur den Organismus zusammen, wie etwa die Stockwerke, Treppen, Zimmer, Fassaden, Dach, Grundstein ein Haus bilden (das als solches mehr ist als die Summe seiner Teile), sondern sie beziehen sich überdies auf ihn als Einheit, vermitteln seine Einheit in ihm selber und konstituieren damit eben jenes Ganze, von welchem sie als „Teile" loslösbar, dem sie „eigentlich" entbehrlich sind. Deshalb ist der Gedanke nicht ganz sinnlos, daß man einem Lebewesen sämtliche Organe entfernt, und dabei glauben kann, es selbst trotzdem noch irgendwie am Leben zu erhalten. Der Träger der Organe wird bis über die Grenze des faktisch Möglichen als unabhängig für sich bestehend angesehen, wie denn seine wirkliche Unabhängigkeit von vielen Organen oft überraschend weit geht.

Der Begriff bzw. Sachverhalt Organ ist dem lebendigen Ding apriori notwendig. Spricht man von mehrstufiger Organisation, so nicht nur in einem äußerlich morphologischen Sinne. Selbst bei einzelligen Organismen lassen sich Teile unterscheiden, deren Formen nicht in der gleichen Bedeutung Formen des Ganzen sind wie Formen der Teile. Bei allen Mehrzellern dagegen manifestiert sich die Differenzierung des Körpers in ihm gegenüber unabhängige, obwohl für ihn notwendige Organe bzw. organzusammensetzende Zellverbände gleicher Art durch Organisation in Stufen, deren je höhere die niederen enthält.

Ein physisches Ding von positionalem Charakter ist in ihm selber oder seine Einheit ist nicht nur funktional in allen seinen Teilen und mit ihnen wirklich, sondern — obzwar nur potentia — als Einheit (Mitte, Kern) in jedem Teile vertreten. Der lebendige Körper ist daher nur potentiell die Repräsentation seiner selbst und insofern als Einheit aller Momente ungeteilt in jedem Einzelmomente da. Auf Grund dieser Vertretung seiner selbst in ihm selber ist das harmonisch abgestimmte, gegenseitig auf einander „Rücksicht nehmende" Gleichvermögen aller Bausteine des lebendigen Körpers gewährleistet.

Unmittelbar bilden diese Bausteine den Körper. Aktuell ist er nichts außer ihnen, d. h. er ist die Wirkeinheit aller und insofern mehr als die Summe aller, aber nicht mehr als ihr aktuelles Insgesamt. Fällt also der aktuell wirkliche ganze Körper mit dem Insgesamt seiner an ihm unterscheidbaren Aufbauelemente zusammen, so ist kein „Platz" für ihn mehr da, um als Ganzer, als Einheit, als Insgesamt noch in den Aufbauelementen vertreten zu sein. Wie wird dieser Platz für die Potenz im aktuell daseienden Körper geschaffen?

Zum Tatbestand der Vertretung gehören Zwei, der Vertretene, das Objekt der Repräsentation, und der Vertreter, das Subjekt. Im vorliegenden Fall soll der physische Körper, wie er da ist, in ihm selber diese Verdoppelung durchmachen, Objekt und Subjekt der Repräsentation wirklich in Einem sein. Er muß Eigenschaften zeigen, die keine andere Auffassung als diese der Selbstvertretung zulassen. Die Untersuchung hat dargetan, wie zunächst die Verdoppelung überhaupt in der Form des Subjektes, welches seinen physischen Körper „hat", durchgeführt wird. So hat das Lebewesen Blätter, Stengel, Wurzeln oder Augen, Rumpf, Schwanz, Eingeweide usw. Das Gehabte als solches ist nicht mehr nur der die Einheit mitbedingende, sondern der von dem Ganzen ablösbare, außer ihm bestehende und in das Ganze einbezogene Teil.

Getrennt von dem Subjekt des Habens ist der Körper bzw. seine Teile gehabtes Objekt. Mit dem Subjekt des Habens ein Ganzes bildend, ist aber der Körper samt seinen Teilen selbst habender — „Teil" dieses Ganzen, dieses physischen Dinges, das vom Charakter des Selbst getragen ist. Nur auf eine Weise kann die Verbindung der Teilhaftigkeit im Ganzen mit der Stellung einerseits des Habenden, andererseits des Gehabten am Körper selbst manifest werden: der Körper gliedert seine Gesamtheit in „Organe", die an ihm

1. in bezug auf seine Gesamtheit einfache Teile,
2. in bezug auf ihn als Selbst Glieder sind, welche er hat (und die ihm entbehrlich oder nicht entbehrlich sind), und die
3. Mittel sind, durch deren Vermittlung seiner Ganzheit zur Ganzheit er in den Teilen vertreten wird. Denn die ontische Form, die Kategorie, nach welcher ein und derselbe Gegenstand die Funktion des Habens in der Eigenschaft des Gehabtseins ausübt, ist die, daß er zum Mittel des Habens wird.

In ihm selber als in allen Teilen ist dann der Körper mittelbar vertreten durch Organe. Ihre Spezifizierung für besondere Leistungen erfolgt wesentlich harmonisch, in Rücksicht auf die Einheit des Zusammenwirkens mit den anderen, die selbst ja nicht darin vertreten, sondern nur in der Spezifizierung jedes einzelnen Organes, auf dem Umweg über die Einheit, „mit"-gegenwärtig sind. Sehr deutlich läßt sich hier der Unterschied der echten Ganzheit von der einfachen gestalthaften Wirkeinheit klarmachen. Einheit ist zwar mehr als die Summe ihrer Teile und von ihren Teilen abhebbar und transponierbar. Aber sie ist nicht überdies in den Teilen vertreten. Die funktionelle und morphologische Differenzierung erfolgt dagegen in Rücksicht auf die Einheit des Zusammenhangs, sodaß ein Verlust der unmittelbaren oder potentiellen Repräsentation des Ganzen in jedem Teil durch dessen aktuelle Spezialisierung zum Organ wieder wettgemacht wird und nichts anderes als die Erhaltung der Repräsentation, als die Vergegenwärtigung des Ganzen (obzwar auf vermittelte Weise) bedeutet.

Das Ganze des lebendigen Körpers ist unmittelbar selbst in seinen Teilen potentiell vorhanden. Diese seine Form der Vertretung heißt das harmonisch äquipotentielle System. Das Ganze ist jedoch selbst auch vermittelt in seinen Teilen aktuell vorhanden. Diese seine Form der Vertretung liegt vor in der harmonischen Divergenz spezialisierter Organe.

Mithin zeigt sich eine bislang für rein empirisch gehaltene Erkenntnis von der Äquipotentialität des Organismus und ihrem allmählichen Zurücktreten hinter die reale Spezialisierung im Lauf der normalen Entwicklung als einsichtiger Wesenssachverhalt, als Möglichkeitsbedingung des Lebens. In dem Maße, als der Organismus älter wird, d. h. die Veränderung seines anfänglichen Seins durch Steigerung der Mannigfaltigkeit in quantitativer und qualitativer Hinsicht, also durch Entfaltung besorgt, nimmt er an Fähigkeit zur Umstellung, zur Regulation ab, an Festgelegtheit und Spezialisiertheit in allen seinen Teilen zu. Hierauf beruht ganz eigentlich die konkrete Veränderung der Altersstufen, die oben nur in ihrer notwendigen Abfolge, als Entwicklungskurve begriffen war.

Die Entfaltung ist in sich selbst apriori eine begrenzte. Die Auseinanderfaltung kommt zu einem Ende, aber nicht weil die Anlagen des lebendigen Organismus begrenzt sind oder die Hilfsmittel an Stoff und Energie, die der Körper dem Lebensprozeß zur Verfügung stellt, nicht ausreichen und so eine Abnutzung eintritt, sondern weil es zum Wesen eines Lebendigen gehört, Potenzen zu realisieren, die in der Realisierung unter das Gesetz des in ihm vertretenen oder ihm gegenwärtigen Ganzen fallen. Was in Potenz war, ist jetzt Aktualität geworden und vertritt das Ganze in dem Grade, als es seine Zentralität zu möglichst weit getriebener Spezifikation entäußert hat. Da das Ganze begrenzt ist, muß auch die Spezifikation begrenzt sein. Entfaltung ist Verzicht auf die Möglichkeit und ihr Gewinn zugleich. Aber der Verlierende und der Gewinnende sind nicht mehr dieselben, zwischen ihnen liegt Zeit: das Alter.

Wenn es richtig war, daß das Ding nur durch seine Grenzen lebt, so ist es ebenso richtig, daß es durch sie stirbt. In dieser wohl eingeschränkten Bedeutung gilt der Satz, daß das Leben an ihm selber zugrunde geht.

Im Organ hat das Lebewesen sein Mittel: zum Leben. In seinem Körper vermittelt sich das Ganze zum Ganzen. Die In ihm Gesetztheit des organischen Körpers ist wirklich *vermittelte Unmittelbarkeit*: das Ganze ist in allen seinen Teilen durch ihre in divergenter Spezialität gegebene Übereinstimmung zum Ganzen gegenwärtig, die Teile *dienen* dem Ganzen. Oder kurz gefaßt: der wirkliche Körper ist in jeder seiner faktisch erreichten Phasen in ihm selbst *Zweck*.

Unter Organisation versteht man, nach einem Wort von

Uexkülls, den Zusammenschluß verschiedenartiger Elemente nach einheitlichem Plan zu gemeinsamer Wirkung. Wenn diese Definition streng deskriptiv genommen wird, so ist realiter der einheitliche Plan nicht zuerst da und dann erfolgt nach ihm der Zusammenschluß der Elemente, sondern in idealem Zugleich wird Mannigfaltigkeit und Einheitlichkeit in Einem wirklich. Organisation ist die Daseinsweise des lebendigen Körpers, der sich differenzieren muß und in und mit der Differenzierung jene innere Teleologie herausbringt, nach der er zugleich geformt und funktionierend erscheint. Diese Einsicht sollte davon abhalten, zur Erklärung der wunderbaren Zweckmäßigkeiten und Harmonien, welche die Organismen in immer wieder gestalteten Bau- und Funktionsplänen vor Augen führen, sich auf die Wirksamkeit körpertranszendenter Ideen oder die baumeisterliche Phantasie Gottes zu berufen. Organisation versteht sich ebenso wie für das Leben auch aus ihm von selbst.

Wohl ist richtig (und wird sich in seiner Bedeutung durch den Fortgang der Untersuchung noch schärfer begreifen lassen), daß die Fülle der Baupläne nicht aus der Bauplangesetzlichkeit überhaupt entwickelt werden kann. Im Ansatz organischer Realisierung liegt ein Moment absoluter Beliebigkeit, dessen wesensnotwendige Auswirkung die Irrationalität der Stammformen der Organisation darstellt. Ohne diesen Wesenszug spielerischer Willkür wäre das Leben nicht mehr Leben. Unsinnig aber wäre es, daraus den Schluß zu ziehen, daß die Planmäßigkeit eines Planes ebenso irrational zustandekommen müßte, durch Eingriff einer lebenstranszendenten ordnenden Gewalt. Das belebte physische Ding trägt an sich die ordnungsschaffenden Bedingungen, die mit dem begonnenen Spiel selbst hemmend und fördernd ins Spiel treten.

Das In ihm gesetzt Sein des lebendigen Körpers oder die Verdoppelung seiner in ihm ist (gegenüber dem unmittelbaren Dasein des unbelebten Körpers) ein Durch ihn hindurch Sein. Er vermittelt sein Dasein selbst. Diese Vermitteltheit soll nichtsdestoweniger den Grundcharakter eines wirklichen Seins ausmachen, d. h. an ihm ausgeprägt sein. Also muß der Körper ihm gegenübertreten und zugleich dieses Gegenübertreten selbst sein.

Erfüllt wird diese Wesensforderung in der Gegliedertheit des Körpers in Organe, deren Gesamtheit er ist und denen er allen, einzeln und insgesamt, auch wieder gegenüber ist, sodaß er in diesem Gegenüber- oder Durch ihn hindurch Sein seine wirkliche Existenz lebt. Er ist alle Organe und er hat alle Organe, so daß in ihnen sich die verschiedenartigen Elemente zu gemeinsamer Wirkung nach einheitlichem Plan zusammenschließen. Das Ganze des Organismus ist nicht nur logisch, sondern ontologisch jener doppelten Abhebung von ihm als physischem Körper fähig, ja er konstituiert sich geradezu in und mit dieser Abhebung, die in den Worten „zu“ und „nach“ gefaßt wird. Erst als Einheit von Zweck und Mittel ist der lebendige Körper Ganzheit oder autonomes System.

Bedeutungsvoll ist daran die wesenserzwungene Verselbständigung der Körperteile zu Organen, d. h. zu Mitteln des Lebens. Man sieht wohl gern den physischen Leib des Lebewesens als reines Ausdrucksfeld des dahinströmenden Lebens an. Aber man vergißt dabei die Implikation gegensinnig gerichteter Tendenzen, die in der Grundgesetzlichkeit des Lebens selbst ihren Ursprung haben. Organisation, ob zentralistisch oder dezentralistisch, überwächst das Leben, das doch nur in ihr physisch wird. In seinem Durch ihn Hindurchsein „verliert“ der lebendige Körper seine ungeteilte Zentralität (die er allerdings nicht reell, sondern nur für die abstrakte Erwägung besitzen „konnte“), er ist sie nur in der Vermittlung durch Organe, ohne die er nicht „mehr“ zu leben vermag.

9. Die Zeithaftigkeit des lebendigen Seins.

Trifft die Sprache etwas an die Wirklichkeit Wesentliches, wenn sie jene eigentümliche Abhebung des lebendigen Wesens von seinen Organen, die in doppelter Abhebung des Körpers von ihm selber (und damit in zwiefach laufender Vermittlung vom Ganzen zu den Organen, von den Organen zum Ganzen) manifest wird, mit Zusammenschluß verschiedenartiger Elemente zu gemeinsamer Wirkung nach einheitlichem Plane bezeichnet? Stünde dann der Unterschied der beiden Präpositionen in keinem Gegensatz zu der Einsicht, daß sie nur ein und denselben Sachverhalt von verschiedenen Seiten her zu fassen suchen? Und dürfte man noch weiter gehen und behaupten, daß der Zukunftsbezug in der ersten, der Vergangenheitsbezug in der zweiten Präposition mehr als grammatischen Wert besitzt?

Der Irrtum, welcher die Planeinheit des Organismus auf vorgegebene und von außen an das Lebewesen herangebrachte Zweckideen begründet, wäre, wenn nicht verzeihlicher, doch begreiflicher geworden. Es steht also die Frage zur Entscheidung, ob die anklingende Differenz im Zeitbezug der Wirkungsgemeinschaft der Organe und des in ihnen manifesten Plans auf eine besondere Stellung des lebendigen Seins zur Zeit hinweist. Dabei ist die Entscheidung ganz ohne Bezugnahme auf die Bestimmungen, welche das Grenzverhältnis des lebendigen Körpers im positiven Sinne als Über ihm Hinaussein verfolgten und infolgedessen die dynamischen Wesensseiten des Organischen herausstellten, in der Beschränkung auf den statischen Sinn der Grenze durchzuführen.

Als Körper mit der Wesenseigentümlichkeit, in ihm zu sein, ist der Körper ein Selbst, das haben kann. Wie gewinnt diese Binnenhaftigkeit des „Kerns“ Realität? Dadurch, daß sie als Potenz, als Vermögen, wirkliche Möglichkeit erscheint. Ein Sein, das nur im Modus des Vermögens und Könnens bestimmt werden kann, läßt sich nicht als vollendetes, echtes Sein im gewöhnlichen Sinne ansprechen. Denn es handelt sich ja nicht um ein anhängendes Können, um Können oder Nichtkönnen eines in sich außerdem schon Bestehenden, sondern um die Kannqualität als solche. Sein in purer Kannqualität ist Nochnichtsein, ein Nichtsein, das die Bedingungen des Übergangs in das Sein an ihm hat. Nichtsein oder Nichts wird in dieser Bestimmung jedoch nicht radikal genug genommen: um Bedingungen zu haben, müßte es selbst etwas sein, auf jeden Fall (im Modus der Aktualität) sein. Das Nochnicht droht hiermit ontisch zu einem Widerspruch in sich zu werden. Und bloß als subjektive Kategorie und Betrachtungsweise erfüllt es nicht die Aufgabe der realen Potenz, des wirklichen Vermögens, läßt sich also ebensowenig halten.

Man könnte daran denken, nunmehr das aktuelle und potentielle Sein des Organismus gegeneinander aufzuheben und nur das Übergehen von einem zum anderen oder das Werden als Modus seiner Existenz festzuhalten. Damit hätte der lebendige Körper jede Gegenwart verloren und wäre zu einem reinen Fließen geworden, dessen Wesen mit dem Wesen echter Begrenzung in Widerspruch steht. Auch dürfen in einer echten Synthesis die Bestimmungen der Potentialität und Aktualität nicht gegeneinander aufgerechnet werden, sondern müssen in voller Schwere des Sinnes erhalten bleiben. Sein im Modus der Potenz hat eben noch jene spezifische Schwere und Fülle, die in Potentialität als reinem Nochnichtsein nicht zum Ausdruck kommt. Kannqualität als Seinsqualität, seiende Möglichkeit gilt es zu begreifen.

Gewiß heißt es in der Sprechweise der Empirie, der lebendige Körper „habe" Potenzen, er sei befähigt, Schäden auszugleichen, er besitze formbildende Vermögen, sodaß man zunächst zu der Annahme berechtigt scheint, die Potenz als anhängende Bestimmtheit des (aktuellen) Seins des Körpers zu betrachten. Aber die Redeweise ist, wie die Untersuchung gezeigt hat, ungenau. Sie verdeckt, indem sie das Ganze des Körpers (mit Recht) als Subjekt des Habens seiner Eigenschaften faßt und ihn somit als ihm selber entgegensetzt erkennt, die ebensosehr bestehende, und zwar physisch bestehende, Aufhebung dieser Entgegensetzung, in welcher der lebendige Körper als ganzheitliches System erst wirklich existiert. Infolgedessen sind die Potenzen, weil sie das Lebewesen hat; hat sie das Lebewesen, weil sie den Gesamtbestand seines realen Seins bilden. Man kommt nicht darum herum, lebendiges Sein als seiende Möglichkeit und in seiner Beziehung zur seienden Wirklichkeit des vorhandenen greifbaren Körpers näher zu bestimmen.

Was wirklich vorhanden ist, ist auf jeden Fall jetzt. Was vorhanden sein kann, ist auf jeden Fall noch nicht und erst dann (wenn sein Modus anders wird). Wirklich vorhanden unterscheidet sich vom Nochnicht vorhanden auf jeden Fall durch verschiedenen Bezug zu den Modis der Zeit. Beide verhalten sich zueinander wie der Modus der Gegenwart zum Modus der Zukunft. Eine wirkliche Möglichkeit, ein seiendes Kann hat dementsprechend einen doppelten Bezug zu den Modis der Gegenwart und der Zukunft. Es bedeutet ein im Jetzt stehendes Nochnicht. Die Erfüllung des Bezugs zum Modus der Zukunft muß dabei von gleicher Art sein wie die Erfüllung des Bezugs zum Modus der Gegenwart. Daher bedeutet es ebensosehr ein im Nochnicht stehendes Jetzt.

Versucht man diese Bestimmung von einem physischen Ding, wie es der lebendige Körper, aber auch der Bleistift auf meinem Schreibtisch oder das Haus ist, in dem ich schreibe, erfüllen zu lassen, so sieht man sofort, daß damit offenbar der Charakter der Potenz noch nicht getroffen ist. Auch der Bleistift ist ein jetzt auf dem Tische liegender roter Gegenstand, der im Nochnicht seines in die Hand Genommenseins steht. Auch das Haus ist ein im Nochnicht seines Umgebautseins stehender Raum, der mich jetzt kühl gegen die andrängende Sommerhitze schützt. Worin liegt der Unterschied zwischen dem in potentia Pluteuslarve seienden Echinidenkeim und dem in potentia Vieretagenhaus seienden Dreietagenhaus?

In der Abhängigkeitsrichtung zwischen Nochnichtmodus und Jetztmodus. Die Echinidenblastula trägt den Pluteus „schon in sich". Das Dreietagenhaus trägt das Vieretagenhaus nicht in sich. Es bietet nur die Möglichkeit dazu oder es hat die Möglichkeit, daß das mit ihm gemacht wird. Die Beziehung seines Seins zum Modus des Nochnicht ist nicht von gleicher Art wie die Beziehung seines Seins zum Modus des Jetzt, denn diese ist erfüllt, jene ist nicht erfüllt, sondern muß erst erfüllt werden. Wohlgemerkt: Die Erfüllung der Bezüge zum Modus der Gegenwart und zum Modus der Zukunft ist unabhängig von der Erfüllung der Modi selbst. Die seiende Möglichkeit, die Potenz, ist darum, daß sie ist, noch nicht die aktuelle Wirklichkeit, sondern muß erst zu ihr werden. Aber der Bezug dazu, daß sie „werden" muß, ist in demselben Sinne erfüllt, wie der Bezug dazu, daß sie „schon" ist.

Gewiß hat der Bleistift die Möglichkeit, in die Hand genommen zu werden, zum Schreiben benutzt zu werden, gespitzt zu werden. Aber diese Möglichkeiten gehören ihm doch nicht im selben Sinne an wie sein Rotsein, Aus Holz sein usw. Er erschöpft sich als das, was er physisch-dinglich ist, nicht in den Möglichkeiten, mit ihm umzugehen. Die Mit-ihm-Möglichkeit gehört nicht als Möglichkeit zum Eigenbestande seines Seins, sondern gerade als Wirklichkeit, als diese oder jene Eigenschaft seiner Wirklichkeit. Mit dem Bleistift läßt sich schreiben, d. h. er ist schlank geformt, sodaß er zur Hand paßt, er hat eine Graphitstange in sich, die Spuren auf Papier zurückläßt usw. Bei der Potenz als dem seienden Kann handelt es sich nicht um eine Mit-ihm-Möglichkeit, sondern um eine An-ihm-Möglichkeit des physischen Dinges. Als Möglichkeit gehört sie zum Eigenbestande seines Seins und ist sie. Der lebendige Körper ist in demselben Sinne: noch nicht wie er: jetzt ist.

Wenn er dieses Gesetz erfüllen soll, ebensosehr einen im Jetzt stehenden noch nicht seienden Körper als einen im Nochnicht stehenden jetzt seienden Körper zu bedeuten, so hängt alles von der Richtung ab, die zwischen diesen Bestimmungen waltet. Es wird nämlich der Charakter der Potenz nicht getroffen, solange man nicht imstande ist, sie als ein vom Nochnicht abhängiges Jetzt zu erfassen. Vermögen ist eine Art Sein, deren Beziehung zum Gegenwartsmodus von ihrer Beziehung zum Zukunftsmodus abhängig ist. Als wirklich vorhanden hat diese Art Sein einen erfüllten Bezug zum Modus der Gegenwart. Ihrem spezifischen Möglichkeitswesen nach hat sie einen erfüllten Bezug zum Modus der Zukunft. Da nun der Modus Jetzt nicht vom Modus Nochnicht abhängig sein kann, ohne den Sinn der zwischen ihnen waltenden Ordnung des Nacheinander umzukehren, da weiterhin die Bezüge zum Modus Jetzt und zum Modus Nochnicht in durchaus derselben Weise dem fraglichen Sein „Potenz" zukommen, d. h. in ihm erfüllt sein sollen, so bleibt nur übrig, eine Abhängigkeit — nicht der Modi und nicht der Bezüge zu den Modis, sondern der Erfüllung der Bezüge voneinander als das die reale Potenz Charakterisierende anzusehen.

Als Form ist die Zeit Einheit des Nacheinander in nicht umkehrbarem Sinne. Zeit sollte daher, so ist man geneigt anzunehmen, dem Seienden zu einer bestimmten Zeit die Richtung der Abhängigkeit dadurch vorschreiben, daß sie ein einsinnig gerichtetes nichtumkehrbares Nacheinander ist. Alles fließt in der Zeit; was es gestern war, ist es heute nicht mehr. Aber sein Gewesensein bestimmt sein Heute und Morgen unmittelbar oder mittelbar, es bildet an seiner jeweiligen Gegenwart mit, es verursacht sie. Wie sollte das, was noch nicht ist, ein Abhängigkeitsverhältnis für das stiften, was schon ist? Wie soll vom Nichtsein, von Nichts etwas abhängen können?

Aber an der scharf gestellten Frage geht diese gebräuchliche Argumentation vorbei. Es handelt sich hier gar nicht um das Verhältnis zwischen seienden Elementen, sondern um eine Seinsweise, das Vermögen, die Potenz als eine Art des Seins. Diese charakterisiert sich durch den Bezug zu zwei Modis der Zeit, der erfüllt sein muß, wenn der Tatbestand einer solchen Art Sein erfüllt sein soll. Ist aber der Bezug zum Modus Gegenwart in streng demselben Sinne wie der Bezug zum Modus Zukunft erfüllt, ist also, wie oben formuliert wurde, der lebendige Körper ebenso sehr jetzt wie noch nicht und besteht hier keine Differenz, so hebt diese Forderung die physische Existenz des Körpers einfach auf. Ihre Aktualität ist dann von der Potentialität durchgängig und wesenhaft bestritten.

Das soll gerade vermieden sein. Aktualität und Potentialität sollen sich im wirklichen Leben des Organismus miteinander vertragen, sollen sich zur Einheit instantaner Existenz durchdringen, ohne einander damit aufzuheben. Wieder rückt der Gedanke versuchend in die Nähe, es möchte doch so sein, wie der gewöhnliche Sprachgebrauch es darstellt, wenn er den Körper Potenzen haben läßt; gemäß welcher Vorstellung auf dem Grunde eines fertigen aktuellen Seins (im Modus Jetzt) Möglichkeiten bestehen, Bedingungen, bei Gelegenheit dies oder das in aktuelle Wirklichkeit zu setzen. Doch der Rückfall in die zurückgewiesene Vorstellung hilft hier nicht. Es geht ja gerade um die genaue Fassung dieser Art Bedingungsein, das qua Sein der aktuellen Realität angehört, qua Möglichkeit ihr nicht angehört.

Seiende Möglichkeit, reale Potenz ist auf jeden Fall, steht also im Modus Jetzt. Der Bezug zum Modus Jetzt ist erfüllt. Möglichkeit bedeutet ein sein Können, steht also im Modus Nochnicht. Der Bezug zum Modus Nochnicht ist ebenfalls erfüllt. Unter welcher Bedingung konstituiert die Erfüllung der Bezüge zu beiden Modis der Zeit eine Art Sein, wenn beide Bezüge erfüllt sein müssen?

Möglichsein fällt nicht einfach mit Nichtsein zusammen oder wird durch Nichtsein äquivalent bestimmt. Möglichsein ist ein Nichtsein, das — wie es oben hieß — die Bedingungen des Übergangs in das Sein an ihm hat. Eine ungenaue Redeweise, denn was wesenhaft ohne Sein ist, kann auch keine Bedingungen haben. Möglichsein bezeichnet mithin nur eine besondere Richtung vom Nichtsein zum Sein, die in dem Wort Noch nicht festgehalten wird: die Richtung aus der Zukunft in die Gegenwart. Was Bedingungen hat, ins Sein überzugehen, das nimmt am Werden etwas vorweg, durch welches seine Einheit gewährleistet ist. Möglichkeit faßt also eine Richtungseinheit, die gegen die Bestimmtheitsrichtung des Seienden in der Zeit Vergangenheit Gegenwart Zukunft gekehrt ist. Im Können des Seins wird letzlich nichts anderes als ein Vorwegverhältnis statuiert, in welchem die Abhängigkeitsrichtung von der Zukunft zur Gegenwart läuft.

Eine reale Potenz ist somit dann gegeben, wenn die Erfüllung des Bezugs zum Modus der Zukunft der Erfüllung des Bezugs zum Modus der Gegenwart vorweg ist oder sie bedingt. Es kommt ein reales Bedingungsverhältnis in die Zeit, wobei das Bedingende nicht das zeitlich Vorhergegangene ist, da sonst die Ordnung der Abhängigkeit umgedreht werden würde. Zwischen den Erfüllungen selbst findet also ein „zeitloses“ Bedingungsverhältnis statt, das der Sukzessionsrichtung des Seienden in der ablaufenden Zeit entgegengerichtet ist und einer Rückbindung der Zukunft an die Gegenwart gleichkommt. Dieses πρότερονὕστερον ist das Schema der sachlichen, sinngemäßen Abhängigkeit oder der Fundierung.

In seinen Potenzen ist das Sein des lebendigen Körpers ihm selber vorweg. Reale Potenz ist ein vermitteltes Sein, welches nicht mehr seine Fundierung in sich als dem Gegenwärtigen, sondern als dem Zukünftigen hat. Bedingt die Erfüllung des Bezugs zum Modus der Zukunft die Erfüllung des Bezugs zum Modus der Gegenwart, so ist eine reale Möglichkeit gegeben: unter dieser Bedingung einer Zukunftsfundierung steht potentielles Sein.

Sofern der lebendige Körper in ihm hineingesetzt ist (raumhaft) und er mit diesem Charakter der Positionalität einen raumbehauptenden Körper darstellt, ist er potentiell in seinem aktuellen Dasein, ist er ihm selber vorweg. Aus den raumbezüglichen Wesenseigenschaften der Positionalität läßt sich also die Zeitbezüglichkeit des lebendigen Körpers wesensgesetzlich bestimmen. Damit gehört zur Positionalität selbst die Beziehung zur Zeit.

Als lebendiger Körper ist der Organismus nicht nur in den Raum, sondern ebenso in die Zeit hinein, nicht einfach wie jedes Ding zeitlich festlegbar, in der Zeit, zu irgendeiner oder zu aller Zeit, sondern zeithaft aus seinem eigenen Wesen heraus. Hierin liegt der wahre Grund für jene zeithafte Bestimmung der immanenten Teleologie, welche die Einheit der Glieder im Ganzen des organischen Körpers manifestiert und von der diese Untersuchung ihren Ausgang nahm. Die Glieder schließen sich zu gemeinsamer Wirkung nach einheitlichem Plan zusammen, weil das Ganze des Körpers, in seinen Potenzen ihm unmittelbar, in seinen Gliedern ihm vermittelt gegenwärtig, ihm selbst vorweg ist. So ist in der Tat auch im ruhend, zeitfrei gefaßten Organismus das Ganze der Zweck seiner selbst in allen seinen Teilen und die Vorgegebenheit dieses Planes wesentlich für Bau und Funktion der vermittelnden Organe.

Bloß gestalthafte Einheit ist unmittelbar mit ihren Teilen gegeben, aber ihr Überschuß über die Undverbindung der Teile, Ausdruck der Wechselwirkung aller auf alle, ist nicht selbst für sich allein konstituiert. Ganzhafte Einheit ist mit und durch ihre Teile vermittelt gegeben, sie tritt in der Einheit mit ihnen doch noch ihnen selbst gegenüber. Der Ausdruck dieser Selbstvermittlung liegt in den raumhaften und zeithaften Charakteren der Positionalität. In ihm Sein erscheint als Organisation, Ihm Vorwegsein als volles gegenwärtiges Sein, als wahre Beharrung, echte Aktualität. So löst sich die letzte Schwierigkeit im Begriff der realen Potenz und ihres Verhältnisses zur Aktualität des vorhandenen Körpers im Jetzt. Potenz ist nur die Weise der Vermittlung des Jetztseins zur Gegenwart.

Alle Dinge sind in der Zeit, dauern mehr oder weniger an, verändern sich und verschwinden. Bleiben sie sich überlassen, unterwirft man sie keinen Zweckbestimmungen, so gehen sie nach dem Gesetz von Ursache und Wirkung von Veränderungen zu Veränderungen. Die Determinationsrichtung ist die Ablaufsrichtung von der Vergangenheit her in die Zukunft hinein. Unterwirft man Dinge einem Zweck, so kehrt sich nur scheinbar die Determinationsrichtung um, weil der Zweck sie auf die Zukunft bezieht, sie also von der Zukunft her bindet. In Wirklichkeit ändert sich nichts. Die Zwecksetzung geschieht zu einer Zeit und wirkt als Ursache für die Bildung aller weiteren Schritte in die Zukunft hinein. Nur der Gehalt der Ursache oder ihr Zwecksinn legt das Schema, nach welchem die Wirkung erfolgen soll, zum voraus fest. In seiner Ursächlichkeit, als Bestimmer wirklichen Seins, gehört auch der wirkende Zweck entgegen seinem ideellen Sinn der Vergangenheit an.

Nach einem berühmten Wort von Novalis ist die Natur lauter Vergangenheit. Aber aus einer solchen Natur wäre alles Leben entwichen. Sie wäre reine Paläontologie, ein Schlachtfeld voll Leichen. Nur auf die unbelebten Dinge in Raum und Zeit paßt das Wort, und nicht einmal in seiner ganzen Schwere. Denn das Sein der leblosen Dinge ist reines Übergehen vom Nicht mehr ins Noch nicht. Ihr Sein im Modus Jetzt ist nur ein limitatives. Was sie feststellbar sind, vergeht und wird, hat aber ebensowenig eine Beziehung zum Jetzt wie eine Beziehung zum Damals und zum Dann. Unbelebtes Sein geht mit der Zeit auf, weil ihm die Gesetztheit in ihm selber, die Mittelpunkthaftigkeit fehlt, in der es beharrt. Ihm ist die Akzentuierung der Zeit in Modi unwesentlich und verschlossen. Wohl bringt man das Schema der Kausalität an das leblose Sein heran und erkennt es dadurch in seiner Determiniertheit von der Vergangenheit her. Charakteristischerweise verträgt jedoch alles, was in Form von Kausalreihen vermittelt wird, die Transformation in Bedingungszusammenhänge oder die rechnerische Äquivalenz von Raum und Zeit. Die spezifische Richtungsqualität der Zeit spielt für die Erkenntnis im physikalischen Sinne keine Rolle. Als reine Maßzeit findet sie ihren adaequaten Ausdruck in der Uhr. Ein vorzügliches Beispiel für diese Behandlungsmöglichkeit der Zeit, „in" der alles ist, bieten die Gleichungen der Relativitätstheorie.

Erst dem lebendigen Sein ist Zeit in ihren Modis wesenhaft, denn es konstituiert sich vermittels der Zeit, insofern es ein Sein bedeutet, das ihm selbst vorweg ist. Gewiß darf man sagen, daß jedes Ding in Bewegung Zeit braucht. Das ist ein analytisches Urteil. Aber zum Ruhen braucht es keine Zeit. Zwar der Beobachter findet es „so und so lange" an seinem Platz und da seine Ruhe als Stillstand nur gegen andere Bewegungen gemessen werden kann, so wird damit der qualitative Unterschied zwischen Ruhe und Bewegung erkenntnismäßig relativiert. Zum Sinn des Ruhens gehört dagegen kein Zeitbezug, auch wenn das ruhende Ding ebenso wie der Raumform dabei der Zeitform unterliegt. Anders das lebendige Ding, dessen positionaler Charakter die Zeitform im Vorweg des Seins selbst impliziert, Zeit ist. Wie jedes Ding gehört auch das lebendige Ding in Rücksicht auf seine Gegenständlichkeit an eine bestimmte Zeitstelle; Zeit ist in dieser Funktion Bedingung der Gegenständlichkeit und berührt das Sein als solches nicht. Darüber hinaus sind die lebendigen Dinge vor den anderen Dingen dadurch ausgezeichnet, daß sie im Sein als solchem Zukunftsbezug „enthalten".

Der organische Körper ist, als in ihm gesetzt, ihm selbst vorweg. Er *ist*, sofern er zu ihm (sich) im Verhältnis des Vorweg steht. Oder sein Sein zeigt eine Fundierung zeithafter Art, die bestimmt ist durch die Richtung „von der Zukunft her". Das Sein des Organischen selbst ist wesenhaft in diesem Gegenverhältnis zum Zeitstrom, der auf es zukommt und hinter ihm vergeht.

Was aber heißt das eigentlich, wenn man das Reden in Bildern vermeiden will, die das Sein wie einen festen Körper und die Zeit wie eine strömende Flüssigkeit darstellen? Wenn der lebendige Körper in diesem eigentümlichen Charakter des Vorweg ist, so bedeutet das für das im Jetzt stehende Sein konsequent ein von der Zukunft her bestimmtes oder ein Ergekommenes Sein. Das faktisch Vorhandene ist also die Erfüllung einer vorgegebenen Richtung in die Zukunft, (wenn man sich am psychologischen Ausdruck nicht stören will) einer Erwartung, einer Tendenz. *Nicht* in dem Sinne, daß die Tendenz faktisch vorherläuft und vorgegeben ist, weil dann vorhanden wäre, was selbst nur fundieren soll. Antizipation ist der Modus lebendigen Seins, Vorwegnahme nicht eines

Bestimmten, das erst noch kommen, werden, ins Sein treten müßte, sondern Vorwegnahme seiner selbst als eines Bestimmten. (Will man es in einer heute sehr gebräuchlichen, aber vornehmlich auf die Stuktur des Bewußtseins bezogenen Terminologie ausdrücken, so müßte man sagen, nur die Erfüllung sei da ohne wirklich vorhergegangene bzw. zugeordnete Intention. Das als Körper vorhandene Sein stehe, sofern es lebendig ist, im Lichte einer erfüllten Intentionalität.)

Das „Ihm selbst Vorweg" und das lebendige Sein besagen ein und dasselbe. Also ist lebendiges Sein ebensosehr ihm selbst nach oder Erfüllung seiner selbst. Dieser Wesenszug sichert dem lebendigen Ding, was keinem leblosen Ding gegeben ist, Gegenwart. In Rückbindung von der Zukunft her steht der lebendige Körper, ihm selber vorweg d. h. Zweck, seinem dauernden Übergehen vom Noch nicht ins Nicht mehr entgegen oder beharrt. Das abstrakte Jetzt zwischen Zukunft und Vergangenheit eignet sich nicht mehr zum Schema seiner Existenz, sondern nur die konkrete Gegenwart, deren Differential der Augenblick ist, Einheit von Zukunft und Vergangenheit. Darum hat weiterhin der lebendige Körper, in Rückbindung das ihm selber Nachseiende, eine Vergangenheit. Er vergeht nicht einfach und verliert in dem, was er ist, das, was er war, oder bewahrt wie ein Gebirge, das, was er war, als das, was er ist, sondern er bewahrt es in seiner Gewesenheit als Bestand seines eigenen Seins. Als ihm Nachseiender ist er lauter Vergangenheit. Insofern darf man wohl vom „Gedächtnis", wie Hering es tat, als einer allgemeinen Funktion der lebenden Materie sprechen.

Lebendiges Sein steht im Modus der Gegenwart, weil es ein ihm selber Vorweg (Nach)-Sein ist. Seine Gegenwart ist jene Aktualität, die nicht mehr im unversöhnlichen Gegensatz zur Potentialität gedacht werden muß, sondern Potentialität zur Voraussetzung hat: erfüllte Potentialität. Ein Sein, das — in sich vermittelt — (unter dem Bilde des unendlichen Kreislaufs oder der ruhigen Flamme) die beständige Überführung vom einen in den anderen Modus der Zeit und die Einheit der Überführung, d. h. Gegenwart, bedeutet.

10. Die positionale Raum-Zeitunion und der natürliche Ort.

Wenn die Fortschritte der Physik, der Gebrauch nichteuklidischer Geometrien bei ihren Messungen, besonders aber die relativitätstheoretischen Gleichungen den Glauben an einen absoluten Raum und an eine absolute Zeit erschüttern konnten, so geschah es stets im Widerstreit mit der lebendigen Evidenz unvoreingenommener Anschauung. Oben, unten, vorn, hinten, links, rechts behalten für sich noch immer als spezifische Richtungsmöglichkeiten ihren Sinn wie Früher und Später, Jetzt und Gleichzeitig. Freilich wird ihr Sinn damit relativ auf ein anschauendes Subjekt gesetzt, aber in der Relation bleibt er absolut. Die Obenqualität, die Späterqualität sind als solche allein in Relation auf ein anschauendes, erlebendes Wesen sinnvoll und nicht mit der Untenqualität, der Früherqualität vertauschbar. Beliebig, d. h. abhängig vom Standort des Beobachters ist nur die Wahl einer bestimmten Richtung zur Oben- oder Rechts- oder Hintenstellung, zum Früher oder Später. Daß alle Maßbestimmungen von Standort und Eigengeschwindigkeit des Beobachters abhängen, die gesuchten Strecken und Zeiten in ihrem Abstand Funktionen des Ortes und der Eigenzeit der Maßstäbe sind, daß die Messung der wirklichen Vorgänge an Körpern nicht mit den Anschauungsformen erfolgt, sondern wie jede Messung eine Ablösung vom nur qualitativ Charakterisierbaren und seine Transformation in ein Kontinuum von Quantitäten darstellt, läuft den Strukturgesetzen eines erlebbaren Raumes, einer erlebbaren Zeit nicht zuwider, es tangiert sie gar nicht.

Oben, Rechts, Jetzt, Dann sind nur erlebnismäßig, doch keineswegs als Erlebnisse zu verstehen. Ihr Sein geht darum, weil sie nicht mathematisch demonstrabel sind, nicht in bloßen Vorstellungen auf. Die Unterscheidungsmöglichkeit eines Vorn und Hinten kann einem radiär gebundenen Wesen, wie es etwa der Seestern ist, verwehrt sein, und wenn der Mensch einen Januskopf oder noch besser zwei Vorderseiten hätte, ließe sich denken, daß bei nicht betonter Aufmerksamkeitsspannung vorn und hinten für ihn nicht voneinander abhebbar wären. Darum sind sie noch immer spezifisch differente, dem erlebbaren Kontinuum des Auseinander und Nebeneinander angehörende Einzeichnungsmöglichkeiten. Gleiches gilt für die Zeit. Als erlebbares, unumkehrbares, einsinniges Nacheinander stellt sie eine Strukturform des Seins dar, die in ihrer Absolutheit als solcher nicht davon berührt wird, daß sie nur erlebnismäßig als „Zeit“ begriffen werden kann. Ausschaltbarkeit gewisser Erlebnisse und Angewiesenheit auf erlebnismäßige, gegebenenfalls anschauliche Vermittlung wird ebensowenig zum Indizium für Sein oder Nichtsein des zum Erlebnis Kommenden wie seine Meßbarkeit oder Nichtmeßbarkeit.

Betrachtet man, dieses vorausgeschickt, einen unbelebten physischen Körper in seinem Verhältnis zu Raum und Zeit als nur erlebnismäßig zu fassenden Seinsformen, also in seinem anschaulichen Verhältnis zu Neben, Über, Hinter, Jetzt, Dann, Damals usw., so zeigt sich eine wesenhafte Gleichgültigkeit seines gleichwohl räumlich-zeitlich „bestimmten" Seins gegen seine Lage und Dauer. Räumlich und zeitlich bestimmt heißt hier immer, in Bezug auf andere räumlich-zeitlich gelagerte Dinge bestimmt sein. Er selbst, der Körper, läßt sich gegen den Raum und die Zeit beliebig verschieben. Die Idee etwa, daß der Körper aus Gründen hoher Geschwindigkeit eine räumliche Deformation erleiden muß oder daß sich in bezug auf ihn Raum und Zeit verkürzen, widerstreitet durchaus dieser Unabhängigkeit seines Seins von seinem Wo und Wann. Wenn auch, wie die Physik (in scheinbarer Aufhebung dieser Unabhängigkeitsstruktur) zeigt, der Körper in seinen Lagen aufgeht und nichts „ist", als was die messende Festlegung mit Uhr, Galvanometer, Wage angibt, so erscheint er doch außer Beziehung zu dem Ort, den er nun einmal im Raum und in der Zeit, jenen Leerformen zur Ausfüllung mit Bewegungsbahnen und Massen, einnimmt.

Der lebendige Körper ist nicht in diesem Sinne gleichgültig gegen den Raum und die Zeit: er wächst und er altert. Sein Irgendwo-Gelegensein, sein Irgendwann-Verändertwerden kann allerdings die bloße relative Bestimmtheitsbedeutung haben, wie sie allen Körpern wesentlich ist. Während diese jedoch in ihrer nach den Koordinaten des Raumes und der Zeit gemessenen Lage aufgehen (erscheinungsmäßig unabhängig gegen Hohlraum und Hohlzeit), sind die belebten Dinge zu ihrem Ort in Raum und Zeit in Beziehung. Der wachsende Körper hat an seiner Grenzzunahme ein absolutes Raummaß, an seinem Älterwerden ein absolutes Zeitmaß.

Mit diesem Maß kann man zwar keine allgemeingültige, beliebig verwendbare Maßeinheit treffen. Die Lebenszeiten und Lebensräume sind, auf ein gemeinsames Maßsystem gebracht, völlig verschieden und ergeben, zum Maßstab untereinander gemacht, eine jede für sich, ganz verschiedene Zahlen. Aber die Absolutheit hat damit nichts zu tun. An ihm selber hat der organische Körper sein Maß, sind ihm Raum und Zeit bemessen. Weshalb man z. B. sagen darf, eine dreijährige Ratte sei so alt wie ein sechzigjähriger Mensch. Und es unmöglich ist zu sagen (wie in Popularisierungen der Relativitätstheorie geschehen ist), ein mit Lichtgeschwindigkeit gegen die Umdrehungsrichtung der Erde bewegter Organismus verjünge sich.

Auch der Kristall wächst und altert und wie vieles gibt es nicht in der unbelebten Natur, das im Lauf der Zeit an Umfang zunimmt oder an Widerstandsfähigkeit abnimmt, sich abnutzt. Man spricht von alten Gebirgsformationen, Landschaften usw. Wachsen und Altern sind hier rein extensiver Natur. Sie bedeuten die allmähliche Veränderung, welche der anfangs vorhandene Körper durch Anlagerung oder durch Eingriff anderer Stoffe erfährt und ihn selbst zu einem anderen macht. Er vergeht mit jedem Schritt dieser äußeren Einwirkungen, selbst da, wo Formveränderung und Zusammensetzung des Körpers durch Umlagerungs- und Entwicklungsvorgänge der ihn bildenden Elemente hervorgerufen wird. Die Prozesse, welche als Altern oder Wachsen bezeichnet werden, gehen hier ebenso von dem Ding aus, als sie es bilden. Ein außersprachlicher Grund zur Gegenüberstellung eines Trägers der Prozesse und der Prozesse selbst besteht hier nicht.

Erst der positionale Charakter gibt dazu den Rechtsgrund. Das Über ihm Hinaussein, das In ihm Hineinsein, konstitutive Merkmale eines Körpers, der „in“ seinen Grenzen ist, macht ihn zu einem in den Raum hinein, in die Zeit hinein Seienden. In ihrem ursprünglichen gegen Räumlichkeit und Zeitlichkeit indifferenten Wesen — denn sie kann den Körper räumlich oder zeitlich begrenzen — verleiht die Grenze dem Körper, der sie nicht als bloße Bedingung der Möglichkeit seiner Begrenzung, sondern als wirkliches Konstituens besitzt, die Eigenschaften der Raumhaftigkeit und der Zeithaftigkeit.

Die Untersuchung hat gezeigt, worauf das Zustandekommen dieser Eigenschaften beruht: Positionalität heißt Gesetztheit, ein In sich Vermitteltsein (Angehoben-Niedergesetztsein, wobei der Unterschied der Phasen selbst annulliert gedacht ist). Der räumlich-zeitliche Körper ist somit ein in ihm selbst vermittelter, d. h. Raumform und Zeitform rücken aus der Stellung bedingender äußerer Formen in die Stellung bedingter „innerer“ Seinscharaktere. Als in ihm selber „steckend“, ihm selber vorweg zeigt der organische Körper mit der gleichen Deutlichkeit raumhaft-zeithafte Züge wie als der über ihm Hinausseiende, Werdende, Sichentwickelnde. Und es bedeutet einen Beweis für die Union dieser Raum-Zeithaftigkeit, daß die Untersuchung aus jedem der beiden Grundfunktionen des Grenzeseins, deren erste in die dynamische, deren zweite in die statische Eigenschaftsreihe führt, den Übergang aus der dynamischen in die statische Reihe und umgekehrt entwickeln konnte.

Organischer Körper ist nicht bloß wie jeder physische Körper ein vierdimensionales Gebilde, sondern in seiner Wesenseigenschaft, Raum und Zeit positional zu behaupten, in ihm selber absolute Union von Raum und Zeit. Das ist der Sinn jener auf Aristoteles zurückgehenden Lehre vom natürlichen Ort, vom wesenhaften Ort der Dinge, die sich nur für die lebendigen Dinge bestätigen läßt.

Fünftes Kapitel.

DIE ORGANISATIONSWEISEN DES LEBENDIGEN DASEINS. PFLANZE UND TIER.

1. Der Lebenskreis.

Unter Organisation bezeichnet man die Selbstvermittlung der Einheit des belebten Körpers durch ihre Teile. Die Einheit ist insofern Ganzheit, das einzelne Ding Individuum. Ein Ganzes ist nicht nur mehr als die Summe seiner Teile — wie jede Gestalt als Wirkeinheit —, sondern ist als Eines in jedem Teile, als Eines außer der Einheit ihrer Mannigfaltigkeit. Bildet daher ein geschlossenes System von Elementen eine Ganzheit, so ist das System als solche verknüpfende Bedingung für die Mannigfaltigkeit aller Elemente und zugleich Einheit neben dieser (kraft seiner bestehenden) Mannigfaltigkeitseinheit. Einheit in und Einheit außer der Mannigfaltigkeit bildet nur dann keinen einfachen Widerspruch, wenn sie als durch die Mannigfaltigkeit der Elemente vermittelte Einheit gedacht wird. Die Realisierung der widersprechenden Bestimmtheiten erfolgt darum auch unter dieser Bedingung.

Das Organ repräsentiert das Ganze und ist ein Teil des Ganzen; es vermittelt das Ganze zum Ganzen oder es ist ein Mittel für es, von dem das Ganze abhängig ist, sodaß es ohne Mittel nicht lebendig zu sein vermag. Im Organ schafft sich das Leben seine Hemmung, ohne die es doch nie Leben wäre. Die notwendige Selbsthemmung des Lebens ist dabei nicht erzwungen, als erlitte etwa sein ungebunden strömendes Wesen durch die unvermeidliche Bindung an physische Dinge Stauung und Brechung, sondern sie erwächst dem Leben, wie die Untersuchung erwiesen hat, aus seiner eigenen Natur primärer Grenzhaftigkeit des Seins. Hemmung des Lebens ist das Organ, weil es das Unmittelbare des Prozesses (durch eine Trennung in ihm) vermittelt. Zugleich aber ist diese Hemmung eine Förderung, ein Mittel des Lebens — zum Leben, welches dem Leben dient.

Nimmt man diese Bestimmung wirklich grundsätzlich, macht also keine Ausflüchte empirischer Art, indem man den Organen die Zwischengewebe u. ä. gegenüberstellt — was doch nichts hilft, denn Organ bedeutet hier eine relativ abgrenzbare, funktionell und morphologisch spezialisierte Teileinheit des Körpers überhaupt —, so ergibt sich daraus, daß der Organismus als Einheit aller Organe die Einheit der Mittel zum Leben ist. Diese Einheit gegenüber seinen Organen stellt der Organismus aber nur dar, weil er in den Organen zur Einheit vermittelt wird. Auf Grund von Mitteln, durch Mittel zusammengehalten ist der Organismus in Wahrheit das Mittel seiner selbst.

Ohne Zweifel ist aber die richtige Vorstellung doch die, daß der Organismus Zweck seiner selbst ist und seine Organe als Mittel für diesen Zweck besitzt und gebraucht, ohne einfach in ihnen substantiell als der Besitzer und Gebraucher aufzugehen. Auf der Entgegensetzung eines Subjekts, welches den Körper mit seinen Teilen hat, gegen diesen Körper beruht ja die Notwendigkeit der Organisation des lebendigen Körpers. Das Subjekt ist eben hier zugleich sein Objekt, der Träger des Lebens fällt mit dem Ziel des Lebens zusammen. Und wenn sich dann herausstellt, daß der Träger des Lebens, also die Einheit des Organismus, wie sie als Kern und Mitte der Mannigfaltigkeit der Teile gegenübersteht, selbst nur als vermittelte, nur auf Grund einer Rückbeziehung zu ihren Teilen Einheit ist, so wird damit der Organcharakter der Teile begriffen, — doch zugleich die für sich seiende Einheit des Organismus, die Souveränität über seine Organe aufgegeben. Das darf nicht sein. Der lebendige Körper kann unmöglich in demselben Sinne Zweck und Mittel seiner selbst sein.

Man denkt das Wesen der Organisation eben nicht fundamental, sondern als eine neben dem einheitlich-ungeteilten Lebensprozeß einhergehende Apparatur, der sich „das Leben“, „der Organismus“ zum Leben bedient. Ober aber man fällt in das andere Extrem und identifiziert den Organismus mit seiner Apparatur, die Ganzheit mit der Einheit der Teile. Beide Anschauungen sind in ihrer Einseitigkeit falsch und erst unter dem Gesichtspunkt ihrer gelungenen Vereinigung werden sie richtig. Diese Synthese gelingt allein unter der Bedingung, daß die Doppelsinnigkeit des Organs in vollem Umfang aufrechterhalten wird: Mittel und Vermittlung des lebendigen Körpers zu sein.

Ganzheit ist vermittelte Einheit. Wodurch vermittelt? Durch die Teile, welche die Einheit unmittelbar bilden. Infolgedessen ist in einer Ganzheit die Einheit in der Mannigfaltigkeit der Teile und außer („neben") ihr. Sie ist nicht nur ihre verknüpfende Bedingung, sondern zugleich die für sich bestehende Mitte, das zentrale Eine, der Kern, der von allem Mannigfaltigen umschlossen wird.

Hier ist der Vereinigungspunkt für alle Teile, welcher zugleich ohne sie existieren soll. Dabei darf diese Unabhängigkeit doch wieder nicht so weit gehen, daß darüber die Einheit des Ganzen in eine funktionelle Einheit und einen neben ihr vorhandenen Einheitskern auseinanderbricht. Vermieden wird das dadurch, daß die Teile ebensosehr die Einheit sind, als sie die Einheit hat. Dann gilt, was oben gesagt wurde, daß das Gehabte als solches nicht mehr allein der die Einheit des Ganzen mitbedingende, sondern der von dem Ganzen ablösbare (d. h. die Einheit ist etwas für sich) und in das Ganze einbezogene Teil ist.

Nur vom Körper ist dabei die Rede: er ist das Ganze, welches ihn hat und welches von ihm gehabt wird. Denn der Körper ist selbst das lebendige Ding, das Ding mit der Eigenschaft der Positionalität, das Ding in ihm selber, zu dessen Struktur die Gegenwart der Einheit in jedem seiner Teile gehört. Er ist in ihm selber doppelt, aber in dieser Verdoppelung einheitlich: Einheit für sich (Kern, Subjekt des Habens), Einheit in der Mannigfaltigkeit der Teile (Wirkeinheit, Gestalt, übersummenhafte Gesamtfunktion, Objekt des Habens), Einheit in jedem Teil (harmonisch äquipotentielles System).

In dieser dritten Bestimmung müßte die Vereinigung der beiden ersten Bestimmungen liegen, so daß man sagen kann, der lebendige Körper sei als Einheit in jedem Teil Einheit für sich und Einheit in der Mannigfaltigkeit. Das kann man aber solange nicht sagen, als „Einheit in jedem Teil" die Bedeutung der harmonischen Äquipotentialität hat. Als harmonisch äquipotent ist der Organismus eben nur der wirklichen Möglichkeit nach Einheit für sich und Einheit in der Mannigfaltigkeit. Er ist es noch nicht der wirklichen Aktualität nach als dieses Ding mit Haut und Haaren.

Die hierfür notwendige und hinreichende Bedeutung ergibt sich aber ganz von selbst, wenn man der Denkforderung, „Einheit im Teil" als Einheit von: Einheit für sich und Einheit in der Mannigfaltigkeit zu bestimmen, nachkommt. Das gelingt nur bei einer Bedeutungsänderung des Begriffs „Einheit im Teil“. Er darf nicht mehr eine unmittelbare Gegenwart der Einheit im Teil bezeichnen, er kann es gar nicht, wenn in dieser Gegenwart die beiden anderen Einheitsweisen ihre innere Verbindung haben sollen. Eine unmittelbare Beziehung bände nur äußerlich die beiden anderen Einheitsweisen zusammen, synthetisierte sie jedoch nicht durch sich selbst. Sie selbst muß die Vermittlung für die beiden anderen zur Einheit sein. Durch sie hindurch muß es zur Einheit kommen, muß die Einheit bestehen. Sonst hätte man statt Eines Einheitsschlages, der die drei Bestimmungen zu unselbständigen Momenten seiner selbst hat, drei selbständige Einheitsweisen und man müßte eine vierte Form suchen, um sie synthetisch zu binden; ein Verfahren, das ins Unendliche fortgesetzt werden kann, ohne je zum Erfolge zu führen.

Einheit im Teil kann also nur mittelbare Gegenwart bedeuten. Kraft ihrer Mittelbarkeit bindet sie Einheit für sich und Einheit in der Mannigfaltigkeit synthetisch, d. h. zur übergreifenden Einheit. Sie ist nichts anderes als die bindende Weise ihres ineinander Aufgehens, sie ist das reine Hindurch ihrer ungeteilten Einheit und Geschiedenheit: ihre Vermittlung.

Mittelbare Gegenwart der Einheit in jedem Teil ist die Vermittlung der Einheit für sich und der Einheit in der Mannigfaltigkeit zur Einheit des Ganzen. Mittelbare Gegenwart der Einheit in jedem Teil ist aber, wie die Untersuchung gezeigt hat, der Organcharakter des Teiles, seine in der Spezialisierung unmittelbar die Einheit verleugnende, „auf dem Umweg aber die Einheit“ aber sie manifestierende Gliednatur. Das Organ vermittelt infolgedessen die Einheit (des Ganzen) für sich und die Einheit (des Ganzen) in der Mannigfaltigkeit zur Einheit des Ganzen, ist das reine Hindurch ihrer ungeteilten Einheit und Geschiedenheit.

Organ bedeutet aber auch (und für die empirische Anschauung sicher in erster Linie) Mittel, Hilfsmittel, gewachsenes Werkzeug. Gliedert sich — radikal genommen — der Organismus in lauter Organe, so gliedert er sich eben in lauter Hilfsmittel und ist als Einheit in der Mannigfaltigkeit nichts anderes als eine Einheit von Hilfsmitteln. Solange dieser Einheit die Einheit für sich, der Kern, die Mitte, das Subjekt des Habens gegenübersteht, kann man die normale Anschauung aufrechthalten, für welche das Subjekt des lebendigen Ganzen souverän seine Mittel hat und gebraucht. Der Körper vereinigt dann synthetisch die Eigenschaft, Subjekt des Habens zu sein, mit der Eigenschaft, Objekt des Habens (sein Körper) zu sein, dadurch, daß er zum Mittel des Habens wird.

Aber es ist doch der ganze Körper, der diese Bestimmung erfährt, weil er in seinen Organen die Verbindung von Einheit für sich und Einheit in der Mannigfaltigkeit ist. Das Mittel des Habens, das der Körper hat, ist die Einheit von Haben und Gehabtsein, von Subjekt und Objekt am lebendigen Körper, ihre Vermittlung zu seiner Ganzheit. Also ist er das Mittel seiner selbst, wie er selbst — vermittelt ist.

Wenn es oben heißen mußte: das Ganze ist in allen seinen Teilen durch ihre in divergenter Spezialität gegebene Übereinstimmung zu einem Ganzen gegenwärtig, mittelbar gegenwärtig, die Teile dienen also dem Ganzen oder sie sind ihm als ihrem Zweck zugeordnet, der wirkliche Körper ist also faktisch in ihm selbst Zweck —, so steht dieser Bestimmung die ebenso bündige Bestimmung entgegen: als vermittelte Einheit ist das Ganze des wirklichen Körpers Mittel seiner selbst.

Natürlich wird man den Ausgleich gern in der Richtung einer Unterordnung der letzten unter die erste Bestimmung suchen: Zweck seiner selbst kann ja niemals Mittel für einen anderen Zweck werden; aber Mittel seiner selbst vertrüge sich wohl damit. Der Organismus wäre als Zweck seiner selbst natürlich auch sein eigenes Mittel. Vermittels seiner Organisation erreichte er seinen Lebenszweck. Mit Hilfe seines Körpers bewältigte er die ihm gestellten biologischen Aufgaben usw.

Dergleichen Ausflüchte fallen aber doch in alte Gegensätze wieder zurück und sehen nicht, worum es sich hier handelt. Mittel seiner selbst darf nicht dem Mittel desjenigen Zwecks gleichgesetzt werden, der in der Einheit des Systems vorliegt und alle Teile des Systems als seine Mittel besitzt. Dann wäre mit den Worten „seiner selbst" eine Größe gemeint, welche das Mittel enthält, aber nicht mit dem Mittel zusammenfällt. „Mittel seiner selbst" bliebe dann nur der Ausdruck für die Entgegensetzung der Organe zum ausführenden Körpersubjekt. In Wirklichkeit ist es aber die Überwindung dieser Entgegensetzung, ist es die Vermittlung der Einheit der Gegensätze zur Einheit des sie beide enthaltenden Ganzen.

Unter welchen Bedingungen ist der Zweck seiner selbst Mittel seiner selbst? Konkret gefaßt: wie ist es dem physischen Organismus möglich, ein Mittel seiner selbst zu sein, ohne damit seine immanente teleologische Selbstgenugsamkeit preiszugeben?

Die Lösung zeigt der Begriff des Organs. Organ ist ein Hilfsmittel. Wozu? Zum Leben. Essen, Kämpfen, Laufen oder Anlockung von Insekten, Fortpflanzung, Stoffwechsel — die speziellsten und die fundamentalsten Lebensprozesse sind an Organe gebunden, finden in Organen ihre Vermittlung. Das Leben als die Fundamentaleigenschaft derjenigen Körper, deren Begrenzungen Grenzen sind, äußert sich in einer Mannigfaltigkeit von Prozessen, deren jeder einzelne aber keineswegs das Leben ist, sondern es nur bekundet, — wie er ihm dient. Dadurch gerade, daß das Leben, die Lebendigkeit wesenhaft Organisierung der physischen „Masse" bedingt, hebt es sich ja in die Stellung des Zwecks, ist es über ihm als dem Inbegriff zusammenwirkender Einzelprozesse hinaus und wird das, dem alles dient.

So wenig es also selbst mehr in seinen Mitteln, den Apparaten seiner Existenz ist, so absolut ist es ihnen verfallen. Denn das Leben schwebt ja nicht wie ein feiner Hauch über dem Körper oder zieht sich durch seine Poren, sondern es ist ganz an den Körper gebunden und kraft seiner ontischen Struktur seine Eigenschaft, nichts weiter. Mag also das Zusammenspiel der Organe und Organfunktionen noch so sehr die bloße Apparatur für das Leben bedeuten, um so notwendiger ist seine eigenste Existenz daran geknüpft. Wohl ist das eine oder andere Organ entbehrlich, durch die harmonische Äquipotentialität kann die eine Funktion von der anderen mit übernommen oder ausgeglichen werden. Aber ohne Organ überhaupt gibt es kein Leben, denn Leben heißt: in der Vermittlung zu ihm sein.

Mittel seiner selbst und Zweck seiner selbst ist nur das Leben: ein in ihm selbst vermitteltes Sein; über ihm hinausgehoben und damit Zweck, ihm selbst aber in seinen Mitteln, die das Hinausgehobensein als Organisation von ihm absetzt, verfallen: vermittelte Unmittelbarkeit des Ganzen. Dem physischen Organismus wird es möglich, ein Mittel seiner selbst zu sein, ohne damit die Selbstgenugsamkeit seiner inneren Teleologie preiszugeben, wenn er, das Lebendige, Mittel zum Leben ist, d. h. die Unterscheidung zwischen ihm, dem Lebendigen, und dem Leben an ihm selbst physisch durchführt.

Auf eine gedankenmäßige Unterscheidung kommt es dabei nicht an, denn die ist jederzeit bisher möglich gewesen.

Sie liefe stets darauf hinaus, die Eigenschaft der Lebendigkeit von dem lebendigen Körper, wie er physisch mit allen seinen sonstigen Merkmalen in Raum und Zeit da ist, abzuheben und für sich zu betrachten; ontisch genommen, ein unselbständiges Moment neben ein selbständiges dingliches Sein zu halten. Damit ist an dem Tatbestand der lebendigen Wirklichkeit gar nichts geändert. Wenn in ihm selbst ein Seinskonflikt vorliegt — und dahin hat die Untersuchung geführt —, so muß er im Sein und nicht nur in der Reflexion des Schriftstellers zum Austrag kommen.

Leben soll vom Lebendigen abgehoben und durch die Abhebung hindurch mit ihm vereinigt werden: wie ist das möglich? Vor allem, wie ist es am physischen Organismus selber durchführbar? Schon die einengende Bedingung, diese Aufgabe nur mit den Mitteln des physischen Organismus zu lösen, schaltet von vornherein Begriffe von Leben aus, die den lebendigen Körper gewissermaßen als einen Ausschnitt, etwa als Subjekt der Lebensführung, Ziel alles Treibens, notdürftiges Gehäuse der Existenz behandeln. Leben in diesem Sinne einer Existenz, nach Zeit und Raum bemessen, und zugleich einer Fülle von Möglichkeiten, in welche der lebendige Körper hineingestellt ist, Leben also als Existenzsphäre kann für die Untersuchung an dieser Stelle noch nicht in Betracht kommen. Das wäre zu weit gegriffen.

Trotzdem führt die Lösung der Aufgabe in diese Richtung. Es dürfen nämlich in der Einheit des organischen Körpers nur die in Wirkeinheit begriffenen Organe als Träger der Einheit, welche sie zum Ganzen vermitteln, voneinander bzw. vom Ganzen abgehoben werden. Sonst ist nichts da, was gegeneinander in der Einheit des Ganzen steht und auf dessen Opposition das Ganze zugleich ruht. Bedingung ist dabei, daß durch die physische Abhebung der organisierte Körper im Ganzen, wie er leibt und lebt, ein Mittel zum Leben wird.

Der Organismus, Organ seiner selbst, Mittel seines Lebens, setzt voraus das Hinaussein des Organismus als des Lebens über ihn oder, um dem Bilde ein Äquivalent zu geben, die Abhebung von ihm, eine Abhebung aber, ein Hinaussein, durch welches er wieder zu ihm zurückgeleitet wird, in welchem er sich zur Einheit des Ganzen vermittelt.

Physischer Träger der Vermittlung ist das Organ bzw. die Wirkeinheit der Organe. In seinen Organen geht der lebendige

Körper aus ihm heraus und zu ihm zurück, sofern die Organe offen sind und einen Funktionskreis mit dem bilden, dem sie sich öffnen. Offen sind die Organe gegenüber dem Positionsfeld. So entsteht der Kreis des Lebens, dessen eine Hälfte vom Organismus, dessen andere vom Positionsfeld gebildet wird.

Der lebendige Körper widerspricht mit dieser Aufgeschlossenheit gegenüber dem Medium seines Positionsfeldes nicht seinen fundamentalen Eigenschaften der Abgegrenztheit und Verschlossenheit, gehört aber auch nicht mit ihren wesensnotwendigen Gegenstücken des Offenseins, des über die Begrenzung Hinausseins unmittelbar in die gleiche Linie. (Am Widerspiel der aus dem Wesen der Grenze erwachsenden Eigenschaften eines Körpers entfalten sich alle fundamentalen Merkmale der Lebendigkeit. Schicht um Schicht nimmt diese Entfaltung in Anspruch, weil es dem Denken nicht gegeben ist, die Fülle der Wesensbeziehungen mit einem Schlage auseinanderzulegen und zu überblicken. Zugleich bedeutet der Gang von Schicht zu Schicht die Verfolgung der Bedingungen für die Vereinbarkeit der Wesenszüge der Lebendigkeit mit den Wesenszügen der physischen Dinglichkeit. Es ist also nicht gleichgültig, in welcher Schicht die Betrachtung sich jeweils befindet. Wenn hier von Aufgeschlossenheit des Organismus durch seine Organe gesprochen wird, so ruht sie auf der Organisation als einer Wesenseigenschaft des lebendigen Körpers überhaupt und bedeutet nur eine Konsequenz aus ihren Voraussetzungen, keinen Konflikt mit ihnen.)

So wenig widerspricht der Organismus mit dieser seiner organbedingten Aufgeschlossenheit gegenüber dem Medium den elementaren Bestimmungen seines Wesens, daß er vielmehr erst jetzt von ihm aus den Kontakt mit der Umgebung voll herstellt, der dann — wie die Untersuchung zeigen kann — in Assimilation-Dissimilation, Angepaßtheit-Anpassung durch seine Körperlichkeit gewährleistet wird. Die Organe haben also mit dem Bestehen der wechselseitigen Ausgleichsformen des Stoff- und Energiekreislaufs und der morphologisch-funktionellen Eingespieltheit von Organismus und Umgebung als solchen nichts zu tun, d. h. diese werden nicht durch die Organe bedingt. Wohl aber werden sie durch die Organe vermittelt, die eben ihre Vermittlerrolle nur deshalb spielen können, weil der wechselseitige Ausgleich zwischen Lebewesen und Medium an sich schon besteht, wie er die einfache Wesenskonsequenz des Konflikts zwischen der Lebendigkeit eines Körpers und seiner Eingliederung in die raumzeitliche Wechselwirkungsgemeinschaft mit anderen Körpern darstellt. Hinge der Kontakt des Lebewesens mit dem Medium nur an seinen Organen, so müßten die Organe mehr als Vermittler, sie müßten Produzenten des Stoff- und Energiekreislaufs und des Adaptionskreises sein.

In Wirklichkeit vermitteln sie den Kontakt, bringen ihn jedoch nicht hervor. Nur in diesem Sinne der Vermittlung eines bereits unmittelbar Bestehenden halten sich die Organe in ihren Wesensgrenzen und „öffnen“ den Organismus gegen das Medium, gliedern ihn in das Positionsfeld ein und nehmen ihm damit seine Selbständigkeit. Denn jetzt muß der Organismus Teil eines umfassenden Ganzen werden, dessen Ausmaße und Artung wohl insofern in seiner Macht liegen, als seine Organe diesem Ganzen streng eingepaßt sind und das Ganze also mit nichts kommen kann, worauf der Organismus nicht antworten könnte, wie auch das Ganze das Zwecksystem seines Körpers nur ergänzt und ganz eigentlich mit ihm zusammenfällt, — aber er ist eben Teil, ergänzungsbedürftig, seine Autarkie ist dahin. Autonom bleibt er, weil nichts an ihn herankommt und nichts auf ihn und in ihm Einfluß gewinnt, das er nicht dem Gesetz des begrenzt-grenzhaften Systems unterwirft. Weshalb die Autarkie dem ganzen Lebenskreis gehört, der zu der Autonomie des Lebendigen die Subsistenzmittel, Nährstoffe, Licht, Wärme, Wasser, Gase und andere Lebewesen hinzubringt, mit denen erst ein Leben möglich wird.

Es bestätigt sich, was oben von der wesenserzwungenen Verselbständigung der Körperteile zu Organen gesagt wurde. Der physische Leib des Organismus impliziert (und ist schon der Niederschlag dieser Implikation) eine gegensinnig zur ursprünglichen Lebensrichtung gerichtete Tendenz, die doch in der Grundgesetzlichkeit des Lebens ihren Ursprung hat. Organisation überwächst das organisierende Leben, das nur in ihr physisch wird. In seiner Selbstvermittlung zur Einheit „begibt“ sich der lebendige Körper seiner unmittelbaren Zentralität, er ist sie nur „noch“ mit Hilfe seiner Organe. Er begibt sich seiner absoluten Selbstmacht, weil er ohne Organe nicht mehr zu leben vermag. Er verliert seine Selbständigkeit, weil die Organe, wie sie ihn zur Einheit seiner selbst vermitteln, ihm diese Einheit nur durch Kontakt mit dem, was er nicht ist: mit dem Feld seiner Position ermöglichen.

Als Ganzer ist der Organismus daher nur die Hälfte seines Lebens. Er ist das absolut Bedürftige geworden, das nach Ergänzung verlangt, ohne die er zugrunde geht. Als Selbständiger ist er eingeschaltet in den Lebenskreis einer Gesamtfunktion zwischen ihm und dem Medium, die das Leben selbst durch ihn hindurchleitet.

Die Organe haben ihr Verhältnis zum Organismus umgedreht: war es erst der Organismus, der kraft seiner Positionalität den Seinscharakter des „Durch ihn Hindurch“ offenbarte, damit die Unvermeidlichkeit einer Selbstvermittlung seiner unmittelbaren Einheit zur Einheit des Ganzen bewies und wiederum dadurch sich als der notwendig organisierende Körper zeigte, so müssen jetzt die Organe die Macht, welche der lebendige Körper wesenserzwungen von ihm abtat und an sie delegierte, ausüben und damit sich gegen die für sich (unmittelbar) bestehende Einheit wenden. Ihre wesenhafte Doppeldeutigkeit wird ihnen *und* der unmittelbaren Einheit zum Verhängnis: sie öffnen den Organismus, ketten ihn an das Medium und nehmen, indem sie vermitteln, nicht nur ihm als der unmittelbar zentralen Einheit des Ganzen, sondern dem ganzen Organismus und damit natürlich auch sich selbst die Selbstmacht eigenen Lebens. Sie machen das Ganze zum Mittel des Lebens, zum Zwischenglied eines Kreises, der nun in Wahrheit sich allein genügt.

Empirisch angesehen, scheint hier nur eine Selbstverständlichkeit vorzuliegen: Der lebendige Körper ist eben ein physisches Ding wie alle anderen Dinge in Raum und Zeit, er steht mit ihnen in Kontakt, also öffnet er sich ihren Einflüssen und begibt sich damit von selbst, wie alles in der Natur, in Abhängigkeit von ihnen. — So liegt der Fall nicht. Die Untersuchung wird zeigen, wie der lebendige Körper als physisches Ding der Wechselwirkungsgemeinschaft mit den anderen physischen Dingen Rechnung trägt, wie er durch den Zerfall in ihm selber die Geschlossenheit des eigenen Systems wahrt. Dazu aber muß er die Mittel haben, die freilich den *Kontakt selbst* nicht hervorbringen, sondern sich auf ihn stützen: der Organismus stellt von ihm aus einen Kontakt her, der ihm nicht einfach durch seine materielle Dinghaftigkeit, sondern in Konsequenz seiner Organisiertheit, seiner Lebendigkeit zuwächst. Und wieder muß man darauf aufmerksam machen, wie falsch es ist, an diesem wesensmäßigen Konflikt zwischen den Organen und dem Organismus die Schuld der physischen „Bindung", die das Leben eingeht, zuzumessen. Diesen Konflikt schafft sich die Lebendigkeit selbst. —

Die Biologie hat von einem Kampf der Teile im Organismus gesprochen[1]). Was hier vom Standpunkt eines durch den Wettbewerb seiner Elemente um die bestmöglichen Lebensbedingungen in ihm den Vorteil habenden Ganzen seine Geltung behält, das ist nur die eine Seite der Sache. Kämpfen die Teile im Organismus, so kämpfen sie in Wahrheit um ihn. Der Organismus ist dabei nicht einfach der dem Kampf um ihn entrückte „unbewegte Beweger", sondern die Einheit des Kampfes, wie sie durch das Gegeneinander der Organe gegen die zentrale Einheit vermittelt wird. Und weil diese Vermittlung durch die Organe und durch jedes Organ stattfindet, so ist die Einheit mit in das Gegeneinander einbezogen, ja sie ist geradezu dieses Gegeneinander, der Zerfall in die Fülle einzelner Organe.

Einheit fällt also mit ihrem Verlust zusammen? Das kann doch nicht sein, denn diesem Sachverhalt entspricht nicht die einfache analytische Wahrheit, daß jedes Miteinander (Übereinstimmung der Organe im Ganzen) „auch" ein Gegeneinander (Isoliertheit, Spezifiziertheit, Unterschiedenheit der Organe voneinander, ihr getrenntes Marschieren zu vereintem Schlag) bedeutet. Hier schwebt aber noch der Plan des Ganzen über der Mannigfaltigkeit, der Zweck „vor" den Mitteln. Damit ist es für den Organismus als Mittel des Lebens vorbei. Mit solchen Argumenten, die gewiß auch in eingeschränktem Sinne richtig sind, ist seine Einheit nicht mehr zu retten. Der Organismus ist Einheit nur als durch Anderes, als er selbst ist, in ihm vermittelter Körper, Glied eines Ganzen, das über ihm hinausliegt.

Hieß es oben, daß in der Einheit des organisierten Körpers nur die in Wirkeinheit begriffenen Organe als Träger der Einheit, welche sie zum Ganzen vermitteln, voneinander bzw. vom Ganzen zur Abhebung kommen können — Leben soll vom Lebendigen abgehoben und durch die Abhebung hindurch mit ihm vereinigt werden, wenn wirklich der Organismus in Einem Zweck und Mittel seiner selbst ist —, so hat die Untersuchung die Notwendigkeit dieses Satzes dargetan. Der Lebenskreis, dem der Organismus sich eingliedert, ist die Möglichkeit und Wahrheit dessen, daß er Zweck und Mittel seiner selbst

1) W. Roux, Der Kampf der Teile im Organismus bzw. Der züchtende Kampf der Teile oder Teilauslese im Organismus, Leipzig 1881.

heißen darf. Einheit des Lebenskreises und ihr Verlust im Aufstand der Organe gegen die unmittelbare Einheit des Organismus bestimmen ein und denselben Sachverhalt.

2. Assimilation—Dissimilation.

Körperliches Sein, sofern es begrenzt ist, hängt also im Ort seiner individuellen Existenz mit anderem körperlichen Sein zusammen. Sinnfällig leiten Raum und Zeit Wirkung und Gegenwirkung von einem zum anderen Gebilde. Nach dem Maß seiner Festigkeit leistet jedes Ding in seinen Umrissen beharrend Widerstand. Durch seine spezifische Trägheit wirkt es von sich aus wieder zurück. Seine Isolierung bietet zugleich Gewähr für seine Eingliederung in den allgemeinen Wirkungszusammenhang.

Dieses wechselweise Aufeinanderbezogensein nimmt für den lebendigen Körper einen besonderen Charakter an, weil ihm — nach der gegebenen Voraussetzung — seine Grenze selbst angehört. Er ist der Träger der Grenze zwischen ihm selbst und dem Anderen, dem Medium also, das an ihn angrenzt und alle Einflüsse anderer Körper, Vorgänge ihm zuleitet, seine Rückwirkungen fortleitet. Als dieses Zwischen trennt er den Bereich seiner selbst von dem Bereich des Anderen und bezieht beide Bereiche absolut gegensinnig aufeinander. Aus dem nur relativen Gegeneinander physischer Wirkung und Gegenwirkung, deren Transformierbarkeit ineinander durch das Raumzeitkontinuum gewährleistet ist, wird ein absolutes Gegeneinander der Eigenzone des lebendigen Körpers und der Fremdzone des angrenzenden Mediums.

Als Träger der Grenze zugleich Zwischen und Überbrückung des Zwischen trennt er die Fremdzone von der Eigenzone, um darin beide Zonen miteinander zu verbinden. D. h. die Eigenzone, ungeachtet ihrer Entgegengestelltheit gegen die Fremdzone, zerfällt in ihr selbst, um dadurch die Verbindung mit der Fremdzone herzustellen (siehe Abbildung Seite 197).

Ist ein lebendiger Körper in den allgemeinen Kreislauf der Stoffe und Energien eingeschaltet, so muß er „mit sich" selbst zerfallen, um den Kreislauf durch ihn hindurch zu leiten, sich selbst zur Aufnahme wie zur Abgabe von Stoffen und Energien zu befähigen. Empirisch: Folgt dem Abbau nicht ein ihm äquivalenter Aufbau, so fallen die physischen Voraussetzungen des Lebens fort, der Körper müßte an der Selbstzersetzung zugrunde

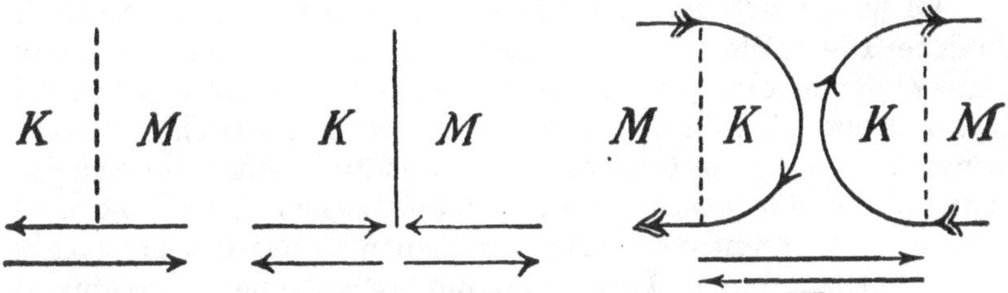

I II III

K bezeichnet den Körper, *M* das angrenzende Medium. In Figur I ist durch Pfeilrichtung und gestrichelte Linie zwischen *K* und *M* die wechselseitige Begrenzung zwischen Körper und Medium wiedergegeben, die allgemein für raumzeitliche Gebilde gilt. In Figur II wird durch Pfeilrichtung und ausgezogene Trennungslinie die absolute Gegensinnigkeit bezeichnet, in der der lebendige Körper zu seinem angrenzenden Medium steht. Eine physische Einflußnahme von *K* auf *M*, von *M* auf *K* wäre durch die mit der Grenze real gesetzte Zäsur zwischen beiden Zonen unmöglich gemacht. Dies müßte ein körperliches Leben unterbinden, — entspricht aber auch nicht der (ebensosehr zu realisierenden) Brückenfunktion der Grenze. In seiner Lebendigkeit gehorcht der Körper den physikalischen Gesetzen. Figur III zeigt, wie durch Selbstzerfall (Selbstaufbau) die Zone *K* mit der Zone *M* in kontinuierlicher Wechselbeziehung stehen kann, ohne die absolute Gegensinnigkeit zu ihr zu relativieren.

gehen. Der zersetzenden hält eine aufbauende Phase die Wage: „Damit ist gleich der wesentliche Zug, nämlich die Doppelsinnigkeit der autonomen Selbstveränderung, welche das Leben ausmacht, gekennzeichnet. Würde sich die lebende Substanz nicht auf der einen Seite nachbauen und selbst ergänzen, so würde sie durch Abbau und Zerfall sich selbst verzehren und dem Tode anheimfallen. Halten sich Abbau und Nachbau gerade das Gleichgewicht, so erscheint die lebende Substanz, äußerlich betrachtet, stationär. In diesem Falle kann man sagen, daß sich im Doppelsinn des Lebens ein Streben nach Erhaltung eines bestimmten Zustandes kundgibt, indem der Nachbau der Beseitigung der Störung dient, welche im Abbau gelegen ist. Überwiegt der Nachbau, so vermehrt sich die lebende Substanz selbsttätig, so wächst sie. Ein Vorwiegen des Abbaues führt zum Schwund, zur Reduktion und Atrophie, endlich durch einen längeren oder kürzeren Absterbeprozeß (Nekrobiose) zum Tode. Kein Leben ist jedoch ohne aktiven Selbstersatz, gleichgültig, ob sich dieser nach außen hin durch ein Überwiegen des Nachbaues gegenüber dem Abbau, also durch einen sinnfälligen Zuwachs äußert oder nicht“ (v. Tschermak, Allg. Physiologie, S. 3).

Es haben sich mit besonderer Vorliebe an diese empirisch faßliche Dialektik des Lebendigen Spekulationen allgemeinen Charakters angeknüpft. Vornehmlich der Begriff des vitalen Ektropismus (Auerbach), welcher die assimilatorische Hervorbringung minder wahrscheinlicher Zustände aus wahrscheinlicheren im Gegensatz zum entropistischen Dissimilationsvorgang als Grundwesenheit des Lebens physikalisch fassen sollte, hat an diesen Tatsachenkomplex appelliert. Während alles physische Sein dem zweiten Hauptsatz der Thermodynamik, dem Prinzip der Entropie unterliege, wonach bei allen energetischen Umsetzungen Wärme frei wird, die Gesamtenergie des Weltalls also einem Minimum zustrebt (Kältetod), sei Leben energiesteigernd und -bindend, ektropisch. Nur aus diesem Prinzip der Ektropie sei überhaupt Entwicklung zu begreifen.

Spricht vielleicht auch die geringe Wärmetönung gewisser tierischer Stoffwechselvorgänge oder Entwicklungsprozesse bei solchen Theorien ein Wort mit, so darf doch nie das qualitative Wesen dieses sozusagen anschaulichen Ektropismus übersehen und daraus die Grundlage eines Pendantsatzes zum Satz von der Entropie gemacht werden. Sollen dann mit Ektropie nur die stoff-, energie- und formsteigernden Entwicklungsprozesse gemeint sein, wie sie die Anschauung zeigt, so ist dagegen nichts zu sagen. Dann werden die Prozesse sich immer noch dem Entropieprinzip fügen können, das über Anschauungscharaktere des Physischen gar nichts entscheidet.

Assimilation und Dissimilation im Gebiete des Stoff-, Energie- und Formwechsels bestimmen die Phasen eines Kreisprozesses, in welchem alle Funktionen der Selbsterhaltung des lebendigen Individuums beschlossen liegen. Selbsterhaltung ist notwendig mit Selbstpreisgabe und -zerstörung gekoppelt, weil nur unter der Voraussetzung einer inneren Entgegensetzung und durchgehenden Zerspaltung die Zone des lebendigen Körpers mit der Fremdzone der umgebenden Natur in kontinuierlichen Kontakt kommt. Darin liegt beschlossen, was man das labile Gleichgewicht der lebendigen Substanz nennt. Und auch hier hat man sich davor zu hüten, einen lebenskennzeichnenden Wesenszug ohne weiteres physicochemisch als labiles Gemisch usw. darzustellen, mit dem er wohl konform, aber niemals identisch ist.

Selbsterhaltung des lebendigen Individuums beruht auf dem Antagonismus eines assimilatorischen und dissimilatorischen Prozesses, fällt also mit keinem der beiden selbst zusammen. Infolgedessen liegt gar kein Widerspruch vor zwischen der Irreversibilität des ganzen Lebenslaufs vom Keim bis zum Tod und der Zirkularität des Lebensquerschnitts. Die Selbsterhaltung richtet sich primär nicht gegen den Tod, sondern gegen die immanente Selbstaufhebung des Lebens. Sie bedeutet hier keinen Schutzakt gegenüber einem bereits fertigen und nur durch seine Labilität von außen her bedrohten Lebewesen, sondern die Art und Weise, auf welche das Lebewesen als gegenwärtiges Ding möglich wird. Weder die assimilatorische noch die dissimilatorische Phase haben in Rücksicht auf den Bedingungscharakter ihrer Einheit im Antagonismus eine bevorzugte Rolle. Erhaltung und Zerstörung des Selbst konstituieren das lebendige Ding als gegenwärtig wirkendes und zurückwirkendes Ding im Kreislauf der gesamtenergetischen Prozesse der Natur.

Was die Biologie als Ernährung und Ausscheidung im engeren Sinne bezeichnet und in Beziehung zu anderen gegensinnig gekoppelten Prozessen wie Differenzierung und Einschmelzung, Bewegung und Ruhe bringt, fällt unter dieses Wesensgesetz ebenso wie die spezifische Koppelung von Reiz und Reaktion. Daß diese Prozesse antagonistisch innerhalb des Körpers verlaufen, schließt die Erfüllung ihrer Aufgabe, den Körper mit dem Außenfeld in Verbindung zu halten, nicht aus, sondern geradezu ein. Für das Verständnis der Präsentation von außerhalb des Organismus befindlichen Körpern und Ereignissen in dem Organismus selbst angehörenden Sinnes- und Nervenorganen, für das Verständnis also der äußeren Wahrnehmung eröffnen sich von hier aus Möglichkeiten. Denn auch hier sind nur am Leib assimilative und dissimilative Prozesse vorhanden, die von sich aus den Leib mit der Außenwelt in Zusammenhang bringen.

Kraft seiner Positionalität allein, nach der das lebendige Ding in ihm hinein — über ihm hinaus (gesetzt) ist, zerfällt es in ihm selber in zwei gegensinnige Prozesse und gliedert sich durch sie als selbständige Einheit in die Welt der Körperdinge ein. Das Medium seiner Eingliederung ist das wiederum gegensinnig auf das lebendige Ding bezogene Positionsfeld oder die das Leben umgebende Gegenwart. Eines eigenen beziehenden Aktes oder gar einer Auffassung und Deutung durch komplizierte Vermittlungen in Empfindungen, Wahrnehmungen, Vorstellungen und Urteilen bedarf es hierzu nicht. Auch da, wo solche Bewußtseinsinhalte, wo überhaupt Bewußtsein auch nicht in der primitivsten Form vorhanden ist, gibt es „für" den Organismus das Gegenfeld seines Lebens, in dem er existiert: ein Feld, mit dem er und gegen das er lebt.

Nur unter der Bedingung des inneren Zerfalls in gegensinnig zueinander gerichtete Prozesse „öffnet" sich das in seinen Grenzen als Eigensystem unbedingt geschlossene lebendige Körperding den Einwirkungen von außen und nach außen. Seine absolute Vereinsamung (im Sinne der Grenze) wird im Sinne der Grenze ausgeglichen, nicht aufgehoben. Dieser Ausgleich wahrt die Entgegensetzung des lebendigen Körpersystems als eines Ganzen gegen das Außenfeld, sodaß Einwirkungen auf den Organismus nicht ohne weiteres Gegenwirkungen erzwingen bzw. ihn in beliebigem Sinne verändern können. Für einen Organismus ist es eine — mit der Schärfe seiner Begrenzung zugleich gegebene — unerläßliche Vorbedingung, daß er Spielraum hat, Einwirkungen an sich herankommen zu lassen oder sie abzublenden. Wäre er wie anorganische Körper in den kontinuierlichen Wirkungszusammenhang eingespannt und damit in Kontakt mit allem raumzeitlich „Koexistenten", so hätte es keinen Sinn mehr, von Autonomie als einem Grundcharakter des Lebens zu sprechen. Die Eigenbedingtheit vitaler Prozesse bedarf eines Spielraums für das vitale System. Auf Einflüsse reagiert es. Diese Reaktion ist nicht nur eine am Organismus zutage tretende Fortwirkung gegebener Einwirkungen, sondern zugleich eine sie beantwortende, d. h. ihnen gegensinnig zugeordnete Wirkung der Reizursache.

3. Angepaßtheit und Anpassung.

Zum Wesen des individuell irgendwo und irgendwann existierenden Organismus gehört ein auf seinen Körper relatives und zu ihm gegensinniges Positionsfeld oder ein Lebensraum. Er umfaßt alles nach Stärke und Qualität, was möglicherweise auf ihn wirken und von ihm Gegenwirkung empfangen kann. Der Lebensraum oder die Sphäre des Lebens hat jedoch keinen rein räumlichen Charakter. Wie in der Bestimmung möglicher Wirksamkeit bereits gesagt ist, gehört zu ihm ein zeitliches Moment, insofern er mit dem im Modus der Gegenwart Stehenden inbegrifflich zusammenfällt. Infolgedessen vermeidet man besser den Ausdruck Lebensraum, in dem die räumliche Eigenschaft prävaliert und nimmt statt seiner den Terminus Positionsfeld oder Sphäre(= Gegenwartsfeld) in Gebrauch.

Wie der Begriff Gegenwart andeutet, ist das, was gegenwärtig ist, nicht nur anwesend, d. h. vorhanden oder einfach da, sondern in seinem Fortwähren und Andauern „gegen“. Es ist in diesem Charakter notwendig auf ein Leben bezogen, welches als geschlossenes System in seiner Positionalität von einem gegensinnig zu ihm gesetzten Umfeld umschlossen ist. Was in diesem Umfeld auftritt, vorhanden, da ist, begegnet dem Organismus, bildet seine Gegenwart. In diesem Gegenfeld existiert der Organismus: er ist mit ihm und gegen es. Für gewöhnlich übersieht die naturwissenschaftliche Betrachtung, geschult an der Physik, diese Doppelsinnigkeit des Verhältnisses von Organismus und Medium. Trotzdem ist sie von Bedeutung für die Unterschiedenheit zweier lebenswesentlicher Eigenschaften, die, wie Driesch[1]) gezeigt hat, nicht sorgfältig getrennt worden sind, weil sie einer Grundgesetzlichkeit unterstehen: Angepaßtheit und Anpassung.

Angenommen, der Organismus verhielte sich zu seinem Medium wie irgendein Körper zu seiner Umgebung, so müßten die Relationen zwischen ihm und dem Medium umkehrbar gegensinnig laufen. Er stände mit allem, alles stände mit ihm in einer (nach Art und Grad natürlich abstufbaren) Wechselwirkung. Das Maximum der Lebensfähigkeit fiele mit dem Maximum der Eingepaßtheit in die Umgebung zusammen: statisch als Formensystem und Funktionsharmonie, dynamisch als Entwicklung, Regulation und Funktionswandel wäre der Organismus streng in die Umgebung und ihre Veränderungen eingepaßt, eingefügt wie der Metallkern in die Gußform. In Zustand und Prozeß verhielten sich beide zueinander wie ein Positivbild zu seinem Negativ. Da die Erfahrung aber überall Unstimmigkeiten zwischen Organismus und Umwelt zeigt, die zum mindesten ihrer Einstimmung die Wage halten, so nahm man als Störungsfaktoren äußere Ursachen an bzw. setzte man — in gewisser Opposition zu Darwins Auffassung — ihre Bedeutung herab und suchte die Fülle der Arten als eine quasi künstlerische Offenbarung primärer Stilideen der Natur, nach denen Leben sich in die Welt einpaßt, ästhetisch-optimistisch zu begreifen.

---

1) Studien über Anpassung und Rhythmus. Biol. Zentralblatt Bd. 39, Nr. 10, 1919.

Oder aber man ließ das Moment primärer Eingespieltheit von Welt und Leben aufeinander ganz außer Acht und betrachtete den Organismus wie ein physisches Ding, das den Stößen anderer Dinge in Raum und Zeit einfach ausgesetzt ist. Das: help your self stand dann wie ein Naturgesetz für das zum bloßen Spielball aller Kräfte gewordene lebendige Ding fest. Leben konnte nach dieser Auffassung nichts anderes sein als ein ununterbrochenes Streben nach Anpassung zur Verringerung störender Einflüsse von Seiten anderer Organismen und der gesamten Wirklichkeit. Der Kampf ums Dasein als Kampf um die Anpassung durch die Anpassung mußte das Movens für die Bildung der Artenfülle durch gleichzeitige Selektion der Kampftüchtigsten abgeben.

Sowohl die Lehre von der ausschließlichen Angepaßtheit (Eingepaßtheit) wie die von der ausschließlichen Anpassung übersehen, daß das Leben wesentlich beides ist und beides zum Leben braucht, weil sie das Verhältnis von Lebensträger und Medium umkehrbar gegensinnig als einfache physische Relation zwischen Dingen in Raum und Zeit, nicht aber, wie es tatsächlich der Fall ist, als nichtumkehrbare gegensinnige Relation fassen. Einmal hat die Außenwelt oder irgendwelche sonstige Ursache Schuld an der gestörten Eingepaßtheit, das andere Mal gibt es überhaupt keine Eingepaßtheit. Im ersten Falle geht die dynamische Invariable (Buytendijk), die Beliebigkeitsbreite, das Unvorhersehbare am Organismus verloren, im zweiten Fall der faktische Ausgleich mit der Umwelt und die Gleichberechtigung der mannigfaltigen Arten im Pflanzen- und Tierreich zugunsten eines anthropoklinen Fortschrittsprozesses.

Zunächst steht das Lebewesen mit dem Medium als seinem Positionsfeld in Einklang. Dieses Verhältnis geht allen besonderen Beziehungen zwischen Lebewesen und Medium vorauf. Man könnte es fast den Anschauungsformen Raum und Zeit vergleichen, die für die kantische Erkenntnistheorie die Rolle der Vorform für das Material des Erkennens spielen, obzwar das Positionsfeld nicht in dem Sinne Form des Lebewesens ist, wie nach Kant Raum und Zeit Formen des Erkenntnissubjekts sind. Mit dem in seinen Grenzen seienden Körper ist das Gegenfeld „der Form nach“ gesetzt. Das Gegenfeld umschließt den lebendigen Körper, aber nicht in der Weise, daß es den von ihm eingenommenen natürlichen Ort nur umgibt und damit also außerhalb dieses natürlichen Ortes sich befindet, sondern es schließt diesen natürlichen Ort mit ein. Man versteht die

Lagerung des Positionsfeldes aus dem Wesen der Positionalität, wonach der lebendige Körper ebensosehr er selbst (in seinen Grenzen wie jeder begrenzte Körper) als auch über ihm hinaus — in ihm hinein ist. Infolgedessen rechnet er selbst mit zum Inhalt des Positionsfeldes, auch wenn er als dessen Mittelpunkt aus ihm herausgehoben ist. Der Organismus ist in Beziehung zum Positionsfeld exzentrischer Mittelpunkt. Dadurch bildet er den Übergang zwischen ihm selbst und dem Medium, ohne die Bestimmung seiner wirklichen Begrenztheit und Geschlossenheit aufzugeben.

Wäre das Positionsfeld identisch mit seinem natürlichen Ort, so wäre es — wie erweiterungsfähig immer in räumlicher und zeitlicher Ausdehnung — nichts als das System des Organismus. Es gehörte ihm wirklich an, so wie die kantischen Anschauungsformen Raum und Zeit dem Subjekt und nur dem Subjekt angehören. Der Organismus bewegte sich dann in seinem Positionsfeld wie die Monade in ihrer Welt, wie ein Solipsist; zwar in einem Umfeld, doch nicht in der von ihm unabhängigen wirklichen Welt: in absoluter Immanenz.

Wäre hingegen das Positionsfeld bloß die Gegensphäre zum natürlichen Ort des Organismus, ohne ihn zugleich mit zu enthalten, gewissermaßen nur das „Drüben", aus dem ihn Gegenwirkungen treffen und auf das er mit Gegenwirkungen zurücktrifft, so könnte jede Anpassung nur das Ergebnis von Zufällen und Probierversuchen sein. Der Organismus befände sich seinem Positionsfeld als einer Zone vollkommener Fremdheit, Unvorhersehbarkeit und Unabhängigkeit gegenüber: isoliert und zugleich preisgegeben an eine absolute Transzendenz.

Im Falle des immanenten Charakters des Positionsfeldes gäbe es nur Angepaßtheit, keine Anpassung. Im Falle des transzendenten Charakters des Positionsfeldes gäbe es höchstens Anpassung, keine primäre Angepaßtheit.

Beide Extremfälle sind durch das Wesensgesetz der Positionalität von vornherein ausgeschaltet. Der lebendige Körper bildet als grenzenthaltender Körper den Übergang zwischen ihm und dem ihn umschließenden Medium. Er wird damit als Mitte und Peripherie in Einem gekennzeichnet. In seinem Verhältnis zum Positionsfeld sind die beiden, als Extreme geschilderten Möglichkeiten zu einer Wirklichkeit verbunden, insofern er als Element der Peripherie zum Feld mitgehört, als Mitte dagegen sich dem Feld gegenüber befindet. Weder gehört das Feld als einfach erweiterte Zone und Spiegelbild seiner Organisation ganz zu ihm noch ist es völlig von ihm geschieden und ihm absolut entgegengesetzt. Der Hiatus zwischen dem Organismus und seiner Umgebung wird nicht zerstört, sondern überbrückt. —

Es handelt sich, wie man sieht, um den Pendantfall zum Gesetz von Assimilation und Dissimilation. Dort überbrückt das Lebewesen den wesensmäßigen Abgrund zwischen ihm und den anderen Dingen, indem es den Grenzantagonismus sozusagen nach innen in seine eigene zentrale Seinsfülle verlegt und mit dem Antagonismus der Kreisprozesse von Aufbau und Abbau seine Grenzen für das Einströmen und Ausströmen der Stoffe, Energien, für seine Eingliederung also in den Zusammenhang der Dinge öffnet. Das lebendige Ding wird eben selbst in Stoffwechsel, Energiewechsel, Formwechsel grenzhaft. Hier dagegen handelt es sich um die Stellung des lebendigen Dinges als eines Ganzen zu der umgebenden und tragenden Wirklichkeit, nicht um die stoffliche und energetische Eingliederung in sie.

Unter welchen Bedingungen trägt der lebendige Körper der Forderung nach der sowohl gleichsinnigen als auch gegensinnigen Stellung zum Positionsfeld Rechnung? Unter welchen Bedingungen kann er es vermeiden, diesem Gesetz einer echten Synthese auf dem halben Wege einer doppelten Weise, zweier koexistenter Eigenschaften zu entsprechen? Doch nur dadurch, daß in ein und derselben Eigenschaft beide Funktionen vereint werden: in der Eigenschaft der Adaptationsfähigkeit bzw. der Adaptiertheit, wie sie durch die konkrete Gestalt und ihre Regulierbarkeit gewährleistet ist. Von der regulatorischen Vorbedingung der Anpassung wurde schon gehandelt. Das Spezifische des adaptiven Verhaltens dagegen kann jetzt erst zur Sprache kommen.

Bei gleichsinniger Stellung des Organismus zum Positionsfeld bildet er einen Inhalt des Feldes, d. h. er steht mit ihm in umkehrbar gegensinnigen (physikalisch-chemischen) Beziehungen und gliedert sich in Allem in die durchgehende Kette der Ursachen und Wirkungen ein. Bei gegensinniger Stellung zum Positionsfeld ist der Organismus dem Feld zugeordnet, er steht zu allem, was mit dem Feld inbegrifflich zusammenfällt, in nichtumkehrbar gegensinnigen Beziehungen von Reiz und Reaktion, Beziehungen des Zueinanderpassens, aufeinander Einspielens, individueller Entsprechung, spezifizierter Harmonie.

Nach dem Gesetze der Positionalität vereinigt der Organismus wesenhaft in jedem Lebensaugenblick beide Stellungen und zwar füllt er beide nicht gleichzeitig nebeneinander, sondern in Einem aus. Man begreift, wie falsch die Auffassung ist, den Reiz einfach als auslösenden Vorgang zu definieren, dem die Erregung und schließlich die Reaktion als pure Wirkungen nachfolgen. Von hier aus kann man die Individualität der Zuordnung zwischen Reiz und Reaktion, die Sinnentsprechung zwischen ihnen, nie verstehen, und Driesch hatte vollkommen Recht, auf dieses Phänomen (speziell im Gebiete organischer Handlung) einen Beweis für die Autonomie vitalen Geschehens zu gründen.

Die synthetische Vereinigung gleichsinniger und gegensinniger Stellung im Positionsfeld gelingt dadurch, daß der Organismus in Stoff und Gestalt mit dem Medium in gewissen Grenzen harmoniert, ohne durch diese Harmonie eine absolute Bindung einzugehen. Er muß ins Medium passen und zugleich Spielraum in ihm haben, um nicht nur innerhalb der festen Harmonieformen, sondern mit ihnen Gefahren zu bestehen.

Gleichsinnig zum Positionsfeld ist der Organismus Körper und damit den Einwirkungen anderer Körper preisgegeben. Wie jedes Zentrum physischer Dinge steht er offen im Austausch mit anderen Energiezentren, ein Element der Wirklichkeit neben anderen Elementen. Gegensinnig zum Positionsfeld ist der Organismus geschlossenes Lebenssystem, eingebettet in ein zu ihm wesensrelatives Umfeld, immanent geborgen. Wenn beide Momente, das der wirklichen Natur offen Angehören und das in ihr durch Abschluß von ihr Geborgensein, im Organismus realisiert sein sollen, so ist das nur in einem labilen Gleichgewicht zwischen ihm und dem Medium möglich.

Adaptiertheit bildet eine Voraussetzung organischen Lebens in der Welt, aber sie darf nicht so weit gehen, daß dem Organismus jede Verbesserungs- und jede Abänderungsmöglichkeit von vornherein genommen ist. Der primären Harmonie seiner Organisation und seiner Organfunktionen entspricht eine primäre Harmonie der Gesamtentsprechung zum Medium, aber wie jene muß auch diese regulierbar sein. Dem geschlossenen System des lebendigen Körpers entspricht das geschlossene System des Positionsfeldes, aber wie jener seine Grenzen innehält, indem er zugleich über sie hinaus ist und sie öffnet, muß auch dieses ein offenes System sein, das seine beständige Korrektur erlaubt und verlangt. Infolgedessen trägt die Adaptiertheit den Charakter einer die Adaption bereits mitbedingenden, nicht den einer selbständigen Voraussetzung organischen Lebens.

Nicht ganz zu Recht haben sich an die Namen Darwin und Lamarck zwei Theorien angeschlossen, die den Vorgang der Anpassung vom Organismus aus als entweder aktiv oder passiv erfolgend darstellen. Unter aktiver Anpassung versteht man, geleitet von Lamarcks Ideen, die Entstehung und Ausbildung umgebungsentsprechender Organe und Funktionen durch das Streben, den Organismus in veränderte Umgebungsbedingungen einzufügen. Verkümmerung der Augen beim Maulwurf oder Verlust der Extremitäten bei Schlangen ließe sich danach auf Nichtgebrauch, die Ausbildung der Schwimmhäute an den Zehen der Frösche und Schwimmvögel dagegen auf die fortwährende Anstrengung zurückführen, sich an der Oberfläche des Wassers schwimmend zu bewegen. In neuerer Zeit hat man den Begriff der funktionellen Anpassung geprägt, um die Anpassung einer Funktion an die Funktion in morphologischer und physiologischer Hinsicht darin zu fassen und sie von der allererst funktionsbildenden Anpassung, die mit unkontrollierbaren Spekulationen psychologischer Art (Psycholamarckismus) der Erkenntnis nicht zugänglicher gemacht wird, zu trennen.

Als Theorie der passiven Anpassung kann man wohl die unter Darwins Namen stehende Lehre von der mechanisch verlaufenden Zuchtwahl bezeichnen. Da hier die Außenwelt für den Kampf ums Dasein den Primat hat und durch ihn die Auswahl der am besten Angepaßten verursacht, erscheint es überflüssig, noch ein Anpassungsstreben auf Seiten des Lebewesens anzunehmen. Veränderungen des Mediums erzwingen die Anpassung, und erst sekundär setzt im Reflex auf die veränderte Umgebung der Anpassungsprozeß ein, um das frühere unter den alten Bedingungen herrschende Gleichgewicht unter den neuen wiederherzustellen.

Die Ausbildung und Überspannung der Gegensätze zwischen beiden Theorien ist natürlich ein Werk der Lamarckisten und Darwinisten gewesen, welche das gesamte Verhältnis von Organismus zum Medium unter den Gesichtspunkt der Anpassung bringen wollten und darüber die Vorgegebenheit einer primären Harmonie zwischen Leben und Lebenssphäre, die nicht selbst wieder als Resultat von Anpassungsvorgängen zu denken ist, vergaßen. Nachdem aber mit einem gewaltig zunehmenden Tatsachenmaterial die Lehre von der Konstanz der Arten erschüttert worden war, konnte der naheliegende Schluß nicht ausbleiben, daß bei fließenden Übergängen zwischen den einzelnen organischen Formen das Gleichgewicht mit der fließenden Umwelt nur auf Grund immer erneuter Anpassungsleistungen herzustellen sei. Erst die vergleichende Physiologie, aus der dann die Biologie als Wissenschaft von den artspezifischen Lebensplanformen erwuchs, hat hier auch die andere Seite der primären Harmonien sehen gelehrt, nicht ohne freilich damit dem entgegengesetzten Extrem einer absoluten Angepaßtheit des jeweiligen Lebenssystems, einer biologischen Monadologie gewissermaßen (wie bei Uexküll) zuzuneigen.

Insofern das Verhältnis der Anpassung (Angepaßtheit) ein labiles, d. h. ein der „Form" nach in seinem Gelingen vorgegebenes, dem „Inhalt" nach aber ein gelingendes oder mißlingendes ist, bleibt der Organismus bei aller Geborgenheit gefährdet. Das Positionsfeld oder das Milieu ist wesensmäßig Schauplatz von Kämpfen und Sphäre des Schutzes. So erfüllt sich an dem Lebewesen das Gesetz seines eigenen Körpers, der kraft seiner Positionalität Übergang seiner selbst in das Medium, exzentrische Mitte ist. In dem Feld, das seinen natürlichen Ort enthält, mit ihm und gegen es gestellt, muß der lebendige Körper existieren — zwischen Frieden und Kampf, auf Leben und Tod. Deshalb heißt Leben in Gefahr Sein, heißt Existenz Wagnis.

Vorgreifend in der Form, suchend im konkreten lebendigen Akt nach Kontakt mit dem Medium, angepaßt-anpassend spielt sich das Leben des Organismus im Verhältnis zum Umfeld ab. Dabei läßt sich die Form vom konkreten Einzelinhalt nicht lösen. Man kann nicht sagen: bis hierher reicht die Angepaßtheit, das ist der Rahmen, in dem das Lebewesen absolut sicher sich bewegen kann, — dort fängt die terra incognita an und damit der Aufgabenbereich der Anpassung. Sondern, wie es auch die oben gebrauchte Formulierung des „offenen Systems" andeutet, Angepaßtheit und Anpassung sind durchaus in jedem lebendigen Akt verwirklicht. Die Garantie eines gewissen Gelingens müßte ja sonst den Organismus gegen Gefahren, Anstrengungen, Unfälle ohne sein Zutun schützen. Erst wenn er die Grenzen der Angepaßtheit überschritte, geriete er in Gefahr.

Davon ist natürlich keine Rede. Angepaßtheit und Anpassung sind und lassen sich erst hinterher an einer vollbrachten

Leistung, an einem vollzogenen organischen Vorgang voneinander trennen, so etwa wie erst an einer vollbrachten Erkenntnisleistung durch nachträgliche erkenntnistheoretische Analyse das apriorische und das aposteriorische Element, die Antezipation — das was überhaupt an Gelingen garantiert ist — und das faktisch Gefundene gegeneinander abgehoben werden können. Für den betrachtenden Biologen sondert sich daher in zwei Sachverhalte, was lebendig Eines ist.

Das Verhältnis des Organismus zum Positionsfeld ist durch den Charakter der Positionalität festgelegt: es entspricht in seiner Struktur streng dem Verhältnis des Körpers zu ihm selber, auf dem die Positionalität beruht. Als dieser in ihm hinein — über ihm hinaus seiende Körper ist er ihm selbst vorweg und dadurch gegenwärtig. Als dieser ist er feldumschlossen oder mit einer Gegenwart konfrontiert. Gegenwart ist überall nur da möglich, wo etwas gegen die vorweg genommene Richtung in sein Noch nicht steht. Gegenwärtig ist etwas, sofern es im Noch nicht, in der Zukunft fundiert ist. Infolgedessen setzt die Konfrontation des Organismus mit seinem Umfeld den Vorgriff von seiten des Organismus, d. h. den wagenden Lebensakt voraus. Dieser wesentliche Wagnischarakter ermöglicht erst die mit dem Lebensakt sich erfüllende Angepaßtheit bzw. eine darüber hinausgehende Anpassung. So liegt in jedem umfeldbezogenen, den Organismus als Ganzen mit der Umgebung konfrontierenden Akt ein Mitgehen mit dem Feldinhalt und ein Hingehen zum Feldinhalt auf Grund einer Antezipation, die vom Sein des organischen Körpers beständig vollzogen wird.

Umgeben ist der Organismus nur, sofern ihm ein Hintergrund, das Nichtgegenwärtige vorweg ist. Diese Struktur des Vorweg lebt der Organismus, es bedarf also keines besonders von ihm ausgehenden antezipatorischen Aktes. Kraft dieses Vorwegseins konstituiert sich das Positionsfeld, dem der Organismus als Inhalt und Mittelpunkt, gleichsinnig und gegensinnig zu ihm gestellt, angehört. Jede Beziehung zwischen ihm und dem Medium geht daher mit ihm und zu ihm hin, oder in Einem gefaßt: durch es (ihn) zu ihm.

So löst sich das Rätsel der inneren Möglichkeit der Anpassung bzw. der Angepaßtheit in einem Sinne, den Goethe intuitiv erfaßt, wenn er sagt, das Auge habe sich am Licht fürs Licht gebildet. Den einfachen Tatbestand der funktionellen Anpassung hat er damit nicht gemeint. Sondern es handelt sich ihm um die Frage, wie der erste Schritt jedes spezifischen Anpassungsaktes oder das Zustandekommen einer Angepaßtheit, einer Harmonie überhaupt zu denken sei. Jene berühmte Einkleidung dieser Einsicht in die Worte Plotins vom lichthaften Wesen des Auges, vom gotthaften Wesen des gotterkennenden Menschen erinnert daran, daß hier eine Wurzel der uralten Lehre von der Erkenntnis des Gleichen durch Gleiches liegt.

Darüber hinaus eröffnet sich die Möglichkeit, das ganze Problem von dem für die Erkenntnis notwendigen Vorhergehen, sei es die Bekanntheit der Ideen aus einem früheren Leben, damit man sie in diesem erkennen kann, sei es die Angeborenheit der Ideen, sei es die Eingeborenheit der apriorischen Formen des Subjektes, aus dem Gesichtspunkt der Anpassung und Angepaßtheit einer Revision zu unterwerfen. Denn nun möchte es wohl besser als bei Spencer gelingen, damit die Extreme des Apriorismus und des Aposteriorismus gleichermaßen zu vermeiden, weil das Alternativschema: die Objekte richten sich nach unseren Vorstellungen oder unsere Vorstellungen richten sich nach den Objekten im Adaptionsverhältnis überwunden ist. In ihm ist — wenn man den Vergleich erlaubt — das Objekt (an das der Organismus sich anzupassen hat) zugleich die Weise, die Form, das Mittel der Anpassung[1]).

Für die Problemlage ist es sehr bezeichnend, daß ein Psycholamarckismus und Psychovitalismus entstehen konnte. Da man in die Gesetze der Positionalität nicht eingedrungen war und das Verhältnis des Organismus zum Medium ganz mit den Augen des empirischen Naturforschers ansah, kam man schließlich zu einem Punkt, der eine radikale Umwendung der Betrachtungsweise erzwang. Angenommen, es handelt sich um die Entstehung lichtempfindlicher Organe. Wie ist dieser spezifizierte Anpassungsvorgang zu denken? Vor Entstehung des Organs gibt es für den Organismus kein Licht, — also auch kein eigentliches Bedürfnis nach Licht. Woher also die Tendenz zur Ausbildung eines lichtempfindlichen Organs und woher auf Seiten des Organismus die spezifizierte Fähigkeit zu solcher Ausbildung? Die psychologische Lösung dieser Frage arbeitet dann mit zellulären Instinkten, durch deren Leitung die Zellen sozusagen ihren Weg fänden, — wie man sieht eine ad hoc er-

1) Für das Verhältnis zwischen Subjekt und Objekt in der Wahrnehmung haben wir in unserer „Einheit der Sinne“ durch die ästhesiologische Untersuchung der Sinnesmodalitäten diesen Nachweis erbringen können.

fundene Hypothese, die ein Rätsel durch ein anderes lösen möchte. Sofort hat man das Problem der Entstehung dieser Instinkte oder Urteilsvermögen oder Wahrnehmungen, und so wenig man die Möglichkeit solcher psychischen Eigenschaften zu begreifen imstande ist, so unwahrscheinlich — und so nutzlos ist es, die Elemente des Körpers mit ihnen zu begaben.

Auch wenn man ohne derartige Mikropsychen auskommen und dem ganzen Organismus anpassungsschaffende Triebe und Tendenzen vorbehalten wollte, läuft es nur auf eine Verschiebung des Problems hinaus. Um den Vorgriff im Anpassungsverhältnis kommt man nicht herum. Die eigentümliche Auswahl einer bestimmten Komponente des Mediums zum adäquaten Reiz des noch auszubildenden Organs, die Prädisposition bestimmter Zellteile, Zellen, Zellengruppen zu spezifischen Reizempfängern oder Reaktionsmitteln bleibt nun einmal das Geheimnis im Fundament der Anpassungstheorie. (Dabei soll man sich gewiß davor hüten, nach Gründen für die Prädisposition gerade in dieser Richtung bei einer bestimmten Lebensform, in jener Richtung bei einer anderen Lebensform zu suchen, nach Gründen für die Ausbildung hier von Sehorganen, dort von Duftorganen. Im Wesen des Lebens liegt jenes Moment der Beliebigkeit, dessen Auswirkung in der Formbildung, d. h. in der Planbildung eines Typus rationaler Einsicht an und für sich entzogen ist. Aber darum handelte es sich hier nicht, sondern um das Verständnis der Möglichkeit der Anpassungsleistung als solcher — durch die Positionalität.)

Zugleich korrigiert diese Zurückführung der Anpassung (Angepaßtheit) auf die Positionalität die auch von Goethe wiederholte und noch in der ersten Fassung der Lehre Johannes Müllers von den spezifischen Sinnesenergien anklingende Theorie, daß Gleiches zu Gleichem gehöre. Goethe gibt dem Gedanken die Wendung (für den oben erwähnten Fall des Auges), daß sich das Licht ein Organ hervorruft, das seinesgleichen werde, damit das innere Licht dem äußeren entgegentrete. Danach scheint es, als ob das Gelingen der Anpassung auf dem Sichfinden zweier wesensgleicher Komponenten beruht, deren eine dem Organismus, deren andere dem Medium angehört. Wie der Stromkreis einer elektrischen Leitung nur geschlossen ist, wenn zwei freie Drahtenden sich berühren, wie ein Tunnel nur dann richtig zustandekommt, wenn die beiden Bohrkolonnen sich in der Mitte des Berges treffen, so beruhte auch alle Anpassung auf einer Begegnung des Wesensgleichen.

Mit dieser Deutung wären alle Vorteile der Zurückführung der Anpassung auf die Positionalität aufgegeben. Denn sie ermöglicht gerade ohne Annahme fertig vorliegender spezifischer Anlagen auf seiten des Organismus die Ausbildung weltentsprechender Organe und Funktionen, die auf das Sein, zum Medium passen, ohne von ihm vorher „gewußt zu haben“ oder für es spezifisch „prädisponiert gewesen zu sein“.

Am Licht fürs Licht hat sich aus gleichgültigen Hilfsorganen das Auge gebildet: die Goethe'sche Formulierung dringt in die Tiefe. Doch auch sie bleibt dunkel, wenn man nicht imstande ist, das Prinzip dieses Am — Für (oder wie in dieser Untersuchung gesagt wurde: Mit — Zu, Durch — Zu) als das Prinzip der Positionalität zu bestimmen und damit auf die Grundwesenheit des belebten Körpers, sein Verhältnis zu den Grenzen zurückzuführen. Gerade daß die Existenz des Positionsfeldes eine Vorbemächtigung der Welt durch den Organismus ist, welcher in sich selbst ein ihm Vorwegsein bedeutet, macht die Annahme besonderer lenkender Instinkte, Urteilsvermögen und ähnlicher anpassungsschaffender seelischer oder physischer Faktoren unnötig. Das Vorgriffelement ruht auf der Vorwegstruktur des lebendigen Seins.

4. Fortpflanzung, Vererbung. Selektion.

Leben ist gegen die Sphäre seines Nichtseins abgesetztes, auf sie als auf sein Gegenteil und Widerspiel bezogenes Sein. Diese Beziehung ist nicht einfach die zwischen zwei gegeneinander abgeschlossenen autonomen Systemen, die sich nicht nötig haben, die miteinander nur unaufhebbar gesetzt sind, wie mit dem Licht der Schatten gegeben ist, sondern eine Beziehung, in welcher jeweils das Gegenglied die Bedingung für die Autonomie des anderen Gliedes bedeutet. Wenn darüber der autonome Charakter jedes Relationsgliedes nicht verloren gehen soll, so muß es in sich selbst gegensinnig strukturiert sein. So öffnen sich die Grenzen beider Seinszonen zu gegenseitiger Einflußnahme aufeinander, ohne damit die Grenzen zu vernichten. Autonomie verwandelt sich nicht in Heteronomie, sondern bleibt kraft Heteronomie erhalten.

Der Kreislauf des Stoff- und Energiewechsels und die Adaption zeigen, wie der Organismus das Gesetz der gegensinnigen Struktur seines eigenen Seins verwirklicht. In dem inneren Antagonismus assimilativer und dissimilativer Prozesse öffnet er seine Grenzen zum Stoff- und Energieaustausch mit der umgebenden Natur, der er als physisches Ding eingegliedert ist. In dem gewissermaßen äußeren, ihn als Gestalt angehenden Kreislauf in Angepaßtheit und Anpassung verwirklicht er die Synthesis von Positionalität und physikalischer Dinghaftigkeit, d. h. der Eigenschaften, die ihm als lebendigem Ding spezifisch sind, mit den Eigenschaften, die ihn als physisches Ding in Raum und Zeit mit allen Dingen verbinden. Er verwirklicht diesen Kreislauf in dem Antagonismus gleichsinniger und gegensinniger Stellung zum Positionsfeld, als die widerspruchsvolle Einheit, welche in und mit dem Medium und gegen das Medium, gefährdet und geborgen, im Kampf mit ihm und im Ausgleich zu ihm existiert.

Zirkulation der Stoffe und Energien, Anpassung der Organisation setzen das Lebewesen mit der aktuellen Wirklichkeit in Kontakt. Sie bestimmen diesen Kontakt lediglich im idealen Zeitquerschnitt, im Modus der Gegenwart, denn ihr „Ziel" ist, das Lebewesen mit den wirkenden Faktoren des Mediums in Zusammenhang zu bringen und zu halten, seine Körperlichkeit mit den Gesetzen der Lebendigkeit auszugleichen. Das lebendige Individuum steht aber in einem nichtumkehrbaren Entwicklungsprozeß unaufhaltsamen Alterns und als dieses Gefälle trägt es in seinem Sein Zukunftsbezug. Nun darf man die dem lebendigen Sein immanent wesenhafte Antezipation, den Charakter des ihm selber Vorwegseins, nicht mit dem Bezug auf die Zukunft verwechseln. Nicht das lebendige Sein bezieht „sich" auf das Kommende, sondern das Individuum, die in Entwicklung begriffene Ganzheit ist es, die in Beziehung zur Sphäre ihres Nochnichtseins als ihrem Gegenteil und Widerspiel steht. Lebendiges Sein ist zukunftsfundiert, nicht auf Zukunft bezogen. Aber in seiner Zukunftsfundiertheit ein Werden, ein Etwas Werden, eine Entwicklung durchlebend geht das Individuum seinem Tode entgegen. Infolgedessen ist das Positionsfeld, wie es seinem Gegenwartswesen entspricht, offen gegen die Zukunft, das Individuum auf Zukunft bezogen.

Da der Organismus in derselben Weise mit dieser wie mit allen Eigenschaften des Positionsfeldes in Kontakt stehen soll, so ergibt sich eine fundamentale Schwierigkeit aus seiner absoluten Begrenzheit durch den Tod. Für ihn ist der Feldkontakt ein mit dem Altern beständig schwindender, der schließlich im Tode erlischt. Zirkulation der Stoffe und Energien, Anpassung der Organisation werden aber von der Nichtumkehrbarkeit des Gesamtentwicklungsprozesses selbst mitbetroffen, weil das Altern, wie es auf einem allmählichen Rückgang der unentfalteten Potenzen durch eben ihre Entfaltung in der Entwicklung beruht, die Regulation in ihrem Umkreis immer mehr einschränkt. Dadurch werden der Zirkulations- und Adaptionsprozeß, die beide das regulatorische Vermögen zur Voraussetzung haben, entscheidend bedroht. Es muß dem nichtumkehrbaren Gefälle des Alterns etwas entgegenwirken, um die den Organismus mit der Welt in Kontakt bringenden und haltenden Ernährungs-, Bewegungs- und Anpassungsverhältnisse vor dem inneren Zerfall zu bewahren: die Verjüngung.

Nicht weil von Natur ein ewiges und unzerstörbares Leben ist, gibt es Verjüngung und Vermehrung, nicht weil das Individuum die Fülle des Lebens nicht halten kann und sie nur wie das schmale Bett den Strom durch sich hindurchtreten läßt, gibt es die Abstammung der Individuen voneinander, sondern gerade die Begrenztheit des Lebens und sein Abstieg ins Alter bedingt die Erneuerung. Die Verjüngung schafft nur den Ausgleich zum Altern, hebt es nicht auf, überwindet es nicht. Alle künstlichen Verjüngungen mit dem Effekt der Verlängerung des Lebens eines Individuums oder einer Art vermögen das Schicksal selbst, den Abstieg der Lebenslinie im ganzen, nicht zu kompensieren. Vermöchte der Verjüngungsprozeß dem Altern in echt antagonistischer Weise entgegenzusein, so müßte das Leben einen stationären Charakter annehmen. Es würde Scheinleben werden, nicht mehr ihm selber vorweg sein, keine Gegenwart mehr haben und so in sich selber zugrunde gehen.

Die kompensatorische Erneuerung darf sich nur so vollziehen, daß der Entwicklungsprozeß des Individuums im ganzen gewahrt bleibt. Zielt sie unmittelbar auf den einzelnen Lebensträger, so stirbt er daran. So fällt bei den Einzellern der Akt der Erneuerung unter gewissen Bedingungen mit dem Tode zusammen, indem sich die Zelle teilt: jene Art der Fortpflanzung, aus der Weismann den Begriff der „potentiellen Unsterblichkeit" der Einzeller herleitete. Überall da, wo ein mehrzelliger Organismus existiert, gelingt die kompensatorische Erneuerung durch Bildung von Keimzellen, die im Verhältnis zum Gesamtkörper das Maximum an unentfalteten Potenzen bergen. Im Akt der Befruchtung wird die Grundlage eines neuen Individuums geschaffen, das der lebendigen Masse der Eltern entstammend ihnen ähnlich werden muß. Das Individuum verjüngt sich also in einem anderen Individuum, dem es seine Eigenschaften nach Maßgabe der physikalisch-chemischen Repräsentiertheit in der Keimmasse, der Beeinflußbarkeit während der embryonalen und während der späteren Entwicklung vererbt.

Im Individuum läuft sich die Entwicklung mit innerer Notwendigkeit tot, darum muß es eine Kette von Individuen geben, die den Typus in der Kontinuität des Keimplasmas am Leben erhält. Ein Reservefonds ist auf diese Weise gebildet, der nicht angegriffen wird und der Erhaltung der Art — unwillkürlich — dient.

An diesem „unwillkürlich" sollte man nicht vorbeigehen. Nur zu gern operiert man hier mit teleologischen Perspektiven: auf das Individuum käme es nicht an, sondern nur auf die übergreifende Einheit der Art, deren Erhaltung mit dem Leben von Millionen bezahlt werde. Denn das Höhere, Überindividuelle sei eben auch das Höhere im Sinne des Wertvolleren. Mit dem Arsenal der klassischen Vergötterung des Allgemeinen wird eine Biologie gestützt, die auf sehr bestimmte gemeinschaftsbejahende, staatsbejahende Lehren hinauswill.

Nicht die Art ist das Primäre, auf dessen Realisierung als Kollektivum es angeblich ankommt, und das Individuum nur ein Mittel des Lebens, einer chaotischen Macht, ausbrechend in Myriaden einzelner Schicksale, schöpferisch blind und spielerisch sehend zugleich, sondern über dem Individuum „wird" die Art, antezipiert in seiner Entwicklung als die Form, „unter" die es werdend, etwas werdend gerät. Wie hier ein letzter, unüberbrückbarer Hiatus zwischen dem gestalteten Körper und seiner Typenhaftigkeit faßlich wird, den kein Realisierungsverhältnis wieder verwischt, so auch zwischen dem Individuum und der Spezies bzw. den höheren Generalisierungsstufen. Daß die Art, einmal mit der einzelnen Form in tausend Varietäten sichtbar geworden, wesensgesetzlich einer Stufenordnung eingegliedert erscheint, mag für die Idealität der wirklichen Formen sprechen, doch nie für ihre an sich bestehende Zweckbedeutung. Im werdenden Individuum hat die Form und damit implizite auch die die Gestalt fundierende Stufenordnung der Formideen als im Modus des Vorweg stehend den Charakter der Zweckursache. Abgelöst von dem Individuum dagegen bleibt die Finalität der (freilich vom raumzeitlich Realen ablösbaren) Formstufen ganz problematisch; das Leben gerät nur unter sie und nur bei Gelegenheit seines Werdens werden auch sie.

So bleibt ein Mißverhältnis zwischen dem sich entwickelnden und schließlich völlig entfalteten Individuum und der Weite des Typus, der Art, des Stammes, unter den es geraten ist. Der unüberbrückbare Spielraum zwischen Form und Einzelwesen als die evident werdende, nicht ausgenutzte Fülle der Möglichkeiten, die das Einzelwesen durch den Gang gerade *seiner* Entwicklung versäumen mußte, die aber doch in ihrer Nichtausgenütztheit, in ihrer beständigen Erfüllbarkeit besteht, dieser Hiatus selbst zwischen der Form und dem Geformten setzt eine Spannung, die nach Ausgleich verlangt.

Leben ist Entwicklung, Übergang also von unentfalteten Potenzen zu Aktualitäten, Einengung von Möglichkeiten, die ursprünglich da waren und unter Umständen hie und da noch Wirklichkeit werden könnten, wenn Eingriffe in den Organismus Regulationen verlangten: *Leben ist Selektion*. In Potenzen bleibt aber die Möglichkeit, überdeckt zugleich von der Wirklichkeit, solange der Organismus lebt, insofern das Ganze im Einzelnen vertreten und das Verhältnis von Ganzem und Teil vom Prozeß des Alterns gar nicht berührt wird. Die Abnahme der Chance mit steigendem Alter, Potenzen noch zur Entfaltung zu bringen, steht in Widerspruch zu der (im konstanten Verhältnis von Ganzem und Teil begründeten) konstanten Potentialität des Individuums.

Das werdende Individuum gerät infolgedessen in ein doppeltes Mißverhältnis zur Weite der Form, die ihm Spielraum und darin den Rahmen notwendig zu versäumender Möglichkeiten gibt, und zur Fülle seiner eigenen Potentialität, die es ihm gestattete, die gebotenen Möglichkeiten zu verwirklichen. Dadurch erst erhält jede beliebige faktische Entwicklung, in welcher Richtung sie auch geht, wie viele Sprünge sie auch macht, den Charakter einer individuellen Entwicklung, die auch anders hätte laufen können, obzwar Entwicklung in einer bestimmten Linie dem Individuum wesensnotwendig ist. Aber der faktisch eingeschlagene Weg muß notwendig zufällig sein. Über der wirklichen Entwicklung waltet trotz der allgemeinen Sinngemäßheit, überhaupt einen bestimmten Weg einzuschlagen, der Zufall, daß es gerade dieser und kein anderer sein mußte. Die beständige Weite der individuell gewordenen Form und die ihr „eigentlich" konforme Weite seiner eigenen beständigen Potentialität nehmen nicht dem Gesetz, wonach das Individuum eine bestimmte Möglichkeit realisiert, wohl aber dem Ergebnis der Realisierung die Notwendigkeit und lassen das Individuum als Opfer eines blinden Schicksals erscheinen.

Leben heißt an sich schon blind Ausgewähltsein, Seligiertsein. Leben ist notwendiges Versäumnis seiner Möglichkeiten und darin Selektion. Nach der üblichen Anschauung wird die Selektion erst durch lebensfremde Faktoren bewirkt, durch Klima, Ernährung, den Kampf mit den Artgenossen und die Zuchtwahl, als ob das Leben wie eine noch nicht modellierte Masse, ein noch nicht regulierter Strom in aller Ungebundenheit existieren könnte. Dann ist natürlich die Tatsache, daß nur Individuen lebendig sind, von denen ein jedes ebenso gut auch anders hätte geraten können, ein Problem, das man unter Zuhilfenahme lebensfremder Außenfaktoren lösen muß. Dann geht es nicht anders, als irgendwelche empirischen Selektionstheorien zu ersinnen, wie man Theorien für das Phänomen der Adaption ersonnen hat.

Für das Leben ist Selektion ein apriorischer Modus seines realen Stattfindens in körperlicher Wirklichkeit. Für das Leben hat den Wert eines inneren Strukturgesetzes (man könnte es als das Gesetz des kategorischen Konjunktivs bezeichnen, das den inneren Mechanismus der Selektion ausmacht), dieses „es ginge zwar, aber es geht nicht". (In dieser Ebene der Organisation prägt sich das Gesetz nur körperlich aus. Aber es trägt das Leben bis in seine höchste Sphäre, den Menschen, der nach ihm bewußt zu leben hat.)

Für den naturwissenschaftlichen Betrachter liegt hier das Problem einfacher. Er wird zwar nicht behaupten, die Entwicklung gerade dieser Eiche oder jenes Seeigels bis aufs Letzte kausal festlegen zu können, aber er kann keinen prinzipiellen Zweifel an der Möglichkeit einer solchen Erklärung dulden. Jeder Schritt der Entwicklung mußte so kommen, wie er faktisch kam: bei dieser Belichtung, dieser chemischen Beschaffenheit des Mediums usw. blieb dem Keim mit dieser Erbmasse nichts anderes übrig.

Sagt das etwas gegen die oben formulierte These? Nein, denn die tatsächliche Disparatheit zwischen dem erzwungenen Entwicklungsweg, der eine ganz individuell charakterisierte Linie beschreibt, und dem formgewordenen Organismus, der trotz seiner notwendigen Einmaligkeit und Einseitigkeit die ganze Fülle an Möglichkeiten in *sich* trägt, wie sie der Spielraum seiner Formidee eröffnet, diese Disparatheit wird von der naturwissenschaftlichen These nicht bestritten, eher noch unterstrichen. —

Es bedeutet keine Milderung für das Individuum, wohl aber einen Ausgleich des (gleichwohl bestehenden) Widerspruchs zwischen der Chancenminderung, mit steigendem Alter Potenzen zur Entfaltung zu bringen, und der konstanten (im konstanten Verhältnis von Ganzem und Teil begründeten) Potentialität des Individuums, daß der Organismus in seinen Keimzellen eine relativ konstante und von der Entwicklung relativ unabhängig realisierbare Potenzenfülle besitzt. Außer in dem kompensatorischen Sinn, der Nichtumkehrbarkeit des Entwicklungsprozesses die ewige Erneuerung entgegenzustellen — im anderen Individuum, erweisen dann Fortpflanzung und Vererbung ihre Notwendigkeit für das Individuum durch Bildung eines ihnen dienenden Organs im Individuum selbst.

Es mag erstaunlich scheinen, daß in diesem Zusammenhang nichts von dem Unterschied der Geschlechter gesagt wurde. Tritt doch in der ganzen organischen Natur das Widerspiel von männlich und weiblich, wenn auch in tausendfacher Variation, als Vorbedingung der Fortpflanzung auf. Offenbar kann die Erneuerung der lebendigen Substanz (auf die Dauer wenigstens) nicht ohne Veränderung des Plasmas bzw. des Kerns vor sich gehen. Ein derartiger Zwang zur Vermischung verschiedener Substanzen läßt sich allerdings aus den besonderen physischen Bedingungen, an welche die Lebendigkeit für ihre Realisierung gebunden ist, begreifen. Hierzu gehört aber ein tieferes ontologisches und kausales Verständnis, als es beim jetzigen Stand der physiologischen Chemie möglich ist. Denn hier spielen diejenigen von der exakten Biologie noch zu erforschenden Vorgänge eine Rolle, welche in nicht mehr erschaubaren, sondern in allein feststellbaren Seinsschichten ablaufen.

Apriori verstehen läßt sich der Zwang zur sexuellen Differenzierung aus dem Zwang der Erneuerung nur mit Rücksicht auf die Gebundenheit der Realisierung des Lebens an besondere physische Bedingungen, mit Rücksicht also auf etwas inhaltlich nur aposteriori Erkennbares. Diese Abhängigkeit der phänomenalen Schicht des Lebens von anderen nichtphänomenalen Schichten körperlichen Seins ist der Grund für die Herstellung jener besonderen Spannung, die nur durch den polaren Gegensatz männlich-weiblich aufrecht erhalten wird. Denn daran ist nicht zu rütteln gerade angesichts der Forschungen von Hartmann, v. Wettstein u. a., daß bei aller quantitativen Bedingtheit der Unterschied männlichen und weiblichen Seins bzw. Verhaltens vom einfachsten Gameten bis zum Menschen ein qualitativer, ein Wesensunterschied ist. Sexuelle Differenzierung ist ein Modal, eine Bedingung der Realisierung des Lebens mit Rücksicht — und das unterscheidet sie von den anderen Bedingungen — auf ihre besondere physische Bedingtheit.

5. Die offene Organisationsform der Pflanze.

Nirgends, soweit die Erfahrung reicht, tritt Leben nur in einer Form überhaupt auf. Die Form ist stets eine bestimmte und läßt sich in jedem Fall dem pflanzlichen oder dem tierischen Organisationstypus zurechnen. Wohl gibt es bei den Einzellern Übergänge, wie ja auch dort Fortpflanzung und Tod zusammenfallen können. Doch ist mit dem Übergang zur Mehrzelligkeit offenbar der Zwang zur Entscheidung im Sinne der Pflanze oder des Tieres gegeben. Die Vermutung ist nicht von der Hand zu weisen, daß in diesem Zwang zur Differenzierung ein Wesensgesetz des Lebens überhaupt manifest wird. —

Wenn es wahr ist und der Organismus dadurch seinen Zweck in sich erfüllt, daß er zur Einheit nur vermöge eines Lebenskreises kommt, der durch ihn hindurch und aus ihm herausführt, dann erhebt sich die Frage, wie dieser Sachverhalt mit der unvermeidlichen Geschlossenheit eines Körpers zu vereinbaren ist. Jeder Körper im Raum ist ein in Wandungen gebundenes und begrenztes Ding, und lassen sich die Grenzflächen in den verschiedenen Aggregatzuständen auch nicht gleich leicht in der grobsinnlichen Anschauung festlegen, — vorhanden sind sie und nachweisbar in jedem Fall.

Für das lebendige Ding besteht hier ein radikaler Konflikt zwischen dem Zwang zur Abgeschlossenheit als physischer Körper und dem Zwang zur Aufgeschlossenheit als Organismus. Die Lösung des Konflikts findet das lebendige Ding in seiner Form, deren Ausprägung in der jeweiligen Gestalt ihres Typus sinnlich faßbar wird, ohne allerdings selbst in Erscheinung zu treten. Sie bezeichnet hier die Organisationsidee — und eine Idee wird wesentlich mittelbar anschaulich —, nach welcher der lebendige Körper seine dingliche Selbständigkeit mit seiner vitalen Unselbständigkeit vereinigt.

Voraussetzung des Ausgleichs in der Form ist natürlich der Konflikt, der nur da auftritt, wo Organisation stattfinden soll, im strengen Sinne also nur bei mehrstufigen Lebewesen (Vielzellern). Bei Einzellern kann es ebenfalls zur Organisation kommen, nur bleibt hier durch Modellierung des

Ganzen aus einer zusammenhängenden protoplasmatischen Grundsubstanz der Teil in einer prinzipiell anderen Stellung zum Ganzen wie bei den Vielzellern auf Grund der Spezifizierung der Zellen und Gewebe. Kühns Beobachtung an der Amöbe, die unter gewissen Bedingungen die Form einer Flagellate annahm, zeigt besonders deutlich die Problematik der ganzen Morphologie der Protisten. So hat man auch stets von Organellen, nicht von eigentlichen Organen der Einzeller gesprochen. Wählt das Leben einmal den Weg der Mehrzelligkeit, so wählt es den Konflikt zwischen Organisation und Körperlichkeit und muß ihn daher in der Form ausgleichen.

Auf zweierlei Weise ist der Ausgleich möglich, in *offener* und in *geschlossener* Form. Findet der Ausgleich in offener Form statt, so liegt eine Pflanze vor, findet er in geschlossener Form statt, so zeigt das lebendige Ding die Merkmale des Tieres. Pflanze und Tier sind also ideell in der Organisationsweise streng voneinander geschieden, weshalb sie in vielen Eigenschaften nur graduell voneinander abzuweichen brauchen und in manchem auch übereinstimmen können. Eine rein empirische Unterscheidung von Pflanze und Tier wird daher stets auf die größten Schwierigkeiten stoßen, weil sie an der Existenz von Übergangsformen nicht vorübergehen kann.

(Die Verwendung der Begriffe „offene und geschlossene Form" zur Unterscheidung pflanzlicher und tierischer Organisation stammt von Driesch. Doch mißt Driesch diesem Gegensatz keine absolute Bedeutung bei, da es „offene Formen" auch im Tierreich bei Korallen, Hydroiden, Bryozoen und Aszidien gäbe, Analogien pflanzlicher Formbildung, anderseits viele Pflanzen keine eigentlichen Individuen, sondern Kolonien darstellten, sodaß beim Vergleich zwei Dinge verschiedenen Ordnungsgrades gegenübertreten.)

Um zunächst ein klares Bild davon zu gewinnen, was unter offener und geschlossener Organisationsform in apriorischem Sinne zu verstehen ist, wird man sich des Mittels anschaulicher Schematik bedienen dürfen (siehe S. 220).

Offen ist diejenige Form, welche den Organismus in allen seinen Lebensäußerungen unmittelbar seiner Umgebung eingliedert und ihn zum unselbständigen Abschnitt des ihm entsprechenden Lebenskreises macht.

Morphologisch prägt sich das in der Tendenz zur äußeren, der Umgebung direkt zugewandten Flächenentwicklung aus, die wesensmäßig mit der Unnötigkeit einer Bildung irgendwelcher

Zentren zusammenhängt. Die der mechanischen Festigkeit, der Ernährung und Reizleitung dienenden Gewebe werden nicht von besonderen Organen anatomisch oder funktionell „gesammelt", sondern durchziehen den Organismus von seinen äußersten bis zu seinen innersten Schichten. Infolge dieses Mangels irgendwelcher Zentralorgane, in denen der ganze Körper gebunden bzw. repräsentiert wäre, tritt die Individualität des pflanzlichen Individuums nicht selbst als konstitutives,

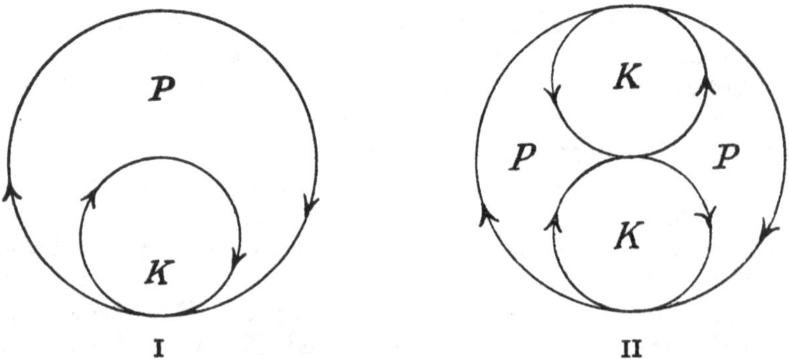

K bezeichnet den Körper, *P* das Positionsfeld, die Kreislinie um die *K*- und *P*-Zone den Lebenskreis. In Figur I tritt die Eingliederung des Körpers in den Lebenskreis durch die beide Zonen gleichsinnig verbindende Pfeilrichtung in Erscheinung. Figur I gibt also den Fall der unselbständigen offenen Form. In Figur II bleibt die Eingliederung in den Lebenskreis erhalten, doch gewinnt der Körper seine geschlossene Form und Selbständigkeit durch die Doppelsinnigkeit des Richtungszuges in der K-Zone, die gleichsinnig und gegensinnig zum Richtungszug der *P*-Zone steht. — In Übereinstimmung mit dem früher verwandten Schema (S. 197) drückt gleichsinnige Richtung zwischen Körperzone und Umgebung Offenheit, gegensinnige Richtung beider Zonen zueinander Geschlossenheit der Körperzone aus. Weitere Vergleichspunkte zwischen den Figuren bestehen nicht. Hier handelt es sich ja nur um eine bequeme Veranschaulichung der Merkmale der „Form".

sondern nur als äußeres, der Einzelheit des physischen Gebildes anhängendes Moment seiner Form in Erscheinung, bleibt faktisch in vielen Fällen die Selbständigkeit der Teile gegeneinander in hohem Grad gewahrt (Pfropfung, Stecklinge). Ein großer Botaniker hat die Pflanze geradezu das „Dividuum" genannt.

Ontogenetisch zeigt sich diese Dividualität der pflanzlichen Organisationsform an der Erhaltung der Phasen im Aufbau des Individuums. „Wenn ein tierischer Keim in seiner Entwicklung vom Stadium D zum Stadium G fortschreitet und dabei die Stadien E und F passiert, so können wir sagen, daß das Ganze von D zu dem Ganzen von G geworden ist, aber wir können nicht sagen, daß es einen gewissen Teil von G gibt, welcher D ist; wir können nicht sagen, daß $G = D + \alpha$ ist. Aber bei Pflanzen können wir das: bei pflanzlichen Organismen ist das Stadium G in der Tat $= A + B + C + D + E + F + \alpha$; alle früheren Stadien sind hier tatsächlich sichtbar als Teile des letzten. Der große Embryologe Karl Ernst v. Baer hat diese analytischen Verschiedenheiten tierischer und pflanzlicher Formbildung aufs klarste gesehen. . . . Es ist wohl im wesentlichen eine Folge der vielen Faltungen und Knickungen und Wanderungen von Zellen und Zellkomplexen im Verlaufe der tierischen Formbildung, daß hier ein früheres Stadium in das spätere gewissermaßen aufgeht; solche Vorgänge fehlen bei Pflanzen so gut wie ganz, selbst in ihren allerersten ontogenetischen Stadien. Wir geben daher der vorliegenden Differenz einen guten Ausdruck, wenn wir sagen, daß bei Pflanzen fast alle Bildung von Oberflächen nach außenhin verläuft, während sie bei Tieren nach innen zu statthat. Und dieser Charakterzug führt uns nun noch zu einer weiteren Verschiedenheit zwischen Tieren und Pflanzen, die am besten dadurch zum Ausdruck gelangt, daß wir sagen: Tiere seien „geschlossene", Pflanzen seien „offene" Formen; Tiere erreichen einen Punkt, auf dem sie fertig sind. Pflanzen sind, wenigstens in sehr vielen Fällen, nie fertig".[1])

Charakteristisch tritt diese wesenhafte Unfertigkeit an den sogenannten Embryonalzonen zutage, die bei höher organisierten Pflanzen im Vegetationspunkte der Knospen und im Kambium zwischen Rinde und Holz liegen und von denen aus Differenzierung und Wachstum fortdauernd ihren Ausgang nehmen können. Immer bleibt so ein ungestaltet gestaltbares Material, dem Keim vergleichbar, als Zone des differenzierten Organismus erhalten, der an ihr unmittelbar eine Reserve zur eigenen Formbildung hat. Auch der tierische Organismus besitzt in den Keimzellen Embryonalzonen, d. h. Systeme harmonischer Äquipotentialität im harmonisch äquipotentiellen System seines Körpers, aber sie dienen der Bildung neuer Individuen, nicht (unmittelbar) der Differenzierung des eigenen Leibes.

Unfertig deckt sich nicht durchaus mit unausgebildet. Gerade die reife Bildung bedingt den Charakter der wesen-

1) Driesch, Philosophie des Organischen. 2. Aufl. S. 39/40.

haften Unabgeschlossenheit des mit ihr zur Erscheinung kommenden Ganzen. Wurzeln, Blätter, Blüten, Früchte von den primitivsten bis zu den differenziertesten Formen betonen, eine jede auf verschiedene, den Zwecken der Ernährung, Reizleitung und Sexualität dienende Weise jene Eingebautheit in das umgebende Medium, die man immer wieder als absolute Hingegebenheit, als Sichverlieren und Aufgehen im Funktionskreis des Gattungslebens bezeichnet und die besonders für die psychistische Deutung der Lebenserscheinungen den Anlaß gegeben hat, von einem ekstatischen Wesen der Pflanze zu sprechen.

Die bei Pflanzen dominierende Bedeutung der Fortpflanzung ist nichts anderes als der Ausdruck für den Durchgangssinn, das Übergangswesen der offenen Form, welche ebenso den Vorgang der Fortpflanzung in seinen Mitteln regelt. Mit Hilfe des Windes, der Insekten wird der Pollen übertragen. Farbe und Form der Blüte, die Saccharide der Nektarien, die Wachse des Blütenstaubs, die aromatischen Stoffe besorgen die Anlockung der pollenübertragenden Tiere. Chemische Stoffe besorgen die Anlockung der Spermatozoiden zum Zweck der Eibefruchtung.

Die unmittelbare Eingliederung des Organismus mit seinen die Form bildenden Flächen äußert sich wie im Zyklus der Fortpflanzung im Kreislauf des Gesamtstoffwechsels. Wohl liegt darin ein spezifisches Merkmal des pflanzlichen Lebens, daß die chlorophyllhaltigen Pflanzen außer aus organischen Verbindungen auch aus den elementaren im Wasser, in Erde und Luft vorkommenden anorganischen Körpern die hochkomplexen organischen Stoffe unter dem Einfluß des Sonnenlichts zu synthetisieren vermögen (da sich diese Fähigkeit nur bei den Pflanzen findet). Aber der allgemeine Unterschied zwischen pflanzlichem und tierischem Stoffwechsel zeigt sich in der nur graduellen Differenz zwischen überwiegender Assimilation, schwacher Wärmebildung und Sauerstoffausscheidung bei der Pflanze und überwiegender Dissimilation, lebhafter Wärmebildung und Kohlensäureausscheidung beim Tier. Da die formbildenden Flächen ausnahmslos am Stoffwechselprozeß beteiligt sind, wie ihn der die Zufuhr anorganischer und organischer Substanzen und des Sonnenlichts besorgende direkte Kontakt des Leibes mit dem Medium bedingt, so fällt jede Differenzierung der Gewebe in Freß-, Verdauungs- und Exkretionsorgane fort. Eine Verteilung der Stoffwechseletappen erübrigt sich. Auch hierin ist die Pflanze „weder Kern noch Schale, alles ist sie mit einem Male“. Parasitäre saprophytische Formen, die an organische Substanz in ihrer Ernährung gebunden sind, stimmen mit den „normalen“ bunten, chlorophyllhaltigen in diesem Mangel einer spezifischen Verdauung (als eines isoliert verlaufenden Vorgangs) überein. Im übrigen berechtigt zu der instruktiven und wissenschaftlich auch sonst begründeten Bewertung der grünen freilebenden als der das pflanzliche Wesen am reinsten zum Ausdruck bringenden Formen, daß die Synthese hochwertiger Eiweißstoffe sowie des gesamten lebendigen Zellmaterials aus elementaren anorganischen Verbindungen doch die eigentümlichste Leistung der offenen Form auf dem Gebiete der Ernährung darstellt. Denn hier zeigt sich auch an dem chemisch definierbaren Material, was sonst nur im Typus seiner Verarbeitung erkennbar wird.

Mit ganz dem gleichen Recht sieht man in dem Mangel der Ortsbewegung ein Charakteristikum offener Form. Weitaus die meisten Pflanzen leben festsitzend, wie es dem maximalen Eingebautsein ins umgebende Medium entspricht. Doch auch dieses Kennzeichen bestimmt nicht den Wesensunterschied zum Tier. Ortsbewegung kommt auch bei pflanzlichen Organismen vor, vor allem aber festsitzende Lebensweise bei Tieren. Bildet die Ortsbewegung nahezu ein Reservat der geschlossenen Form, so läßt sich das für die Teilbewegungen bei fixiertem Standort nicht mit gleichem Nachdruck behaupten. Im Pflanzenreich treten nur verhältnismäßig die Bewegungsphänomene zurück. Sie unterliegen in ihren größtenteils rhythmisch ablaufenden Prozessen restlos den durch das Medium und die Eigenveränderungen des funktionell eingepaßten Körpers gegebenen Bedingungen. Öffnen und Schließen der Blüten, Tag- und Nachtstellung der Blätter, Orientierung des Stengels, der Wurzeln zum Licht, zur Schwerkraft sind in keinem Sinne zentral vermittelte, auf Trieb- oder gar Willensimpulse zurückgehende Bewegungen. Mit einem Wort Hedwig Conrads: alle Bewegungen gehen an der Pflanze vor sich, nie „von“ der Pflanze „aus“; wie denn auch offene Form kein Zentrum hat, von dem aus — instinktiv, triebhaft oder willentlich — Bewegungsimpulse möglich sind.

Bis in die neueste Zeit hat man unter der Vorherrschaft physiologischer Ideen, die am Funktionsschema des Tieres gebildet waren, den Gedanken festgehalten, auch in der Pflanze seien reflektorische Vorgänge anzunehmen. Man sprach von pflanzlicher Phototaxis, Geotaxis, Chemotaxis oder legte wenigstens den Formen des Photo-, Thigmo-, Chemo-, Geotropismus das Reflexschema bzw. das Schema der zentral vermittelten Reizbeantwortung zugrunde. Nachdem, vor allem durch Haberlandt, die Existenz besonderer licht-, druck-, schwerkraftempfindlicher Zellen nachgewiesen war, lag es natürlich nahe, von Sinnesorganen zu reden, welche den Reiz perzipieren und ihn zu den Effektoren der Bewegung leiten. An einer unterstützenden Rolle solcher Perzeptionszonen für den Ablauf licht- oder schwerkraftsorientierter oder sonstiger Reizbewegungen wird man nicht zweifeln dürfen, auch wenn man den Vergleich mit Sinnesorganen, die das Reizobjekt (in einem wie weiten Umfang immer) zu vermitteln haben, streng ablehnen muß. Nicht weniger haltlos ist die Gleichsetzung der Reizleitungsvorgänge mit nervösen Prozessen. Abgesehen davon, daß in vielen Fällen eine Leitungsbeziehung nicht nachweisbar ist, obwohl der geschlossene Zellverband sie erwarten läßt, findet Leitungsbeziehung nicht nur zwischen den Zellen des Reizleitungssystems, sondern ebenso zwischen Parenchymzellen mit strömendem Plasma statt. Lokal ausgelöste geotropische und phototropische Reizeffekte können am Pflanzenkörper relativ weite Ausbreitung finden (vgl. hierzu die zusammenfassenden Arbeiten von Haberlandt, Nemeč und Fitting[1]). Überraschende Ergebnisse haben auch die Untersuchungen Blauws und seiner Schüler gehabt, die einen wichtigen Fortschritt in der Aufhellung tropistischer Reaktionen bei Pflanzen bedeuten. Sie machen es höchst wahrscheinlich, daß z. B. die positive phototrope Wachstumsreaktion beim Haferkeimling auf einer Wachstumshemmung der dem Licht zugewandten Seite beruht. Nimmt man an, daß von der Spitze wachstumsregulierende Stoffe gleichmäßig im Gewebe verteilt nach der Basis des Keimlings wandern und diese Stoffe photochemisch zersetzlich sind, so überwiegt einfach das Wachstum auf der Schattenseite und der Keimling krümmt sich dem Licht zu. In der gleichen Richtung führt auch die Erklärung thigmotroper Wachstumsreaktionen bei Rankengewächsen. Natürlich macht es Eindruck, wenn man im Film

1) Eine Übersicht gibt A. v. Tschermak in seiner Allgemeinen Physiologie I, besonders S. 423ff., dem eine Gleichsetzung der Reaktionsweise auf äußere Reize bei Pflanze und Tier unberechtigt erscheint (so S. 51. Dort auch die Literatur zum Psychovitalismus und zur Tropismentheorie).

die Bewegungen etwa einer Cucurbitaceenranke oder einer Winde, auf ein Zehntausendstel der wirklichen Zeit verkürzt, beobachtet, wie sie durch eine Phase des „Suchens" nach Stützpunkten in eine Phase übergehen, in der sich die Ranke zurückwendet und an sich selber den Halt für ein rückläufiges Wachstum findet. Auch hier liegt nicht der mindeste Grund vor, empfindungsmäßig oder auch nur zentral vermittelte Prozesse als Grundlage dieser Erscheinungen anzunehmen. Auch hier erfolgt die sinnentsprechende Reaktion nicht als Antwort auf die objektiv für das Lebewesen vorhandene Situation, sondern rein nach den Gesetzen des Wachstums. Man darf vielleicht sagen, daß die Pflanze als offene Form einer Situation wie dieser auch nicht besser gerecht werden könnte, wenn sie die Gabe des Bewußtseins besäße und fühlend die einzige der bestehenden Möglichkeiten herausfände. So wird ihr durch die Hemmung der Regulationsstoffe des Wachstums etwas abgenommen, was der geschlossenen Form nur durch Vermittlung der Situation selbst, d. h. ihre Objizierung gelingt.

Empfindung und Handlung (d. h. durch Assoziationen modifizierbare, zentral vermittelte Bewegungen) widersprechen dem Wesen offener Form. Erich Bechers höchst verdienstvolle Untersuchungen, an der „fleischfressenden" Drosera einfache Assoziationen nachzuweisen, zeigten ein negatives Ergebnis. Ohne historische Reaktionsbasis oder Gedächtnis vollziehen sich die Bewegungen selbst bei diesen scheinbar räuberischen Pflanzen rein automatisch. —

Bergsons „la plante est un animal endormi" ist das Bekenntnis aller Romantiker. Weil sie von einer introspektiven Anschauung her die Phänomene des Lebens deuten wollen, suchen sie unwillkürlich in ihnen das Einfühlbare. Einfühlen kann man sich nur in eine Innerlichkeit, in Strebung, Intention, Haltung, in eine Sphäre zentral geschlossener Lebendigkeit, wie sie der Pflanze wesensmäßig fehlt. Also muß sie „eingeschlafen" sein, träumen und sich vom Tier nur durch das Fehlen wachen Bewußtseins unterscheiden.

Oder aber man kehrt — nicht weniger romantisch und einfühlend — die Vorzeichen um und sieht in der Pflanze im Unterschied zum Tier etwas eminent Positives, das ungehemmt Verströmende, die Verkörperung schenkender Selbsthingabe, den ekstatischen Gefühlsdrang, eine nachtwandlerische Sicherheit, die das Bewußtsein nicht mehr braucht, in Form und

Funktion das Genie der Natur. Dem Wesen der Pflanze kommen auch solche Intuitionen nicht näher.

Es ist nun einmal ein Verrat am Wesen der Pflanze (wie es ein Verrat am Wesen der Natur ist), sie symbolisch zu nehmen, als Verkörperung eines in ihr sich aussprechenden Prinzips, als Ausdruck einer Kraft, einer Seele, einer Wirklichkeit, die nicht mehr sie selbst ist. Mit solchen literarischen Mitteln nimmt man der Natur nicht nur die Größe ihrer Einfachheit, sondern mißversteht ihren eigentlichen Sinn, der nichts zu verstehen gibt, als was er faßlich selbst ist. Die Geheimnisse der Natur liegen nicht hinter ihr oder in ihr wie geheimer Text in Chiffern versteckt, sie liegen öffentlich zutage. Ganz diesem Gesetz der Wesensphänomenalität entsprechend läßt sich die Organisationsidee der offenen Form in allen pflanzlichen Lebensäußerungen als begründende Einheit ihrer Wesensmerkmale aufzeigen, ohne daß man zu irgendwelchen psychischen oder psychoidalen Triebkräften seine Zuflucht zu nehmen braucht. Aus der Idee läßt sich freilich keine einzige Lebensäußerung ableiten, wohl aber unter der Idee eine jede in ihrer das pflanzliche Wesen bestimmenden Bedeutung verstehen. [1])

6. Die geschlossene Organisationsform des Tieres.

Geschlossen ist diejenige Form, welche den Organismus in allen seinen Lebensäußerungen mittelbar seiner Umgebung eingliedert und ihn zum selbständigen Abschnitt des ihm entsprechenden Lebenskreises macht. Wenn es zur offenen Form gehört, den Organismus mit allen seinen an die Umgebung angrenzenden Flächen Funktionsträger sein zu lassen, so wird die geschlossene Form sich in einer möglichst starken Abkammerung des Lebewesens gegen seine Umgebung äußern müssen. Diese Abkammerung hat dabei den Sinn der mittelbaren Eingliederung in das Medium. Auf Grund des vermittelten Kontaktes bleibt dem Organismus nicht nur eine größere Geschlossenheit als den pflanzlichen Lebewesen gewahrt, sondern er erhält echte Selbständigkeit, d. h. Gestelltheit auf ihm selber, die zugleich eine neue Existenzbasis bedeutet.

Von mittelbarer Eingliederung in einen Zusammenhang wird man i. A. nur da reden dürfen, wo zwischen den Zusammen-

[1]) Vgl. H. Andrés „Versuch einer charakterologischen Analyse der Lebensfunktionen der Pflanze“ in Abh. z. theor. Biologie Heft 25, Berlin 1927.

hang und das eingegliederte Element Zwischenglieder eingeschaltet sind. Wie bringt es der Körper, der mit seinen Außenflächen unmittelbar an das Medium angrenzt, fertig, zwischen sich und das Medium Zwischenglieder einzuschalten, die einerseits nicht zu ihm gehören, andererseits auch wieder nicht ohne lebendige Beziehung zu ihm sein dürfen, weil sie sonst ihrer Aufgabe vermittelnder Eingliederung auf natürliche Weise nicht gewachsen sind?

Fiele der Lebenskreis, in dem der Körper eingegliedert ist, restlos mit dem Medium zusammen, an welches er angrenzt, so läge hier eine unüberbrückbare Schwierigkeit vor. Deshalb muß entweder das Medium in seiner Bedeutung als Komponente des Lebenskreises zurücktreten oder aber der organische Körper von sich aus auf ein anderes Seinsniveau gelangen, für welches der unaufhebbar mit der eigenen Körperlichkeit gegebene Kontakt keine alleintragende Bedeutung mehr hat. Wenn eine lebensfähige Organisation nach der Idee der geschlossenen Form möglich sein soll, so muß Eingliederung in den Lebenskreis noch etwas anderes besagen als Kontakt mit dem Medium, denn dieser ist für das lebendige Ding qua Ding wesensmäßig unmittelbar gesetzt.

Die Aufgabe, welche der Organismus zu bewältigen hat, läßt sich also dahin zusammenfassen, zwischen sich und den Lebenskreis eine vermittelnde Schicht zu bringen, die den Kontakt mit dem Medium übernimmt (wenn auch natürlich nicht aufhebt). Welche Bedingungen sind zu erfüllen, damit dieser Ausgleich im Sinne einer Umwertung der Unmittelbarkeit stattfinden kann? Voraussetzung ist, daß dem Organismus nichts außer seinem eigenen Körper hierfür zur Verfügung steht.

Gegeben ist der organisierte Körper in seinen Grenzflächen. Diese Flächen dürfen ihn nicht abschließen, da sonst die Funktion der Organe, zwischen ihm und dem Medium zu vermitteln, aufgehoben wäre. Infolgedessen muß der Körper, soll er trotzdem gegen das Medium eine geschlossene Einheit bilden, die Grenze in ihm selber haben, d. h. in ihm selber in einen Antagonismus zerfallen. (Demselben Gesetz begegnete die Untersuchung bei der Darstellung der das Wesensmerkmal Assimilation-Dissimilation bedingenden Notwendigkeit. Auch hier konnte der Ausgleich zwischen der rein physischen Aufgeschlossenheit des Körpers gegenüber dem Medium und der im Wesen der echten Begrenztheit liegenden Abgeschlossenheit nur durch den inneren Antagonismus eines gegensinnigen

Prozesses — Assimilation-Dissimilation — gefunden werden.) Kraft dieses Antagonismus schließt sich der Organismus zur Einheit zusammen. Die Gegensinnigkeit vermittelt ihn mit ihm selber zur geschlossenen Ganzheit oder sie organisiert ihn.

Gegensinnigkeit als Organisationsprinzip ist nur möglich, wenn die Organe morphologisch und physiologisch gegensinnig zueinander sind und sowohl im einzelnen wie in Gruppen antagonistische Struktur und Funktion besitzen. Dabei muß es eine höchste, den Antagonismus überlagernde und ausgleichende Zusammenfassung innerhalb des Organismus geben. Warum? Diese Zusammenfassung bleibt ihm als Ganzem nicht vorbehalten. Zum Ganzen gehört schon das Gegenüber einer Einheit für sich und einer Einheit in der Mannigfaltigkeit der Teile, welches zum Ganzen vermittelt wird. Der Antagonismus soll Organisationsprinzip des Ganzen sein. Also ist er die Einheitsform der gesamten Mannigfaltigkeit. Wird diese aber in zwei gegensinnig zueinander stehende Zonen getrennt, so geht der organisatorische Sinn dieses Gegeneinanders nur dann nicht verloren, wenn auch ein Zentrum da ist, das dieses Gegeneinander technisch aufrecht hält. Sonst wäre eben der Antagonismus nicht organisierend, nicht die Voraussetzung für Einheit der Zusammenfassung, sondern der Bruch, der keine Einheit mehr zuläßt. Durch die Einheit der Zusammenfassung verbindet dann der geschlossene Organismus die reale peripherische und die reale zentrale Einheit, die antagonistisch geregelte Wirkeinheit der Organe und das Zentralorgan zur Einheit des Ganzen. So ist, wenn wirklich geschlossene Form physisch existieren soll, diese Einheit für sich selber real und tritt zu der realen Mannigfaltigkeitseinheit (dem Funktionszusammenhang aller Teile) hinzu.

Diese an sich befremdliche Ausgleichsform wird verständlicher, wenn man sie neben die Ausgleichsform des Stoffwechsels hält. Dort bildet der Organismus im ganzen selbst die Einheit der Zusammenfassung. Mit allen seinen Organen ist er in dem antagonistischen Prozeß begriffen, in ihn zerfallen, und doch greift jede Komponente so in die zu ihr gegensinnig gerichtete, daß die Einheit des Gegeneinanders sich als ihre einfache unmittelbare Synthesis ergibt. Der Organismus zerfällt eben in zwei Funktionsrichtungen, die jede für sich unselbständig ist und nur mit der anderen eine sinnvolle Funktion des Ganzen darstellt. Hier dagegen liegt der Fall anders. Hier geht sozusagen der Zerfall in den Antagonismus nicht mehr nur den

Funktionscharakter an, sondern er betrifft die Organisation der Organe. Es müssen also zwei gegensinnig zueinander stehende Organisationszonen geschaffen werden, so daß der Organismus in zwei relativ selbständige Teile auseinandertritt. Ihre unmittelbare Synthesis zur Einheit des Ganzen ist damit ausgeschlossen, obwohl die Bestimmung lautet, daß der lebendige Körper mittels des Antagonismus Einheit ist.

Im Falle des Stoffwechsels ist der Organismus vermittels des Antagonismus Assimilation-Dissimilation, des Gegeneinanders selbst Einheit des Ganzen. Hier dagegen muß der Antagonismus, weil er ein Antagonismus organisatorischer Art ist, selbst noch einmal durch etwas vermittelt werden. Dort vermittelt sich der Körper unmittelbar im Gegensatz zum Ganzen. Der Ausgleich des Zonenzerfalls in einem Zentrum dagegen ist nicht etwa selbst der ganze Ausgleich, sondern nur das Mittel für ihn.

Welchen Charakter hat nun der Zonenzerfall? Antwort gibt die Überlegung, daß er dem Ausgleich des Organismus mit seinem Medium dient. Mit seinen Organen ist der Körper als Körper (nicht als lebendiges Ganzes) in Kontakt mit den Dingen des Mediums. Das lebendige Ganze steht dagegen mittels seiner Organe in Berührung mit ihnen, also in mittelbarem, nicht unmittelbarem Kontakt. Real betrachtet, sind aber die Organe alle zusammen der Organismus. Infolgedessen wäre der Unterschied zwischen Körper und lebendigem Ganzen ohne Wirklichkeitswert, wäre das lebendige Ganze doch unmittelbar in seinen Organen gegen das Medium offen, wenn eben nicht durch den Antagonismus der Organe und die damit notwendig gewordene Bildung eines Zentrums real im Organismus etwas geschaffen werden würde, welches alle Organe zusammenfassen könnte. Dieses Repräsentationsorgan — denn seine Funktion besteht darin, alle Organe in ihm vertreten sein zu lassen — ist dem Antagonismus übergeordnet und hält ihn aufrecht als Bedingung organischer Einheit. Antagonistisch kann deshalb nur die Art sein, in der der Organismus zum Medium in Beziehung steht oder, noch genauer gesagt, von ihm aus in Beziehung tritt.

Zwischen Organismus und Medium sind zwei Arten der Beziehung möglich: die passiv hinnehmende und die aktiv gestaltende Beziehung. Einmal nimmt der Organismus das Medium hin, das Medium gestaltet, dann wieder gestaltet der Organismus das Medium und das Medium nimmt hin. Beide antagonistischen Beziehungen sollen real stattfinden und durch ein Zentrum im Sinne der Einheit des Ganzen ausgeglichen werden. Der Zonenzerfall stellt sich als Gegensatz der sensorischen und der motorischen Organisation dar, wie er durch Zentren, ganz überwiegend also durch solche nervöser Art, vermittelt ist.

Das sensomotorische Schema, der „Funktionskreis", wie Uexküll sagt, ist die Bedingung der Möglichkeit für das Realsein der geschlossenen Form, der Organisationsidee des Tieres. Unter ihr werden alle Wesensmerkmale tierischen Lebens in ihrer Einheit verständlich: morphologisch (und damit auch ontogenetisch) die überwiegende Ausbildung innerer Flächen zu Organen und Organsystemen bei möglichst geringer Betonung der äußeren Körperfläche, die zur Trägerin der Sinnesorgane und der Bewegungsorgane bestimmt ist, physiologisch die Spontanbewegung, zumal überwiegend die Fähigkeit zur Ortsbewegung, auf eigene Organkreise verteilte und in Etappen gegliederte Zirkulation, Atmung, Ernährung (allein auf Grund organischer Stoffe) sowie Empfindung.

Zunächst allerdings ist es nicht ohne weiteres klar, daß der Organismus in passiv hinnehmender Beziehung Reize des Mediums „merkt", in aktiv gestaltender Beziehung auf das Medium „einwirkt". Man muß sich erst daran erinnern, daß diese zueinander gegensinnigen Beziehungen in ihrem morphologischen und funktionellen Dualismus die Existenz einer geschlossenen Form ermöglichen sollen. Sie tun es, weil sie das Auftreten einer zentralen Repräsentation des Organismus bedingen. Dadurch ist der lebendige Organismus als Ganzer nicht mehr unmittelbar die (in ihr selbst natürlich vermittelte!) Einheit der Organe, sondern er ist sie nur auf dem Wege über das Zentrum. Er steht also gar nicht mehr direkt mit dem Medium und den Dingen um ihn herum in Kontakt, sondern lediglich mittels seines Körpers. Der Körper ist die Zwischenschicht zwischen dem Lebendigen und dem Medium geworden. So ergibt sich die Lösung des oben gestellten Problems seiner mittelbaren Eingliederung in den Lebenskreis: das Lebewesen grenzt mit seinem Körper an das Medium, hat eine Realität „im" Körper, „hinter" dem Körper gewonnen und kommt deshalb nicht mehr mit dem Medium in direkten Kontakt. Infolgedessen ist der Organismus auf ein höheres Seinsniveau gelangt, das mit dem vom eigenen Körper eingenommenen nicht in gleicher Ebene liegt. Er ist die über die einheitliche Repräsentation der Glieder vermittelte Einheit des Körpers, welcher eben dadurch von der zentralen Repräsentation abhängt. Sein Körper ist sein Leib geworden, jene konkrete Mitte, dadurch das Lebenssubjekt mit dem Umfeld zusammenhängt.

Es besteht ein wesensgesetzlicher Zusammenhang zwischen dem Auftreten von Zentren der Organisation eines Körpers und der Niveauverschiebung der Seinsweise dieses Körpers als eines lebendigen Dinges. Physisch betrachtet verdoppelt sich mit der Entstehung eines Zentrums der Körper: er ist noch einmal (nämlich vertreten) im Zentralorgan. Jene „Mitte", nun, die zum Wesen eines jeden lebendigen Körpers gehört, jene kernhafte Einheit für sich gegenüber der Mannigfaltigkeitseinheit, die doch eine rein intensive Größe bedeutet, wird natürlich nicht von einem räumlichen Gebilde ausgefüllt. Sie bleibt raumhafte Mitte als Strukturmoment der Positionalität des lebendigen Körpers. Aber der Charakter dieses Körpers, welcher sie raumhaft umschließt, hat sich geändert, weil er in ihm real vermittelt, vertreten ist. Er ist von ihm selber abgehoben und abhängig als Körper. Rein physisch schon ist er „sein Leib". Die raumhafte Mitte, der Kern oder das Selbst „liegt" also nicht mehr unmittelbar „im" Körper. Genauer gesagt, sie nimmt eine doppelte raumhafte Lage zum Körper ein: in ihm (sofern der ganze Körper einschließlich des Zentralorgans nicht sein Leib ist und nicht von ihm abhängt) und außer ihm (sofern der Körper vom Zentralorgan als sein Leib abhängt).

Auf diese Weise bekommt die Mitte, der Kern, das Selbst oder das Subjekt des Habens bei vollkommener Bindung an den lebendigen Körper Distanz zu ihm. Obwohl rein intensives Moment der Positionalität des Körpers, wird die Mitte von ihm abgehoben, wird er ihr Leib, den sie hat. Soweit nun der Körper physisch sein eigener Leib ist, tritt sie zu ihm außerdem in ein besonderes Verhältnis als zu der (ihr) unterworfenen, weil eben einer vom ganzen Körper (einschließlich des Zentrums) abhängigen Zone. Der ganze Körper selbst ist von ihr nicht abhängig, wohl aber diejenige Zone, die im Zentralorgan vertreten wird. Mit diesem Leib existiert das lebendige Ding als mit einem Mittel, einer zugleich verbindenden und trennenden, öffnenden und verdeckenden, preisgebenden und schützenden Zwischenschicht, die in seinen Besitz gegeben ist.

Wie die Bildung von Zentren eine Abhängigkeit des Körpers von ihm ermöglicht und damit ein Gegenüberverhältnis zwischen dem Lebensträger und der Körpermannigfaltigkeit schafft, das wiederum ein Abhängigkeitsverhältnis des zentral beherrschten Leibes vom Lebensträger wird, so gewinnt auch das Haben einen konkreten Sinn. Das Selbst, obwohl rein intensive raumhafte Mitte, besitzt jetzt den Körper als seinen Leib und hat damit notwendig das, was den Körper beeinflußt und auf welches er Einfluß ausübt: das Medium. Die doppelte Beziehung, in welcher der Organismus (als geschlossene Form) antagonistisch zum Medium steht, die passive Hinnahme und die aktive Gestaltung, tritt somit als eine doppelte Weise des Habens oder Besitzens auf. Geht die Beziehung zum Selbst, so hat es das Andere hinnehmend; geht die Beziehung zum Anderen, so hat es das Andere ergreifend. Über eine Kluft hinweg sind das Selbst und das Medium als das Andere in Relation. Haben oder Besitzen ist nur als diese das Zwischen bestehen lassende Überbrückung des Selbst und des Anderen möglich.

In der Distanz zum eigenen Leib hat der lebendige Körper sein Medium als Umfeld. Die Abgehobenheit vom eigenen Leib ermöglicht den Kontakt mit einem vom Leibe abgehobenen Sein. Der Körper „merkt" das Sein und „wirkt auf" das Sein. Über eine Kluft hinweg steht er mit dem Anderen in sensorischer und motorischer Verbindung. Wollte man diesem ganzen Wesenskomplex der geschlossenen Form nach dem Prinzip der Stufen den Wesenskomplex des „lebendigen Dinges überhaupt" gegenüberstellen, so müßte man sagen, hier sei noch alles gebunden, nur an sich vorhanden, nur impliziert und die Struktur der Lebendigkeit bedingend, was in der geschlossenen Form entbunden, für sich selbständig geworden, expliziert worden sei. Auch die Pflanze hat Stengel, Blätter, Blüten und Früchte, aber weder ihr Selbst noch sein Haben treten zu ihrem Körper als einem Leib in wirklichen Gegensatz. Das Selbst ist nur ein Charakter ihrer lebendigen Ganzheit, doch positional vom Körper nicht abhebbar. Sobald jedoch durch die Bildung eines Zentrums ein realer Unterschied am Körper selbst aufgetreten ist, ändert sich auch positional das Ganze und die Grundlage für alle diejenigen Erscheinungen, die an die Existenz des Bewußtseins geknüpft sind, ist geschaffen.

Die mit der geschlossenen Form verfolgte Richtung auf größtmögliche Selbständigkeit des Organismus führt dazu, der Eingeschlossenheit im Lebenskreis ein offenes Medium gegenüberzustellen. So bewegt sich i. A. das Tier von Platz zu

Platz und sucht in Angriff und Verteidigung, unter beständig wechselnden Umständen Nahrung, Beute, Begattung. Das Positionsfeld ist zwar endlich, d. h. der physikalisch-chemischen Dimension und Art nach ihm passend oder geschlossen, aber als Gegenfeld des tierischen Organismus ohne Grenzen. Für ihn gibt es keine Horizontlinie, wie er noch kein Mittel hat, sie zu merken.

Offenheit des Positionsfeldes entspricht wesensgesetzlich der geschlossenen Organisationsform, weil beide einen Tatbestand festlegen, der sich an allen tierischen Merkmalen verfolgen läßt: den Tatbestand der primären Unerfülltheit des Lebewesens. Primär bedürftig bedeutet dasselbe wie mittelbar dem Lebenskreis eingegliedert. Bei offener Form ist die Selbständigkeit an den ganzen Lebenskreis übergegangen, das pflanzliche Individuum ist nur ein Durchgang; das auf ihm selbst gestellte Tier wahrt dagegen bei geschlossener Form die Selbständigkeit gegenüber dem Lebenskreis, dem es doch ganz mit seiner Organisation angehört. So ist es ein von Wesen bedürftiges, seine Erfüllung suchendes Ding, die ihm der Möglichkeit nach garantiert ist, zu deren Wirklichkeit es aber nur über eine Kluft hinweg gelangt. In seiner Selbständigkeit ist das Tier Ausgangspunkt und Angriffspunkt seiner Triebe, die nichts anderes als unmittelbare Manifestationen der primären Unerfülltheit, der mittelbaren Eingliederung in den Lebenskreis bedeuten. Ein Maximum an Geschlossenheit bedingt ein Maximum an Dynamik der rastlosen Getriebenheit, der Friedlosigkeit, des Kämpfenmüssens. Ob der Instinkt für das Tier die Erfüllung des Triebes sucht oder das Tier selbst (bewußt) diese Erfüllung herbeizwingt, ist gleichgültig vor dem Gesetz, daß Tier sein Kämpfer sein heißt.

Unter dem Gesetz der geschlossenen Form steht schließlich die Abkammerung der Organe von der Außenwelt und gleichzeitig ihre starke Differenzierung zu relativ selbständigen Systemen der Zirkulation, Ernährung, Fortpflanzung, Reizleitung usw. Sie hängt einmal natürlich unmittelbar mit der Geschlossenheit zusammen, die nur Sinnesorgane und Erfolgsorgane (Angriffsorgane, Verteidigungsorgane) nach außen hat. Sie hängt weiterhin mittelbar von ihr ab, insofern eine zentrale Leitung bzw. Repräsentation eine stärkere Trennung der einzelnen Funktionen, ihre Verteilung räumlich auf möglichst stark ausgeprägte Gewebssysteme und zeitlich auf bestimmte Etappen verlangt. Repräsentierbarkeit setzt Gliederung des zu Repräsentierenden voraus. Ein Organismus, in welchem Atmungs-, Reizleitungs-, Ernährungsvorgänge so miteinander verknüpft wären, wie es etwa bei einer Pflanze der Fall ist, könnte eine zentrale Vertretung dieser Vorgänge und damit ihre Regulierung nicht durchführen. Arbeitsteiligkeit wächst mit Ausbildung zentraler Zusammenfassung, beide verlangen sich gegenseitig, wie eine jede von der Stärke der anderen zugleich Vorteil hat. Es bedeutet nur eine Steigerung dieses Organisationsprinzips, wenn mit wachsender und verfeinerter Zentralisierung eine Dezentralisierung Hand in Hand geht, deren überaus kunstvolle Ergebnisse bei gewissen Arthropoden und den höheren Vertebraten zu studieren sind.

Einen offenbar fundamentalen Ausdruck findet die geschlossene Form als Prinzip der primären Bedürftigkeit oder Triebhaftigkeit in dem mangelnden Vermögen des tierischen Organismus, aus anorganischen Bestandteilen wie die Pflanze Eiweiß, Fette und Kohlehydrate aufzubauen. Das Tier braucht organische Nahrung, es muß vom Lebendigen leben. Durch dieses Unvermögen wird allerdings der Organismus weitgehend von seinem Medium unabhängig, aber hierin kann der volle Grund nicht liegen. Die Unabhängigkeit wird dem Tier durch seine anderen Wesensmerkmale bereits gewährleistet, die eine anorganische Nahrung nicht apriori ausschließen. So kann man sich des Gedankens nicht erwehren, daß die Existenz der geschlossenen Form selbst noch einen Sinn hat, den man unwillkürlich mit dem Wesen des Tierischen als des eigentlich Räuberischen verbindet: den Sinn, das Leben auf Kosten des Lebens zu steigern. Alle Differenzierung und Sublimierung zehrt am Leben und geht nur unter Preisgabe vitaler Energie vor sich. Geschlossene Form ist Steigerung, denn sie hebt den lebendigen Körper auf ein höheres Existenzniveau. Also wird sie schon Leben brauchen, um selbst leben zu können. Das konstitutive Schmarotzertum der tierischen Welt, wie es sich in der Notwendigkeit seiner organischen Naturbasis ausdrückt, läßt zum ersten Male etwas von jenem hintergründigen Zusammenhang ahnen, der die Stufen des Lebens sinngesetzlich bindet. Für die Pflanze ist der Parasitismus noch eine Möglichkeit, von der ihre hochdifferenzierten Formen keinen Gebrauch machen. Das Tier dagegen muß vom Lebendigen leben. —

Pflanze und Tier lassen sich nicht nach empirischen Merkmalen wesensmäßig unterscheiden. Ihre Differenz ist in voller Realität ideell. Offene Form und geschlossene Form sind Ideen, nach denen die wirklichen lebendigen Körper organisch sein müssen; unter welche Lebendiges tritt, wenn es den Weg des Organischen geht. Im Empirischen kann man die Grenzlinie zwischen dem pflanzlichen und dem tierischen Reich nicht finden; hier gibt es Übergänge neben den ausgesprochenen Formen.

Die Einheit des Lebens, wie sie sich in durchgängiger Verwandtschaft der lebensnotwendigen Vorgänge äußert, macht den Artunterschied pflanzlicher und tierischer Existenz empipirisch zu einem Gradunterschied. Allerdings fehlen den Pflanzen durchgängig Zentralorgane, die der Vermittlung und Umschaltung peripher ausgelöster in nach der Peripherie laufende Erregungen dienen, fehlt den Tieren durchgängig das Vermögen zum Aufbau von Eiweiß, Kohlehydraten und Fetten aus anorganischen Verbindungen. Aber es gibt eben auch Tiere ohne ausgebildete Zentren, wie es Pflanzen ohne das Vermögen der Assimilation anorganischer Stoffe gibt.

Die Bipolarität der organischen Welt verhindert nicht gleitende Übergänge zwischen den Extremen, wie es die Extremität von Rot und Blau im sichtbaren Spektrum nicht aufhebt, daß Orange, Gelb, Grün und Purpur sie stetig vermitteln. Eigenschaften, die nur dem Tier oder nur der Pflanze vorbehalten wären, gibt es nicht, so daß man auf Eigenschaften ihren Wesensunterschied nicht gründen kann. Erst muß der Unterschied von Pflanze und Tier feststehen, wenn es richtig sein soll, zu sagen, daß Tiere nie ohne organische Nahrung existieren können; Pilze z. B. können es auch nicht.

Die Organisationsideen der offenen bzw. der geschlossenen Form bedeuten Spielräume, welche nie voll durch einen bestimmten Merkmalskomplex ausfüllbar sind. Es bleibt zwischen dem lebendigen Ding und dem Formtypus, unter dem es steht, auch in dieser Sphäre differenzierter Gestaltung der oben als lebenswesentlich nachgewiesene Hiatus. Für das anorganische Ding ist seine Form die mit der Wirkeinheit aller seiner Elemente gegebene Gestalt, insofern transponierbar, aber für das Ding selbst nicht von ihm abgehoben. Es ist in der Form selbst gebunden, weil die Form mit seiner Begrenzung zusammenfällt. Für das organische Ding ist seine Form die aus dem Verhältnis von Begrenzung zur Grenze entsprungene Ganzheitsgestalt, transponierbar und zugleich von dem Ding selbst abgehoben. Insofern ist der Organismus von seiner Form frei.

Man wird demgemäß an der unendlichen Variierbarkeit

der individuellen Form innerhalb eines gewissen Formtypus, einer ganzen Formstufenleiter festhalten müssen. Alle Versuche, aus der Idee pflanzlicher oder tierischer Form auch nur die einzelnen Stämme (ganz zu schweigen von den Arten, Gattungen, Familien) abzuleiten, sind nicht deshalb zum Scheitern verurteilt, weil die Wirklichkeit unserem armseligen Verstande und seinen Begriffen, wie man mit unverschämter Bescheidenheit sagt, unendlich überlegen ist, sondern weil es sinnlos ist, die Idee als etwas zu betrachten, aus dessen Einschränkung eine Annäherung an die Wirklichkeit des Einzelnen erfolgen könnte.

Ideen sind keine Begriffe, wie sie die Erfahrung zur Bezeichnung geringerer oder größerer Verwandtschaftskreise auf Stufen niederer oder höherer Abstraktheit verwendet. Sondern Ideen bilden eine diskontinuierliche Mannigfaltigkeit gegenseitiger Überhöhung ohne Möglichkeit, von einer Stufe zur nächsten nach einem Prinzip kontinuierlichen Fortgangs zu gelangen. Nicht aus Ideen konstruierbar, wohl aber im Hinblick auf Ideen verständlich, entspricht das konkrete lebendige Ding hiermit dem ontologischen Zusammenhang von Sein und Form, der für das Leben kennzeichnend ist. Zwischen dem Physischen und der Form bleibt Spielraum.

Sechstes Kapitel.

DIE SPHÄRE DES TIERES.

1. Die Positionalität der geschlossenen Form. Zentralität und Frontalität.

Ein Lebewesen, dessen Organisation die geschlossene Form zeigt, hat Wirklichkeit als dieser Körper und als sein Leib, d. h. im Körper. Nach Maßgabe der zentralen Repräsentation aller Glieder und Organe ist eine vom Ganzen abhängige Zone des Gesamtkörpers geschaffen, in welchem die raumhafte Mitte, der Kern des lebendigen Dinges, liegt. Positional besteht hier noch keine Möglichkeit, zwischen dem Gesamtkörper (einschließlich des Zentralorgans) und dem Leib (als der vom Zentralorgan abhängigen Körperzone) zu vermitteln. Positional besteht beides nebeneinander, ohne daß damit die Einheit des Sachverhalts aufgehoben wäre. Die Oszillation zwischen beiden Seinslagen, der Wechsel vom Körpersein zum raumhaften Insein im Körper ergibt einen Doppelaspekt, aber diese Oszillation, dieser Wechsel hebt sich nicht in sich auf, sondern stellt denselben Grundsachverhalt einfach dar. Nicht wird ein und dasselbe x einmal so und das andere Mal anders angeschaut, sondern der Doppelaspekt von Körper und Leib ist der positionale Gegenwert jener physischen Trennung in eine das Zentrum mit enthaltende und eine vom Zentrum gebundene Körperzone.

Nur auf diese doppeldeutige Weise (eine Doppeldeutigkeit also, die keine Eindeutigkeit verbirgt oder durch solche zu ersetzen wäre) steht das lebendige Ding in Distanz zu seinem Körper, zu dem, welches er selbst ist, zu seinem eigenen Sein. Es ist selbst — in ihm. Die Position ist eine doppelte: das der Körper selber Sein und das im Körper Sein, und doch Eines, da die Distanz zu seinem Körper nur auf Grund völligen Einsseins mit ihm allein möglich ist.

Die raumhafte Mitte, der Kern bedeutet das Subjekt des Habens oder das Selbst. In seiner Abgehobenheit vom eigenen Liebkörper bildet es zugleich die Mitte, um welche der Körper geschlossen ist, gegen welche der Körper und das ihn umgebende Positionsfeld total konvergieren. In keinem Sinne lokalisierbar, ist das Selbst doch nicht ohne Beziehung zum Räumlichen. Raumhaft bedeutet es den Punkt, gegen welchen alle anderen Punkte im Charakter des Dort stehen, den Punkt des nicht relativierbaren Hier. Dieses im Körper liegende Hier, das ortlose Selbst (und darum der nicht relativierbare Ort, der „natürliche", wesenhafte Ort), wird um eben dieser seiner Distanz zum und gleichzeitigen Einsseins mit dem Körper willen als Etwas isoliert festgehalten. Absoluter Bezugspunkt für Positionsfeld und Körper, ihnen eingelagert und von ihnen abgehoben, ist es die einfache Vermittlung des der Körper selber Seins und des in dem Körper Seins im reinen, nicht relativierbaren Hier. Subjekt des Habens, fällt es doch, obzwar von ihm unterscheidbar, dem Sachverhalt nach mit dem Objekt des Habens, dem Körper, zusammen. Als Einheit von Subjekt und Objekt läßt das Selbst zugleich das Subjekt vom Objekt geschieden, indem es zwischen ihnen im reinen Hier vermittelt.

So ist das lebendige Ding, dessen Organisation geschlossene Form zeigt, nicht nur ein Selbst, das „hat", sondern ein Selbst von besonderer Art, ein rückbezügliches Selbst oder ein Sich. Von dem lebendigen Ding solcher Art darf man als von einem ihm selbst gegenwärtigen sprechen, das auf Grund seiner Abgehobenheit von ihm in ihm den unverrückbaren Punkt bildet (noch nicht hat, weshalb es eben noch kein Ich geworden ist!), auf den es rückbezogen als Ein Ding lebt. In jener unaufhebbaren Oszillation von Insein und Außensein, die auf dem Untergrund des schlichten der Körper selbst Seins die Positionalität des geschlossenen Organismus kennzeichnet, liegt die Grenze für die Rückbezogenheit des Dinges auf es selber.

In ihm von ihm abgehoben ist der geschlossene Organismus, das Tier, die Einheit des Wechsels der Aspekte, wie sie durch das Hier vermittelt wird. Dieses unverrückbare Hier ist nicht dem Wechsel selbst entzogen, keine Rückwand, auf welche er projiziert wäre (wie es die Untersuchung später als charakteristisch für das Ich aufweisen wird), nicht dieser seltsame Koinzidenzpunkt von absoluter Ferne (im selber Sein) und absoluter Nähe (zum selber Sein), sondern nur das, wodurch der Wechsel vom Insein zum Außensein die Einheit des selber Seins konkret bildet. In seinem Körper ihn beherrschend, von innen her ihn impulsiv bewegend steht der Organismus „im" Hier, ist seine Existenz ins Zentrum der eigenen Körperfülle gestellt, geht er als Mitte der positionalen Raum-Zeitunion in ihr auf. Und weil das Hier in Rücksicht auf diese Union nur den raumhaften Charakter zum Ausdruck bringt, muß man die Zeithaftigkeit der Mittelstellung der tierischen Existenz mit in den Terminus hineinnehmen: Ihm vorweg steht es im Jetzt. Als nicht relativierbares Hier—Jetzt hat und beherrscht das Tier seinen Leib und mit ihm das ihm gegebene Feld.

Die Schranke für das Tier liegt darin, daß alles, was ihm gegeben ist, Medium und eigener Körperleib, ausgenommen sein selber Sein, der Körper selbst Sein, in Beziehung zum Hier—Jetzt steht. Insoweit es selbst ist, geht es im Hier—Jetzt auf. Dies wird ihm nicht gegenständlich, hebt sich nicht von ihm ab. Es bleibt vermittelndes Hindurch konkret lebendigen Vollzugs, es wird dargelebt, hingelebt. Wenn in der Distanz zum eigenen Leib der lebendige Körper sein Medium als vom eigenen Leib abgehobenes und ihm entgegenstehendes Feld hat, wenn er es merkt und auf es wirkt mit Hilfe seines Körperleibes, den er ebenso — nur nicht über eine Kluft hinweg, sondern ihm verbunden — merkend und wirkend hat, so ist ihm doch sein Haben verborgen. Es trägt ihn, aber es ist nicht für ihn; er ist es nur.

Positional bildet ein Tier als einzelnes Ding, als Individuum ein Hier—Jetzt, gegen welches Außenfeld und eigener Körper konzentrisch stehen und aus dem heraus eigener Körper und Außenfeld Einwirkungen erhalten. Es merkt und es handelt, der Unterschied von Fremdem und Eigenem ist zonenmäßig klar gegeben. Von Fremdem trennt es die Kluft, kraft derer es das außer dem Leibe Gegebene hat, merkt. Im Eigenen existiert es, insofern es den Körper unmittelbar beherrscht. Daß es den Körper beherrschen kann, weil es von ihm abgehoben, er zu ihm distanziert sein Leib ist, macht den Positionalitätscharakter des Tieres aus, trägt seine Existenz, ist aber nicht selbst wieder gegeben, nicht bemerkbar. Wem sollte es denn gegeben sein? Auf welchen Punkt, auf welche Projektionsfläche wäre dieser Sachverhalt selbst noch zu beziehen, auf Grund von welcher Distanz eines Strukturmoments lebendiger Dinglichkeit zum Ding dieses tierischen Körpers?

Dem Tier ist sein Hier—Jetzt-Charakter nicht gegeben, nicht gegenwärtig, es geht noch in ihm auf und trägt darin die ihm selbst verborgene Schranke gegen seine eigene individuelle Existenz. Wohl ist es (als Leib) ihm (dem Ganzen), nicht aber das Ganze sich gegenwärtig. Ihm gegenwärtig ist

Außenfeld und Körperleib. In diesem Rückbezug der Eigensphäre des Leibes auf die im Hier—Jetzt stehende Gesamtsphäre des der Körper selber Seins liegt jenes besonders geartete Selbst, das zwar nicht in der ersten, zweiten, dritten Person angeredet werden kann — denn es ist noch kein Ich —, das aber in eben diesem Rückbezug voll reflexiv ist, also ein Sich bedeutet, d. h. in ihm gegenständlich wird. Soweit das Tier Leib ist, soweit ist es sich gegeben und gegenwärtig, kann es als der im Hier—Jetzt stehende Gesamtkörper auf den Körper Einfluß nehmen und seinen Impulsen den „entsprechenden" Erfolg verschaffen. Aber der Gesamtkörper ist noch nicht total reflexiv geworden.

Jedes Tier ist der Möglichkeit nach ein Zentrum, für welches (in einem wie wechselnden Umfang immer) eigener Leib und fremde Inhalte gegeben sind. Es lebt körperlich sich gegenwärtig in einem von ihm abgehobenen Umfeld oder in der Relation des Gegenüber. Insofern ist es bewußt, es merkt ihm Entgegenstehendes und reagiert aus dem Zentrum heraus, d. h. spontan, es handelt.

Spontaneität bedeutet (wie: Zentralität, Abgehobenheit vom eigenen Leib, Gegenüberrelation) nur ein Merkmal der Positionalität der geschlossenen Form. Irgendwelche Theorien über Freiheit oder Unfreiheit gehören nicht in diesen Zusammenhang. Sie ist der schlichte Wesensausdruck eines aus der Mitte, die selbst nicht mehr gegeben ist, heraus Seins, eines echten Beginnens, Anfangens, Urhebens. Wenn wirklich das Tier wesenhaft im Hier—Jetzt aufgeht und in dieser zentralen Stellung lebt, wenn weiter das Zentrum dieser Stellung ihm selber nicht bemerkbar, auch nicht in der Weise des „hinter ihm" liegenden Fluchtpunktes der eigenen Innerlichkeit gegeben ist, so heben ihm seine Aktionen unmittelbar an, wie groß auch im Einzelnen der Anteil der Triebe, der Instinkte, des Unwillkürlichen und Reflektorischen sein mag. Im unmittelbaren Beginnen lebt das Tier wesenhaft impulsiv, spontan bewegt es seine Glieder, agiert es und reagiert es auf Reize. Zugleich hat es in diesem Strukturmoment der Positionalität die Möglichkeit der Wahl, die dem spontanen Akt strukturgemäß vorausgehen kann.

Auch hier wieder muß man alle ethischen und metaphysischen Reflexionen beiseite lassen. Wählen heißt im Stande des Schwankens sein. In einem so oder so Können, wie es wiederum wesenhaft zum Aspekt des spontanen Beginnens und Durchführens einer Aktion gehört, stellt sich nur das Aufgehen im Hier-Jetzt „vor“ dem Beginn dar, genauer: sein ihm selber Vorwegsein hat für das Individuum den Charakter beständiger Aktionsmöglichkeiten mit Hilfe seines Leibes. Die Präsenz einer unbestimmten Fülle dieser Möglichkeiten bedeutet im Übergang zum spontanen Akt das Muß, den Zwang der Wahl.

Das Umfeld, dem die Handlungen gelten, ist offen, es besitzt keine Grenzen für das Individuum. Hat es nämlich damit seine Richtigkeit, daß das Positionsfeld ein vom Körper abgehobenes, durch eine Kluft, einen Hiatus getrenntes Umfeld nur ist, insofern die lebendige Mitte selbst in Abgehobenheit zum Körper steht, so wird auch die Form der Gegenständlichkeit des Umfeldes eine Entsprechung zur Form der Abgehobenheit aufweisen. Die lebendige Mitte nun, das Hier-Jetzt, bedeutet zwar den Punkt, der vom Körper abgehoben ist, sie tritt jedoch nicht selbst als gegeben auf; der lebendige Körper steht im Hier-Jetzt. Dementsprechend kann das Umfeld des Tieres auch nicht die es bindende und tragende Struktur, d. h. seine Grenzen zeigen. In diesem Sinne ist es offen. Endlich bleibt es natürlich, weil das Tier kein Mittel hat, die Zone der primären Angepaßtheit zu durchbrechen, aber diese Endlichkeit tritt nicht als Struktur des Positionsfeldes selbst auf, weil sie nur eine Bedingung für die Existenz eines Positionsfeldes überhaupt ist.

Gegenüber einer fremden Zone, die ihm als Ganzheit undurchsichtig bleibt, auf die es zwar antworten, mit der es aber nie fertig werden kann, lebt das Tier, in sich selber gestellt, in ihm selbst aufgehend, geborgen und gefährdet zugleich. Diese besondere Position der Frontalität, d. h. der gegen das Umfeld fremder Gegebenheit gerichteten Existenz, öffnet zwei divergente Wege für die tierische Organisation.

Entweder bildet der Organismus unter Verzicht auf zentrale Zusammenfassung einzelne Zentren aus, die im losen Verband miteinander stehen und in weitgehender Dezentralisierung den Vollzug der einzelnen Funktionen vom Ganzen unabhängig machen. Dies ist der Weg möglichster Deckung gegen das Feld durch Umgehung des Bewußtseins. Oder der Organismus faßt sich streng zentralistisch unter der Herrschaft eines Zentralnervensystems zusammen und sucht den Vollzug der einzelnen Funktionen unter seine Kontrolle zu bringen. Dies ist der Weg möglichsten Eindringens in das Feld durch Einschaltung des Bewußtseins. Einen der beiden Organisationswege muß das Leben gehen, weil die Realisierung der geschlossenen Form nicht mit einem Zentrum überhaupt, sondern nur mit physischen

Zellen, Zellkomplexen ganz spezifischer Struktur und Funktion abschließt. Der Idee der geschlossenen Form kann sowohl auf dem einen wie auf dem anderen Wege entsprochen werden und die Wirklichkeit wird zwischen beiden Extremen die mannigfaltigsten Übergänge zeigen dürfen. —

Bevor die Untersuchung sich den Konkretionen der geschlossenen Form zuwendet, ist es jedoch nötig, noch einmal die Hauptpunkte des soeben Vorgetragenen zusammenzustellen, um den Einwürfen, wie sie hiergegen besonders leicht erhoben werden können, und Mißverständnissen vorzubeugen. Der Doppelaspekt von Körper und Leib, so hieß es, ist der positionale Gegenwert der physischen Trennung in eine das Zentrum mit enthaltende und eine vom Zentrum gebundene Körperzone. In ihm von ihm abgehoben ist der geschlossene Organismus, das Tier, die Einheit des Wechsels der Aspekte, wie sie durch das Hier vermittelt wird.

Kommt da nicht etwas ganz Neues, von dem bisher im Gang der Untersuchung der Struktur des lebendigen Dingkörpers noch nie die Rede war, in das Bild der Sache? Bedeutet die Einführung des Begriffs Aspekt nicht einen radikalen Bruch mit der bisher eingehaltenen Richtung? Ist es nicht doch eine μετάβασις εἰς ἄλλο γένος, wenn man von einem bisher nur als physische Mannigfaltigkeit beschriebenen Gebilde sagt, es *sei* geradezu ein Wechsel von Aspekten? Gehört nicht zu einem Aspekt, zu einer Sicht die Sehe (um einen Terminus Fichtes zu gebrauchen)? Und woher die Sehe nehmen, wenn kein Auge, kein Wissen da ist? Ist nicht mit den Begriffen des Selbsts und Subjekts, die als dem Kern, der raumhaft-zeithaften Mitte äquivalent behandelt werden, der subjektive Aspekt doch nur erschlichen?

Es ist gewiß verständlich, daß alle diese Fragen jetzt auf einmal sich herandrängen. Denn hier wird sichtbar, was die Untersuchung Stück für Stück unterbaut hat: die Doppelseitigkeit als Doppelsichtigkeit derjenigen körperlichen Gegenstände der Anschauung, die für belebt gelten dürfen. Nach der anfänglichen These besteht lebendiges Sein in der Erscheinung in Doppelaspektivität des erscheinenden Dinges und zwar in einer durchaus gegenständlichen Aspektivität. Die Anschauung kann dem Ding gegenüber eine doppelte Richtung nehmen, weil das Ding als erscheinender Gegenstand doppelseitig (in dem besonders gefaßten Sinne) ist. In der Durchführung dieser These haben sich denn auch die gegenständlichen Grundeigenschaften lebendiger Dinge im Zusammenhang entwickeln lassen. Über die Stufe der individualbildenden gelangte die Untersuchung zu den organisierenden Wesensmerkmalen und schließlich zu der Bestimmung ihrer spezifischen Differenzen, der offenen und der geschlossenen Form. An ihr zeigt sich etwas Merkwürdiges: sie bedingt eine Hebung des Existenzniveaus des organisierten Körpers, eine Abhebung von ihm in ihm, so daß er über sich (in ihm) zu stehen kommt.

In dieser Distanz des Kerns seiner Positionalität, in dieser Abgehobenheit seiner raumzeithaften Mitte erkannte die Untersuchung Zug um Zug den Grund für seine Bewußtheit. Kern, Mitte, die positional überhaupt den Wert des Selbst (etwa in der Wendung: die Blume selbst als Trägerin ihrer Eigenschaften), des Subjekts des Habens besitzt, erhält durch die Distanz (in der geschlossenen Organisationsform) nicht etwa einen neuen Wert und Sinn, sondern er wird sozusagen nur in Freiheit gesetzt, er wird, was er an sich ist, ausdrücklich: Blickpunkt für eine Sicht, Subjektspunkt einer Bewußtheit.

Versuchen es doch einmal die Zweifler, einen Unterschied zwischen dem, was das Ich zum Ich, das Subjekt des Bewußtseins zum Subjekt, die Sehe zur Sehe macht, und dem, was als Kern, raumhaft-zeithafte Mitte, Selbst und Subjekt des Habens beschrieben wird, anzugeben, um ihre Vorwürfe gegen eine Erschleichung des subjektiven Standpunktes, eine μετάβασισ εἰς ἄλλο γένος mit Gründen zu stützen. Die Untersuchung hat es ihnen bequem gemacht, denn sie hat ihren Ausgang von einer genauen Darlegung der angeblichen Unübersetzbarkeit des subjektiven Standpunkts und absoluten Unvereinbarkeit subjektiver und objektiver Anschauungsquellen genommen. Sie ist absichtlich den Argumenten für eine alternative Blickstellung gegenüber der Wirklichkeit, die äußerer und innerer Wahrnehmung sich präsentiert, nachgegangen und hat versucht, die Motive dieses ontologisch-gnoseologischen Dualismus freizulegen, der, falls er im Recht wäre, die Phänomene des Lebens negieren müßte und sie nur als Konglomerate physischen und psychischen Seins gelten lassen könnte.

Man darf keinen Wechsel in der Methodik darin sehen, wenn hier, bei den lebendigen Körpern, die geschlossen geformt sind, das Sein ins Bewußtsein sozusagen umschlägt und aus einem Kern ein Aspektzentrum wird. Die Untersuchung ist sich von Anfang an treu geblieben und hat ihre Ebene nicht verlassen, um in eine andere Dimension auszubrechen. Und der aufmerksame Leser wird keiner Erinnerung daran bedürfen, daß nun einmal alle bisher gebildeten Begriffe wesentlich die Aufgabe hatten, jene Sphäre der Positionalität reinlich herauszuarbeiten, die eben dem Unterschied von physisch und psychisch gegenüber neutral in konvergenter Blickstellung als die beide Seiten des lebendigen Seins umfassende Existenzsphäre gelten darf.

Natürlich ändert sich der Charakter der Positionalität mit der Organisationsform. Die geschlossene Form, ausgezeichnet durch Kerndistanz zum eigenen Körper, hat den Charakter der Frontalität, der Gegenübergestelltheit, der gegen das Umfeld fremder Gegebenheit gerichteten, ihr gegenüber aufgeschlossenen und zugleich durch eine Kluft von ihr getrennten, also abgeschlossenen Existenz. Sie ist ganz eigentlich die Situation des Bewußtseins, in welcher das Lebewesen aus einem Impulszentrum heraus agiert, in einem Blick- oder Merkzentrum habend verharrt. Darum eben merkt es sich, obzwar nur als Leib, d. h. soweit der Körper durch Zentren von ihm selber abhängig geworden, in ihm selber vertreten ist. Das Ausmaß, in dem das Lebewesen von sich (und von dem Außenfeld) weiß, wird durch das Ausmaß der zentralen Repräsentation des eigenen Körpers physisch festgelegt. Ebenso wie die Möglichkeit einer Distanzierung des raumhaft-zeithaften Kerns vom Körper durch das physische Vorhandensein von Zentren bedingt ist.

Was dagegen niemals von räumlich-zeitlichen Körpern festgelegt und bedingt werden kann, ist das raum-zeithafte Wesen jenes distanzierten Kerns der Positionalität, ist die durch diese Wesenszüge nicht nur ermöglichte, sondern geradezu ausgemachte Subjektivität, Aughaftigkeit, Impulsivität. Im Zentrum, sei es Nervennetz oder Gehirn, steckt nicht die raumzeithafte Mitte der Positionalität. Der nervöse Apparat ist nur das Mittel der Unterbrechung zwischen dem Gesamtkörper und — dem Körper als sensorisch-motorischem Antagonismus, der die Fülle der Organe umspannt.

Unterbrechung im Physischen und positionale Kerndistanz, Vorhandensein nervöser Zentren und Subjektivität bestimmen zwar die Doppelseitigkeit als Doppelsichtigkeit der tierischen Existenz, zerlegen sie in einen Außen- und in einen Innenaspekt, aber ihre Feststellung beruht noch nicht darauf. Ihre Koordination umfaßt der Philosoph noch mit einem Blick, denn sie gehört der Einen (psychophysisch neutralen) Sphäre der Positionalität an und macht durch ihre Eigenart den Charakter der

Frontalität aus: ein Fürsichsein (als Hier-Jetzt ein Fürmichsein), das binnenhaft mit seinem Leibkörper vor fremden Dingen steht.

2. Die Zuordnung von Reiz und Reaktion bei ausgeschaltetem Subjekt (Typ der dezentralistischen Organisation).

Wie schon erwähnt, besteht objektiv eine doppelte Möglichkeit, der Position der Frontalität organisatorisch gerecht zu werden: durch Dezentralisation und damit durch Ausschaltung des Bewußtseins oder durch Zentralisation und damit weitgehende Ausgestaltung des Bewußtseins. In beiden Fällen handelt es sich für den Organismus darum, auf das, was er merkt, die entsprechende Reaktion zu geben.

Die Individualität der Zuordnung von Reiz und Reaktion, welche der Möglichkeit nach jedem Lebewesen, einzelligem oder mehrzelligem, Pflanze oder Tier, und allen Lebewesen mit Ausnahme der Tiere auch der Wirklichkeit nach garantiert ist, muß vom Tier von Fall zu Fall besorgt werden. Der sensomotorische Antagonismus seiner Natur ist nur dann in Wirksamkeit, wenn es eine Unterbrechung zwischen Merken und Wirken, eine Hemmung der durch den Reiz hervorgerufenen Erregung gibt, ehe sie in die der Bewegung dienenden Organe abfließt. Am Wesen von „Merken“ und „Wirken“ prägt sich übrigens diese primäre Gehemmtheit der reizbewirkten Erregung schon aus. Hätte es zudem irgendeinen Sinn, etwas zu merken, um auf etwas zu wirken, wenn die Umsetzung der Erregung aus der sensorischen in die motorische Sphäre ungehemmt, von selbst stattfinden kann?

Merken ist gehemmter, Wirken enthemmter Erregung äquivalent. Zwischen beiden spannt sich die Sphäre des Bewußtseins, durch welche hindurch der Übergang vom Merken in's Wirken stattfindet. So ist sie die raumhaft innere Grenze, ist sie die zeithafte Pause zwischen dem von außen Kommenden und dem nach außen Gehenden, der Hiatus, die Leere, die binnenhafte Kluft, durch die hindurch auf den Reiz die Reaktion erfolgt. An dieser Unterbrechung, die den spontanen Zugriff des Organismus verlangt, hat der ausgeübte Reiz den Wert des objektiv Gegebenen, auf welches eine passende Reaktion erfolgen soll: auf eine Frage gleichsam die Antwort. Es ist klar, die Unterbrechung bedeutet die Möglichkeit, die Antwort auf den Reiz zu verfehlen. Und es ist weiter klar: die Chance der richtigen Antwort wächst nur mit der Einengung des Spielraums zwischen Reiz und Reaktion.

Vollkommene Einengung besteht entweder als Ausschaltung des Bewußtseins. Es spielt sich dann die Umsetzung von Reiz in Reaktion im Leib allein ab, die Zentren besorgen reflektorisch die Beantwortung der Fragen, welche das Umfeld an den Organismus stellt. Oder aber die Einengung erfolgt bei vollster Einschaltung des Bewußtseins durch das Korrektiv der Erfahrung auf Grund sehr differenzierter Sinnesorgane und eines den verschiedensten Möglichkeiten ihrer Verbindung entsprechenden Zentralnervensystems. Umgehung des Bewußtseins im ersten, Ausnützung des Bewußtseins im zweiten Fall —, so könnte man die beiden Methoden etikettieren, nach denen das Leben der Frontalsituation gerecht wird.

Schematisch läßt sich die Umgehung des Bewußtseins als Einschaltung des Körpers in das Umfeld mit Hilfe seiner rezeptorischen und effektorischen Organe darstellen. Zwar ist die Einschaltung keine absolut starre Bindung, die (nur mit den Mitteln tierischer Organisation) aus dem Tier eine Pflanze machen würde, sondern eine Bindung innerhalb gewisser Grenzen, die dem Lebewesen Spielraum verschaffen. In dieser Sphäre spielt das Umfeld gegenständlich eine sehr geringe Rolle, denn es tritt von ihm nichts in Erscheinung, auf das der Organismus nicht mit Aktionen reagieren muß. Die Sinnesorgane haben in demselben Maße Reize aufzunehmen wie abzublenden. Sie sind Augen und Scheuklappen in Einem. Dadurch also, daß dem Tier nichts merkbar wird, als was es verwerten kann und worauf es eine Antwort parat hat, ihm außerdem seine eigenen Bewegungen unbewußt bleiben, wird die Fehlerchance stark herabgedrückt, ohne doch den Organismus ganz zum Instinkt- und Reflexautomaten zu machen. Das Bewußtsein vollkommen ausschalten und ihm jede Bedeutung für den Körper nehmen, hieße selbst die Existenz der Merksphäre bestreiten.

Aber alles Gegebene ist aktionsrelativ. Der Aktionsplan des Tieres ist das Netz, in dem sich die Welt fängt. Es herrscht ein ganz primitiver Primat des Praktischen, der die Merksphäre inhaltlich und formal nach den Kategorien des Motorischen gestaltet, indem er sie einfach in den Dienst der Nahrungssuche, der Verteidigung, der Begattung, der Eiablage usw. stellt. Tritt ein Datum in der Merksphäre auf, so präsentiert es sich als Signal, nie als Objekt. Objekte enthält nur die Sphäre der Aktion, nämlich Beute, Nahrung, Feind, Begattungspartner, Schlupfwinkel, d. h. nicht als Gegenstände der Wahrnehmung, sondern als Korrelate von Bedürfnissen und Trieben, da auf dieser Stufe die Aktionen nicht an das Merknetz angeschlossen sind, das Tier seine Bewegungen nicht empfindet.

Die Aktionsrelativität der Empfindungen, also der sensorisch vermittelten Bewußtseinsinhalte, ist ein Ersatz für die fehlende objektive Einheitlichkeit des Umfeldes auf dieser Stufe tierischer Organisation. So wird streng aneinander gebunden, was für das Tier keinen Zusammenhang bildet, die Korrelate der Empfindung und die Angriffsflächen seiner Bewegungen. Bezeichnet man mit Uexküll die Korrelate der Empfindungen, die reizaussendenden Eigenschaften des Objektes als Merkmalträger, die als Angriffsflächen dienenden Eigenschaften des Objekts als Wirkungsträger, so versteht man, warum er den Satz prägt[1]): „Merkmalträger und Wirkungsträger fallen immer im gleichen Objekt zusammen, so läßt sich die wunderbare Tatsache, daß alle Tiere in die Objekte ihrer Umwelt eingepaßt sind, kurz ausdrücken. Das Objekt, das in seiner doppelten Eigenschaft als Merkmalträger und Wirkungsträger zum Umweltding wird, besitzt noch sein eigenes Gefüge, das diese doppelten Eigenschaften aneinander bindet. Mag es sich um einen toten Gegenstand oder um ein Lebewesen handeln, stets ist auch dieses „Gegengefüge" des Objektes in den Bauplan des Tiersubjektes mit aufgenommen, obgleich keinerlei Wirkung vom Gegengefüge des Objektes auf das Gefüge des Subjektes ausgehen kann. Diese Tatsache allein verbürgt uns das Vorhandensein einer allgemeinen Planmäßigkeit in der Natur, die Subjekte und Objekte gleichmäßig umfaßt."

Wenn es dem außenstehenden Beobachter auffällt, daß die Umwelt eines Tieres nur von „Dingen" erfüllt ist, die diesem speziellen Tier allein angehören, der Regenwurm nur von Regenwurmdingen, die Libelle nur von Libellendingen umgeben ist, so wird diese Tatsache verständlich aus dem Mangel e c h t e r Dinglichkeit. Sie entbehren eben der Objektivität, weil sie sensorisch Signale, motorisch Bedürfniserfüllungen sind und ganz in dem Funktionskreis (Uexküll) aufgehen, der Tiersubjekt und Umfeld zur Einheit verbindet. An dem von Uexküll gegebenen Schema (siehe Seite 248) erkennt man klar, wie Merksphäre und Wirkungssphäre für das Subjekt nicht vereinigt sind und zwischen sich den Platz für das Gegengefüge des Objekts, für die Einheit des Gegenstandes offenlassen.

---

1) Umwelt und Innenwelt der Tiere, 2. Aufl., 1921, S. 46.

Schema des Funktionskreises nach Uexküll.[1])

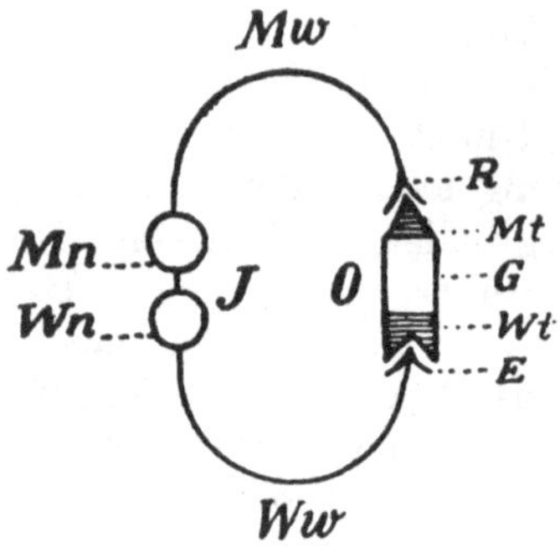

Es bedeuten *O* Objekt, *Mt* Merkmalträger, *Wt* Wirkungsträger, *R* Rezeptor, *E* Effektor, *G* Gegengefüge, *Mw* Merkwelt, *Ww* Wirkungswelt, *Mn* Merknetz, *Wn* Wirknetz, *I* Innenwelt.

Für Merkwelt und Wirkungswelt gebraucht unsere Untersuchung die Termini Merksphäre und Wirkungssphäre. Den Ausdruck Innenwelt im Uexküllschen Sinne vermeidet sie.

Bei dezentralistisch organisierten Tieren ersetzt die Einheit des Plans die Einheit des Impulses. Wie der einzelne Gegenstand im Umfeld nur durch eine bestimmte, für den Plan des betreffenden Tieres charakteristische Kombination von Reizen, die einen puren Signalwert haben, sich bemerkbar zu machen vermag, so ist die Bedeutung des einzelnen Impulses für die Aktion eingeengt, unter Umständen ganz unterbunden. Nach Uexküll ist beispielsweise der Seeigel geradezu eine Reflexrepublik zu nennen: „Wohl gibt es die zentral gelegenen Reservoire, die den allgemeinen Erregungsdruck regulieren, aber die einzelnen Reflexe laufen durchaus selbständig ab. Nicht bloß jedes Organ, sondern auch jeder Muskelstrang mit seinem Zentrum handelt völlig eigenmächtig. Daß dabei noch etwas Vernünftiges herauskommt, ist nur das Verdienst des Planes. . . . Wenn der Hund läuft, so bewegt das Tier die Beine — wenn der Seeigel läuft, so bewegen die Beine das Tier“ (ebenda S. 95).

Durchgehender Charakterzug der dezentralistischen Organisationsform ist das Zurücktreten der sensorischen hinter den motorischen Apparaten, die Abdeckung der Objektwelt bis auf spärliche Signale zugunsten eines möglichst reibungslosen Ablaufs der für den Körper notwendigen Aktionen. Geringer Fehlerchance entspricht ein geringes Assoziations- oder Lernvermögen. Bei wachsender Bedeutung des Bewußtseins für die Zuordnung der Reaktion zu Reizen bedarf es dagegen eines Korrektivs durch Ausbildung dieses Vermögens.

---

1) Aus: Umwelt und Innenwelt der Tiere S. 45. Die Beschriftung der Originalzeichnung ist durch Abkürzungen ersetzt.

3. Die Zuordnung von Reiz und Reaktion durch das Subjekt (Typ der zentralistischen Organisation).

Einen Mangel bedeutet die Tatsache, daß für den dezentralisierten Typus Merksphäre und Wirkungsphäre des Umfeldes nicht zur Deckung zu bringen sind, nur vom menschlichen Standpunkt aus. Das Tier merkt von diesem Auseinanderfallen der beiden Sphären nichts, denn es merkt nicht, daß und wie es auf das Umfeld wirkt. „In der ganzen Reihe der wirbellosen Tiere, vom niedersten bis zum höchsten, liegt die Einheit des Zentralnervensystems ausschließlich im Bauplan. Die Funktionen bilden bloß eine hindurchlaufende Kette, die sich in der Innenwelt" (gemeint ist der Körper!) „nirgend zum Kreise schließt. Daher erreichen die Tiere nirgend die höchste Stufe der Vereinheitlichung. Nur die Medusen . . . empfangen ihre eigenen Bewegungen als Reiz zurück, freilich auf Kosten der Umwelt, von der sie keine Reize erhalten" (Uexküll, ebenda S. 177/178). Das Umfeld ist nur sensorisch, nicht motorisch in Signalen präsent. Motorisch existiert das Tier bloß, es geht in seinen Aktionen auf, wie es im Hier-Jetztkern seiner Position aufgeht. Man könnte sagen, positional sei es sensorisch, nicht dagegen motorisch im Umfeld eingeschlossen. Triebe, Signale und Trieberfüllungen sind die Inhalte des Positionsfeldes niederer Tiere.

Wählt das Leben für die individuelle Zuordnung von Reiz und Reaktion den Weg über das Bewußtsein und damit über das Subjekt, durch den Hiatus, die innere, mittlere Leere, den Sprung der Impulsivität raumhaft-zeithaft „mitten hindurch", so müssen die Aktionen *auf Grund* der Empfindungen erfolgen. Die Notwendigkeit entsteht, das Umfeld soweit wie irgend möglich durch die Sinnesorgane zu kontrollieren, um dem Tiersubjekt die Situation zu zeigen, in der es sich befindet, und ihm die Auswahl aus einer größeren oder geringeren Zahl von Aktionsmöglichkeiten, die Wahl der bestimmten Bewegung im Rahmen einer gewissen Bewegungsbreite zu überlassen.

Im Vergleich mit den einfach signalisierenden Sinnesdaten der niederen Tiere gewährt die Differenzierung der Rezeptoren einen *Überschuß* an Gegebensein, der nicht mehr auf einzelne bestimmte Aktionen und Aktionsketten, sondern nur noch auf einen Aktions*typus* relativ ist. Mit der Differenzierung der Rezeptoren hält die Ausgestaltung des motorischen Apparates nur insofern Schritt, als eine immer stärkere Zentralisierung d. h. Subordination der Wirkzentren erfolgt. Neue Ideen zeigt der motorische Funktionsplan der höheren gegenüber den niederen Tieren nicht. Was weiter nicht erstaunen kann, da bei den letzteren ein Primat des Motorischen besteht, der im Aufstieg zu den höheren Formen zugunsten eines Primats des Sensorischen allmählich zurücktritt.

Dieser Primat des Sensorischen ist in dem Augenblick endgültig geworden, in welchem die Aktionen unter die Kontrolle der Empfindung kommen. Erst dann gibt es eine gegenständliche Wirksphäre des Umfeldes, ist das Tiersubjekt sensomotorisch vom Umfeld eingeschlossen, erst dann enthält das Umfeld „Dinge nebeneinander, nacheinander". Mit der Totalrepräsentation des eigenen Körpers ist nicht nur vom menschlichen Standpunkt aus, sondern gemessen an der Idee der geschlossenen Form das Äußerste an Realisierung geleistet, ist die höchste Stufe, die reinste Ausprägung tierischen Wesens erreicht. In ihr gewinnt das Lebewesen durch Konfrontation mit einer Sphäre von Tatobjekten, der es existentiell ausgeliefert ist, den größten Freiheitsgrad, die stärkste Machtfülle.

Zugleich büßt es an Sicherheit der individuellen Aktion ein, weil die zunehmende Bedeutung des zentralen Impulses angesichts einer Präsenz vieler gleichmöglicher Aktionsobjekte die Fehlerchance vergrößert. Überblickt etwa ein Tier dank hochdifferenzierter Augen die Situation seines Umfeldes, unterscheidet es die verwirrende Fülle an farbigen und geformten Bildern in seiner Umgebung, so ist ihm natürlich die Entscheidung im Einzelfall erschwert. Je größer der Präsenzradius, desto leichter die Fehlentscheidung —, solange das Lebewesen kein Mittel hat, an den Bildern selbst das Ausschlaggebende herauszufinden, das eine bestimmte und keine andere Aktion verlangt. Die aus der zunehmenden Breite der Anschauung erwachsende Unsicherheit kompensieren der Instinkt und die Erfahrung, jener auf dem Vorwegsein, wie es durch Vererbung dem Individuum aufgeprägt ist, dieser auf dem Gewesensein des Lebens beruhend, welches das Individuum für sich durchgemacht hat.

Zweischneidig wie die zunehmende Breite der Anschauung und Kontrolle des Umfeldes ist die Kontrolle der Aktionen des eigenen Körpers. Der Vorteil, den das Bewußtsein des Erfolges einer Handlung gegenüber bestimmten Objekten in einer bestimmten Situation für kommende Handlungen besitzt, versteht sich von selbst. Die Präzision der Durchführung wächst mit der Kontrolle über den Gegenstand und die zu ihm passenden oder nicht passenden Phasen der Aktion. Aber ebenso wirkt die Kontrolle der eigenen Bewegung hemmend auf ihren Ablauf. Die Aufmerksamkeit wird von dem Objekt der Bewegung auf die Bewegung als Objekt herübergezogen. Zersplitterung ist die unvermeidliche Folge: die Unbefangenheit ist dahin, der sichere Ausgang der Handlung, welche volle Hingabe an's Objekt erfordert, in Frage gestellt.

Der Antagonismus von Handlung und Bewußtsein ist es, den die Natur im Auge hat, wenn sie, solange es irgend geht, die Bewegungen des eigenen Körpers dem Blick des Bewußtseins entzieht. Noch bei den höchsten Wirbellosen, Arthropoden und Oktopoden, unterliegen die Bewegungen der Glieder autonomen Wirknetzen. „Wenn die motorischen Zentren der Gliedmaßen bei den Insekten schon im Bauchstrang sitzen und die Zentren der Mantelbewegung bei den Oktopoden bis in die Schlundganglien gerückt sind, so erfährt dennoch nirgends der rezeptorische Apparat auch nur das geringste von der Tätigkeit der motorischen Apparate“ (Uexküll, ebenda S. 177). Selbst bis zu der kompliziertesten Form des Menschen bleibt das Prinzip in Geltung, gewisse Zonen des Körpers unter autonomen Systemen unabhängig von der Zentralkontrolle des Gehirns zu halten und sie damit dem spontanen Zugriff zu entziehen. In dem Maße als der eigene Körper aber dem Bewußtsein aufgedeckt wird, müssen Instinkt und Gewöhnung kompensierend eingreifen, um wenigstens die Wirkung des Antagonismus auf das Leben abzumildern, dessen Ursache, als im Leben selber liegend, sie nicht beseitigen können.

Das Mittel, Reiz und Reaktion bewußt einander zuzuordnen und sich die Herrschaft über Leib und Umfeld zu erringen, ist in der zentralistischen Organisation gegeben. Rein physisch betrachtet, müssen Leib und Umfeld im Zentrum ihre Repräsentation finden. Was diese Repräsentation anatomisch und physiologisch bedeutet, steht hier nicht zur Diskussion. Auch noch nicht, wie das Verhältnis des Lebenssubjekts zu den Erregungen dieses physischen Zentralapparats zu verstehen sei; ob es etwa *in* ihnen wie in den Zeichen einer Sprache Sinn und Sache die wirkliche Außenwelt erfaßt oder *mit* ihnen wie mit einem Schaltbrett Stromkreise schließend und unterbrechend den Kontakt mit der Außenwelt reguliert. Zunächst fragt es sich, ob überhaupt eine Notwendigkeit der Koexistenz von zentralistischer Organisation des Körpers des Lebewesens und dinglicher Gliederung des Umfeldes besteht. Erst danach hat das Problem einen Sinn, wie das Tier mit Hilfe seines physischen Zentralapparates, des Gehirns, andere Dinge außer ihm zur Repräsentation bringen kann.

Geschlossene Organisation eines lebendigen Körpers bietet positional, wie die Untersuchung ermittelt hat, die Möglichkeit bewußten Seins. Alle Bedingungen sind geschaffen, damit das Lebewesen sich d. h. seinen Leib einer Außensphäre gegenüber merkt. Solange zwar kein physisches Zentrum den eigenen Körper mit Gliedmaßen, Drüsen, Verdauungs-, Geschlechts-, Atmungsorganen usw. repräsentiert, ist das Tier in seiner Motorik noch offen. Die Idee der geschlossenen Organisation ist noch nicht vollkommen durchgeführt, noch nicht auf das Gebiet des Motorischen, der Aktion ausgedehnt. Außer Stande, seine Aktionen, vor allem seine Bewegungen im Umfeld zu merken, fällt für das Tier mit der Repräsentation des eigenen Gliedmaßensystems, des Leibes, die Möglichkeit der Vergegenständlichung seiner selbst und damit die Grenze der von ihm selbst eingenommenen Zone gegen das Umfeld fort. Infolgedessen präsentiert sich auch das Umfeld ohne Grenzen und innere Struktur. Als reine Merksphäre enthält es für das Tier bloße Zeichen, auf welche dieses reflektorisch reagiert. Das Umfeld ist ein reines Signalfeld.

Ist jedoch das Organisationsprinzip der geschlossenen Form auf die Motorik des Körpers ausgedehnt und der Kreis der sensomotorischen Funktionen, dessen Planeinheit der Körper selbst ist, im Zentralorgan noch einmal geschlossen, merkt das Tier seine Bewegungen im Umfeld, so merkt es sich, seinen Leib, die von ihm selbst eingenommene Zone, — das Umfeld rückt mit eigener Grenze von ihm ab und bekommt Struktur. Statt sich in seinen Aktionen zu verlieren und in ihnen aufzugehen, ohne etwas von ihnen zu merken, empfindet jetzt das Tier sein Greifen und Loslassen, sein Angreifen und Fliehen, die gelingende und mißglückende Bewegung. Nun ist es in die Lage versetzt, seine Aktionen zu lenken, impulsiv in Gang zu bringen und zu bremsen, ihren Ablauf zu kontrollieren und zu modifizieren. Jetzt hat es sich in den Griff bekommen, wie es die Griffe am Umfeld, die Eingriffe des Umfeldes spürt. Das Umfeld präsentiert sich griffig, nicht mehr als reine Merksphäre, sondern als Merk- und Wirkungssphäre. Es ist Signalfeld und Aktionsfeld in Einem.

Aus einem Feld purer Augenblicklichkeit, das mit Signalen erfüllt ist, die aufblitzen und wieder verschwinden, die außerdem in ihrer Wirksamkeit ganz von Trieb und Trieberfüllung, Hunger und Sättigung des Organismus abhängen, wird jetzt ein Feld konkreter Gegenwart. Als Aktionsfeld bietet es „Möglichkeiten", ist es ein Feld von Bewegungen und Griffen, die noch zu machen, aber auch zu unterlassen sind. In der Empfindung seiner Griffigkeit hat das Lebewesen sich und sein Umfeld selbst vorweg, hat es nicht aufblitzende Augenblickseindrücke, sondern beharrende und harrende Gegebenheiten. Wie es im Augpunkt des Merkens, im Impulspunkt des Wirkens „wählend", „schwankend" die innere Mitte und Leere des „Noch nicht" einnimmt, so ist ihm das Umfeld mit demselben temporalen Charakter des Entgegenharrens gegeben. In dieser Konstanz liegt ganz eigentlich die Struktur des Dinges, die Bezugsform für alle seine Einzelheiten sinnlicher Art.

Wenn es alle anschauliche Dinghaftigkeit charakterisiert, daß sie sich nicht in dem erschöpfend manifestiert, was sinnlich an einem Dinge zu unterscheiden ist, wenn das Ding darum mehr ist als Summe seiner Merkmale, als Gestalt seiner Teile, daß es immer noch mehr ist als das, was an ihm aufgewiesen werden kann (wohlgemerkt für die sinnliche Anschauung), so ist hier die Voraussetzung für das Auftreten von „Dingen" im Umfeld erfüllt. Jetzt können die sinnlichen Daten im Sehgebiet, Riechgebiet, Tastgebiet, Hörgebiet, Vibrationsgebiet usw. als auf einen Kern bezogen, um einen Kern gelagert gemerkt werden. Denn als Aktionssphäre bietet der Inhalt der Merksphäre harrende Bewegungschancen gegenständlich dar. In dieser merkbaren Griffigkeit, in diesem Mit-dem-Umfeld-umgehen-Können, Sichbewegen, angreifen und fliehen, stoßen und ziehen, rücken und zerren Können (als einer an der Merksphäre selbst gegebenen Eigenschaft) liegt die Konstanz und Haltbarkeit anschaulicher Dinge.

Zu den Daten der Sinne muß irgendein nicht selbst mehr sinnlicher und doch anschaulicher Rückhalt, Widerhalt, Hintergrund hinzukommen, damit man ihr Beisammensein in einer Form, ihr gestaltetes Ineinander als typisch dinglich empfindet. Indem die etwa optischen, akustischen, taktilen Gehalte einer Struktur sich einfügen und einander überdecken, ohne sich gegenseitig zu verbergen, vielmehr jeder wie der andere ebenso offen zur Schau liegt als er das Ding entbirgt, offenbart und doch zugleich an ihm einen nie zutage tretenden Rest, den „Kern" als Träger der Eigenschaften, beläßt, konstituiert sich in ihnen die Einheit des anschaulichen Dinges.

Wie wäre so etwas möglich ohne ein besonderes Schema? Gibt es etwa zwischen einem optischen, einem taktilen, einem akustischen Quale (der Anschauung) noch konkret anschauliche Gemeinsamkeit, auf welche als Struktur, Rückhalt, Hintergrund die Einheit des Einzeldings gegründet werden könnte? Wohl gibt es Gemeinsamkeiten zwischen den sinnlichen Qualitätskreisen, negative Einheitscharaktere der Sinne, eine Einheit der Anschauung trotz ihrer Spezifikation[1]), wenn man auch noch sehr darüber streiten kann, ob sie etwa, wie Pikler[2]) es getan hat, als quasi selbständige Größen zu fassen sind. Aber solche gemeinsamen Charaktere, die den sinnlichen Qualitäten immanent sind, bilden nicht das Rückgrat des dinglichen Gebildes. Deshalb ist auch die Redensart gedankenlos, es sei diese nicht sinnliche und doch anschauliche „Haltbarkeit" des Dinges ein Werk der Abstraktion aus vielen sinnlichen, besonders taktilen Druckwiderstandserlebnissen.

Was als Struktur der Haltbarkeit am Dinggebilde auftritt, ist in Wahrheit sein Bezug zur Motorik des Lebewesens, welches das Ding wahrnimmt. In dieser besonderen Schematisiertheit auf die vitale Aktion besteht für ein Zusammen sinnlicher Gehalte seine Dinglichkeit. Lenkbarkeit der Bewegungen mit dem eigenen Körper (auf Grund der Empfindbarkeit der Bewegungen) und dingliche Struktur des Umfeldes entsprechen einander. Zentralistische Organisation eines lebendigen Körpers und Auftreten von Dingen in seinem Merkfeld sind notwendig koexistent.

In der Empfindung der Griffigkeit der Dinge seines Umfeldes ist das Lebewesen ihm selbst vorweg. Weil es selber aber in der Weise ist, daß es „sich" (als Leib) und das Positionsfeld „hat", so muß man dem Satz die Form geben: in der Empfindung der Griffigkeit der Dinge h a t das Lebewesen sich und sein Positionsfeld vorweg.

Hiermit ist zugleich der Grund angegeben, warum im Merkfeld „Möglichkeiten" auftreten und wie dies (zum Wesen des Empfindens, sofern es ganz punktuell auf momentane Inhalte

1) Vgl. Einheit der Sinne S. 90ff.

2) Schriften zur Anpassungstheorie des Empfindungsvorgangs 1922, Heft 4, S. 50: „Demnach sind also die Grundqualitäten oder m. a. W. getönten Grundempfindungen oder Grundtöne aller Sinne, welche überhaupt Qualitäten, m. a. W. getönte Empfindungen oder Töne besitzen, vier an der Zahl, und sie sind in der Reihenfolge ihrer Verwandtschaft mild, herb, scharf, roh. Es ergibt sich folgende Tafel: Süß-Sauer-Salzig-Bitter, Streicheln-Kitzel-Jucken-Schmerz, Blumig-Essiglich-Brenzlich-Faulig, Blau-Grün-Gelb-Rot, in welcher die Glieder einer jeden horizontalen (hier die an der entsprechenden Stelle in der Sukzession stehenden!) Reihe ein und dasselbe in verschiedenen Sinnen sind." Vgl. auch S. 71.

gestellt ist, kontrastierend) zu verstehen sei. Gerade die oben zurückgewiesene Meinung, daß die Wahrnehmung von Dingen Abstraktion aus vielen Einzeleindrücken voraussetze, operiert mit dem Hinweis auf die im Dingcharakter liegende Möglichkeit (seiner Drehung, Bewegung, Veränderung, Zerstörung usw.). Möglichkeit sei aber Abstraktum. Das ist falsch. Möglichkeit (vom Begriff der Möglichkeit natürlich nicht zu reden) ist nur als expliziert gefaßter Sachverhalt etwas Abstraktes; etwa: die Möglichkeit einer Tasse, zu zerbrechen, eines Menschen, zu erkranken. Die in der sinnlichen Konfiguration des Gebildes unmittelbar präsente Möglichkeit dagegen, welche es zum „Ding" macht: auf einem Stuhl Platz zu nehmen, aus einer Tasse zu trinken oder sie in die Hand zu nehmen, diese vom Phänomen implizierte Möglichkeit ist nichts Abstraktes. Sie umfaßt nur die Ansatzpunkte lebendigen Handelns.

Allerdings nehmen dadurch das Merken und die Merksphäre einen anderen Charakter an, als sie ihn auf der Stufe der niederen Tiere hatten. Dort treten Signale, punktuell-momentane Inhalte auf, dort haben die sie erfassenden Akte den Charakter des Empfindens. Hier treten Dinge, beharrende und harrende Komplexe von einer gewissen „Umgänglichkeit" auf, also ändert sich der Charakter der Akte, in denen der Organismus ihnen zugewandt ist, er wird Anschauen. Im ersten Fall trifft das Merken sinnlich-stoffliche Letztheiten, im zweiten Fall sinnlichen Stoff in einer gewissen Struktur.

Natürlich sind „Empfinden" und „Anschauen" nur der Selbstbeobachtung zugängliche Arten, äußerem Feld sich zuzuwenden. Nachdem jedoch die Untersuchung der Positionalität eines bestimmten Typus Lebewesen dieselbe Struktur ihres Verhältnisses zum Außenfeld erwiesen hat, dürfen nicht etwa (per analogiam), sondern müssen die gleichen Begriffe hierfür eingesetzt werden. Denn die Betrachtung der Positionalität schließt das in der Selbstbeobachtung Zugängliche, sofern es den Bezug zum Außenfeld konstituiert, mit ein. —

Wenn es erwiesen ist, daß zentralistische Organisation eines lebendigen Körpers, Anschluß seiner Aktionen an's Sensorium und damit Ringschluß des sensomotorischen Funktionsspiels, dem Auftreten von Dingen im Merkfeld entspricht, so erhebt sich die Frage, wie diese Dinge mittels des Gehirns dem Lebewesen merkbar gemacht werden. Eine notwendige Frage, denn es soll auf Grund seiner Empfindungen und Anschauungen von den Dingen mit ihnen umgehen, muß es, weil seine Aktionen nicht mehr reflektorisch den Reizen entsprechen, sondern der Lenkung bedürfen, um „richtig“ zu sein.

Die Methode, nach welcher Dinge und Dingbeziehungen im Außenfeld dem Lebewesen merkbar werden, ist dieselbe, nach welcher es Kunde von Fremdem und Eigenem überhaupt erhält: durch Repräsentation im Zentralorgan. Wie für die eigenen Organe und ihre Funktionen stellvertretende Gebiete im Gehirn entstehen, so auch für die Gliederung des Außenfeldes entsprechend der Übermittlung durch die Sinnesorgane. Die vergleichende Anatomie und Physiologie des Zentralnervensystems kann die Gehirne in einer ganzen Stufenleiter steigender Komplizierung anordnen, die einem Aufstieg zur immer schärferen Erfassung der Dinge und ihrer Verhältnisse untereinander sowie zum eigenen Körper, im selben Maße aber zu immer größerer Beherrschung der Dinge wie der eigenen Motorik gleichkommt.

An dem räumlichen Gehirn prägt sich selbstverständlich die Repräsentation auch räumlich aus. Steigende Differenzierung bedingt Lokalisation der Funktionen, Lokalisation bedeutet zugleich Typisierung, Vereinfachung, Formulierung. Mit solchen Formeln oder Schematen sind dem Tier Merkfeld und Wirkungsfeld fest gegliedert. Die Auswahl dessen, was ihm bemerkbar werden und worauf es wirken kann, ist zwar nicht für jede Einzelheit, wohl aber für den Typus von vornherein festgelegt. Die „Weite“ des Typus ist großer Variation fähig, das Schema umfaßt im einen Fall sehr viele Gegenstands- oder Bewegungsarten, im anderen Fall nur bestimmte Gegenstände und Bewegungen.

Trotzdem darf man nicht glauben, daß diese Methode der räumlichen Lokalisation demjenigen, welches seine Repräsentation durch sie erfahren soll, ganz fremd ist. Gerade in der Räumlichkeit und in der Zeitlichkeit, wenn natürlich auch nicht in ihren Abmessungen, stimmen Methode und Gegenstand, Gehirn und Dingwelt überein. In allerdings starker Vereinfachung stellt das Gehirn als Ding in Raum und Zeit ein kleines Bild des Umfeldes mit seinen Dingen dar, erst in den einfachsten Umrißlinien nur einfache Richtungsverschiedenheiten von links-rechts, oben-unten, vorn-hinten fixierend, dann allmählich zur Repräsentation konkreterer Tatbestände wie Bewegungen, Bilder und ihrer Lage im Umfeld fortschreitend. Dabei besteht natürlich keine Ähnlichkeit strenger Abbildung äußerer Verhältnisse im Gehirn, was draußen links oder rechts liegt, muß nicht auch im Gehirn links oder rechts unter allen Umständen liegen. Und doch zeigt eine Tatsache stärker als alle nachweisbare Lokalisation die Bedeutung vor allem der räumlichen Eigenschaften des Gehirns für die richtige Repräsentation der räumlichen Eigenschaften des Außenfeldes: die Neutralisierung des Zentralorgans gegen Lageveränderung durch Ausbildung der Gleichgewichts- und Raumsinnesorgane.

Da nämlich das Zentralorgan in einer festen Verbindung mit dem Körper steht, müssen die Körperbewegungen durch fortgesetzte Verschiebungen der Lage des Zentralorgans die Repräsentation des Außenfeldes stören, wenn die Lagekonstanz wirklich für die Richtigkeit der Repräsentation conditio sine qua non ist. Folgen wir hierin etwa Uexküll, der das Korrekturverfahren zum Ausgleich dieser Störung genauer entwickelt hat[1]), so wird bei Tieren im labilen Gleichgewicht, deren Lage im Leben nicht mit ihrer Todeslage übereinstimmt, ein Korrektiv für die Muskeln zur Erhaltung der physiologischen Lage dauernd nötig. Dieses Korrektiv liefert das Statolithorgan, indem es die konstante Beziehung des Gesamtkörpers zum Erdmittelpunkte automatisch reguliert. Zwar kann Beweglichkeit der Augen und besonders das Mittel der kompensatorischen Augenbewegung den Einfluß der Körperbewegung auf das Gehirn etwas ausgleichen wie gleichzeitig eine Erweiterung des visuellen Feldes bringen. Zwischenräume mögen dadurch dem Lebewesen schon faßlich sein. Aber Form und Lage eines Gegenstandes bleiben noch im Ungewissen, abhängig vor allem von der Funktion des Auges, abhängig vom Licht.

Diesem Mangel hilft erst ein Gleichgewichtsorgan von der Struktur des Bogengangapparats ab, der ein festes Koordinatensystem darstellt, in welches der eigene Körper und die Veränderungen des Außenfeldes wie in ein festes Maßsystem im Dunkeln und im Hellen eingetragen sind. Jetzt wird das Gehirn „zum gemeinsamen Feld für alle räumlichen Messungen . . , die sowohl für das Auge und die Tastorgane als auch für die Bewegungen der Gliedmaßen gelten" (loc. cit. S. 179). Die Neutralisierung des Zentralorgans gegen Bewegungen und Lageverschiebungen des eigenen Körpers und der Außendinge ist erreicht. Physiologisch gibt es damit einen absoluten Raum wie durch die Regelung der Bewegungsabfolge eine physiologisch absolute Zeit. Absolut sind sie nur für den Organismus, der an ihnen jedoch unverrückbare Koordinaten seiner räumlich-zeitlichen Stellung besitzt. In dieser Einschränkung entsprechen sie dem Positio-

1) Umwelt und Innenwelt der Tiere S. 171ff.

nalitätscharakter des Lebewesens, das ein absolutes raumzeithaftes Hier-Jetzt bildet. Sie entsprechen ihm, wie Räumlichkeit der Raumhaftigkeit, Zeitlichkeit der Zeithaftigkeit entspricht.

Zentralistische Organisation, wie sie dinglicher Gliederung des Außenfeldes wesenhaft koexistent ist, stellt auch dem Lebewesen die Mittel bereit, von ihr Kenntnis zu erhalten und auf sie zu wirken. Trotzdem bietet diese wesenhafte Koexistenz keine Gewähr für die Realität des Koexistierenden, des Organismus und der Dinge. So in sich widersprechend die Annahme ist, daß ein Organismus mit der Apparatur des Gehirns und der Sinnesorgane in einem Positionsfeld ohne Dinge existiert, auf die sein ganzer Körper einpaßt, so wenig bedeutet diese Sinnlosigkeit für die Frage nach Sein oder Nichtsein der Dinge, denn auch der Organismus ist ein Ding in Raum und Zeit. Von einem Ding kann man nicht auf Wirklichkeit oder Unwirklichkeit der Dingwelt überhaupt, des Raumes und der Zeit schließen. Wer Derartiges den bisherigen Überlegungen entnehmen wollte, kann sicher sein, daß er sie nicht verstanden hat.

Die Relation der Koexistenz zwischen einer bestimmten physischen Organisation und einem bestimmt gearteten Wahrnehmungs- und Aktionsfeld, in welchem der Träger der Organisation lebt, gilt auch zwischen Traumgebilden einer schlafenden Weltseele, zwischen Phantasieschöpfungen eines Künstlergottes. Wenn ein Lebewesen draußen Dinge sieht und mit ihnen spielt und kämpft, so ist es allerdings im Glauben an ihre Realität befangen. Einer Täuschung kann es dabei immer unterliegen.

Zwar dient die zupackende Aktion als Realitätskriterium, insofern das, was wirklich ist, sich auch packen lassen muß. Aber diese Methode, sich eines Wirklichen zu vergewissern, bleibt *dem Koexistenzkreis von Organismus und Umfeld immanent* und greift nicht über ihn hinaus. Sie erreicht nicht die koexistierenden *Glieder* der Relation, die *selbst*, wenn zwischen ihnen auch die anschaulichen Bedingungen des sensomotorischen Funktionskreises erfüllt sind, Lebewesen und Dinge im Wechselspiel einander suchen und finden, „sein" mögen oder nicht. Unabhängig von einander — im Gleichgewicht mit einander: dies eben ist die Relationsform der Koexistenz eines Organismus und „seines" Außenfeldes.

Was dem Tier erscheinen und wovon es sich als einem wirklich Vorhandenen durch seine Aktionen überzeugen kann, das existiert in dem gleichen Sinne wie es selbst. Sein leibhaftes

Dasein und das ihm außen gegebene Dasein liegen in Einer Ebene der Realität. An dieser Relation besitzt kein Glied über das andere Übergewicht. Uexküll hat nicht Recht, wenn er (ebenda S. 169) sagt: „Die Umwelt, wie sie sich in der Gegenwelt des Tieres spiegelt, ist immer ein Teil des Tieres selbst, durch seine Organisation aufgebaut und verarbeitet zu einem unauflöslichen Ganzen mit dem Tiere selbst ... sie ist nur als Projektion seiner Gegenwelt richtig zu verstehen." Allerdings zwingt die Natur die Tiere nicht zur Anpassung. Ebensowenig aber formen die Tiere sich ihre Natur nach ihren Bedürfnissen. Das wäre gewissermaßen zoologischer Idealismus. An die Stelle eines weltschöpferischen Bewußtseins hätte man eine weltschöpferische Organisation gesetzt, wie es Bergson getan hat.

Koexistenz läßt sich, dem Prinzip der Angepaßtheit folgend, wie es die Untersuchung entwickelt hat, nur als primärer Einklang und gleichursprüngliches Übereinkommen zwischen von einander getrennten Sphären verstehen. Diese Trennung, dieser Hiatus, durch den hindurch Ding und Lebewesen (in Empfindung und Handlung, Anschauung und Tat) zur Unmittelbarkeit des Kontaktes sich vermitteln, bildet jene feste Scheidewand, welche Uexküll (ebenda S. 182) auf die Reize der Umwelt zurückführt, die ebensosehr dem Tier als Anknüpfungspunkte wie als Schutzwand dienen, um es „wie die Mauern eines selbstgebauten Hauses umschließen und die ganze fremde Welt von ihm abhalten" zu können.

Natürlich ist man versucht, sich diese Doppelfunktion der Reize und Reaktionen so zurecht zu legen, daß beides, trennende Scheidewand und unmittelbarer Kontakt, nebeneinander Platz hat. In dem, was positiv dem Tier sensomotorisch zugänglich ist, sieht man die Funktion des Kontaktes erfüllt, in dem, was ihm (dank seiner Organisation) verborgen bleibt, die Funktion der Trennung. Das ist nicht richtig. Wenn Sinnesorgane, Gehirn und Aktionsorgane auswählen, so setzen sie in dem, was sie dem Lebewesen zugänglich machen und in dem, was sie ihm entziehen, beide Male Kontakt und Trennung in Einem. Konkrete Empfindung und ihr ontisches Korrelat ist für sich schon Preisgabe an die Wirklichkeit und Schutz vor ihr. Ihre Anwesenheit in sinnlicher Anschauung und konkreter Aktion ist Abhebung von ihr und Ausschluß anderer Möglichkeiten in ein und demselben Sinne. Wie Zeichnen Weglassen bedeutet und ein klares Bild in der Gegenwart bestimmter Linien und Farben besteht, die mit ihrem Sein die Gegenwart anderer Linien und

Farben ausschließen, so ist auch das der Organisation entsprechende aktuelle Umfeld in seinen Inhalten und in seinen Lücken aufgedeckte und verdeckte Wirklichkeit.

Dieses seltsame Verhältnis einer indirekten Direktheit, vermittelten Unmittelbarkeit zwischen Organismus und Welt, das schon im Wesen der geschlossenen Form ausgesprochen und zutiefst in der Seinsstruktur des Lebens begründet ist, nimmt den gegebenen Empfindungen und Anschauungen nicht ihren Wirklichkeitscharakter, macht sie nicht einfach zu Zeichen einer ihnen gänzlich fremden und andersgearteten Wirklichkeit, schränkt jedoch sie und ihre Korrelate: Farben, Formen, Klänge, taktile, vibratorische, Geruchs- und Geschmacksqualitäten usw., die mit Absolutheitscharakter auftreten, auf die Bedeutung objektiver Gegebenheiten ein.

Von hier aus läßt sich leichter ein Zugang zum Verständnis der Beziehungen zwischen den Erregungen des Gehirns und der Sinnesorgane und dem Bewußtsein des Lebewesens finden als von einem Standpunkt aus, der den körperlichen Reiz- und Erregungsvorgang mit dem Inhalt und der Struktur des Bewußtseins, wenn auch auf dem Umweg über eine metaphysische Theorie des Parallelismus oder der Wechselwirkung, identifiziert; garnicht zu reden von jener unmöglichen Annahme, es seien dem Subjekt (des Bewußtseins) die nervösen Prozesse gegeben und an dieser Gegebenheit käme das Subjekt zum Erlebnis — von Farben und Klängen, von Dingen in Raum und Zeit, statt von Nervenzellen und ihren chemischen Veränderungen. Als ob es die Aufgabe des sensorischen Apparates wäre, Abbilder der Reize zu erzeugen, und das Zentralorgan diese Abbilder einem inneren Zuschauer darböte.

Solche Ungereimtheiten wie auch die Schwierigkeiten der Parallelismus- und Wechselwirkungstheorie sind unausbleiblich, solange lebensfremde Dualismen die Anschauung der ursprünglichen Positionalität zerstören. Gehirn und Sinnesorgane dürfen ebensowenig wie für die Existenz des Bewußtseins überhaupt, seines raum-zeithaften Mittelpunktes und Umkreises, für seine inhaltliche Gliederung d i r e k t verantwortlich gemacht werden. Eine Erregung der Retina, des Optikus, des Occipitallappens ist weder die gesehene Figur noch bedeutet sie solche. Sie entspricht ihr nur, wie auf besondere Reize das Nervensystem mit besonderen Erregungen anspricht. Dieses Ansprechen setzt von Fall zu Fall die U n t e r b r e c h u n g, H e m m u n g, P a u s e (zwischen Reiz und Reaktion), w e l c h e p o s i t i o n a l das Sein eines Selbst in Mittelstellung, d. h. sein „gegen Etwas im Umfeld“ Sein oder seine Anschauung von Etwas ist.

Je differenzierter Rezeptoren und Gehirn, desto vielfältiger die anklingenden Erregungen, desto mannigfaltiger die Pausen und damit die Struktur des Positionsfeldes. Nervöse Erregungen des sensorischen (und motorischen) Apparates schaffen dem Lebewesen nur die jeweiligen Gelegenheiten, jene Mittelstellung einzunehmen, als welche und in welcher sein bewußtes Leben sich abspielt.

4. Komplexqualitative und dingliche Gliederung des tierischen Umfeldes.

Für den Fortgang der empirischen Tierpsychologie, die zu ihrem größten Teil methodisch streng der Logik experimenteller Beobachtung folgt, werden die Probleme der Positionalität stets in dem Augenblick von Wichtigkeit, in welchem es sich darum handelt, das körperliche Verhalten des Lebewesens auf seinen Bewußtseinszustand hin zu interpretieren. Ohne derartige Interpretationsversuche unterscheidet sich Tierpsychologie in nichts von Reiz- und Bewegungsphysiologie bzw. vergleichender Biologie im Sinne einer physiologisch arbeitenden Lebensplanforschung, deren Programm Uexküll aufgestellt hat. Es ist klar, daß ein interpretierendes Vorgehen den sicheren Gang der kausalen Erklärung gegen ein unsicheres Verständnis der den körperlichen Erscheinungen „zu Grunde“ liegenden Bewußtseinsvorgänge eintauscht.

Aber so vollkommen schwankend und willkürlich, wie die Physiologen die tierpsychologische Interpretation hinstellen, ist sie doch nicht, braucht sie wenigstens nicht zu sein. Es erfordert allerdings ein besonderes Maß von Selbstkritik, bequeme Anthropomorphismen, in denen Tierschutzkalender und Märchenerzähler sich nach dem Recht des Herzens bewegen, zu vermeiden. Nur ist mit Selbstkritik positiv noch nichts gewonnen. Hier muß eben eine objektive Disziplinierung der Interpretation einsetzen, welche zuerst die Grundlinien festlegt, nach denen ein Verständnis der Bewußtseinszustände sich zu richten hat.

An dieser Aufgabe sind bisher die Philosophen vorübergegangen, da der Cartesianismus des Zweiweltenaspekts ihnen jede vernünftige Lösungsmöglichkeit versperrte. Sie sahen nicht die Zone der Positionalität, die mit dem Dasein lebendiger Körper gesetzt ist, und konnten infolgedessen auch nicht einsehen, daß es sich bei dem Problem einer Prinzipienlehre tierpsychologischer Interpretation um Fragen der Positionalitätskategorien handelt.

Wie gewöhnlich hat sich die Forschung selbst von der inneren Gehemmtheit der Philosophie nicht beeinflussen lassen. Trotz aller erkenntnistheoretischen Bedenken hat sie versucht, das Tier nicht als Maschine, sondern als lebendiges Aktionszentrum eines Verhaltens zu erfassen und zur Interpretation lebensgemäße Begriffe zu verwenden. Natürlich spiegelt sich darin die Wendung der neueren Psychologie überhaupt wieder, welche den Atomismus der psychischen Elemente und die damit angeblich gesicherte Assoziationsmechanik als eine kaum zu haltende Verallgemeinerung bestimmter Grenzfälle des Gedächtnisses und Übertragung analytisch-mechanischer Prinzipien auf's Psychische aufgegeben hat. Damit kommt die Interpretation auf ein ganz anderes Niveau.

Vor allem ist es charakteristisch, daß der Instinktbegriff nicht mehr als einfacher Gegenspieler des Bewußtseinsbegriffes fungiert, wie es bei mechanistischer Auffassung des Instinkts als eines Kettenreflexes oder Äquivalents eines solchen der Fall ist. Man sucht heute eine dem Leben gemäßere Ansicht des Instinkts zu gewinnen und ihn als eine (mit Bewußtheit durchaus verträgliche) von Geburt an festliegende Richtungsbestimmtheit des Verhaltens zu fassen, die eine gewisse „Breite" besitzt. Innerhalb dieser Instinktbreite verlaufen die Handlungen ohne Zwang. Die Instinktbreite ist bei verschiedenen Tierarten verschieden, manche Tiere sind Instinktspezialisten, d. h. ganz bestimmte Handlungen (Nestbau, Eiablage usw.) liegen von vorn herein fest und werden ohne vorherige Erfahrung vollzogen.

Nach Art und Breite ist der Instinkt in Rücksicht auf das lebendige Verhalten, was das Körperganze für seine Organe in morphologisch-funktioneller Rücksicht darstellt: die (selbst nicht zu isolierende) Vorbedingung, der Rahmen, das Auswahlprinzip für die dem Tier zur Gegebenheit kommenden Teile der Welt, für sein Bewußtsein oder sein Umfeld. Instinktiv bedingtes Handeln braucht deshalb nicht notwendig ohne Begleitung des Bewußtseins zu verlaufen, der Instinkt tritt nicht an die Stelle des Bewußtseins, sondern er formt und trägt es. Ganz in derselben Weise, wie er als biologische Gesamtfunktion festlegt, was bei einem Tier zum Reflex, d. h. zum bewußtlosen Automatismus werden kann und damit dem Bereich lebendiger Spontaneität entzogen wird.

Für das mechanistische Denken war der Reflex das Bauelement der Handlungen, deren instinktives Zustandekommen durch Reflexketten plausibel gemacht wurde. Instinktives Verhalten war dann mit Bewußtlosigkeit notwendig verknüpft, Bewußtsein hatte nur da Platz, wo der Instinkt nicht mehr hinreichte und das mechanistische Theorem keinen Boden mehr fand. Weshalb der Mechanist die Annahme eines Bewußtseins so weit als möglich zu umgehen bzw. als „Begleiterscheinung" mechanischer Prozesse in den reflexvermittelnden Zentren zu erklären suchte. Das Modell des Reflexmosaiks sollte unangetastet bleiben.

Diesen Primat des Reflexes geben die Tierpsychologen auf und setzen an seine Stelle den Primat der biologischen Gesamtfunktionen, welche im Bauplan des Tierkörpers und in den Instinkten repräsentiert sind. Dieser Einstellung ist es kein paradoxes Ergebnis (was es für den Mechanisten sein muß), wenn z. B. ein geringfügiges raschelndes oder krabbelndes Geräusch auf die Eidechse wirkt, während ein Pistolenschuß in ihrer Nähe ohne Wirkung bleibt, oder wenn Mäuse in einem „Labyrinth" (Vexierkasten mit irrgartenartiger Weganlage) sich leichter bei enger und komplizierter als bei breiter und einfacher Wegführung zurechtfinden lernen.

Methodisch muß der Tierpsychologe also biologisch sinngemäße, instinktadaequate Fragen stellen und den Rahmen des Bewußtseins berücksichtigen, wenn er Auskunft über die Struktur des Bewußtseins bekommen will. In Situationen, die ihren Instinkten fremd sind, werden die Tiere oft „dümmer" oder „klüger" erscheinen, als sie wirklich sind, denn nun erscheint die Handlung nicht mehr auf ihrem natürlichen, sondern einem künstlichen Hintergrund. Wenn es dem Hund gelingt, sich aus einem Käfig mit komplizierter Maschinerie zu befreien, so macht das einen intelligenteren Eindruck, als wenn er einfach eine Klappe vor dem Ausgang mit der Schnauze fortzustoßen hat. Die „Intelligenz", die in der Versuchsapparatur steckt, wird zu Unrecht auf das Versuchstier übertragen. Nicht daß Türklinke, Leiter, Hammer, Eimer, Seil verwendet werden können, sondern wie sie es werden, darf allein von Belang sein. Spezifisch menschliche Hilfsmittel sollen daher nur unter dem Gesichtspunkt des dem Tier biologisch Möglichen und Konformen, sonst überhaupt nicht zur Untersuchung benutzt werden.

Die Entscheidung über bestimmte Seiten der Bewußtseinsstruktur muß natürlich davon beeinflußt werden, welche Instinkte bei dem fraglichen Verhalten des Tieres mitspielen.

Volkelts[1]) Spinne war nachweislich freßlustig, verhielt sich jedoch der Fliege gegenüber indifferent, wenn sie nicht im Rahmen der üblichen Situation in ihrem Sinnesfeld auftrat, d. h. in's Netz flog und nach kurzem Shock sich durch stürmisches Rütteln an den Fäden zu befreien suchte. Wurde diese Abfolge nicht eingehalten, kroch etwa die Fliege auf dem Signalfaden in's Nest der Spinne bis unmittelbar vor ihre Klauen oder gar von hinten in's Nest hinein, so war die Fliege nicht mehr „Fliege", Freßobjekt, Beute, sondern etwas Unbekanntes, „Schreckhaftes", vor dem die Spinne Reißaus nahm.

Volkelt hat auf Grund dieser seltsamen Tatsachen (und unter Berücksichtigung verwandter von anderen Forschern wie z. B. Buttel-Reepen und Morgan berichteter Erscheinungen) die These von der komplexqualitativen Struktur des tierischen Wahrnehmungsbewußtseins verfochten. Daß Bienen, auch wenn ihr Stock nur um wenige Zentimeter verschoben worden ist, er also im sicheren Bereich ihrer Sehweite liegt, an der alten Stelle, wo früher das Flugloch lag, sich sammeln und das neue Flugloch erst nach längerer Zeit und nur durch Zufall finden, daß Seeschwalben genau an der Stelle ihr Nest suchen, wo es früher sich befunden hatte, obwohl seine neue Lage nur um ganz kleine Abstände, die für die vorzügliche Sehschärfe des Tieres gar keine Rolle spielen, von der alten Lage abweicht, — diese und ähnliche häufig beobachteten Abhängigkeiten des Tieres von einer bestimmten Umweltsituation deuten Volkelt zweifellos auf eine andere Wahrnehmungsweise hin, als sie uns Menschen geläufig ist.

Unsere Wahrnehmungswelt steht unter der Ordnungsform der Dinglichkeit. Die sensorischen Gegebenheiten „hängen" für uns eigenschaftlich an relativ konstanten und soliden Dingkörpern, scharen sich als Hüllen um ihre Kerne. Dieselben Dinge bilden trotz verschiedenem Aspekt und variabler Konstellation zueinander in den verschiedenen Situationen die relativ dauernden Substanzen und Träger unserer Welt, an deren objektivem Sein und Unabhängigkeit die von des Gedankens Blässe nicht angekränkelte Anschauung nie zweifeln kann. Uns bleibt, sofern überhaupt bemerkbar, Fliege Fliege, Nest Nest, auch wenn der Aspekt sich im Wiederholungsfalle der Wahrnehmung verschoben haben sollte. In unserem Wahrnehmen präsentiert sich die Erscheinung schon als „offene Gestalt", als eine für alle möglichen Ab-

1) Hans Volkelt, Über die Vorstellungen der Tiere 1913.

wandlungen geeignete Mannigfaltigkeit, denn eben diese Verbindung von Gegebensein und Verborgensein zeichnet das „Ding" aus im Unterschied zum reinen Phänomen, wie es uns vielleicht der Regenbogen am besten verdeutlicht. Wir sind also nicht überrascht, das Ding in einer anderen Situation zu finden, wir verlieren nicht den Faden der Erscheinungen, weil er für uns von „Kern" zu „Kern" gesponnen ist.

Daß dem Tier der Faden dagegen so leicht abreißt und es selbst durch ganz irrelevante Veränderungen getäuscht werden kann (man lese auch noch bei Volkelt die Schilderung Romanes' von der Sandwespe), daß aber demgegenüber erstaunliche Gedächtnisleistungen sich nur bei Tieren finden, wie etwa das Ortsgedächtnis der Bienen, Brieftauben und Zugvögel beweist, von der großen Dressurfähigkeit vieler Tiere gar nicht weiter zu reden, führt Volkelt auf eine dem Tier spezifische Wahrnehmungsart zurück. Ihr soll das Erfassen der Dinglichkeit ebenso versagt sein wie einem Bewußtsein, das von der Umgebung nur auf Grund einzelner Sinnesdaten in atomistischer Form Kenntnis erhielte.

„Wir sahen: Nicht an das Auftreten einzelner Dinge zeigte sich das Tier angepaßt, sondern es bestand die . . . rätselhafte Tatsache, daß die Gesamtsituation und nicht das Einzelne das Handeln des Tieres bestimmt. . . . Von welcher Struktur nun könnten hier die Bewußtseinsmodifikationen sein, welche die Umgebung des Tieres hervorruft? . . . Gibt es denn nicht im hochentwickelten Bewußtsein eine bekannte Gattung von Qualitäten, . . . die es erlaubte, daß wir uns die Gebundenheit der Handlungen des Tieres an ganze Situationen psychologisch erklären als Reaktion auf eine einzige den ganzen Komplex des Gegebenen zumal umfassende Qualität? . . . Diese merkwürdigen einheitlichen Qualitäten eines mehrheitlichen Komplexes — sie werden in der neueren Psychologie beschrieben unter dem Namen der „Komplexqualitäten". . . . Daß es tatsächlich solche Eigenschaften gibt, welche nur dem konkreten psychischen Ganzen zukommen, offenbarte sich . . . durch die auffallende Tatsache, daß verschiedene komplexe Ganze in Eigenschaften, die nicht ihren Teilen anhaften, übereinstimmen. Ganz besonders war es die Transponierbarkeit der Melodien und die Ähnlichkeit der Figuren, was zu dieser „Entdeckung" führte" (loc. cit. S. 85/86).

In Auseinandersetzung besonders mit v. Ehrenfels' Begriff der Gestaltqualität kommt Volkelt zu folgender Bestimmung: „Die Komplexqualität eines Ganzen ist keine Summe von Teilen, die als solche realiter in dem Ganzen enthalten wären; zweitens: die Komplexqualität eines Ganzen existiert nicht als eine (wie Ehrenfels meinte) selbständige Qualität neben der Summe der Teile dieses Ganzen" (S. 87/88).

Dieser Begriff löst Volkelts Problem: „Auf tierischer Stufe sind es nicht dinghafte Gebilde, in die das Feld der Sinnesdaten gegliedert wäre; und ebensowenig ist dieses Feld in atomistische Elemente zerspalten, sondern statt dessen wird jeweils ein weites Feld des sinnlich Gegebenen . . . umspannt von einer alles enthaltenden . . . Qualität. Sie „enthält" Teile . . . nur insofern, als eine Analyse solche zutage fördern würde, während die Vorstellungsreihe des menschlichen Bewußtseins auch ohne hinzutretende Analyse bereits gegliedert ist. . . . Also: . . . An das Auftreten bestimmter viel umfassender oder gar alles, auch die motorisch-viszeralen und die emotionalen Inhalte, umfassender Gesamtkomplexqualitäten sind die Handlungen des primitiven Organismus angeschlossen . . . Das ist das psychologische Innere der seltsamen Verhaltungsweisen „primitiver Lebewesen" (S. 89 bis 90).

Sensorische „Melodien" und „Konfigurationen" sind nach Volkelt im Unterschied zu den nur dem Menschen gegebenen gegenständlichen, von einem Horizont unendlicher Aspektmöglichkeiten umgebenen „Dingen" die Dominanten tierischer Umwelt. Und man versteht sehr gut, wie eine so starr begrenzte Orientierungsart, ein so gering Subjektiv-Affektives von Objektivem scheidendes Verhalten von Instinkten gelenkt sein muß, welche die Vorsorge für das Individuum ihm selbst abnehmen und dem lebendigen Geschehen anvertrauen.

Die von der Entwicklungslehre des neunzehnten Jahrhunderts aufgehobene Wesensgrenze zwischen Mensch und Tier schien hiermit für das Gebiet der Psyche wieder errichtet. Köhler's Intelligenzprüfungen an Anthropoiden[1]) haben aber zum mindesten gezeigt, daß der von Volkelt für die ganze Tierwelt gedachten Hypothese eine wesentlich eingeschränktere Bedeutung zukommt, als ihr Urheber annahm, und die Wesensgrenze im Psychischen zwischen Mensch und Tier „höher" angesetzt werden muß, als es nach Volkelt der Fall ist. Durch Köhlers Experimente läßt sich das Wertvolle der Volkeltschen Untersuchungen retten, die durch den Widerspruch der Baltzerschen Nach-

---

1) Abhandlungen der Preußischen Akademie 1917.

prüfung des Spinnenexperiments in neuester Zeit der Gefahr der Entwertung ausgesetzt waren.

Köhlers Ziel war der Nachweis primitiver Intelligenzleistungen bei denjenigen Tieren, die anatomisch, physiologisch und phylogenetisch dem Menschen am nächsten stehen, bei den anthropoiden Affen also, um auch auf psychologischem Gebiete den kontinuierlichen Übergang von Tier zu Mensch wahrscheinlich zu machen. Zur Durchführung des Experiments muß man über einen zulässigen, nicht auf den Menschen zugeschnittenen Begriff von Intelligenz und über sichere Kriterien ihrer Feststellbarkeit im Handlungsbild verfügen.

Köhler erfüllt diese Vorbedingungen. Intelligenz, sagt er, muß sich in der Bewältigung einer Schwierigkeit zeigen. Dies zum mindesten nennen wir Intelligenz, wenn wir dabei sicher sind, daß die Schwierigkeit als solche erfaßt und durch eine Auswahl gegebener Möglichkeiten bewältigt wurde. Erst dann erweist das erfolgreiche Handeln „Einsicht" in die Lage. Zeigt ferner der Handlungsverlauf nach anfänglichem probierenden Hin und Her ein plötzliches Absetzen mit darauf folgender Durchführung der Lösung in einem Zuge, so ist auch rein bildmäßig der Tatbestand der Einsicht gewährleistet, wie er sich etwa in den Worten „Aha", „Ich hab's" dokumentiert.

Der (nicht nur nach menschlichem Wertmaß) einfachste Fall von Schwierigkeit ist im Umweg gegeben, den ein Lebewesen zurücklegen muß, wenn es ein Ziel erreichen soll. Unter Umweg ist dabei ganz anschaulich jede Wegkurve zu verstehen, die von der kürzesten direkten Verbindungslinie zwischen Lebewesen und Ziel abweicht. Dieser direkte Weg führt in der dem Organismus durch Sinnesorgane und Bewegungsorgane zur Urrichtung werdenden, natürlichen Frontaltendenz unmittelbar auf das Ziel zu (bei sonst nicht verschobenem Gleichgewicht der Reize im Umgebungsfeld). Wird das Tier an der Bewegung in dieser Richtung gehindert, findet es aber trotzdem auf einem Umweg zum Ziel hin, so zeigt es „Intelligenz" („es konnte sich helfen"), wenn ihm dabei außer dem Hindernis das übrige Umgebungsfeld zugänglich und optisch gegeben ist. In der Variierung dieses Prinzips bewegt sich die Köhlersche Versuchsreihe von einfachen zu komplizierten Aufgaben.

Vorversuche an Hühnern und Hunden sowie an einem 15-monatigen Kind zeigten, daß auch der einfachste Fall von Umweg ein Problem darstellt, das nicht auf Anhieb und gleichmäßig gelöst wird. Auch das Kind, das sich freilich schnell zu helfen weiß, muß erst die Lösung „finden". Der Hund kam sofort auf die Lösung, wenn das Ziel in großem Bogen über das hindernde Gitter hinübergeworfen wurde, versagte jedoch, wenn das Ziel unmittelbar vor ihm auf der anderen Gitterseite zu liegen kam; hier kann er sich nicht „losreißen". Hühner brauchen lange Zeit, bis sie die Lösung haben, die selbst dann noch unsicher bleibt.

Die Resultate der Köhlerschen Experimente im Einzelnen zu schildern erübrigt sich in diesem Zusammenhang, zumal da sie schnell zu großer Berühmtheit gelangt sind. Sie beweisen, daß der Anthropoide imstande ist, zwischen sich und dem Ziel eine indirekte Verbindung zu schaffen, die in selbständige Unterabschnitte relativ reich differenziert werden kann. Denn statt der noch einfachen Herstellung eines Kontakts mit dem Ziel durch Seile und Stöcke konnten die Tiere, vor allem die Begabteren, Seil- und Stockkombinationen, ferner Aufbauten mit Kisten und schließlich auch Kombinationen über selbständige Zwischenziele durchführen, Handlungen also vollbringen, die in ihren einzelnen Teilen gegenüber dem gesuchten Endeffekt sinnlos erscheinen (wie z. B. „Ineinanderstecken zweier Schilfrohre", „Fortschieben des Ziels in der der gewünschten Annäherungsrichtung direkt entgegengesetzten Richtung", „dem Ziel den Rücken Kehren" usw.).

Ein derartiges abschnittweises Handeln, dessen Summanden für sich keine direkte Zielbeziehung haben, damit die Summe die Zielbeziehung erhält, zeigt freilich alle Merkmale eines intelligenten Verhaltens. In solchen für sich genommen zielwidrigen Handlungsabschnitten dokumentiert das Tier, daß es die Feldstruktur seiner Umgebung erfaßt hat. Es schaltet zur Ausfüllung der Weglücken Dinge ein, kombiniert sie miteinander und stellt dabei seinen Leib (Armlänge, Kletterfähigkeit, Orientierung) richtig in Rechnung, bringt es also zum Werkzeuggebrauch, auf den Pferde und Hunde in ähnlichen Situationen, selbst in den einfachsten, nicht verfallen.

In diesem hochbedeutsamen Nachweis liegt jedoch nicht das Interessanteste der Köhlerschen Versuche, sondern in der Feststellung gewisser charakteristischer Schwächen der Schimpansenintelligenz, die zu ihren Fähigkeiten in keinem rechten Verhältnis zu stehen scheinen. Daß das begabteste von allen untersuchten Tieren, Sultan, seine Erfindung der Ineinandersteckbarkeit der beiden Schilfrohre beim Spielen mit den beiden Rohren machte, und zwar in dem Augenblick, als beide zufällig annähernd hintereinander in seine Sehlinie zu liegen kamen, besagt nichts gegen sein echtes Erfassen der Verwendbarkeit dieser Längskoppelung im Sinne der erwünschten langen Verbindung mit dem seinen Armen und jedem einzelnen Schilfrohr zu weiten Ziel; denn diese Verbindung spielte ihm nicht der Zufall in die Hand, sondern er machte sie selbst. Wohl aber spricht gegen ein echtes Erfassen dessen, was er aus den beiden Rohren gemacht hat, die Tatsache, daß ihm seine Lösung unter bestimmten optischen Bedingungen verloren ging (wenn nämlich die beiden Rohre beim Manipulieren in eine Lage zu einander kamen, die ihrer Parallelrichtung angenähert war).

Ob solche starke Abhängigkeit von einer bestimmten optischen Situation — diese kommt hier hauptsächlich in Frage — auf eine Gestaltschwäche zurückführbar ist, wie Köhler glaubt, ob nicht vielmehr diese Gestaltschwäche Symptom eines qualitativen „Mangels“ des Schimpansenbewußtseins im Verhältnis zum menschlichen Bewußtsein ist, verdient Überlegung. Denn offenbar darf man die Erscheinung des Versagens gegenüber komplizierteren Gestalten (wie z. B. gegenüber der Stab-Seil-Ring-Nagelverbindung, dem um eine Stange gewundenen Seil u. ä.) nicht mit denjenigen Fällen auf eine Stufe stellen, in denen das Tier seinen gänzlichen Mangel an Verständnis für die „Statik“ eines Kistenaufbaues, einer einzelnen Kiste oder Leiter verrät, einen Mangel, den keine noch so katastrophale Erfahrung zu korrigieren imstande ist. Jene „naive Gravitationsphysik“, die einem nach ein paar Erfahrungen schon in der optischen Anschauung des Dinges sich mitteilt und es verbietet, Kisten frei an die Wand „heften“ zu wollen, setzt eben doch mehr als nur exakte gute Gestalterfassung voraus. Ganz in demselben Sinne, in welchem es nicht dem Gestaltbewußtsein allein zugeschrieben werden darf, wenn man wie der Schimpanse eine fest in die Ecke zwischen Wänden angedrückte Kiste, eine hart an die Wand angelehnte Leiter nicht als Kiste und Leiter wiedererkennt.

Vielmehr müssen diese merkwürdigen Versager mit jener, auch von Köhler gebührend hervorgehobenen Tatsache zusammengebracht werden, daß die Tiere ein Wegräumen von Hindernissen offenbar nicht kennen und vor Aufgaben, die nur durch Beseitigung eines Hindernisses, und sei es des einfachsten, selbst auf die einfachste Art lösbar sind, vollständig ratlos bleiben. Selbst die begabtesten Tiere brachten es nicht zu einwandfreier Beseitigung hinderlicher Steine in einer Kiste oder der den Weg versperrenden Kiste selbst. Sie mögen sich noch so gut durch positive Verwendung (Einfügung) positiv vorhandener Dinge in die positiv gegebene aktuelle Feldstruktur zu helfen wissen — und hier sind sie einer beträchtlichen Komplexion gewachsen —, sie versagen bestimmt, wenn das Ziel nur auf negativem Weg durch Beseitigung von irgend etwas Gegebenem erreichbar ist.

Dem intelligentesten Lebewesen in der Tierreihe, dem menschenähnlichsten, fehlt der Sinn für's Negative. Dies ist das sichere Ergebnis der Untersuchungen Köhlers, der gewiß nicht gegen tierische Intelligenz und für einen unüberbrückbaren Wesensunterschied von Mensch und Tier voreingenommen war.

In dieser Tatsache steckt der Schlüssel zum Verständnis auch der von Köhler auf Gestaltschwäche zurückgeführten Versager im Handlungsbild der Anthropoiden, steckt zugleich der Ansatzpunkt zur Korrektur der Deutung seiner Ergebnisse, die dadurch in größere Nähe zu denen Volkelts rücken, diese aber auf eine theoretisch unangreifbare Basis stellen.

Echte Dinge, wie sie der Mensch wahrnimmt, zeichnen sich im Anschauungsbild durch ein Plus und zwar ein Plus an Unsichtbarkeit gegenüber dem reell anschaulichen Tatbestand aus, ein Plus an Negativität also. Von einem echten Ding erwartet man, daß es eine Rückseite, überhaupt verborgene Seiten hat, die ein festes System von Wahrnehmungsmöglichkeiten bilden. Positiv ist ein Ding nur dann konkret anwesend, wenn das anschaulich Präsente einer festen Ordnung von Nichtpräsentem eingelagert bzw. fest mit ihr verknüpft erscheint. Diese feste Ordnung (der die Untersuchung schon mehrfach begegnet ist), Gerüst aus raum-zeithaftem Kern und Mantel, stellt für den Maßstab der sinnlichen Empfindung geradezu das Abwesende selbst dar, wie die phänomenologische Analyse erwiesen hat. Auf ihr beruht die Gegenständlichkeit oder die Echtheit der Dinge.

Eben diese Gegenständlichkeit ist ein dem tierischen Bewußtsein, selbst der höchsten Tiere, verschlossener Charakterzug. Für die Tiere mit zentralistischer Organisation bleibt das Ding im Umfeld Korrelat des sensomotorischen Funktionskreises, Ausgangspunkt der Reize und Angriffspunkt der Aktionen. Als dieses haltbare Gebilde von Angriffsflächen zeigt es eine relative Konstanz im Wechsel sensorischer Aspekte. Durch einander ablösende Eindrücke sinnlich verschiedener Art zieht sich ein Grundton: die Haltbarkeit und Greifbarkeit. Auf ihm baut sich das Spiel der Eindrücke auf, um ihn schart sich die Fülle sinnlicher Daten und findet in ihm ihren einheitlichen Bezugspunkt.

Gewiß nehmen die Tiere mit Zentralnervensystem nicht einfach komplexqualitativ geordnete „Melodien" oder „Konfigurationen" wahr, wie Volkelt behauptet hat, sondern geschlossene, einzelne, relativ konstante, komplexe Dinge. Aber diese Dinge besitzen keinen Gegenständlichkeitscharakter, da sie — wenn auch nicht allein auf die Sinne — doch auf das Gesamtvitalsystem des Lebewesens relativ bleiben. Daran ist nicht zu zweifeln, daß sensorisch weitgehende Übereinstimmung mit dem Anschauungsbild des Dinges, wie es der Mensch hat, herrschen kann. Aber es hat für das Tier eben einen anderen „Wert". Es steht ihm wohl als Gebilde im Außenfeld, beharrend, stabil, praktikabel, doch nicht als ein Gegenstand, eine Sache für sich gegenüber. Es bleibt im Kern Aktionsobjekt, so auch wahrnehmungsmäßig im hohen Grade triebgebunden. Wozu kein Trieb ist, davon bleibt auch die Wahrnehmung schwach, oberflächlich und fällt unter Umständen ganz aus.

Das Tier nimmt Dinge wahr, deren Kernstruktur motorische Bedeutung hat und in dem Verhältnis zu seinen Aktionen ihre Deckung, ihren „Sinn" findet. Es ist noch nicht zum Sachcharakter des Gegenstandes erwacht, faßt noch nicht die vollkommene Ablösbarkeit der Dinge vom Kreis der Wahrnehmungen und Handlungen, merkt noch nicht ihre innere Selbstgenügsamkeit. Ihm ist noch nicht der Sinn für das Negative, in welcher Form immer, aufgegangen. Abwesenheit, Mangel, Leere — sind ihm verschlossene Anschauungsmöglichkeiten.

In dem Verhältnis von Lebewesen und Umfeld, wie es für das höhere Tier kennzeichnend ist, fehlt auf der Seite des Subjekts wie auf der des Feldes die Abgehobenheit von dem selbst nicht mehr Inhalt werdenden Grund des Bewußtseins. Sowohl sich selber ist das Subjekt verborgen — es hat nur seinen Leib und geht in der raum-zeithaften Zentralität subjektiven Lebens auf, ohne es zu erleben, ist von ihm aus reines Mich, nicht Ich — wie auch das Umfeld in seinen Grenzen, das endlich (für den Betrachter von außen), aber nicht begrenzt (für das Tiersubjekt) ist.

Infolgedessen m u ß dem Tier jede Art Anschauung homogener Leere in Raum und Zeit versagt sein, woraus die von Köhler beobachtete Gestaltschwäche selbst eines hochentwickelten Tierbewußtseins als Wesensprädikat der Positionalität geschlossener Form verständlich wird. Jene Versager im Falle der Hindernisüberwindung durch Beseitigung gegebener Elemente im Umfeld und die Phänomene der Gestaltschwäche finden ihre apriorische Erklärung aus einer gemeinsamen Wurzel.

Volkelts Theorie hat eine Berechtigung nur für die nicht zentralistisch organisierten Tiere, bei denen noch keine zentrale Repräsentation des Wirknetzes vorliegt. „Melodien“ und „Konfigurationen“ sind frei im Umfeld steigenden Signalen entsprechende Ordnungsformen eines Bewußtseins, das weder den eigenen Leib als Aktionsfeld noch Dinge umfaßt. Aber seine Theorie darf nicht für das ganze Gebiet tierischen Bewußtseinslebens Geltung beanspruchen. Die höheren Tiere, deren eigener Leib zentral repräsentiert wird, erleben auch Dinge als Korrelate ihrer Motorik. Abhängigkeit vom Triebleben, Gestaltschwäche, leichte Täuschbarkeit, starke Situationsgebundenheit, leichte Desorientierbarkeit stehen damit in notwendigem Zusammenhang.

5. Intelligenz.

Zugleich setzt der fehlende Sinn für's Negative der tierischen Intelligenz eine wesentliche Schranke. Wie dem Tier das Bewußtsein des Gegenstandes als einer Sache versagt ist, so auch das Bewußtsein des Sachverhaltes. Es erfaßt nur Feldverhalte (die für den Menschen natürlich als Sachverhalte gegeben sind). Feldverhalte sind Strukturbeziehungen zwischen vorhandenen Elementen im Umfeld. Die Beziehung zwischen dem Ziel und dem eigenen Körper in der vitalapriorischen Frontalrichtung (im Aspekt der dem Tier natürlichen Frontaltendenz) bildet das Maß für jede andere Beziehung zwischen im Umfeld gegebenen Elementen, das Maß für bestimmte Schwierigkeiten, die Leitlinie zu ihrer Überwindung. Von dieser Beziehung, die im Wesen der Frontalität liegt, vermag sich das Tier nicht zu befreien, in ihr orientiert sich sein ganzes wahrnehmendes und aktives Leben.

Köhler war durchaus im Recht, den Tieren seiner Versuche echte Einsicht zuzuschreiben. Sie erfassen die Schwierigkeit an der gegebenen Feldstruktur und bewältigen sie durch Auswahl der in ihr steckenden Möglichkeiten. Nur unterscheidet sich diese Art Einsicht von der beim Menschen vorkommenden Einsicht in den Sachverhalt. Sie bleibt beim Tier Gestalterfassung, Überblick über einen Komplex gegebener Elemente des Umfeldes.

Oft ist menschliche Einsicht ja auch nichts anderes, so wenn man z. B. einen Knoten aufzulösen oder sonst irgend eine Unordnung zu beseitigen hat. Selbst in den gleichen Situationen, in denen die Schimpansen sich befanden, wird zunächst der Mensch das gleiche „Feldproblem" zu bewältigen haben. Aber dann setzt bei ihm doch die Überlegung ein, die den Feldbefund sachlich anfaßt, nicht mehr als einfache Situation.

Der Mensch, sagt man, vermag dies durch Abstraktion und Begriffsbildung, die dem Tier verwehrt ist. Bis zu einem gewissen Grad ist das richtig, setzt jedoch die Grenze der tierischen Intelligenz zu hoch an. Abstraktion mit dem Ziel der Begriffsbildung beruht auf einem Akt, den Husserl Ideation genannt hat und der schon eine Loslösung vom Einzelnen der Anschauung, eine Objektivation der schlichten unmittelbaren Gegebenheit bedeutet. Um ein dingliches Gebilde z. B. unter die begriffliche Einheit der „Leiter" zu bringen, muß zuvor die vorsprachliche, schematisch anschauliche „Leiterhaftigkeit" als die reine Gestalt, der tausend Variationen entsprechen können, erfaßt sein. Dieser Rahmen, in welchen eine Fülle konkret sinnlicher Einzelgestalten hineinpaßt, jedoch nicht alles Beliebige, ist nichts als eine scharf begrenzte Leere, ein umrissenes Negativum, das — wie jedes Schema — von gewissen Gestalten individuell erfüllt, ausgefüllt wird. Weil dem Tier der Sinn für das Negative selbst in sinnlicher Anschaulichkeit fehlt, ist ihm die Ideation und damit die Begriffsbildung verwehrt.

Sinnliche Abstraktion dagegen als Erfassen von Ähnlichkeiten wird davon nicht berührt. Denn hierfür genügt das Vermögen der Gestaltwahrnehmung oder der Komplexanschauung, die gerade im tierischen Bewußtsein eine besondere Rolle spielt. So haben beispielsweise Versuche Buytendijks am Hunde, Bierens de Haans an Affen erwiesen, wie leicht Tiere auf transponierbare Gestalten zu dressieren sind und Formen von der Art des „Runden", „Spitzen", „Viereckigen" usw. als solche zu isolierter Anschauung bei ihnen gebracht werden können. Durch das Unvermögen zu sachlicher Einstellung neigt das tierische Bewußtsein dazu, vom Einzelnen, das ihm ja nie als Einzelnes, mit dem Alscharakter zur Erscheinung kommt, sondern der Struktur des Gesamtfeldes verbunden bleibt, abzusehen und die transponierbaren Züge einer Situation in's Zentrum der Aufmerksamkeit zu bringen.

Als Situationskomponente, d. h. in irgend einem Sinne motorisch betont und triebhaft bedingt, tritt natürlich auch das Individuelle im Wahrnehmungsfeld auf.

In früheren Zeiten pflegte die Tierpsychologie gern die Vorstellung, als sei das tierische Bewußtsein ein Schauplatz chaotisch durcheinanderwirbelnder Empfindungen und Vorstellungen, die von der Maschinerie der Assoziation durch Berührung oder Ähnlichkeit dürftig genug eine gewisse Ordnung empfingen. Dementsprechend war dem Tier nur das Einzelne, nicht aber das Allgemeine erlebbar. Nachdem die Psychologie erkannt hat, daß es eine derartige Trennung von rein sinnlichen Einzelheiten und rein unsinnlichen Allgemeinheiten im konkreten Bewußtsein nicht gibt, daß es sich hierbei um Grenzfälle handelt, die der Psychologe zu Zwecken der Theorie konstruiert, mußte auch die tierpsychologische These eine Revision erfahren. Hierbei zeigt sich, daß jede Stufe des Bewußtseins ein Verhältnis zum Einzelnen und zum Allgemeinen hat, daß sie in primitiver Form nicht voneinander geschieden sind und erst auf der höchsten uns bekannten Stufe menschlichen Bewußtseins gegeneinander treten.

Auf der niedrigsten Stufe des Bewußtseins, der Sphäre der dezentralistisch organisierten Tiere, herrscht die Form der komplexqualitativ geordneten Anschauung, die keine Möglichkeit bietet, ihre sensorischen „Melodien“ oder „Konfigurationen“ überhaupt der Alternative Einzelnes — Allgemeines zu unterwerfen. Sie sind ebensogut beides als keines von beiden. Farbendaten, Tastdaten, Geruchsdaten, Gehörsdaten in ziemlich starrer Verknüpfung und in engen Grenzen der Stärke und Lebhaftigkeit bestimmen nicht als einzelne Daten, sondern mit ihrer übersummenhaften Komplexqualität das Verhalten des Organismus. Das Singulare der Elemente ist, wenn man will, mit dem Allgemeinen der Gestaltqualität eine unlösbare Verbindung eingegangen. Extreme Besonderheit der Reizkomponenten ist mit hochgradiger Transponierbarkeit des Gesamtreizes gekoppelt.

Während sich früher die Biologen und die Psychologen die primitivste Form des Bewußtseins als ein zusammenhangsloses Chaos von Einzelempfindungen dachten, das allein durch die Triebrichtung des Organismus und seine individuellen Erfahrungen (mit Hilfe des Assoziationsmechanismus) eine gewisse schematische Ordnung erhalte, zeigen moderne Untersuchungen und die apriorische Analyse gleichermaßen, daß auf der primitivsten Stufe der Unterschied von Einzelheit und Allgemeinheit, Konkretem und Abstraktem überhaupt nicht gemacht werden kann. Die komplexqualitative Anschauungsart erspart dem niederen Lebewesen gewissermaßen die Mühe, sich auf die einzelnen konkreten Komponenten seiner Situation einzulassen, mit denen es doch nur fertig werden könnte, wenn es das Typische und Wiederkehrende an ihnen zu erfassen vermöchte. Mit der komplexqualitativen Orientierung findet die Natur einen Ausweg für Lebewesen, die zur Erfassung des Allgemeinen und Abstrakten nicht in der Lage sind: sie versagt ihnen auch das Bewußtsein der konkreten Einzelheit und gibt ihnen statt dessen ein Bewußtsein, das die undifferenzierte Mitte zwischen Einzelheit-Allgemeinheit, Konkretheit-Abstraktheit hält.

Auf der Stufe dinglich geordneter Anschauung, die dem sensomotorischen Funktionskreis im Ganzen entspricht — der Sphäre der zentralistisch organisierten Tiere — bilden die Situation der gegebenen Feldstruktur den Wahrnehmungsrahmen, die im Feld gegebenen Elemente den Wahrnehmungsinhalt. Infolgedessen sondert sich auch der jeweilige besondere Aspekt des Einzeldinges an dem Gebilde ab, das dem Tiersubjekt als das haltbare Korrelat seiner Motorik gegenübersteht. Der Wahrnehmungsrahmen erscheint als aktueller Hintergrund von Möglichkeiten, von gegebenen Bewegungsmöglichkeiten und Griffmöglichkeiten, gebunden durch die Einheit der Situation. Das Konkret-Einzelne ist also in eine offene Einheit, das endlich-unbegrenzte Umfeld, eingebettet, das wiederum nicht voll gegenständlich vorliegt, sondern durch die dem Tier natürliche Frontaltendenz unlösbar mit seinen Zuständen verwoben bleibt. Weder wird das Einzelne auf dem Hintergrund der Feldstruktur als Einze nes noch die Feldstruktur als offene Einheit gegen das einzelne Feldelement erfaßt.

Für die zentralistisch organisierten Tiere gibt es also in der sensomotorischen Ebene ein Analogon des Gegensatzes von konkreter Einzelheit und abstrakter Allgemeinheit, nicht aber den Gegensatz selbst. Soweit das einzelne Konkretum des Dinges Gestalt und Angriffspunkt ist, ist es auch für das Tier da; soweit es für sich bestehende Wirklichkeit, bleibende Sache, echter Gegenstand ist, bleibt es ihm verborgen. Dementsprechend treten die allgemeinen Zusammenhänge der Dinge, ihre typischen, konstanten Charaktere auch nur soweit im tierischen Bewußtsein auf, als sie motorische Äquivalente sind. Wenn es zum Wesen der abstrakten Allgemeinheit gehört, daß sie eine umrissene Fülle von Möglichkeiten oder offene Einheit (im Unterschied zur geschlossenen Einheit des Konkretums) ist, so kennt das tierische Bewußtsein abstrakte Allgemeinheit — als aktuell gegebene Fülle möglicher Bewegungen oder als „Gestalt".

Echte Einzelheit und echte Allgemeinheit haben jedoch die Fähigkeit zur Voraussetzung, das Negative als solches zu erfassen, das Fehlen von etwas, den Mangel, die Leere. Homogene Raum- und Zeitanschauung, Hohlraum und Hohlzeit mit Leerstellen, die Ausfüllung mit konstanten Elementen „verlangen", sind infolgedessen mit echter objektiver Dingwahrnehmung und echter ideativer Abstraktion wesenskoexistent. Diese Voraussetzung ist allein im Menschen erfüllt. Einzelnes und Allgemeines, Begriffs- oder Sachallgemeines, kennt erst der Mensch.

Von manchen Seiten hat man Köhler, besorgt, es möchten durch seine Entdeckung die Wesensgrenzen zwischen Tier- und Menschenpsyche aufgehoben werden, da im Widerspruch zu früheren Annahmen die Intelligenz kein Vorrecht des Menschen mehr bedeuten soll, entgegengehalten, daß seine Versuche keine echte Einsicht, sondern durch die Art ihrer Versuchsanordnung und ihrer Aufgabenstellung nur Leistungen des Instinktspezialismus auf Bäumen lebender Tiere demonstrierten. Lindworsky z. B. äußerte die Ansicht, das scheinbar so einsichtige Hantieren mit Stöcken, Leitern, Kisten usw. sei darauf zurückzuführen, daß für die Tiere derartige Hilfsmittel den „Funktionswert des Astes" besäßen und Äste, Zweigverbindungen u. ä. gewissermaßen ihrem Instinktsystem eingebaut seien. Eine gewiß geistreiche Deutung, die jedoch weder dem eigentlichen Gebahren der Tiere bei der Lösung der Schwierigkeiten gerecht wird noch auch ihrer relativ umfänglichen Bewußtheit. Echte Einsicht, von deren Vorkommen z. B. bei Hunden man sich verhältnismäßig leicht überzeugen kann, ist dem höheren Tier durchaus möglich. Nur ist es keine Einsicht in Sachverhalte, sondern in Feldverhalte, Einblick in eine bestimmte Struktur oder Situation des umgebenden Feldes.

Einen schlagenden Beweis für diese Grenze tierischer Intelligenz haben Buytendijk und Révesz geliefert, indem sie versuchten, Affen auf eine gewisse Reihenfolge zu dressieren. Sie stellten eine Reihe von kleinen Schachteln her und legten in bestimmten Abständen, etwa in jedes zweite oder dritte oder fünfte Schächtelchen, ein Stück Schokolade, Banane o. ä. Schon nach wenigen Versuchen hatten selbst sehr junge Kinder die Sache heraus. Die Affen dagegen waren nicht dazu zu bringen, versagten vollkommen. Ihr Bewußtsein vermag einen Tatbestand wie: das jeweils zweite, dritte, fünfte nicht zu fassen, da er nur als Sachverhalt zu verstehen, nicht dagegen als Feldverhalt, als Struktur des Umfeldes gegeben ist. Unter Umständen mag es allerdings zu dem Schein eines solchen Verständnisses kommen, wenn die Reihenfolge strukturell stark ausgeprägt ist und gleichzeitig in enger Beziehung zur Frontaltendenz des Organismus steht.

6. Gedächtnis.

Im Habitusbild der höchsten wie der niedersten Tiere spielt das Moment der Korrigierbarkeit der Reaktionen durch die Vergangenheit eine entscheidende Rolle. Sie findet sich nur bei Tieren, nicht bei Pflanzen. Tiere können lernen, Pflanzen nicht. Versuche, welche, wie schon erwähnt, E. Becher an Drosera rotundifolia, dem Sonnentau, einer fleischfressenden Pflanze, zum Nachweis des Assoziationsvermögens anstellte, hatten ein völlig negatives Ergebnis.

Wohl sind dem ganzen Reich des Organischen die Phänomene funktioneller Anpassung gemeinsam. Dieselbe Reaktion läuft mit steigender Wiederholungsziffer schneller und besser ab. Ebenso kommt bei allem Lebendigen Ermüdung vor. Diese unmittelbare Beeinflussung der Reaktion durch frühere Reaktionen zeugt wohl von einer Gegenwart des Vergangenen in der lebendigen Substanz, von Gedächtnis als allgemeiner Funktion belebter Materie, wie Hering es faßte, aber die Reaktion wird nicht qualitativ *von* der Vergangenheit verändert, nicht *durch* sie *korrigiert*.

Köbler hatte Recht, als er in seinen Begriff der Intelligenz, der einem bestimmten Habitusbild entsprechen soll, nicht das Merkmal der Korrigierbarkeit mit aufnahm, obwohl die allgemeine Neigung in diese Richtung geht. Liest man z. B. bei Jennings, wie das Protozoon Stentor auf den Reiz eines herabfallenden Pulvers erst durch einfaches Zurseitewenden, dann durch Richtungsumkehr der Zilienbewegung, schließlich durch Fortschwimmen reagiert, um dem Reiz zu entgehen, und wie es bei einem neuen Versuch sofort fortschwimmt, ohne erst die anderen Reaktionsarten anzuwenden, so hat man den Eindruck: dies Tier benimmt sich intelligent, es weiß sich der Situation anzupassen, es hat aus der Erfahrung gelernt. Wer sagt uns aber, daß das Tier wirklich etwas davon weiß? Sein Benehmen läßt sich bis zu einem gewissen Grade durch Assoziation des Effekts der letzten adäquaten Reaktion mit dem Reiz erklären, ohne ein Bewußtsein zu Hilfe zu nehmen. In diesem Fall braucht Überlegung nicht unbedingt eine Rolle zu spielen, ganz abgesehen davon, daß die Organisation eines Protozoons keine Handhabe zu der Annahme bietet, seine Bewegungen auf bewußte Initiative zurückzuführen. Reserviert man mit Köhler den Begriff Intelligenz für Leistungen aus Einsicht, so kommt er überhaupt nur für Tiere des zentralistischen Typus in Frage.

Andererseits ist es nicht zu leugnen, daß Intelligenz mit Ausbildung des Vermögens, Erfahrungen zu machen, also Reaktionen durch die Vergangenheit zu korrigieren, Hand in Hand geht. Deshalb muß an dieser Stelle von dem Vermögen der Assoziation als einem für das Verhältnis des Tieres überhaupt zur Umgebung charakteristischen Moment die Rede sein. Man wird zu diesem Zweck den engeren Begriff der an Bewußtsein und Initiative geknüpften Erfahrung vermeiden und mit Driesch den neutralen Begriff der historischen Reaktionsbasis anwenden.

Bewegungen, „deren Besonderheit von der individuellen Lebensgeschichte ihres Vollbringers derart abhängt, daß diese Besonderheit nicht nur . . . an die Besonderheit des aktuellen Reizes, sondern auch an die Besonderheit aller Reize der Vergangenheit und ihrer Effekte geknüpft ist", sind nach Driesch's Definition[1]) Handlungen. Nun gibt es Maschinen, wie z. B. das Grammophon, deren Reaktionen von ihrer individuellen Vergangenheit abhängen. Diese können jedoch nicht die Verknüpfungen des Spezifischen ihrer Vergangenheit abändern, sie bewahren es so, wie sie es empfangen haben. Der Organismus dagegen hat „die Fähigkeit, aus spezifischen empfangenen Kombinationen für die Bildung neuer kombinierter Spezifikation Nutzen zu ziehen." Die historisch geschaffene Basis des Handelns gleicht eben nicht der Grammophonplatte mit einem fix und fertigen System von Engrammen, „sondern besteht aus den Elementen des erfahrenen Spezifischen" (ebenda S. 337).

In diesem Niederschlag einer gleichsam in Elemente destruierten Vergangenheit sieht Driesch die Vorbedingung für die Bildung neuer Kombinationen, auf der das handelnde Leben der Organismen beruht, und er verwertet ihn

1) Philosophie des Organischen S. 332.

in Verbindung mit dem bereits in dieser Untersuchung diskutierten Phänomen der individuellen Zuordnung von Reiz und Reaktion als Fundament für seinen dritten Beweis der Autonomie des Lebens (ebenda S. 350 ff.).

Ist auch nicht bei allen Tiergruppen das Vorkommen von Handlungen, also die Korrigierbarkeit der Bewegungsreaktionen durch die individuelle Vergangenheit des Organismus, nachgewiesen, so unterliegt doch keinem Zweifel, daß Handlungen nur für das Tier charakteristisch sind. Diese Tatsache muß ihren Grund im Wesen der geschlossenen Form haben und sich offenbar aus der Zeithaftigkeit des lebendigen Seins unter Berücksichtigung der besonderen positionalen Charaktere der geschlossenen Organisation verstehen lassen.

Lebendiges Sein beharrt im Werden, indem es ihm selbst vorweg ist. Es ist gegenwärtig, insofern es kommt, die Basis seiner Fundierung in der Zukunft liegt, aus der Zukunft her, „im Vorgriff" lebt. Nur in diesem „Rücklauf" ist es gesetztes Sein, nur dadurch zeigt es die positionalen Charaktere der raumzeithaften Union, zeigt es Gebundenheit im absoluten Hier-Jetzt, Selbständigkeit.

Alles Lebendige überhaupt, ob Pflanze oder Tier, *ist* seine Vergangenheit — auf eine an sich durch den Zukunftsmodus, d. h. rückläufig, *vermittelte* Weise. Darin liegt der Unterschied zu den unbelebten Gebilden. Ein Mineral, ein Berg, eine ganze Landschaft sind auch ihre Vergangenheit, aber sie werden unmittelbar von ihr gebildet, sie bestehen aus ihr. Das Lebendige ist dagegen mehr als nur das, was es gewesen ist. Denn es ist das Seiende, das ihm vorweg ist. Insofern ist es seiner Vergangenheit unmittelbar entzogen und erfüllt wirklich eine Gegenwart. Es steht ihm vorlaufend rückläufig in einem echten Praesens und als solches beharrt es.

Als ein Werden beharrt es dagegen nicht und doch ist sein Werden die Voraussetzung für sein Beharren. Wie ist dieser Widerspruch realisierbar?

Der Widerspruch löst sich in der Weise, daß das Lebendige seine Vergangenheit, sein Gewordensein durch *Abhebung* von ihm *bewahrt*. Als das Gewesene beharrt es, ohne damit festgelegt und erschöpft zu sein. Infolgedessen darf man sagen, daß insoweit das Vorwegseiende oder das Lebendige „seine" Vergangenheit gegenwärtig noch *ist*, als sie *hinter* ihm liegt. Übergehend in einen neuen Zustand bietet das Leben die Möglichkeit, daß sein Jetzt seinem Damals gegenübertritt und der gegenwärtige Zustand von den gewesenen Zuständen unterschieden wird. Das Lebendige im Werden ist seine Vergangenheit nur, indem es seine Vergangenheit war, ist sein Gewesensein nur: gewesen oder (da es seiner Vergangenheit in der Form des Bewahrens verbunden bleibt): es hat seine Vergangenheit „hinter" ihm.

So begreift man das Jetzt als das trennend-bindende Zwischen Kommen und Gehen, als den Sattel, um einen Vergleich von W. James zu variieren, auf dem das Lebendige aus der Vergangenheit vorwärts in die Zukunft reitet. Seiendes im Jetzt wird daher nur mittelbar, nämlich durch sein Werden hindurch, von der Vergangenheit gebildet. Die Erfüllung der dreiteiligen nach den Modis Zukunft, Vergangenheit, Gegenwart gegliederten Zeit als ein kraft seiner Vorwegstruktur, Vorgriffsstruktur rückläufg seine Vergangenheit Sein ist dem Leben, ob es pflanzlich oder tierisch organisiert ist, spezifisch.

Lebendiges Sein in geschlossener Form ist ihm selbst gegenwärtig. Es steht zu den positionalen Charakteren, die es an und für sich zeigt, in Beziehung. Nach Maßgabe der zentralen Repräsentation hat es Umfeld und eigenen Leib. Sein aus der Zukunft her im Vorgriff Leben, seine Gesetztheit also (zentrale Gebundenheit und Selbständigkeit) bildet nicht nur (unmittelbar) das Individuum, sondern überdies (d. h. mittelbar) in der Art, daß die Weise seiner Bildung gleichzeitig an dem Gebilde auftritt. Die geschlossene Form liegt dadurch auf höherer Stufe als die offene Form. Der zentrale Kern, Bezugspunkt des von ihm zentrisch gebundenen Lebewesens, wird aktueller Durchgangspunkt einer von ihm ausgehenden und zu ihm zurückgehenden Beziehung, deren Vollzug durch den Organismus erst das Leben des Organismus ausmacht. Ein geschlossen organisiertes Lebewesen lebt nur, soweit es in dieser zentralen Selbstvermittlung wirklich aufgeht, soweit es zu ihm selbst kommt. Als dieser Rückbezug ist das Lebewesen gegenwärtig und ihm gegenwärtig, in diesem Rückbezug erlebt es „sich".

Zum Wesen eines geschlossen organisierten Lebendigen gehört also, weil es im Rückbezug ihm selbst gegenwärtig ist und sich darin erlebt, daß es seine — Vergangenheit erlebt oder Gedächtnis hat, d. h. Beziehung zur Vergangenheit, die bewußt oder außerbewußt sein kann. Was aber in Beziehung zur Vergangenheit steht, hat Distanz zu ihr. Da sein Leben, positional gesehen, darin beruht, aktueller Durchgangspunkt einer von ihm ausgehenden und zu ihm zurückgehenden Beziehung zu sein, da es nur soweit lebt, als es in dieser zentralen Selbstvermittlung, in diesem Zu sich Kommen aufgeht, und die Gegenwart seiner selbst (dem Inhalt nach durch Maß und Art körperlicher Repräsentation bedingt) mit diesem Rückbezug identisch ist, muß das zentrale Hindurch der Vermittlung vom Vergangenen als solchem distanziert, abgehoben und zugleich beständig auf das Vergangene bezogen sein.

So ergibt sich ein Zwischen als aktuelle Mitte, als das Jetzt seines Lebens, hinter dem das Vergangene, vor dem das Zukünftige liegt. Die Position der Frontalität, raum-zeithaft charakterisiert, bedeutet wirklich jene Paßhöhe, von der aus es rückwärts in's Gewesene und vorwärts in's Kommende geht.

In der Beziehung zwischen Kommendem und Gewesenem vollzieht sich die Gegenwart des Lebendigen von geschlossener Form. Das Vergangene ist also nicht einfach in dem Sinne präsent, daß es den Jetztzustand des Individuums bildet. Hierin unterscheiden sich Pflanze und Tier nicht. Sondern für das Tier gilt der Modus, daß das Vergangene in der Mittelbarkeitsform des per hiatum, d. h. ihm präsent ist. Außerbewußt wirkt es auf den jeweiligen Jetztzustand ein, ohne ihn restlos zu determinieren und auszufüllen, bewußt wirkt es auf ihn ein, indem das Subjekt zu sich zurückgeht, sich dabei als das Vergangene findet, das nunmehr seine Initiative beeinflußt.

So begreift man apriori die Korrigierbarkeit tierischer Bewegungen durch eine individuelle Vergangenheit, welche noch einen Überschuß an möglichen und wirklichen Bewegungen frei läßt, die das Individuum ausführen kann oder ausführt. Sonst gäbe es keinen Spielraum für „Korrekturen". Und dieser Überschuß ist nur gewährleistet, wenn der Jetztzustand nicht von der Vergangenheit verschluckt bzw. mittelbar bloß von ihr gebildet wird, sondern eine eigene Sphäre, getrennt vom Gewesenen und doch nicht vollkommen isoliert gegen das Gewesene, einnimmt. Eine derartige Abhebung des Jetzt vom Damals, welche in demselben Sinne den Kontakt beider Sphären stiften soll, ist eben mit vermittelter Gegenwart gleichbedeutend.

Die außerbewußte oder bewußte Einflußnahme des Vergangenen auf den gegenwärtigen Zustand läßt sich der allgemeinen Form nach aus der Positionalität der geschlossenen Form verstehen. Es verschwindet wenigstens das Paradoxe, welches für die Philosophie des gesunden Menschenverstandes in einer Wirksamkeit des Gewesenen bzw. seiner Antreffbarkeit (im bewußten Gedenken) liegt. Zu dessen Auflösung sie jene Theorien ersonnen hat, welche das Gedächtnis aus materiellen Spuren früherer Eindrücke und ihr Wiederanklingen nach dem Prinzip der Assoziation erklären.

Und doch scheint es, ganz abgesehen davon, daß die Tatsachen der Physiologie und Pathologie eine sehr deutliche Sprache sprechen, aussichtslos, die Aktualisierung des Gedächtnisses im einzelnen Fall ohne materielle Spuren bzw. einen zentralen Mechanismus zu verstehen. Wie die Gestaltung des Wahrnehmungsfeldes von der filtrierenden Funktion des nervösen Systems abhängt, so offenbar auch die Gestaltung der historischen Reaktionsbasis. Die Auflösung der spezifischen empfangenen Kombinationen in Elemente, welche alsdann für die Bildung neuer Kombinationen Verwendung finden, entspricht der analysierenden Filterfunktion des nervösen Apparates. — Eine nähere Deutung der Tatsachen der Aphasie, Apraxie usw., wie sie Bergson in Matière et Mémoire, dessen Auffassung der älteren Anschauung widersprach, gegeben und die Arbeiten der jüngeren Generation (Goldstein, Gelb, Grünbaum, Pick u. a.) beeinflußt hat, paßt nicht mehr in diesen Rahmen.

Existenz oder Nichtexistenz einer historischen Reaktionsbasis bzw. eines Assoziationsvermögens darf zwar empirisch nicht als Kriterium tierischer oder pflanzlicher Natur betrachtet werden, aber ihr Vorkommen ist wesensmäßig nur an die tierische Organisationsform gebunden. Damit ist nicht der strenge Unterschied zwischen belebten und unbelebten Gebilden hinsichtlich ihres Verhältnisses zum eigenen Gewesensein verwischt. Auch die Pflanze ist ihre eigene Vergangenheit nur auf indirekte Weise. Jedoch ist ihr als offener Form keine Möglichkeit geboten, in Beziehung zum Vergangenen, das sie in ihr bewahrt, zu stehen. Diese Beziehung ist spezifisch tierisch. Sie kann als außerbewußte Einflußnahme des Gewesenen auf die tierischen Reaktionen von statten gehen (man denke nur an Pawlows Entdeckung der „psychischen" Sekretion von Speichel und ihre Verwertung zur „psychologischen" Analyse des Hundes) oder bewußt über diese Rückwendung des Lebenssubjekts zu sich auf seine Initiative einwirken, — immer setzt sie voraus die Distanz des Subjekts, wie sie die Position des geschlossen organisierten Lebewesens kennzeichnet.

7. Das Gedächtnis als Einheit von Residuum und Antezipation.

Auf jeder Stufe bewahrt das Leben seine Vergangenheit nur kraft seines ihm selber Vorwegseins. Was es war, hat ein Seiendes hinter ihm, soweit es über ihm selbst hinaus ist. Die Fundiertheit in der Zukunft ist die Möglichkeit, eine Vergangenheit zu haben und zu behalten, und für den Fall, daß die Organisationsform das Lebewesen zu seinen positionalen Charakteren in Beziehung setzt, zugleich die Möglichkeit, über sie zu disponieren und daher Nutzen aus ihr zu ziehen. Eine Grammophonplatte bindet den Apparat an eine bestimmte Wiedergabe, die historische Reaktionsbasis dagegen bindet den Organismus nur in sehr weiten und variablen Grenzen der Kombinatorik mit den Elementen des Vergangenen. Denn seine Stellung zu dem eigenen Gewordensein, die ihn nicht unmittelbar darin aufgehen läßt, sondern ihn nur mittelbar zu dem Gewordenen macht, rückt selbst mit dem ganzen Inhalt einstigen Lebens in die Vergangenheit und bleibt als Form mit diesem Inhalt verwoben.

Ginge das Leben unmittelbar in sein Gewesensein über, wie die leblosen Dinge es tun, bildete sich die historische Reaktionsbasis einfach durch Ablagerung der Begebenheiten, wie die Zeit sie bringt, so daß der Strom in das Lebewesen hineinliefe und dort gesammelt würde, dann müßte man sich wirklich darüber wundern, daß zu einer fehlerfreien „mechanischen" Reproduktion die Mühe monotoner Wiederholung nötig ist. Dann gäbe es in der Tat eine originalgetreue Eingravierung, Ablagerung, ein Abdruckverfahren wenn man will, und die Auflösung in Elemente, wie sie für die historische Reaktionsbasis charakteristisch ist, wäre ein nachträglich einsetzender Verfall, bedingt durch flüchtiges Erleben und durch — übrigens selbst rätselvolles — Vergessen.

Offenbar stellt die mechanische Reproduktion aber einen Grenzfall des Gedächtnisses dar, der, wie es jedes Auswendiglernen, jede Dressur beweist, nur durch künstliche Konzentration bzw. Ausschaltung anderer Eindrücke und Reaktionen zu realisieren ist. Die Mechanisierung der Reproduktion hat eine gewisse Abdrängung der zu reproduzierenden Inhalte aus ihrer natürlichen Lage im lebendigen Ganzen zur Voraussetzung. Wenn im Normalfall, da die Beziehung zwischen Lebenssubjekt und Gedächtnis über seine Zukünftigkeit geht, d. h. tendenzvermittelt ist, und in das Gedächtnis selbst als Form des behaltenen Inhalts mit aufgenommen wird, wenn im gewöhnlichen Leben all das, was das Lebewesen zum Kommenden in Beziehung setzt: Trieb, Interesse, Wille die gedächtnisbildende, die bewahrende Funktion befördert und trägt, so verfolgen Dressur und Auswendiglernen den Weg, diese Tendenzvermittlung möglichst einzuengen und durch die Monotonie der Wiederholung die pure Einprägungstendenz allein zur Wirksamkeit zu bringen.

Weil alle Gedächtnisbildung, d. h. Entstehung einer historischen Reaktionsbasis wesentlich tendenzvermittelt ist, gibt es überhaupt primär keine lückenlose Aufbewahrung und Abformung der erlebten Geschehnisse an der Kette ihrer wirklichen Verknüpfung (die nur durch Schuld des Subjekts, durch Flüchtigkeit, Vergeßlichkeit und sonstige Mängel seiner Organisation allmählich in Elemente sich auflöste), sondern das zur Vergangenheit Werden und die Destruktion in Elemente ist Ein und Dasselbe.

Um es in einem Bild zu geben: in die feinsten Maschen des Gewebes des Erlebten muß das Lebenssubjekt eindringen und es damit auflösen, wenn es sich des Ganzen bemächtigen will. Die „Lücken zwischen den Fasern des Gewebes" entsprechen dem vermittelten Bezug des Lebewesens zu sich selber. Daß die Vergangenheit nicht so, wie sie war, sondern in gegeneinander verschiebbaren Fragmenten und Elementen die historische Reakt onsbasis bildet, hat seinen inneren Grund in der Unterbrechung oder Pause, welche das im Selbstvollzug vermittelte Sein eines bewußten Lebewesens ausmacht. Der Selbstvollzug, auf dem die Möglichkeit des Bewußtseins beruht, wirkt, könnte man auch sagen — eben weil er die innere Pause oder Unterbrechung zwischen dem Lebendigen und ihm selber ist — wie ein Sieb, dessen Poren die hindurchtretende Masse zerstäubt, indem sie Vergangenheit wird.

Für das Tier ist es Gesetz, dasjenige, was sich im Lauf seines Lebens an ihm und mit ihm begibt, ihm anzueignen. Mit dieser Aneignung, die auf der Beziehung zu ihm selber ruht, auf einer Distanz oder Unterbrechung des eigenen Lebenssystems, ist wesensnotwendig auch die Zerbrechung des angeeigneten Inhalts gegeben. Sie bleibt ihm daher als Form verwoben, als Form der Durchbrochenheit, welche eine Verschiebung und Umgruppierung der Elemente des Gewesenen gestattet wie sie auch die Fehler des Gedächtnisses und das Vergessen bedingt. Die Aktualisierung ist, wie bereits angedeutet, an die Funktion des Nervensystems gebunden und entspricht dem Zersetzungsprozeß (der eben ein Organisierungsprozeß ist!) der Gedächtnisbildung, sofern die Funktion der Zentren in erster Linie darin besteht, die Gesamterregungen des Nervensystems zu filtrieren und erst sekundär zu neuen Einheiten zu verbinden.

Die Aneignung des Vergangenen auf Grund seiner Artikulation bzw. Dekomposition in Elemente macht es zugleich verständlich, warum in Gedächtnis und Erfahrung vorgedächtnismäßige, vorerfahrungsmäßige „Formen" stecken, deren vorwegnehmende Funktion für die historische Reaktionsbasis keine geringere Bedeutung hat, als sie die Inhalte besitzen, welche dem Gewesenen entsprechen. Wenn nämlich die Ablagerung dessen, was dem Lebewesen begegnet ist, in's Gedächtnis nur über seine Zukünftigkeit hin, d. h. vermittelt durch sein Vorwegsein stattfinden kann, wenn auf diesem „Umweg" (der inneren Pause) die Dekomposition des Erlebten in seine Elemente beruht, so muß an den Inhalten der historischen Reaktionsbasis der Vorwegcharakter unmittelbar, d. h. als ihre Form vorhanden sein. Von ihr hängt ab, was in's Gedächtnis aufgenommen wird und was nicht, sie ermöglicht die innere Verschiebbarkeit, die Lebendigkeit des Gedächtnisses, das nicht als tote Masse den Spielraum des Organismus einengt, sondern ihn vergrößert, indem es ihm gestattet, durch Umgruppierung der Elemente aus dem Vergangenen zu lernen.

Es ist daher für den tierischen Organismus charakteristisch, daß er nur in dem Rahmen möglicher Tendenzen seine historische Reaktionsbasis bilden kann. Wohin es ein Tier nicht treibt, da macht es auch keine Erfahrung. Die Triebrichtung ist das Selektionsprinzip des Gedächtnisses, eine „Einheit der Apperzeption", welcher die einzelnen Tendenzen und Triebe wie Kategorien, d. h. seligierende Vorformen unterstehen.

(Wenn irgendwo, so haben hier die apriorischen Formen des intelligenten Bewußtseins ihren Platz. Streng dem allgemeinen Charakter der jeweiligen Positionsstufe entsprechend sind sie entweder (wie beim Tier) die Vorwegnahmen bestimmter Erfahrungsbereiche, die sich in den sensomotorischen Funktionskreis einspannen lassen, oder (wie beim Menschen) die Vorwegnahmen bestimmter objektiver Erfahrungsbereiche, die zwar zum sensomotorischen Funktionskreis als Ganzem eine Beziehung haben, aber ihre Bedeutung als Formen der Gegenstände der Erfahrung darin nicht erschöpfen.)

Auf jeder Stufe, bewußt oder außerbewußt, ist die historische Reaktionsbasis eine Einheit von Residuum und Antezipation oder, äquivalent gefaßt, auf keiner Stufe ist die Vergangenheit, wie sie das lebendige Individuum behält, eine abgeschlossene Größe. Alles Gewesene wird und ist durch den unausgesetzten Vorgriff des Lebens in beständiger Umbildung begriffen. Solange die Biologie unter mechanistischen Dogmen die Assoziation als Kernphänomen des Gedächtnisses überhaupt ansah, konnte sie natürlich die Dekomposition und Neugruppierung des Gewesenen als Voraussetzung einer historischen Reaktionsbasis entweder nur wieder mechanisch-assoziationistisch oder, wenn sich die Unhaltbarkeit dessen herausstellte, durch Zuhilfenahme spezifischer Vitalfaktoren (Dominanten, Psychoide) zu erklären versuchen. —

Unbedingt von den antezipatorischen Formen der historischen Reaktionsbasis selbst zu trennen sind die Instinkte, welche einer fundamentaleren Schicht organischen Seins, nämlich dem Kreis der Angepaßtheit, angehören. Obwohl es richtig ist, daß die instinktiven Bewegungen vor aller Erfahrung festgelegt und durch Erfahrung, Übung usw. keiner wesentlichen Korrektur fähig sind (wie denn z. B. bei Zugvögeln die Jüngsten, welche den Flug noch nicht gemacht haben, voranfliegen, Hühner sofort nach dem Auskriechen mit richtiger Einschätzung der Raumabstände Körner aufpicken), so hat das „Vor“ hier einen zeitlichen, nicht aber wie im antezipatorischen Moment einen zeithaft-u n zeitlichen Sinn. Instinkte manifestieren im Verhalten eines Organismus die primäre Übereinstimmung zwischen ihm und der Umwelt in der Zeit.

Daß sie sich nur bei Tieren, nie bei Pflanzen finden, liegt bereits an der geschlossenen Organisationsform und der relativen Selbständigkeit des tierischen Individuums gegenüber seinem Lebenskreis. Ein Tier ist in seiner Abgehobenheit wesenhaft zum Handeln, zum Vollzug der entsprechenden Reaktion auf Reize der Umwelt gezwungen. Hier ist infolgedessen der Platz für einen primären Ausgleich zwischen Individuum und Umwelt geschaffen, während die Pflanze ihrer ganzen Struktur nach nicht handeln kann, weil sie unselbständig in ihren Lebenskreis einbezogen ist und als Teil in ihm aufgeht.

Nach psychischen Gegenwerten des Instinktes suchen und etwa in ihm ein „Träumen“ zu sehen, wie manche Naturphilosophen der Romantik, entspricht nicht seinem Wesen. Zu gern möchte eine gefühlvolle Deutung in dem Instinkt die Manifestation von Ahnung und Witterung, Traum und Telepathie erkennen. Sie bedenkt nicht, daß das Instinktleben unmittelbar mit dem Bewußtsein nichts zu tun hat und auf einer ganz anderen Ebene als dieses liegt. Sodaß Instinkt (und sein Differential, der Reflex), obzwar nie durch Initiative des Subjekts zu beeinflussen, die innere Entfaltung des Bewußtseins nicht zu beeinträchtigen und nicht zu fördern vermag.

Siebentes Kapitel.

DIE SPHÄRE DES MENSCHEN.

1. Die Positionalität der exzentrischen Form. Das Ich und der Personcharakter.

Die Schranke der tierischen Organisation liegt darin, daß dem Individuum sein selber Sein verborgen ist, weil es nicht in Beziehung zur positionalen Mitte steht, während Medium und eigener Körperleib ihm gegeben, auf die positionale Mitte, das absolute Hier-Jetzt bezogen sind. Sein Existieren im Hier-Jetzt ist nicht noch einmal bezogen, denn es ist kein Gegenpunkt mehr für eine mögliche Beziehung da. Insoweit das Tier selbst ist, geht es im Hier-Jetzt auf. Dies wird ihm nicht gegenständlich, hebt sich nicht von ihm ab, bleibt Zustand, vermittelndes Hindurch konkret lebendigen Vollzugs. Das Tier lebt aus seiner Mitte heraus, in seine Mitte hinein, aber es lebt nicht als Mitte. Es erlebt Inhalte im Umfeld, Fremdes und Eigenes, es vermag auch über den eigenen Leib Herrschaft zu gewinnen, es bildet ein auf es selber rückbezügliches System, ein Sich, aber es erlebt nicht — sich.

Wer sollte denn auch hierfür das erlebende Subjekt auf dieser Stufe der Positionalität bilden? Wem sollte das eigene Haben und Erleben und Wirken, wie es im Hier-Jetzt mündet und von ihm in der Impulsivität ausgeht, gegeben sein? „Auf welchen Punkt, auf welche Projektionsfläche wäre dieser Sachverhalt selbst noch zu beziehen, auf Grund von welcher Distanz eines Strukturmoments lebendiger Dinglichkeit zum Ding dieses tierischen Körpers?" Soweit das Tier Leib ist, soweit ist es sich gegeben, auf die positionale Mitte bezogen und kann als der im Hier-Jetzt stehende Gesamtkörper auf ihn Einfluß nehmen, zentralen Impulsen physischen Erfolg verschaffen. Aber der Gesamtkörper ist noch nicht vollkommen reflexiv geworden.

Noch nicht, d. h. eine Steigerung ist denkbar, die das lebendige Körperding auf eine positional höhere Stufe hebt, über die Stufe des Tieres hinaus. Nach demselben Gesetz, das den Stufenunterschied zwischen Tier und Pflanze bestimmt. Wie die offene Form pflanzlicher Organisation die positionalen Charaktere zeigt, ohne daß das Ding zu seiner Positionalität in Beziehung „gesetzt" ist, und diese Möglichkeit in der geschlossenen Form tierischer Organisation zur Verwirklichung kommt, so offenbart auch die Wesensform des Tieres eine Möglichkeit, die nur durch etwas Anderes realisiert werden kann. Die volle Reflexivität ist dem lebendigen Körper auf der tierischen Stufe verwehrt. Sein in ihm Gesetztsein, sein Leben aus der Mitte bildet zwar den Halt seiner Existenz, steht aber nicht in Beziehung zu ihm, ist ihm nicht gegeben. Hier ist also noch die Möglichkeit einer Realisierung offen. Die These lautet dahin, daß sie dem Menschen vorbehalten bleibt.

Welche Bedingungen müssen erfüllt sein, damit einem lebendigen Ding das Zentrum seiner Positionalität, in dem es aufgehend lebt, kraft dessen es erlebt und wirkt, gegeben ist? Offenbar als Grundbedingung die, daß das Zentrum der Positionalität, auf dessen Distanz zum eigenen Leib die Möglichkeit aller Gegebenheit ruht, zu sich selbst Distanz hat. Gegeben sein heißt Einem gegeben sein. Wem aber kann dasjenige noch gegeben sein, dem alles gegeben ist, wenn nicht sich selber? Der raumzeithafte Punkt des absoluten Hier-Jetzt kann anderseits unmöglich von sich abrücken, sich verdoppeln (oder wie immer man das Abstand Nehmen von sich selber sonst fassen will). Im Sinn des reinen Hier-Jetzt liegt die Nichtrelativierbarkeit, die jedoch mit einer derartigen Spaltbarkeit des Zentrums aufgehoben wäre. Ganz anschaulich gefaßt: wenn es einen absoluten Hier-Jetztpunkt, die positionale Mitte eines Lebendigen gibt, dann ist es sinnlos, anzunehmen, daß „daneben", hinter oder vor ihm, früher oder später als er dieser selbe Mittelpunkt noch einmal sein könnte. Eine Annahme, zu der man doch immer wieder versucht wird, weil der positionale Mittelpunkt dasjenige sein soll, welchem etwas gegeben, für welches etwas erlebbar ist, das Subjekt des Bewußtseins und der Initiative. Sehen kann nur ein Auge, das Auge sehen kann auch nur ein Auge. Hat man nun nicht die Möglichkeit, beliebig viele Augen hintereinander zu schalten, da schließlich alle auf Ein Subjekt des Sehens führen und es sich hier eben nur um Eines handelt, so darf die Selbstsicht des Auges, die Selbstgegebenheit des Subjekts nicht mit einer (in sich widersinnigen) Vermannigfachung des Subjektkerns begründet werden.

Solange man allerdings das positionale Zentrum, das Subjekt als eine fix und fertig vorhandene Größe denkt, die es einfach gibt wie irgend ein körperliches Merkmal, kommt man an der Vermannigfachung und allen damit verbundenen Unmöglichkeiten nicht vorbei. Aber so bequem diese Anschauung ist, so falsch ist sie auch. Sie vergißt, daß es sich um einen positionalen Charakter handelt, dessen Vorhandensein an einen Vollzug oder eine Setzung gebunden ist; Vollzug und Setzung im Sinne der Lebendigkeit eines Seienden, wie sie durch die Grenze als Konstitutionsprinzip bestimmt wird.

Eine positionale Mitte gibt es nur im Vollzug. Sie ist das, wodurch ein Ding zur Einheit einer Gestalt vermittelt wird: das Hindurch der Vermittlung. Als Moment der Positionalität ist es noch nicht in Funktion gesetztes Subjekt. Dazu bedarf es einer besonderen Wendung. Es muß das positionale Moment Konstitutionsprinzip eines Dinges werden. Damit ist es in seine eigene Mitte gesetzt, in das Hindurch seines zur Einheit vermittelten Seins, — und die Stufe des Tieres ist erreicht. Nach diesem Gesetz, wonach das Moment der niederen Stufe, als Prinzip gefaßt, die nächsthöhere Stufe ergibt und zugleich als Moment in ihr auftritt („erhalten" bleibt), läßt sich ein Wesen denken, dessen Organisation nach Maßgabe der positionalen Momente des Tieres konstituiert ist. Dieses Individuum ist in das in seine eigene Mitte Gesetztsein gesetzt, durch das Hindurch seines zur Einheit vermittelten Seins. Es steht im Zentrum seines Stehens.

Damit ist die Bedingung gegeben, daß das Zentrum der Positionalität zu sich selbst Distanz hat, von sich selbst abgehoben die totale Reflexivität des Lebenssystems ermöglicht. Sie ist gegeben ohne widersinnige Verdoppelung des Subjektkerns, lediglich im Sinne der Positionalität. Sein Leben aus der Mitte kommt in Beziehung zu ihm, der rückbezügliche Charakter des zentral repräsentierten Körpers ist ihm selbst gegeben. Obwohl auch auf dieser Stufe das Lebewesen im Hier-Jetzt aufgeht, aus der Mitte lebt, so ist ihm doch die Zentralität seiner Existenz bewußt geworden. Es hat sich selbst, es weiß um sich, es ist sich selber bemerkbar und darin ist es Ich, der „hinter sich" liegende Fluchtpunkt der eigenen Innerlichkeit, der jedem möglichen Vollzug des Lebens aus der eigenen Mitte entzogen den Zuschauer gegenüber dem Szenarium dieses Innenfeldes bildet, der nicht mehr objektivierbare, nicht mehr in Gegenstandsstellung zu rückende Subjektpol. Zu immer neuen Akten der Reflexion auf sich selber, zu einem regressus ad infinitum des Selbstbewußtseins ist auf dieser äußersten Stufe des Lebens der Grund gelegt und damit die Spaltung in Außenfeld, Innenfeld und Bewußtsein vollzogen.

Man begreift, warum die tierische Natur auf dieser höchsten Positionsstufe erhalten bleiben muß. Die geschlossene Form der Organisation wird nur bis zum Äußersten durchgeführt. Zeigt doch das lebendige Ding in seinen positionalen Momenten keinen Punkt, von dem aus eine Steigerung erzielt werden könnte, außer durch Verwirklichung der Möglichkeit, das reflexive Gesamtsystem des tierischen Körpers nach dem Prinzip der Reflexivität zu organisieren und das, was auf der Tierstufe das Leben nur ausmacht, noch in Beziehung zum Lebewesen zu setzen. Eine weitere Steigerung darüber hinaus ist unmöglich, denn das lebendige Ding ist jetzt wirklich hinter sich gekommen. Es bleibt zwar wesentlich im Hier-Jetzt gebunden, es erlebt auch ohne den Blick auf sich, hingenommen von den Objekten des Umfeldes und den Reaktionen des eigenen Seins, aber es vermag sich von sich zu distanzieren, zwischen sich und seine Erlebnisse eine Kluft zu setzen. Dann ist es diesseits und jenseits der Kluft, gebunden im Körper, gebunden in der Seele und zugleich nirgends, ortlos außer aller Bindung in Raum und Zeit und so ist es Mensch.

In seiner gegen das Umfeld fremder Gegebenheit gerichteten Existenz nimmt das Tier die Position der Frontalität ein. Vom Umfeld geschieden und zugleich auf es bezogen lebt es, seiner nur als Leib, als Einheit der Sinnesfelder und — im Fall der zentralistischen Organisation — der Aktionsfelder bewußt, im eigenen Körper, dessen natürlicher Ort die ihm verborgene Mitte seiner Existenz ist. Der Mensch als das lebendige Ding, das in die Mitte seiner Existenz gestellt ist, weiß diese Mitte, erlebt sie und ist darum über sie hinaus. Er erlebt die Bindung im absoluten Hier-Jetzt, die Totalkonvergenz des Umfeldes und des eigenen Leibes gegen das Zentrum seiner Position und ist darum nicht mehr von ihr gebunden. Er erlebt das unmittelbare Anheben seiner Aktionen, die Impulsivität seiner Regungen und Bewegungen, das radikale Urhebertum seines lebendigen Daseins, das Stehen zwischen Aktion und Aktion, die Wahl ebenso wie die Hingerissenheit in Affekt und Trieb, er weiß sich frei und trotz dieser Freiheit in eine Existenz gebannt, die ihn hemmt und mit der er kämpfen muß. Ist das Leben des Tieres zentrisch, so ist das Leben des Menschen, ohne die Zentrierung durchbrechen zu können, zugleich aus ihr heraus, exzentrisch. Exzentrizität ist die für den Menschen charakteristische Form seiner frontalen Gestelltheit gegen das Umfeld.

Als Ich, das die volle Rückwendung des lebendigen Systems zu sich ermöglicht, steht der Mensch nicht mehr im Hier-Jetzt, sondern „hinter“ ihm, hinter sich selbst, ortlos, im Nichts, geht er im Nichts auf, im raumzeithaften Nirgendwo-Nirgendwann. Ortlos-zeitlos ermöglicht er das Erlebnis seiner selbst und zugleich das Erlebnis seiner Ort- und Zeitlosigkeit als des außerhalb seiner selbst Stehens, weil der Mensch ein lebendiges Ding ist, das nicht mehr nur in sich selber steht, sondern dessen „Stehen in sich“ Fundament seines Stehens bedeutet. Er ist in seine Grenze gesetzt und deshalb über sie hinaus, die ihn, das lebendige Ding, begrenzt. Er lebt und erlebt nicht nur, sondern er erlebt sein Erleben. Daß er sich aber als Etwas erlebt, das nicht mehr erlebt werden kann, nicht mehr in Gegenstandsstellung tritt, als reines Ich (im Unterschied zu dem mit dem erlebbaren „Mich“ identischen psychophysischen Individualich), hat einzig und allein in der besonderen Grenzgesetztheit des Mensch genannten Dinges seinen Grund, schärfer gesagt: bringt sie unmittelbar zum Ausdruck.

Als Ich dagegen, das sich in voller Rückwendung erfaßt, sich fühlt, seiner inne wird, seinem Wollen, Denken, Treiben, Empfinden zusieht (und auch seinem Zusehen zusieht), bleibt der Mensch im Hier-Jetzt gebunden, im Zentrum totaler Konvergenz des Umfeldes und des eigenen Leibes. So lebt er unmittelbar, ungebrochen im Vollzug dessen, was er kraft seiner unobjektivierten Ichnatur als seelisches Leben im Innenfeld faßt.

Ihm ist der Umschlag vom Sein innerhalb des eigenen Leibes zum Sein außerhalb des Leibes ein unaufhebbarer Doppelaspekt der Existenz, ein wirklicher Bruch seiner Natur. Er lebt diesseits und jenseits des Bruches, als Seele und als Körper und als die psychophysisch neutrale Einheit dieser Sphären. Die Einheit überdeckt jedoch nicht den Doppelaspekt, sie läßt ihn nicht aus sich hervorgehen, sie ist nicht das den Gegensatz versöhnende Dritte, das in die entgegengesetzten Sphären überleitet, sie bildet keine selbständige Sphäre. Sie ist der Bruch, der Hiatus, das leere Hindurch der Vermittlung, die für den Lebendigen selber dem absoluten Doppelcharakter und Doppelaspekt von Körperleib und Seele gleichkommt, in der er ihn erlebt.

Positional liegt ein Dreifaches vor: das Lebendige ist Körper, im Körper (als Innenleben oder Seele) und außer dem Körper als Blickpunkt, von dem aus es beides ist. Ein Individuum, welches positional derart dreifach charakterisiert ist, heißt Person. Es ist das Subjekt seines Erlebens, seiner Wahrnehmungen und seiner Aktionen, seiner Initiative. Es weiß und es will. Seine Existenz ist wahrhaft auf Nichts gestellt.

2. Außenwelt, Innenwelt, Mitwelt.

Wenn der Charakter des Außersichseins das Tier zum Menschen macht, so ist es, da mit Exzentrizität keine neue Organisationsform ermöglicht wird, klar, daß er körperlich Tier bleiben muß. Physische Merkmale der menschlichen Natur haben daher nur einen empirischen Wert. Mensch sein ist an keine bestimmte Gestalt gebunden und könnte daher auch (einer geistreichen Mutmaßung des Paläontologen Dacqué zu gedenken) unter mancherlei Gestalt stattfinden, die mit der uns bekannten nicht übereinstimmt. Gebunden ist der Charakter des Menschen nur an die zentralistische Organisationsform, welche die Basis für seine Exzentrizität abgibt.

In doppelter Distanz zum eigenen Körper, d. h. noch vom Selbstsein in seiner Mitte, dem Innenleben, abgehoben, befindet sich der Mensch in einer Welt, die entsprechend der dreifachen Charakteristik seiner Position Außenwelt, Innenwelt und Mitwelt ist. In jeder der drei Sphären hat er es mit Sachen zu tun, die als eigene Wirklichkeit, in sich stehendes Sein ihm gegenübertreten. Alles ihm Gegebene nimmt sich deshalb fragmentarisch aus, erscheint als Ausschnitt, als Ansicht, weil es im Licht der Sphäre, d. h. vor dem Hintergrund eines Ganzen steht. Dieser Fragmentcharakter ist wesensverknüpft mit der Eigengegründetheit des jeweiligen Inhalts, mit dem, daß er ist.

Das von Dingen erfüllte Umfeld wird die von Gegenständen erfüllte Außenwelt, die ein Kontinuum der Leere oder der räumlich-zeitlichen Ausdehnung darstellt. Unmittelbar bezogen auf die Körpergegenstände sind die Leerformen Raum und Zeit, sofern die Gegenstände in ihren Grenzen Seiendes manifestieren, Manifestationsweisen des Nichts. (Der alte Kampf um Existenz oder Nichtexistenz des leeren Raumes soll mit diesem Satz noch nicht wieder beschworen werden. Ebensowenig lassen sich aber zu seiner Stützung oder Widerlegung physikalische oder erkenntnistheoretische bzw. metaphysische Thesen heranziehen. Er faßt nur einen rein anschauungsmäßigen Tatbestand in's Auge. Das pure Wo und Wann der Erfüllbarkeit durch Seiendes ist in eben dieser Beziehung sein reiner Kontrast oder das Nichtsein —, mögen Physiker oder Metaphysiker, darüber notwendigerweise hinausgehend, die ganze Vorläufigkeit solcher Bestimmung aufdecken.) Dinge in einer homogenen Sphäre beliebig möglicher Bewegungen, wie sie das richtungsrelative Raum-Zeitganze bedeutet, bestimmen eine Situation, welche der Position des exzentrischen Organismus streng entspricht. Ist dieser außerhalb des natürlichen Ortes, außer sich, nichtraumhaft, nichtzeithaft, nirgends gestellt, auf Nichts gestellt, im Nichts seiner Grenze, so steht auch das Körperding der Umwelt „in" der „Leere" relativer Örter und Zeiten. Und der Organismus, kraft seiner Exzentrizität, ist sich selbst nur ein solches Körperding in der Umwelt an einer bestimmten Stelle zu einer bestimmten Zeit, die mit jeder anderen Stelle dieses Kontinuums der Leere vertauscht werden kann.

Ein Umfeld im ausschließlichen Sinne gibt es also auf dieser Stufe nicht mehr. Mit der Eingliederung des Organismus in das richtungsrelative Raum-Zeitganze gliedert es sich ebenfalls in diese Eine Leere ein. Es bleibt mit allen seinen Charakteren (der Totalkonvergenz gegen das absolute Hier-Jetzt, der Abgehobenheit vom Leib, der Unbegrenztheit und Endlichkeit) erhalten, wohlverstanden in bezug auf den Organismus in seiner Position. Dieses positionale Ganze steht jedoch selbst in der Außenwelt wie all die anderen Dinge auch. Der Exzentrizität der Struktur des Lebewesens entspricht die Exzentrizität der Lage oder der unaufhebbare Doppelaspekt seiner Existenz als Körper und Leib, als Ding unter Dingen an beliebigen Stellen des Einen Raum-Zeitkontinuums und als um eine absolute Mitte konzentrisch geschlossenes System in einem Raum und einer Zeit von absoluten Richtungen.

Deshalb sind beide Weltansichten notwendig, der Mensch als Leib in der Mitte einer Sphäre, die entsprechend seiner empirischen Gestalt ein absolutes Oben, Unten, Vorne, Hinten, Rechts, Links, Früher und Später kennt, eine Ansicht, die als Basis der organologischen Weltanschauung dient, und der Mensch als Körperding an einer beliebigen Stelle eines richtungsrelativen Kontinuums möglicher Vorgänge, eine Ansicht, die zur mathematisch-physikalischen Auffassung führt. Leib und Körper fallen, obwohl sie keine material von einander trennbaren Systeme ausmachen, sondern Ein und Dasselbe, nicht zusammen. Der Doppelaspekt ist radikal. Ebenso radikal in einander nicht überführbar sind Umfeld und Außenwelt, die ebenfalls keine material von einander trennbaren Zonen ausmachen. Punkt für Punkt läßt sich das Umfeld in die Außenwelt eintragen, obwohl es damit seine Umfeldcharaktere verliert. Die Eintragung ergibt ein nach den Gesetzen der Perspektive sich darstellendes Raum-Zeitgebiet von bestimmten Abmessungen, das physische Äquivalent des Positionsfeldes, welches den Organismus als Körperding (das Objekt anatomisch-physiologischer Wissenschaft) beherbergt.

Beide Aspekte bestehen nebeneinander, vermittelt lediglich im Punkt der Exzentrizität, im unobjektivierbaren Ich. Wie dieses „hinter" Körper und Leib den Fluchtpunkt der eigenen Innerlichkeit, des Selbstseins ausmacht, die Grenze, an welche nur asymptotische Annäherung möglich ist, so zeigt auch das Ding in der Außenwelt dieselbe Struktur als die Erscheinung eines nicht ausschöpfbaren Seins, als das Gefüge aus Schale und Kern. Raumhaft „hinter" dem sinnlich Körperlichen, die leibhafte Fülle bindend, aber nicht in ihr aufgehend, zeithaft den Wechsel der Veränderungen überdauernd, der Vernichtung entzogen, bedeutet der Substanzkern die „Mitte" des Dinges in der Erscheinung, an welche es zugleich keine reelle Annäherung gibt. Denn der physische Dingkörper (das, was reell räumlich-zeitlich da ist) ist ganz und gar Erscheinung. Die Mitte wird Fluchtpunkt, das X der Prädikate, der Träger der Eigenschaften. Hierauf beruht schließlich die für alle Realität wesentliche Notwendigkeit der einseitigen Erscheinung oder der abgeschatteten Darstellung, das Überschußmoment am Gegebenen, sofern es als seiende Wirklichkeit erfaßt wird. —

In der Distanz zu ihm selber ist sich das Lebewesen als Innenwelt gegeben. Das Innen versteht sich im Gegensatz zum Außen des vom Leib abgehobenen Umfeldes. Streng genommen, läßt sich auf die Welt der Körperdinge als solche der Terminus Außen nicht anwenden. Nur das zur Welt gewordene, in sie eingegliederte Umfeld, die Umwelt ist Außenwelt. So entspricht der Umwelt in gegensinniger Zuordnung die Innenwelt, die Welt „im" Leib, das, was das Lebewesen selbst ist. Aber auch diese Welt ist nicht eindeutig auf einen Aspekt festgelegt. Das Gesetz der Exzentrizität bestimmt einen Doppelaspekt seiner Existenz als Seele und Erlebnis.

Geht das Lebewesen in seinem Selbstsein auf, naiv oder

reflektiert, so erlebt es, „wird“ seiner Erlebnisse „inne“ und vollzieht damit psychische Realität. Zugleich ist dieser Vollzug an die psychische Realität, an das Selbstsein gebunden. Die Intensität und Spannweite, mit der es dies vermag, entscheidet über die Gestaltung seines psychischen Lebens wie es von ihr bestimmt ist. Tiefe und Heftigkeit oder Kühle und Lauheit des Empfindens, Wollens, Denkens, die Charaktere, die Begabung, alle seelischen Dispositionen und Leistungen sind zugleich erlebnisbedingend und erlebnisbedingt. Erlebnisse prägen den Menschen, erschüttern ihn, schaffen neue Möglichkeiten künftigen Erlebens wie sie ihrerseits ermöglicht sind durch vorgegebene Eigenschaften der Psyche. Seele als vorgegebene Wirklichkeit der Anlagen, die sich entwickelt und Gesetzen unterworfen ist, und Erlebnis als die durchzumachende Wirklichkeit des eigenen Selbst im Hier-Jetzt, worin mich keiner ersetzen und wovon mich keiner als der Tod lösen kann (und sogar das ist nicht gewiß), fallen nicht zusammen, obwohl sie keine material von einander trennbaren Systeme ausmachen. Der Doppelaspekt ist radikal, dem von Körper und Leib entsprechend, übrigens in der Gegebenheit ihm nicht zwangsweise parallel laufend.

Innenwelt als die in Selbst- und in Gegenstandstellung vorhandene, als die durchzumachende und die wahrzunehmende Realität ist im Seinstypus verschieden von der Außenwelt. Denn läßt sich hier auch an der Erscheinungsweise die ganze Skala von reiner Zuständlichkeit einer nur tragenden und begleitenden Umwelt bis zu reiner Gegenständlichkeit einer für sich bestehenden Dingwelt durchlaufen, so doch niemals am Sein selbst. In der Innenwelt dagegen gibt es eine Skala des Seins. Da gibt es das „mir zu Mute Sein“ ebenso wie das „Etwas Sein“. Es liegt im Wesen der Positionalität des im Hier-Jetzt Stehens (und gleichzeitigen Exzentrizität der Distanz zu dieser Position), daß das Selbstsein eine Skala des Seins von reiner Hingenommenheit und Selbstvergessenheit bis zum versteckt vorhandenen verdrängten Erlebnis zeigt. Bald haben wir, etwa im Fall eines psychischen Traumas, eines Komplexes im psychoanalytischen Sinne, oder eines deutlichen, sehnsüchtig lustbetonten Erinnerungsbildes, das Psychische wie ein Ding von wirkender Kraft, von klarer Umgrenzung. Dann wieder in Fällen starker Hingenommenheit durch Schmerz und Lust, Affektivität aller Art durchdringt und durchflutet uns das seelische Sein, jede Distanz zwischen dem Aktsubjekt des Erlebens und dem Subjektskern der ganzen Person verschwindet, wir „gehen“ im Seelischen „auf“. Für solche Zustände unseres Innern passen Bilder von strömender Bewegung. Zwischen diesen Extremlagen der seelischen Wirklichkeit finden wir aber die mannigfachsten Übergänge. Da begegne ich zum ersten Mal einem Menschen und habe — fast wie einen Geruch in der Nase, Geschmack auf der Zunge — eine bestimmte Anmutung. Sympathie und Antipathie umspannen eine ganze Skala von Anmutungswerten. Oder ich horche in mein Inneres hinein, als ob darin eine Stimme spräche. Ich suche zu vernehmen, wo es im eigentlichen Sinne garnichts zu hören gibt.

Der Umstand, daß ich in Selbststellung es bin, der Material und Formen der Innensphäre hergibt, und daß diese Selbststellung mir noch selbst gegeben ist, ermöglicht die Entdeckung der psychischen Realität und gleichzeitig ihre Umgestaltung. Wenn auch die allmähliche Entwicklung der Erkenntnis von den Gesetzen der Psyche das Vertrauen in die Widerstandsfähigkeit des psychischen Seins gegen den Blick des psychologischen Beobachters gefestigt und der idealistischen Annahme einer restlosen „Bewußtseinsgebundenheit“ des Psychischen wenigstens empirisch den Boden entzogen hat, — ganz von der Hand zu weisen ist eine Beeinflussung der innerlichen Dinge und Vorgänge durch die auf sie gerichtete Aufmerksamkeit nicht. Im Akt der Reflexion, des Aufmerkens, Beobachtens, Suchens, Erinnerns bringt das lebendige Subjekt auch seelische Wirklichkeit zustande und diese wirkt selbstverständlich auf die zum Objekt gemachte Wirklichkeit etwa eines Wunsches, einer Liebe, einer Depression, eines Gefühls ein. Unter den Blicken des Erlebnissubjekts kann sich das Innenleben stark verändern wie die empfindliche Schicht der photographischen Platte im Licht.

Nur muß sie es nicht. Die Ansicht (welche eine empirische Psychologie unmöglich macht), das Wissen um das Erlebnis bedeute keine einfache Feststellung, sondern die Formierung eines X — eine Ansicht, die im Neukantianismus ihre Vertreter hat —, ruht auf der Annahme von dem ausschließlichen Erlebnischarakter alles Psychischen. Psychisch sei das Denkerlebnis, Willenserlebnis, Gefühlserlebnis usw., Psyche und Erlebnis fielen infolgedessen zusammen. Die psychischen Phänomene gelten hier (nach den allgemeinen Grundsätzen des Idealismus) als ausschließlicher Gegenstand der Selbstbesinnung und sind den Bewußtseinsinhalten vollkommen gleichgestellt, mit ihnen identifiziert. Das Prinzip esse = percipi, gegebenenfalls gemildert durch den vorsichtigeren Gedanken Kants von der Selbstaffektion durch das psychische An sich, von der inneren Anschauungsform und dem Erscheinungswert der in der Selbstbeobachtung erfaßten Inhalte, ist für die Innenwelt sogar da noch vertreten worden, wo es für die Außenwelt längst preisgegeben war.

In Selbststellung wie in Gegenstandsstellung, als durchzumachende wie als beobachtbare Wirklichkeit erscheine ich mir, indem ich selbst die Wirklichkeit bin. Man nimmt zwar gern an, daß in Selbststellung, d. h. im Vollzug des Erlebens von Erscheinung der Innenwelt nicht zu reden sei und sie sich hier in ihrem An sich unmittelbar zeige. Zugegeben, die Reflexion auf das Erlebnis bekommt das eigene Selbst nur im Phänomen zu fassen, konnte man doch nicht bezweifeln, daß das Erlebnis in sich absolut oder die Innenwelt selbst sei. (Eine weit verbreitete Annahme, die für alle Arten Subjektivismus und Erlebnisphilosophie grundlegend ist.) Mit einem derartigen Vorzug der Selbststellung hätte es jedoch nur dann seine Richtigkeit, wenn der Mensch ein ausschließlich zentrisch gestelltes und nicht, wie es der Fall ist, ein exzentrisches Lebewesen wäre. Für das Tier ist der Satz richtig, daß es in Selbststellung ganz es selber ist. Es ist in die positionale Mitte gestellt und geht darin auf. Für den Menschen dagegen gilt das Gesetz der Exzentrizität, wonach sein im Hier-Jetzt Sein, d. h. sein Aufgehen im Erleben nicht mehr in den Punkt seiner Existenz fällt. Sogar im Vollzug des Gedankens, des Gefühls, des Willens steht der Mensch außerhalb seiner selbst.

Worauf beruht denn die Möglichkeit falscher Gefühle, unechter Gedanken, des sich in Etwas Hineinsteigerns, das man nicht ist? Worauf beruht die Möglichkeit des (schlechten und guten) Schauspielers, die Verwandlung des Menschen in einen andern? Woher kommt es, daß weder die anderen Personen, die ihn beobachten, noch vor allem der Mensch selbst immer zu sagen wissen, ob er nicht in den Momenten vollkommenster Selbstvergessenheit und Hingabe doch nur eine Rolle spielt? Den Zweifel an der Wahrhaftigkeit des eigenen Seins beseitigt nicht das Zeugnis der inneren Evidenz. Es hilft nicht über die keimhafte Spaltung hinweg, die das Selbstsein des Menschen, weil es exzentrisch ist, durchzieht, so daß niemand von sich selber weiß, ob er es noch ist, der weint und lacht, denkt und Entschlüsse faßt, oder dieses von ihm schon abgespaltene

Selbst, der Andere in ihm, sein Gegenbild und vielleicht sein Gegenpol.

Wenn die Philosophie daran geht, die Prinzipien des Psychischen zu untersuchen, nach denen sich die Innenwelt konstituiert, wird sie dieser fundamentalen Spaltung besondere Aufmerksamkeit zuwenden müssen; denn sie eröffnet einen Zugang zum Verständnis der Labilität oder, um ein vielleicht adäquateres Bild noch zu brauchen, des indifferenten Gleichgewichts als eines Hauptmerkmals der Innenwelt, aus dem sie ihre größten Möglichkeiten herausholt, an dem sie ebensosehr erkranken und zugrunde gehen kann.

Unter dem Einfluß der empirischen Methodik der Psychologie hat man es sich eben mit dem Wesen der psychischen Erscheinung etwas einfach gemacht. Man läßt in der „Innen“-sphäre Vorstellungen, Gefühle, Gedanken, was es an psychischen Gebilden und Prozessen gibt, auftreten (in mehr oder minder betonter Analogie zu der von Dingen erfüllten Außensphäre) und ordnet ihnen innere Wahrnehmungs- und Anschauungsakte zu. Einmal bin ich so der Sehende, das andere Mal der Gesehene, einmal an sich, dann wieder Erscheinung (sofern ich von mir weiß und mich erlebe). Diese Ansicht ist zum mindesten zu eng. Auch wenn der Mensch nicht an sich denkt, sondern naiv im Vollzug lebt und erlebt, ist er psychisch Erscheinung. Und er ist Erscheinung (in streng demselben Sinne), weil er unmittelbar selbst „an sich“ ist.

Diese dialektische Struktur, die im Wesen der Exzentrizität liegt, macht das Selbstsein zur Innenwelt, zu dem, welches man in sich spürt, erleidet, durchmacht, bemerkt und welches man ist; zu dem allen Akten und Erlebnissen und unbewußten Prozessen Vorgegebenen an Anlagen, Temperament und Charakter und dem, welches gegen dieses Vorgegebene angeht und zügelnd, analysierend, beobachtend, steigernd, übersteigernd sich mit ihm auseinandersetzt. Wirkliche Innenwelt: das ist die Zerfallenheit mit sich selbst, aus der es keinen Ausweg, für die es keinen Ausgleich gibt. Das ist der radikale Doppelaspekt zwischen der (bewußt gegebenen oder unbewußt wirksamen) Seele und dem Vollzug im Erlebnis, zwischen Notwendigkeit, Zwang, Gesetz geschehender Existenz und Freiheit, Spontaneität, Impuls vollziehender Existenz.

Sein Selbstsein wird dem Menschen auch darin Welt, daß seine Konstitution nicht an irgendwelche Akte gebunden ist. Als Innenwelt ist er vorhanden, ob er davon weiß oder nicht.

Gegeben ist sie ihm freilich nur in Akten der Reflexion. Diese Akte des Erinnerns, Wahrnehmens, Aufmerkens sind selber psychisch. Daß er solche Akte vollziehen kann, hat seinen Grund letztlich im Charakter der Lebendigkeit des Seins. Dies ist eben ihm selbst vorweg und bildet infolgedessen ein Zentrum für Akte der Rückwendung auf das eigene Sein.

Mit derartigen Akten nun faßt das Selbst sich keineswegs als das Selbst, es faßt noch nicht sich, sondern das Vergangene, das, was gewesen ist. Einfache Reflexion in diesem Sinne besitzt auch die tierische Subjektivität in der Form des Gedächtnisses, wie es die historische Reaktionsbasis gewährleistet. Damit das eigene Sein sich selbst als einer Wirklichkeit sui generis begegnet, muß es zu seinem Wesen gehören, außerhalb seiner selbst zu stehen. In solcher Beziehung auf den Nullpunkt der eigenen Position — einer Beziehung, die in Akten nicht gestiftet wird, sondern ein für alle Mal mit der Seinsform der Exzentrizität gegeben ist — besteht die Konstitution des Selbstseins als einer eigenen, an Akte nicht gebundenen Welt.

Die Exzentrizität, auf welcher Außenwelt (Natur) und Innenwelt (Seele) beruhen, bestimmt, daß die individuelle Person an sich selbst individuelles und „allgemeines“ Ich unterscheiden muß. Allerdings wird ihr dies für gewöhnlich nur faßbar, wenn sie mit anderen Personen zusammen ist, und auch dann tritt dieses allgemeine Ich nie in seiner abstrakten Form, sondern mittels der ersten, zweiten, dritten Person konkret auf. Der Mensch sagt zu sich und anderen Du, Er, Wir —, nicht etwa darum, weil er erst auf Grund von Analogieschlüssen oder einfühlenden Akten in Wesen, die ihm am konformsten erscheinen, Personen annehmen müßte, sondern kraft der Struktur der eigenen Daseinsweise. An sich selbst ist der Mensch Ich, d. h. Besitzer seines Leibes und seiner Seele, Ich, das nicht in den Umkreis gehört, dessen Mitte es trotzdem bildet. Daher steht es dem Menschen versuchsweise frei, diese Ort-Zeitlosigkeit der eigenen Stellung, kraft deren er Mensch ist, für sich selber und für jedes andere Wesen in Anspruch zu nehmen auch da, wo ihm Lebewesen gänzlich fremder Art gegenüberstehen.

Nichts widerlegt schon innerhalb der einfachen Lebenserfahrung die berühmten Theorien des Analogieschlusses und der Einfühlung, nach denen angeblich der Mensch auf die

Idee einer Mitwelt verfällt und schließlich zur Gewißheit der Wirklichkeit anderer Iche gebracht wird, stärker als die in Individual- und Kollektiventwicklung der Menschen überall beobachtbare Tatsache einer ursprünglichen Tendenz zur Anthropomorphisierung und Personifizierung. In der Umwelt des Kindes nehmen auch die toten Dinge den Charakter persönlicher Lebendigkeit an. Das Weltbild der Primitiven — soweit wir überhaupt sicher sein können, Primitive, also Anfangsformen und nicht Rückbildungsformen, vor uns zu haben — zeigt ähnliche Züge. Erst der Ernüchterungsprozeß durch die Verstandeskultur bringt den Menschen zum Bewußtsein toter Dinge. Von hier aus gesehen bedeutet die pantheistische Allbeseelung und Weltverlebendigung, die in den Weltbildern später Kulturen auftritt, den Versuch, dieses Bewußtsein zu paralysieren, eine Flucht in die Kindheit.

Bei der Annahme der Existenz anderer Iche handelt es sich nicht um Übertragung der eigenen Daseinsweise, in der ein Mensch für sich lebt, auf andere ihm nur körperhaft gegenwärtige Dinge, also um eine Ausdehnung des personalen Seinskreises, sondern um eine Einengung und Beschränkung dieses ursprünglich eben gerade nicht lokalisierten und seiner Lokalisierung Widerstände entgegensetzenden Seinskreises auf die „Menschen". Das Verfahren der Beschränkung, wie es sich in der Deutung leibhaft erscheinender fremder Lebenszentren abspielt, muß streng getrennt werden von der Voraussetzung, daß fremde Personen möglich sind, daß es eine personale Welt überhaupt gibt. Fichte hat zum ersten Mal diese Notwendigkeit betont. Jeder Realsetzung eines Ichs, einer Person in einem einzelnen Körper ist die Sphäre des Du, Er, Wir vorgegeben. Daß der einzelne Mensch sozusagen auf die Idee verfällt, ja daß er von allem Anfang an davon durchdrungen ist, nicht allein zu sein und nicht nur Dinge, sondern fühlende Wesen wie er als Genossen zu haben, beruht nicht auf einem besonderen Akt, die eigene Lebensform nach außen zu projizieren, sondern gehört zu den Vorbedingungen der Sphäre menschlicher Existenz. In dieser Welt freilich sich zurechtzufinden, bedarf dauernder Anstrengungen und sorgfältiger Erfahrung. Denn der „Andere" ist unbeschadet struktureller Wesensgleichheit mit mir als Person schlechthin eine individuelle Realität (wie ich), deren Innenwelt mir primär so gut wie ganz verborgen ist und durch sehr verschiedene Arten der Deutung erst aufgeschlossen werden muß.

Durch die exzentrische Positionsform seiner selbst ist dem Menschen die Realität der Mitwelt gewährleistet. Sie ist also nichts, was ihm erst auf Grund bestimmter Wahrnehmungen zum Bewußtsein kommen müßte, obgleich sie natürlich im Lauf der Erfahrung bei Gelegenheit bestimmter Wahrnehmungen Farbe und Leben gewinnt. Sie unterscheidet sich weiterhin, was damit zusammenhängt, von Außenwelt und Innenwelt dadurch, daß ihre Elemente, die Personen, kein spezifisches Substrat liefern, welches stofflich über das von Außenwelt und Innenwelt an sich schon dargebotene hinausginge. Ihr Specificum ist die Lebendigkeit und zwar in ihrer höchsten, der exzentrischen Form. Das spezifische Substrat der Mitwelt beruht also doch nur auf ihrer eigenen Struktur. Mitwelt ist die vom Menschen als Sphäre anderer Menschen erfaßte Form der eigenen Position. Man muß infolgedessen sagen, daß durch die exzentrische Positionsform die Mitwelt gebildet und zugleich ihre Realität gewährleistet wird.

Verständlicherweise bietet dieser Sachverhalt Anlaß zu allerhand Mißdeutungen. Daß eine Welt kein ihr spezifisches Substrat, keinen für sie allein charakteristischen „Stoff" haben soll, scheint unmöglich zu sein. Dann müßte ja eine pure Form als Welt auftreten können. Wenn die Einheit der Person materialiter keine andere Differenzierung als die in körperliches und seelisches Sein erlaubt und der Personcharakter auf dem Seinsmodus (des Lebens) beruht, so scheint nach der üblichen, dualistisch-empiristischen Auffassung kein Recht vorzuliegen, von einer selbständigen Mitwelt zu sprechen. — Die Blindheit für die unauflösbare, auf Körper und Seele nicht zurückführbare Seinsschicht, die nur an belebten Dingen auftritt, rächt sich natürlich da besonders, wo es sich um die höchste Ausgestaltung dieser Seinsschichten in der „Person" handelt.

Und weiter: ist es nicht ein Zugeständnis an die Lehre von der Projektion, der Übertragung des einzelnen Seinsmodus auf die anderen Körper, wenn es heißt, die Mitwelt sei die vom Menschen als Sphäre anderer Menschen erfaßte Form der eigenen Position? — Von dieser Auffassungsweise wäre wenig zu halten, wenn sie nicht sinngemäß durch die Existenz dieser Sphäre ergänzt würde, die eben die Voraussetzung für das Erfassen der eigenen Position überhaupt und für das Erfassen gerade dieser Positionsform als einer Sphäre bildet. Die Existenz der Mitwelt ist die Bedingung der Möglichkeit, daß ein Lebewesen sich in seiner Stellung erfassen kann, nämlich als ein Glied dieser Mitwelt. So wenig wir die üblichen Schemata, die uns durch die Sinnesorgane und ihre physiologisch-physikalische Erforschung zur Gewohnheit geworden sind, besonders das Schema der Visavis-stellung zur Außenwelt und das der Nachrichtenübermittlung von ihr, auf das lebendige Verhältnis der Person zur Außenwelt anwenden dürfen, so sinnlos wäre ihre Verwendung für das Verhältnis der Person zur Mitwelt. Die Realität einer Welt aber außerdem davon abhängig machen, ob das Verhältnis zu ihr den Kategorien entspricht, welche die Beziehung zur Natur oder zur Seele formen, hieße eine dualistische Vorentscheidung treffen, für die kein stichhaltiger Grund mehr aufgebracht werden kann.

Die Mitwelt umgibt nicht die Person, wie es (wenn auch nicht im strengen Sinn, denn der eigene Leib gehört mit dazu) die Natur tut. Aber die Mitwelt erfüllt auch nicht die Person, wie es in einem ebenfalls inadäquaten Sinn von der Innenwelt gilt. Die Mitwelt trägt die Person, indem sie zugleich von ihr getragen und gebildet wird. Zwischen mir und mir, mir und ihm liegt die Sphäre dieser Welt des Geistes. Wenn es das auszeichnende Merkmal der natürlichen Existenz der Person ist, die absolute Mitte einer sinnlich-bildhaften Sphäre einzunehmen, welche von sich aus diese Stellung zugleich relativiert und ihres absoluten Wertes entkleidet; wenn es das auszeichnende Merkmal der seelischen Existenz der Person ist, daß sie zu ihrer Innenwelt in erfassender Beziehung steht und zugleich diese Welt erlebend vollzieht; so beruht der geistige Charakter der Person in der Wir-form des eigenen Ichs, in dem durchaus einheitlichen Umgriffensein und Umgreifen der eigenen Lebensexistenz nach dem Modus der Exzentrizität.

Wir, d. h. nicht eine aus der Wirsphäre ausgesonderte Gruppe oder Gemeinschaft, die zu sich Wir sagen kann, sondern die damit bezeichnete Sphäre als solche ist das, was allein in Strenge Geist heißen darf. Denn in Reinheit gefaßt, unterscheidet sich Geist von Seele und Bewußtsein. Seele ist real als die binnenhafte Existenz der Person. Bewußtsein ist der durch die Exzentrizität der personalen Existenz bedingte Aspekt, in dem die Welt sich darbietet. Geist dagegen ist die mit der eigentümlichen Positionsform geschaffene und bestehende Sphäre und macht daher keine Realität aus, ist jedoch realisiert in der Mitwelt, wenn auch nur eine Person existiert. — Natürlich werden diese Unterscheidungen gern übersehen und Geist, Seele, Subjekt, Bewußtsein als Äquivalente behandelt oder direkt für einander genannt. Daraus entstehen dann verhängnisvolle Anschauungen von der Geistigkeit der Welt, von der Allbeseeltheit, die subjektivistischen, aber auch die objektiv-idealistischen Vorentscheidungen, die man unter Berufung auf klassische Vorbilder, nachdem sie eines natürlichen Todes gestorben, zu erneuern trachtet.

Real ist die Mitwelt, wenn auch nur eine Person existiert, weil sie die mit der exzentrischen Positionsform gewährleistete Sphäre darstellt, die jeder Aussonderung in der ersten, zweiten, dritten Person Singularis und Pluralis zu Grunde liegt. Darum kann die Sphäre als solche sowohl von den Ausschnitten aus ihr wie von ihrem spezifischen Lebensgrund geschieden werden. So ist sie das reine Wir oder Geist. Und nur so ist der Mensch Geist, hat er Geist. Er hat ihn nicht in derselben Weise, wie er einen Körper und eine Seele hat. Diese hat er, weil er sie ist und lebt. Geist dagegen ist die Sphäre, kraft deren wir als Personen leben, in der wir stehen, gerade weil unsere Positionsform sie erhält.

Nur soweit wir Personen sind, stehen wir in der Welt eines von uns unabhängigen und zugleich unseren Einwirkungen zugänglichen Seins. Infolgedessen hat es seine Richtigkeit, daß der Geist die Voraussetzung für Natur und Seele bildet. Man muß den Satz in seinen Grenzen verstehen. Geist ist nicht als Subjektivität oder Bewußtsein oder Intellekt, sondern als Wirsphäre die Voraussetzung der Konstitution einer Wirklichkeit, die wiederum nur dann Wirklichkeit darstellt und ausmacht, wenn sie auch unabhängig von den Prinzipien ihrer Konstitution in einem Bewußtseinsaspekt für sich konstituiert bleibt. Gerade mit dieser Abgekehrtheit vom Bewußtsein erfüllt sie das Gesetz der exzentrischen Sphäre, wie das oben bereits auseinandergesetzt worden ist.

Wollte man für die sphärische Struktur der Mitwelt ein Bild gebrauchen, so müßte man sagen, daß durch sie die raumzeitliche Verschiedenheit der Standorte der Menschen entwertet wird. Als Glied der Mitwelt steht jeder Mensch da, wo der andere steht. In der Mitwelt gibt es nur Einen Menschen, genauer ausgedrückt, die Mitwelt gibt es nur als Einen Menschen. Sie ist absolute Punktualität, in der alles, was Menschenantlitz trägt, ursprünglich verknüpft bleibt, wenn auch die vitale Basis in Einzelwesen auseinandertritt. Sie ist die Sphäre des Einander und der völligen Enthülltheit, in der alle menschlichen Dinge sich begegnen. Und so ist sie die wahre Gleichgültigkeit gegen Einzahl und Mehrzahl, unendlich klein und unendlich groß, das Subjekt-Objekt, die Garantie der wirklichen (nicht nur der möglichen) Selbsterkenntnis des Menschen in der Weise ihres einander Seins.

In Anlehnung an Hegel (für gewöhnlich einer sehr oberflächlichen Anlehnung) spricht man von subjektivem, objektivem und absolutem Geist. Die Beziehung auf derlei festgeprägte Begriffe hat immer ihr Mißliches. Wichtig ist in erster Linie die Einsicht, daß auf den Geist als Sphäre die Begriffe subjektiv und objektiv nicht anwendbar sind. Das darf nicht dahin ausgelegt werden, als ob es sich hier um den absoluten Geist handle. Ohne Rücksicht auf das vom Geist Getragene, als Geist sich Aussprechende läßt sich die Sphäre des Geistes nur als subjektiv-objektiv neutral, d. h. als gegen die Unterscheidung von Subjekt und Objekt indifferent bestimmen. Das Prädikat der Absolutheit hat für diese Schicht damit aber noch keine Berechtigung gewonnen. Was immer wieder dazu verführt, vom Geist als dem Absoluten zu sprechen (und dies bedeutet auch noch etwas Anderes als der Begriff des absoluten Geistes), ist die Aufhebung oder Überbrückung der Kluft zwischen Subjekt und Objekt, welche trotz allem für den Menschen ihre Geltung behält, in der Sphäre des Geistes. Erinnert man sich daran, daß der Geist ja nur die mit der exzentrischen Positionsform des Menschen gegebene Sphäre ist, daß aber Exzentrizität die für den Menschen kennzeichnende Form seiner frontalen Gestelltheit gegen das Umfeld bedeutet, dann wird das ursprüngliche Paradoxon in der Lebenssituation des Menschen begreiflich: daß er als Subjekt gegen sich und die Welt steht und zugleich darin diesem Gegensatz entrückt ist. In der Welt und gegen die Welt, in sich und gegen sich —, keine der gegensätzlichen Bestimmungen hat über die andere das Übergewicht, die Kluft, das leere Zwischen Hier und Dort, das Hinüber bleibt, auch wenn der Mensch davon weiß und mit eben diesem Wissen die Sphäre des Geistes einnimmt.

Die Möglichkeit der Objektivation seiner selbst und der gegenüberliegenden Außenwelt beruht auf dem Geist. D. h. Objektivieren oder Wissen ist nicht Geist, sondern hat ihn zur Voraussetzung. Gerade weil das exzentrisch geformte Lebewesen durch seine Lebensform der naturgewachsenen, mit der geschlossenen Organisation gegebenen Frontalität, Entgegengestelltheit gegen das Umfeld enthoben und in ein Mitweltverhältnis zu sich (und zu allem was ist) gesetzt ist, vermag es die Undurchbrechbarkeit seiner Existenzsituation, die es mit den Tieren verbindet und von der die Tiere auch nicht loskommen, zu bemerken. Im Subjekt-Objektverhältnis spiegelt sich die „niedere" Daseinsform, freilich im Lichte der Sphäre, kraft der das Lebewesen Mensch die höhere Daseinsform bildet und besitzt.

Anhangsweise sei noch zwei Einwänden begegnet. Unter Mitwelt versteht der Sprachgebrauch die soziale Umgebung des Menschen, also etwas Engeres und Konkreteres als die hier beschriebene Existenzsphäre. Man trennt auch Vorwelt und Nachwelt von der Mitwelt im engeren Sinne und behandelt die Mitlebenden als eine aktuelle Gesamtheit, die von den vergangenen und kommenden Generationen sehr wohl zu trennen sei. Trotzdem ist es nicht zu bestreiten, daß jede derartige empirisch faßbare Konkretisierung sich auf eine Sphäre von besonderer Art bezieht, die nun einmal nicht mit der gegenständlichen Natur oder der Seele identifiziert oder mit einer Synthese aus beiden in Einklang gebracht werden kann. Das letzte Element dieser Sphäre ist die Person als Lebenseinheit, die in analytischer, objektivierender Betrachtung wohl in Natur, Seele und Geist (oder Sinn- und Bedeutungseinheiten als Korrelate von intentionalen Akten) dekomponierbar, aber niemals aus ihnen komponierbar ist. Wenn es den Anderen als Glied einer sozialen Umgebung, als Mitmenschen gibt, so hat das nur in der besonderen Struktur der personalen Sphäre seinen Grund. Und deshalb ist es wohl berechtigt, das Wort Mitwelt trotz seiner eingeschränkten Gebrauchsbedeutung für die Bezeichnung dessen einzusetzen, aus dem es die Bedeutung eigentlich schöpft.

Ferner liegt in der Feststellung einer dem Menschen vorbehaltenen Mitwelt die Absage an Theorien, welche die sozialen Verhältnisse der Tiere, ihr Mit- und Gegeneinander unter dieselben Gesichtspunkte rücken wie die sozialen Lebensformen des Menschen. Wenn freilich der Zoologe von der Mitwelt oder Sozialwelt einer Tierspezies, vom Bienen-, Termiten- oder Ameisenstaat, von Gruppenbildung, Gesellung, Hordenverband usw. spricht, so hat das nicht (wenigstens nicht notwendig) den Sinn, daß *für den Aspekt* des betreffenden Lebewesens selbst der Tatbestand einer entsprechenden Sozialwelt vorhanden sei. Der echte Biologe hütet sich schon aus methodischen Rücksichten vor derartigen Urteilen und beschränkt sich auf die Erforschung der sozial bedingten Reaktionsphänomene. Da sich diese Phänomene in der raumzeitlichen Welt abspielen, darf er natürlich auch von der Erforschung der sozialen Welten der Tiere reden.

Ein Anderes besagt die Theorie, daß für das Tier sein sozialer Lebenshorizont und Spielraum in gleicher oder ähnlicher Weise wie für den Menschen als Welt gegeben sei. Diese Annahme ist falsch. Denn wie dem Tier das Umfeld der eigenen Existenz nicht welthaft, d. h. nicht in echter Gegenständlichkeit erscheinen kann — sonst wäre es nicht mehr Tier —, prägt sich ihm auch nicht sein Mitverhältnis welthaft aus. Es kommt ihm als Mitverhältnis nicht zum Bewußtsein, bleibt ihm verborgen. Das Tier steht zwar in dieser Relation drin, aber sie gewinnt für es keinen faßlichen Charakter. Seine Organisationsform ist konzentrisch, nicht exzentrisch, bietet daher nicht die Möglichkeit einer Entfaltung und Erfassung seiner Position im Mitverhältnis.

Wenn also die Philosophie dem Menschen die Mitwelt vorbehält, so heißt das nicht, an den Tatsachen sozialen Lebens im Tierreich vorübergehen und ihre Sonderbedeutung in Abrede stellen. Nur ihre richtige Auswertung und Deutung steht dabei zur Diskussion. Es liegt natürlich nahe, wie von einem tierischen Umfeld auch von einem Mitfeld zu sprechen und die Möglichkeit in's Auge zu fassen, daß das Tier in seinem sozialen Verhalten sich auf eine derartige Mitfeldsphäre bezieht. Aber das ist ein vorschneller Schluß. Die geschlossene Organisationsform des tierischen Lebewesens gestattet die Konstitution eines eigenen Mitfeldes im Unterschied zum Umfeld nicht. Seine Artgenossen, seine „Mittiere“ bilden für das Tier keine besonders ausgezeichnete und begrenzte Umgebung. Sie sind mit dem Umfeld als Ganzem verschmolzen und werden daher in ihm sinnentsprechend behandelt.

Daran ist kein Zweifel möglich: jedes Tier hat Witterung für seine Artgenossen, mit denen es „objektiv“ im Mitverhältnis steht. Wie weit bei dieser Witterung der reine Instinkt, wie weit die Wahrnehmung reicht, ob hier noch Raum für Versuch und Irrtum und also für noch besonders zu machende Erfahrung bleibt, hat die Biologie zu untersuchen. Daß jedoch das Mitverhältnis von den einfachsten Typen gelegentlicher Gesellung bei der Begattung, beim Kampf um Beute usw. bis zu den höchsten Typen „staatlicher“ Verbände garantiert sein muß, ist aus dem Wesen der geschlossenen Organisationsform unmittelbar einleuchtend und wird durch die Erfahrung auch tatsächlich bestätigt.

In einem Mitverhältnis, d. h. in einer der nackten Gegenüberbeziehung (die überhaupt nur ein dem Menschen, der Sinn für Gegenständlichkeit hat, vorstellbarer Grenzfall ist) nicht vergleichbaren Relation des Mitgehens, des Nebeneinanders und Miteinanders steht alles Lebendige aus Gründen seiner Lebendigkeit. Diese Einsicht ergibt sich aus den darüber angestellten Untersuchungen unserer Schrift mit zwingender Notwendigkeit. Vor allem beherrscht das Mitverhältnis die Beziehung des Lebewesens zu seiner Umwelt, einerlei, ob an ihrer Bildung tote oder belebte Dinge beteiligt sind. Ein echtes Gegenverhältnis (im objektiven, nicht feindlichen Sinne) kennt nur der Mensch. Und auch seine Welt ist notwendig getragen von Umweltcharakteren, wie in der Organisation seiner eigenen Existenz das Höhere und spezifisch Menschliche vom Tierischen getragen wird. Auch sie zeigt sich notgedrungen (und innerlich verständlich) als Milieu, als ungegliederte „Atmosphäre", als Fülle der Umstände, die den Menschen umgeben und tragen. Die tausend Dinge, mit denen wir täglich zu tun haben, vom Stückchen Seife bis zum Briefkasten, sind nur der Möglichkeit nach Objekte, als Elemente des Umgangs mit ihnen aber Komponenten des Umfeldes, Glieder des Mitverhältnisses zu ihnen.

Diese vitalrelative Zone der Umgänglichkeit und Vertraulichkeit, in der echte Mitverhältnisse herrschen, wie sie (natürlich ohne Einbettung in eine Welt) für die Lebenssituation des Tieres charakteristisch sind, hat also offensichtlich mit der Mitwelt selbst nichts zu tun. Und wenn der Mensch von Bruder Esel und Bruder Baum in einem direkteren als nur allegorischen Sinne reden kann, so liegt es daran, daß er die durchgehende Gemeinsamkeit alles Lebendigen erfaßt und das für die Positionalität des Vitalen überhaupt kennzeichnende Mitverhältnis dabei hervorhebt, in dem auch er sich mit dem Lebendigen auf eigene Weise verbunden sieht. Die Sphäre, in der wahrhaft Du und Ich zur Einheit des Lebens verknüpft sind und einer dem andern in's aufgedeckte Antlitz blickt, ist aber dem Menschen vorbehalten, die Mitwelt, in der nicht nur Mitverhältnisse herrschen, sondern das Mitverhältnis zur Konstitutionsform einer wirklichen Welt des ausdrücklichen Ich und Du verschmelzenden Wir geworden ist.

3. Die anthropologischen Grundgesetze:

I. Das Gesetz der natürlichen Künstlichkeit.

Wie wird der Mensch dieser seiner Lebenssituation gerecht? Wie führt er die exzentrische Position durch? Welche Grundmerkmale muß seine Existenz annehmen, die er als Lebewesen besitzt?

Schon die Frage zeigt die mit der Exzentrizität gegebene Gegenüberstellung des Menschen gegen seine Lebendigkeit und Lebenssituation. Aus der Exzentrizität ergibt sich eben diese Frage. Sie ist nicht einfach als eine willkürliche Problemstellung aufzufassen, mit der der Philosoph an den Menschen (wie an alle Dinge des Himmels und der Erde) herantritt, sondern sie ist die (nur formulierte) Hemmung, mit welcher der Mensch wesensnotwendig zu ringen hat, wenn er leben will. Und die Frage der Philosophie wie im Grunde jede Frage, die der Mensch sich tausendmal im Lauf seines Lebens vorzulegen hat: was soll ich tun, wie soll ich leben, wie komme ich mit dieser Existenz zu Rande —, bedeutet den (bei aller historischen Bedingtheit) wesenstypischen Ausdruck der Gebrochenheit oder Exzentrizität, der keine noch so naive, naturnahe, ungebrochene, daseinsfrohe und traditionsgebundene Epoche der Menschheit sich entwinden konnte. Wohl hat es Zeiten gegeben (und wird auch wieder Zeiten geben), die nicht davon sprachen und in denen das Bewußtsein der konstitutiven Heimatlosigkeit des menschlichen Wesens durch starke Bindungen an Scholle und Familie, an Haus und Ahnen überdeckt war. Aber auch sie hatten keinen Frieden, es sei denn, sie suchten ihn. Die Idee des Paradieses, des Standes der Unschuld, des goldenen Zeitalters, ohne die noch keine menschliche Generation gelebt hat (heute heißt die Idee: Gemeinschaft) ist der Beweis für das, was dem Menschen fehlt, und für das Wissen darum, kraft dessen er über dem Tier steht.

Als exzentrisch organisiertes Wesen muß er sich zu dem, was er schon ist, erst machen. Nur so erfüllt er die ihm mit seiner vitalen Daseinsform aufgezwungene Weise, im Zentrum seiner Positionalität — nicht einfach aufzugehen, wie das Tier, das aus seiner Mitte heraus lebt, auf seine Mitte alles bezieht, sondern zu stehen und so von seiner Gestelltheit zugleich zu wissen. Dieser Daseinsmodus des in seiner Gestelltheit Stehens ist nur als Vollzug vom Zentrum der Gestelltheit aus möglich. Eine derartige Weise zu sein ist nur als

Realisierung durchführbar. Der Mensch lebt nur, indem er ein Leben führt. Mensch sein ist die „Abhebung“ des Lebendigseins vom Sein und der Vollzug dieser Abhebung, kraft dessen die Schicht der Lebendigkeit als quasi selbständige Sphäre erscheint, die bei Pflanze und Tier unselbständiges Moment des Seins, seine Eigenschaft bleibt (auch da noch, wo sie die organisierende, konstituierende Form für einen Seinstypus des Lebens bildet, nämlich für das Tier). Infolgedessen lebt der Mensch weder einfach das zu Ende, was er ist, er lebt sich nicht aus (das Wort in seiner Unmittelbarkeit radikal verstanden), noch macht er sich nur zu dem, was er ist. Seine Existenz ist von der Art, daß sie zwar diese Unterscheidung an ihr erzwingt, zugleich aber über sie hinaus liegt. Für die Philosophie erklärt sich diese „Querlage“ des Menschen aus der exzentrischen Positionsform, aber damit ist ihr nicht geholfen. Wer in ihr ist, steht in dem Aspekt einer absoluten Antinomie: sich zu dem erst machen zu müssen, was er schon ist, das Leben zu führen, welches er lebt.

In sehr verschiedener Form und Wertbetonung ist dieses Grundgesetz der eigenen Existenz den Menschen zum Bewußtsein gekommen, immer aber mischt sich in das Wissen darum der Schmerz um die unerreichbare Natürlichkeit der anderen Lebewesen. Ihre Instinktsicherheit ist seiner Freiheit und Voraussicht verloren gegangen. Sie existieren direkt, ohne von sich und den Dingen zu wissen, sie sehen nicht ihre Nacktheit — und der himmlische Vater ernähret sie doch. Dem Menschen dagegen ist mit dem Wissen die Direktheit verloren gegangen, er sieht seine Nacktheit, schämt sich seiner Blöße und muß daher auf Umwegen über künstliche Dinge leben.

Diese Ansicht, oft auch in mythischer Form geprägt, gibt einer tiefen Erkenntnis Ausdruck. Weil dem Menschen durch seinen Existenztyp aufgezwungen ist, das Leben zu führen, welches er lebt, d. h. zu machen, was er ist — eben weil er nur ist, wenn er vollzieht — braucht er ein Komplement nichtnatürlicher, nichtgewachsener Art. Darum ist er von Natur, aus Gründen seiner Existenzform künstlich. Als exzentrisches Wesen nicht im Gleichgewicht, ortlos, zeitlos im Nichts stehend, konstitutiv heimatlos, muß er „etwas werden“ und sich das Gleichgewicht — schaffen. Und er schafft es nur mit Hülfe der außernatürlichen Dinge, die aus seinem Schaffen entspringen, wenn die Ergebnisse dieses schöpferischen Machens ein eigenes Gewicht bekommen. Anders ausgedrückt: er schafft es nur, wenn die Ergebnisse seines Tuns sich von dieser ihrer Herkunft kraft eigenen inneren Gewichtes loslösen, auf Grund dessen der Mensch anerkennen muß, daß nicht er ihr Urheber gewesen ist, sondern sie nur bei Gelegenheit seines Tuns verwirklicht worden sind. Erhalten die Ergebnisse menschlichen Tuns nicht das Eigengewicht und die Ablösbarkeit vom Prozeß ihrer Entstehung, so ist der letzte Sinn, die Herstellung des Gleichgewichts: die Existenz gleichsam in einer zweiten Natur, die Ruhelage in einer zweiten Naivität nicht erreicht. Der Mensch will heraus aus der unerträglichen Exzentrizität seines Wesens, er will die Hälftenhaftigkeit der eigenen Lebensform kompensieren und das kann er nur mit Dingen erreichen, die schwer genug sind, um dem Gewicht seiner Existenz die Wage zu halten.

Exzentrische Lebensform und Ergänzungsbedürftigkeit bilden ein und denselben Tatbestand. Bedürftigkeit darf hier nicht in einem subjektiven Sinne und psychologisch aufgefaßt werden. Sie ist allen Bedürfnissen, jedem Drang, jedem Trieb, jeder Tendenz, jedem Willen des Menschen vorgegeben. In dieser Bedürftigkeit oder Nacktheit liegt das Movens für alle spezifisch menschliche, d. h. auf Irreales gerichtete und mit künstlichen Mitteln arbeitende Tätigkeit, der letzte Grund für das Werkzeug und dasjenige, dem es dient: die Kultur.

Man findet es sehr selten, daß diese tieferen Zusammenhänge klar auseinandergesetzt werden. Unter dem Einfluß eines rein empirisch-historischen Denkens gehen sowohl Kulturhistoriker und Soziologen wie Biologen und Psychologen an das Problem der Entstehung der Kultur mit dem Vorurteil heran, als ob es sich hier überhaupt um eine irgendwie erfahrungsmäßig lösbare Aufgabe handelte. Die Entstehung einer einzelnen Kultur oder eines besonderen Kulturkreises kann natürlich nicht den Maßstab für die „Genese“ der kulturellen Sphäre schlechthin bilden. Ist diese Schranke jedoch einmal erkannt, so wird daraus sehr leicht ein absolutes Verbot für das Nachdenken, sich mit dem Problem auch philosophisch zu beschäftigen. Daher kommt es wohl zur Hauptsache, daß hier immer noch zwei Lösungen sich gegenüberstehen, deren Prinzipien längst in ihrer Fragwürdigkeit durchschaut worden sind, eine spiritualistische und eine naturalistische Erklärung des Ursprungs der Kultur.

Die spiritualistische Theorie führt die unvermeidliche Künstlichkeit menschlichen Tuns, seiner Ziele und Mittel auf den Geist zurück. Einmal ist das mehr objektiv gemeint und deckt sich dann mit der alten Lehre, daß die Kultur von Gott stamme.

Oder es ist mehr subjektiv gedacht und bedeutet dann die Zurückführung auf besondere Anlagen des menschlichen Wesens, auf seine Intelligenz, sein Bewußtsein, seine Seele. In beiden Fällen wird im strengen Sinne nichts erklärt, sondern bei der besonderen Eigenschaft, in der sich der Mensch vom Tier unterscheidet, Halt gemacht. Eine Erklärung läge aber erst dann vor, wenn damit die „Entstehung" des Geistes aus der dem Menschen spezifischen Naturgrundlage verständlich gemacht wäre. Davon ist natürlich keine Rede, sie wird nicht nur nicht durchgeführt, sondern nicht einmal beabsichtigt. Die spiritualistische Theorie bringt nur eine Problemverschiebung.

Weiter geht schon die naturalistische Theorie, weil sie sich das Ziel steckt, die Geistigkeit als das spezifische Fundament kultureller Betätigung aus der Naturschicht menschlicher Existenz herzuleiten. Sie liegt in zwei Typen einer positiven und einer negativen Modifikation desselben Grundgedankens vor.

Die positive Modifikation ist die bekanntere von beiden, wie sich die darwinistische Entwicklungstheorie ihrer bedient hat. Nach ihrer Auffassung gab es einen Naturmenschen (vielleicht in mehreren Arten und Familien), der durch die Großhirnentwicklung dazu gedrängt wurde, den Kampf ums Dasein mit anderen als den natürlichen Waffen seines Leibes auszufechten. Er wurde dazu durch die mit der Ausbildung des Großhirns (d. h. der Intelligenz) korrelativ Schritt haltende aufrechte Gangart und Ausbildung der damit frei werdenden Vorderextremitäten zu Händen unterstützt. Die Hand, „das äußere Gehirn des Menschentieres", schuf kraft der Opponierbarkeit des Daumens das Werkzeug als ihre natürliche Verlängerung. Früher sah man in der Opponierbarkeit des Daumens ein spät erworbenes Merkmal. Klaatsch u. a. haben demgegenüber die wohlbegründete Auffassung vertreten, daß es sich hierbei um ein relativ frühes Entwicklungsmerkmal handle und der Mensch seine überlegene Stellung (besonders im Vergleich zu den ihm am nächsten stehenden Affen) der Erhaltung einer gewissen Primitivität verdanke. Dadurch, daß er davor bewahrt worden sei, in seiner Organisation zum Spezialisten wie die verschiedenen Affenspezies zu werden, habe er das für ihn charakteristische Übergewicht über die Tiere erreicht. Wie es sich nun auch damit verhalten mag, hat der Mensch nach beiden Auffassungen sich die Kultur gewissermaßen aus den Fingern gesogen: Intelligenz und Handfertigkeit gelten als Ursachen der Entstehung des Werkzeuggebrauchs und der Kultur.

Psychologisch gewendet legt diese Modifikation der naturalistischen Theorie die Furcht des Menschen vor der Vernichtung durch Naturgewalten zu Grunde. Der Urmensch wird als ein von Angst und Zittern beherrschtes Wesen gedacht, das sich wehrlos sieht und natürlich danach trachtet, Verteidigungsmittel zu bekommen. Er sinnt auf Schutz, den ihm die Werkzeuge verschaffen sollen. Aus der ständigen Verbesserung der Werkzeuge ist dann die Kultur allmählich entstanden. Ihr letzter Sinn liegt in der Lebenserhaltung und Lebensförderung. Selbst ihre höchsten Sublimierungen, die das Leben zu bedrohen, aufzusaugen und zu hemmen scheinen, werden auf diesen Sinn (pragmatisch) zurückgeführt.

Die negative Modifikation der naturalistischen Theorie sieht in der Großhirnentwicklung und in den korrelativ gegebenen körperlichen Eigenschaften einen lebensgefährdenden Prozeß, einen Erkrankungsvorgang. Für sie bedeutet der Mensch ein krankes, aus seiner natürlichen Bahn, aus seinem vitalen Gleichgewicht geworfenes Tier. Er ist das Opfer der parasitären Ausbildung eines Organs geworden. Der Gehirnparasitismus, vielleicht auf Störungen der inneren Sekretion beruhend, hat ihm das Danaergeschenk der Intelligenz, der Einsicht und Erkenntnis, des Bewußtseins der Welt beschert, — vielleicht ist dieses Bewußtsein, der Geist nur eine grandiose Illusion, die Selbsttäuschung eines biologisch entarteten, vom Gehirnpolypen ausgesogenen Lebewesens. Nur um sich am Leben zu erhalten, bedarf es der Krücken, der künstlichen Glieder, die in den Werkzeugen und der Kultur vorliegen. Und auch das hat noch seine negative Kehrseite. Denn dient diese irreale Welt der Unterstützung eines zu schwach gewordenen Lebens, ist sie ebensosehr der Ausdruck seiner Schwäche, selber krank.

In psychologischer Fassung erscheint diese negative Modifikation heute in Ansätzen, die von Freud und den von ihm ausgegangenen Psychoanalytikern besonders beeinflußt sind. Kultur beruht nach dieser Lehre auf Triebverdrängung. Mensch sein heißt Verdränger sein. Wenn bei ihm im Unterschied zum Tier der Kreis des Bewußtseins auch die eigene Existenz umschließt, so wird damit zugleich die Zensur für das Selbst geschaffen. Dagegen wehrt sich das Selbst, es meidet die Zensur des Bewußtseins. Will also der Mensch nur das von sich wissen, was ihm paßt, muß er das Unpassende ins Unterbewußtsein verdrängen. Dazu gehören die von jeder Konvention und Sitte gezügelten und beschnittenen Triebe, welche — ihrer naturgemäßen Auswirkung auf diese Weise beraubt — nunmehr auf pathologische Art die Entladung suchen. Die eine Form pathologischer Triebentladung ist die Neurose, die andere Form die Sublimierung, d. h. die Umbiegung ins Geistige. Religion, philosophische, künstlerische, politische Ideenbildung beruhen danach auf einer durch Verdrängung bedingten Triebsublimierung, sie ist nichts anderes als eine indirekte Erfüllung der an ihrer direkten Sättigung gehemmten Triebregungen. „Es ist nichts anderes dahinter, als daß die Kultur auf den Verdrängungsleistungen früherer Generationen beruht, und daß jede neue Generation aufgefordert wird, diese Kultur durch Vollziehung derselben Verdrängung zu erhalten" (Freud).

Eine wirkliche Theorie vom Ursprung der Kultur bzw. ihrer biologischen Funktion muß jedoch weitergehen und nach der Notwendigkeit der Kollision zwischen einer Kultur, Sitte, Moral und den Triebregungen fragen. Sie ergibt sich aus einer im Vergleich zu den freilebenden Tieren hypertrophen Entwicklung der Triebe, insbesondere des Sexualtriebs. Seidel[1]) z. B. gibt als hypothetische Erklärung für diese Hypertrophie die — Domestikation an. Bei domestizierten Tieren hat man ein Anwachsen des Ernährungs- und Sexualtriebs und beim männlichen Geschlecht die Durchbrechung der Brunstperioden feststellen können. Der Mensch als domestiziertes Tier hätte den Verlust des Freilebens mit Triebhypertrophie und Verdrängungszwang erkauft.

Aber die Hypertrophie ist auch bei anderen Trieben des Menschen, vor allem beim Machttrieb, zu finden. Der Wille zur Macht, der Kampf ums Mehrsein, die Tendenz zum Obensein zeigt die gleiche primäre Gestörtheit des vitalen Gleichgewichts zwischen dem Organismus und seinen Trieben. Strebung und Erfüllung stehen beim Menschen in keinem Verhältnis zueinander, solange die Erfüllung in derselben Sphäre gesucht wird, welcher die Strebung angehört. (Wobei übrigens zu bemerken ist, daß der Ursprung der Kultur aus hypertropher Triebdynamik sowohl direkt — wie in der Schopenhauerschen Lehre vom Willen, der sich selbst von sich erlöst, und in Nietzsches Lehre vom Willen zur Macht — als auch indirekt — wie etwa bei Freud und Adler unter der Idee der Flucht vor dem Trieb oder der Überkompensation — abgeleitet werden

1) Alfred Seidel, Bewußtsein als Verhängnis. Aus dem Nachlaß herausg. von H. Prinzhorn. Bonn 1927.

kann. Nietzsches Lehre gehört sonst ihrer Anlage nach zur positiven Modifikation der naturalistischen Ursprungstheorie, welche denn auch den Sinn der Kultur auf den Zuwachs an Macht reduziert.)

Für die positive Modifikation der naturalistisch-vitalistischen Erk ärung ist Kultur der direkte Ausdruck und Niederschlag des irgendwie nach Selbststeigerung verlangenden und auch dazu berufenen Lebens. Für die negative Modifikation ist Kultur der indirekte Ausdruck des zur Selbststeigerung verdammten und vor ihr Rettung suchenden Lebens. Selbstverständlich liegt bei keiner der Theorien der Nachdruck auf dem Nachweise einer in der Zeit vor sich gegangenen Entstehung, sondern nur einer für den Menschen spezifischen natürlichen Existenzbedingung, die ihn als Naturwesen zu seiner natürlich-unnatürlichen Stellung bestimmt.

Im Einzelnen an den Theorien des Naturalismus und Pragmatismus Kritik üben, kann man sich hier ersparen, zumal es von andern Seiten immer wieder unternommen worden ist. Sie versagen, weil sie entweder den überwerkzeughaften, außernützlichen Sinn kultureller Ziele, also das Eigengewicht der geistigen Sphäre, nicht begreiflich machen oder in das entgegengesetzte Extrem verfallen und das Element des Nutzens und der sachlich-objektiven Bedeutung, das in aller Kulturbetätigung steckt, aus den Augen verlieren, sich in reinen Psychologismus verspinnen. Eine biologistisch-utilistische steht einer psychologistischen Auffassung der geistigen Welt gegenüber, die erste macht den Menschen zu einem gesunden, die zweite zu einem kranken Tier. Beide sehen ihn primär als Tier, als Raubtier oder als Haustier, und versuchen, das Epiphänomen der geistigen Äußerungen seines Wesens aus biologischen Prozessen herzuleiten. Darin liegt ihr Kardinalfehler (der aufs Schlagendste die Unfähigkeit demonstriert, den Menschen als Menschen und doch als Naturwesen in Einer Perspektive zu sehen, solange man naturwissenschaftliche mit geisteswissenschaftlichen Vorstellungen zusammenkoppelt). Sie verabsolutieren ein Symptom des menschlichen Daseins und wollen damit alles andere für den Menschen Bezeichnende erklären. Die einen führen das Menschliche auf das Allzumenschliche, den Sexualtrieb oder den Ernährungstrieb oder den Machttrieb, zurück. Die anderen wieder konstruieren einen Erlösungstrieb. Die dritten sehen alles unter dem Aspekt der Intelligenz und der Berechnung. So bewegen sich alle in Zirkeln und kommen aus dem Empirismus biologischer oder psychologischer Symptome nicht heraus. Den Grundfehler, den der historische Materialismus von Marx im Großen begeht, erneuern sie in der Auffassung des Elementes der Historie, des einzelnen Menschen. Und wenn wir heute vor lauter Einsicht in die ökonomische, psychologische und biologische Bedingtheit kultureller Arbeit das Vertrauen zu ihr verlieren, so ist das ihre Schuld, weil sie uns nicht die Grundlagen sehen gelehrt haben, auf denen dieses System wechselweiser Bedingtheit ruht.

Nicht Hypertrophie des Trieblebens oder Selbststeigerungstendenz des Lebens in Gestalt von „Wille zur Macht, zum Mehr- oder Obensein“ nach Nietzsche, Simmel, Adler, nicht Überkompensation oder Sublimierung auf Grund von Verdrängung ist die wahre Ursache der Kultivierung, jede ist selbst erst eine Folge der vorgegebenen Lebensform, die allein das Menschliche am Menschen ausmacht. Daß der Mensch mit seinen natürlichen Mitteln seine Triebe nicht befriedigen kann, daß er nicht zur Ruhe kommt in dem, daß er ist, und mehr sein will, als er ist und daß er ist, daß er gelten will und zur Irrealisierung in künstlichen Formen des Handelns, in Gebräuchen und Sitten unwiderstehlich hingezogen wird, hat seinen letzten Grund nicht im Trieb, im Willen und in der Verdrängung, sondern in der exzentrischen Lebensstruktur, im Formtypus der Existenz selber. Die konstitutive Gleichgewichtslosigkeit seiner besonderen Positionalitätsart — und nicht erst die Störung eines ursprünglich normal, harmonisch gewesenen und wieder harmonisch werden könnenden Lebenssystems ist der „Anlaß“ zur Kultur.

Existentiell bedürftig, hälftenhaft, nackt ist dem Menschen die Künstlichkeit wesensentsprechender Ausdruck seiner Natur. Sie ist der mit der Exzentrizität gesetzte Umweg zu einem zweiten Vaterland, in dem er Heimat und absolute Verwurzelung findet. Ortlos, zeitlos, ins Nichts gestellt schafft sich die exzentrische Lebensform ihren Boden. Nur sofern sie ihn schafft, hat sie ihn, wird sie von ihm getragen. Künstlichkeit im Handeln, Denken und Träumen ist das innere Mittel, wodurch der Mensch als lebendiges Naturwesen mit sich in Einklang steht. Mit der erzwungenen Unterbrechung durch gemachte Zwischenglieder hebt sich der Lebenskreis des Menschen, dem er als selbständiger Organismus von Bedürfnissen und Trieben auf Tod und Leben eingeschmiedet ist, in eine die Natur überlagernde Sphäre und schließt sich dort in der Freiheit. Der Mensch lebt also nur, wenn er ein Leben führt. So bricht ihm immer wieder unter den Händen das Leben seiner eigenen Existenz in Natur und Geist, in Gebundenheit und Freiheit, in Sein und Sollen auseinander. Dieser Gegensatz besteht. Naturgesetz tritt gegen Sittengesetz, Pflicht kämpft mit Neigung, der Konflikt ist die Mitte seiner Existenz, wie sie sich dem Menschen unter dem Aspekt seines Lebens notwendig darstellt. Er muß tun, um zu sein. Aber die vis a tergo, die aus seinen Trieben und Bedürfnissen auf ihn einwirkt, reicht nicht aus, um den Menschen in der ganzen Fülle seiner Existenz in Bewegung zu halten. Eine vis a fronte ist nötig, eine Macht im Modus des Sollens erst entspricht der exzentrischen Struktur. Sie ist der spezifische Appell an die Freiheit als das Stehen im Zentrum der Positionalität und das Movens für den geistigen Menschen, für das Glied einer Mitwelt.

Durch die Exzentrizität seiner Positionsform ist der Mensch ein Lebewesen, das Anforderungen an sich stellt. So „ist“ er nicht einfach und lebt dahin, sondern gilt etwas und als etwas. Er ist von Natur sittsam, ein sich im Modus der Aufforderung selbst bändigender, domestizierender Organismus. Er kann ohne Sitte und Bindung an irreale Normen, die ihr eigenes Gewicht haben, um Anerkennung zu verlangen (deren sie für sich selber nicht bedürfen), nicht existieren. So wird ihm der Wesenstatbestand seiner Positionalität zum sogenannten Gewissen, zum Quellpunkt der Sittlichkeit und konkreten Moral. Und zugleich wird sie ihm zur Zensur, d. h. zur Hemmung, an der sich der Konflikt mit seiner daran sich abspaltenden „niederen“ Natur, mit seinen Trieben und Neigungen immer von Neuem entzündet.

Betrachtet man jetzt die spiritualistische oder naturalistische Erklärung des „Ursprungs“ der Kultur in Werkzeug, Sitte und Werk, so begreift man, wie dagegen die Ansicht im Recht zu sein schien, welche mit der Behauptung der Unmöglichkeit, dieses Problem zu lösen, zugleich die Möglichkeit des Problems selber bestritt. Der Spiritualismus hält nun einmal an der Urfaktizität eines Geistes, einer Geistigkeit, Bewußtheit, Intelligenz fest und erklärt jede Frage nach einer Reduktion dieser Urtatsache auf Prinzipien ihrer Konstitution, also ihres Ursprungs im nichtzeitlichen Sinne, für Unsinn. Er schaltet sich von selbst aus.

Demgegenüber hat der Naturalismus wenigstens Mut gezeigt, das Problem immer wieder aufzurollen. Seine Lösungen tragen jedoch durchweg die Form jener Erklärung, welche seit Reuter als die Definition der Armut durch die pauvreté bezeichnet wird. Oder ist es vielleicht etwas anderes, wenn man die Kultur auf Sublimierung und Überkompensation, Sublimierung und Kompensation auf Triebverdrängung und Komplex, die Verdrängung auf Triebhypertrophie und diese auf Domestikation des Raubtieres „Mensch" zurückführt? Haustier ist er ja nur als Kulturmensch. Wer aber hat ihn domestiziert, wenn nicht er selbst? — Oder man begreift Sublimierung und Überkompensation als die eigentlich kulturschaffenden, gesellschaftsbildenden Energien, leitet diese Energien aber von dem Einfluß der Kultur und ihrer Gesellschaft ab. Die „Zensur" an der Grenze von Bewußtsein und Unbewußtsein hat die Sitte schon zur Voraussetzung, kann also höchstens sittenerhaltend, aber nicht sittenerzeugend wirken. (Was übrigens die besonnenen Psychoanalytiker, die sich innerhalb der Grenzen der Erfahrung halten, nicht behaupten. Wogegen die Philosophie Einspruch erheben muß, das ist lediglich der metaphysische Mißbrauch der psychoanalytischen Gedanken.)

Um die andere Modifikation der naturalistischen Ursprungstheorie ist es nicht besser bestellt. Entweder sie operiert mit der Furcht vor Vernichtung, also dem Gedanken des Kampfes um's Dasein, des Wettbewerbs und der Auslese der Tüchtigsten, oder mit dem Willen bzw. Trieb zum Mehrsein, der Aufstiegs- und Selbststeigerungstendenz der organischen Natur.— Warum hat, um von dem ersten Argument zu sprechen, gerade der Mensch diese exzeptionelle Furcht, die zum künstlichen Schutz drängt, da seine physische Ausstattung hinter der sehr vieler Arten in keiner Weise zurückbleibt, tausend anderen Arten überlegen ist? Warum sind seine Bedürfnisse so, daß sie natürlicher Weise keine (wenigstens keine vollständige) Befriedigung erhalten können? Etwa deshalb, weil er weiß, daß er sterben muß? Woher erwächst gerade ihm dieses Wissen (da man dann annehmen soll, daß es den Tieren versagt ist)? Sicher ist die Todesfurcht, die Sorge um das eigene Leben, etwas spezifisch Menschliches und in einem viel tieferen Sinne kulturbildend, als wir es heute gelten lassen. Aber sie ist niemals das letzte Fundament, auf dem sich die geistig-schöpferischen Tendenzen des Menschen erheben. Sie ist nur ein Symptom für die allen spezifisch menschlichen Leistungen vorgegebene Grundstruktur der exzentrischen Positionalität. Alles Lebendige, soweit es tierisch organisiert ist, ängstigt sich, wenn es Bedrohung, Einengung des eigenen Lebensspielraums merkt. Aber bis auf den Menschen kennt es keine Sorge u m das eigene Dasein oder gar um das Dasein anderer Wesen. Es kennt nicht die Furcht v o r gefahrbringender Wirklichkeit, denn es lebt s i c h nicht vorweg. Wohl ist es ihm selber vorweg, d. h. es lebt in echter Gegenwart, aber es lebt nicht in der Zukunft wie der Mensch, der von sich weiß, weil er über sein ihm selber Vorwegsein hinaus, seinem Vorwegsein vorweg ist. Echte Furcht und echte Sorge bauen sich zwar nicht notwendig auf einem Wissen um zukünftige Dinge auf, aber sie sind nur da möglich, wo dem Lebewesen wenigstens der Zeitmodus Zukunft aufgegangen ist. Aus der Angst allein ist die „Erfindung“ des Werkzeugs und die Kultivierung nicht zu erklären. Will man aber Sorge und Furcht, besonders die Todesfurcht, dafür heranziehen, so muß man sich darüber im Klaren sein, daß in ihnen die menschliche Lebensform schon vorausgesetzt ist.

Und das zweite Argument vom Willen zur Macht, vom Trieb zum Mehrsein? Auch in der Fassung Nietzsches und des Pragmatismus reicht es nicht aus, die Irrealisierung des menschlichen Tuns zu begründen. Herrschaftstendenzen zeigen alle gesellt lebenden Tiere. Beim Menschen muß also noch etwas besonderes hinzukommen. Die einen sagen, es sei die Intelligenz, die anderen führen es auf die hypertrophe Triebentwicklung (vielleicht — unter dem Einfluß der Intelligenz und des Gehirns — als eine durch sein Übergewicht notwendig gewordene kompensatorische Hypertrophie) zurück. Aber die Intelligenz muß sich schon von der tierischen Intelligenz qualitativ unterscheiden, um die Produktion geistiger Waffen und vor allem solcher geistigen Dinge, die keine Waffen und Werkzeuge sind, begreiflich zu machen. Köhlers Experimente haben es zum mindesten wahrscheinlich gemacht, daß hochentwikkelten Tieren eine primitive Produktion von Werkzeugen gelingt, wenn die Hindernisse stark genug sind, den normalen Verlauf der trieberfüllenden Reaktion zu unterbinden. Zugleich haben sie gezeigt, wo die Grenze tierischer und menschlicher Werkzeugproduktion liegt: das Tier weiß nicht, w a s es tut. Es behält wohl die Handlung mit künstlichen Hilfsmitteln im Gedächtnis und kann sie i. A. reproduzieren, aber es merkt nicht den mit dem Handlungsergebnis geschaffenen Sachverhalt. Die Ablösbarkeit dieser im sichtbaren Ergebnis steckenden unsichtbaren Sache oder Möglichkeit geht ihm nicht auf. Ergo nützt alle Tendenz zur Macht über die Artgenossen —

und wenn man richtigerweise statt Macht als etwas Geistigem Herrschaft setzt — Tendenz zum Herrschen gar nichts zur Erklärung des Kulturursprungs, es sei denn, daß die spezifisch menschliche Intelligenz bereits vorausgesetzt wird.

Daß gerade der Mensch zum Apostaten der Natur, zum Unruhstifter, Geltungsbedürftigen, Leistungswesen wird und in ihm die Selbststeigerungstendenz des Lebens in Form des Machttriebes Orgien zu feiern scheint, darf nicht zum Fundament des Ursprungs der Kultivierung gemacht, sondern muß selbst als Symptom der exzentrischen Positionalität begriffen werden. Sie erzwingt den Anschein des Willens zur Macht, ist ihm vorgegeben. Denn der Mensch muß tun, um zu leben. Der Vollzugszwang, in seiner Exzentrizität begründet, wirkt sich natürlich nicht mit Einem Schlage aus. Ihm genügt nicht Eine Tat, sondern allein die Rastlosigkeit unablässigen Tuns. Infolgedessen entsteht der Anschein (und wohl auch sekundär die psychische Tendenz als ein Reflex dieser Zwangslage) eines dauernden Überbietens des bereits Getanen, das natürlich so ohne weiteres nicht gleich wieder verschwindet. Die getanen Leistungen reichern sich dementsprechend beständig an, die neue Tat übertürmt die bisherigen Taten.

Um sich ins Gleichgewicht erst zu bringen und nicht um es zu verlassen, wird der Mensch das dauernd nach Neuem strebende Wesen, sucht er die Überbietung, den ewigen Prozeß. Die Übersteigerung — fälschlich als eine Selbststeigerungstendenz des Lebens verabsolutiert — ist das notgedrungen diese Form annehmende Mittel der Kompensation seiner Halbheit, Gleichgewichtslosigkeit, Nacktheit. Mit der Arbeit sucht der Mensch sich nur das zu verschaffen, was die Natur ihm schuldig bleibt, weil sie ihm die höchste Organisationsform verliehen hat.

Es ist gut, zum Schluß noch einmal darauf hinzuweisen, wie die pragmatisch-biologische Ursprungstheorie — von allem anderen ganz abgesehen — überhaupt daran scheitert, daß sie die nichtzweckhaften Sphären der Kultivierung, Sitte und Kultur im engeren Sinne, aus den zweckdienlichen Mitteln des Handelns, den Werkzeugen, ableitet und dann nicht in der Lage ist, es sei denn durch Berufung auf die sogenannte Heterogonie der Zwecke (Wundt) oder die von Freud besonders beim Sexualtrieb festgestellte Zielverschiebung der Sublimierung, die innere Gewichtigkeit der Werke, d. h. ihren Geltungsanspruch, ihren Sachcharakter zu begreifen. Schon der Sachcharakter der Werkzeuge, selbst der einfachsten: Leiter, Hammer, Messer usw., wird meistens übersehen und die für ihren Bestand wesentliche Ablösbarkeit vom Vorgang des Erfindens. Der Mensch erfindet nichts, was er nicht entdeckt. Das Tier kann finden, erfinden kann es nicht, weil es nichts dabei findet (d. h. entdeckt). Es deckt sich ihm das Ergebnis seines Tuns nicht auf. Wie viel mehr aber wird erfordert, damit ein Lebewesen Sitte und zweckfreie Werke intendiert. Hier muß noch etwas ganz anderes in's Spiel treten, das seinen Ursprung in der besonderen Existenzform der Ergänzungsbedürftigkeit hat. Nur weil der Mensch von Natur halb ist und (was damit wesensverknüpft ist) über sich steht, bildet Künstlichkeit das Mittel, mit sich und der Welt in's Gleichgewicht zu kommen. Das bedeutet nicht, daß Kultur eine Überkompensation von Minderwertigkeitskomplexen darstellt, sondern zielt auf eine durchaus vorpsychologische, ontische Notwendigkeit.

4. Die anthropologischen Grundgesetze: II. Das Gesetz der vermittelten Unmittelbarkeit. Immanenz und Expressivität.

All sein Beginnen könnte dem Menschen nichts helfen, der Herstellung des ihm ontisch versagten Gleichgewichts mit künstlichen Mitteln zu dienen, wenn nicht die Resultate seines Beginnens von ihm selber ablösbar wären. Auch das einfachste Werkzeug ist nur insoweit Werkzeug, als in ihm ein Sachverhalt vorliegt, ein Seinsverhalt gefaßt ist. Die primitivste Waffe, das schlichteste Instrument wird nur unter dieser Bedingung gebrauchsfähig. Glaubt man also, daß die Dinge unseres Umgangs und Gebrauchs den vollen Sinn, ihr ganzes Dasein erst aus der Hand des Konstrukteurs empfangen und allein in dieser Relativität auf das Umgehen mit ihnen wirklich sind, so sieht man nur die halbe Wahrheit. Denn ebenso wesentlich ist für die technischen Hilfsmittel (und darüber hinaus für alle Werke und Satzung aus menschlicher Schöpferkraft) ihr inneres Gewicht, ihre Objektivität, die als dasjenige an ihnen erscheint, was nur gefunden und entdeckt, nicht gemacht werden konnte.

Was also in die Sphäre der Kultur eingeht, zeigt Gebundenheit an das menschliche Urhebertum und zugleich (und zwar in demselben Ausmaß) Unabhängigkeit von ihm. Der Mensch kann nur erfinden, soweit er entdeckt. Er kann nur das machen, was es „schon“ an sich gibt — wie er selbst nur dann Mensch ist, wenn er sich dazu macht, und nur lebt, wenn er sein Leben führt. Seine Produktivität ist nur die Gelegenheit, bei welcher die Erfindung Ereignis wird und Gestalt gewinnt. Es wiederholt sich hier das früher besprochene Verhältnis der Korrelativität des apriorischen und des aposteriorischen Elementes, wie es die Situation des Lebewesens oder die Anpassung an seine Umgebung allgemein beherrscht, ja geradezu ausmacht, — in der Schicht bewußten Machens, das nur schöpferisch wird, wenn ihm die spezifische Anpassung an die objektive Welt gelingt. Das Geheimnis des Schöpfertums, des Einfalls besteht in dem glücklichen Griff, in der Begegnung zwischen dem Menschen und den Dingen. Nicht das Suchen nach etwas Bestimmtem ist das Prius der eigentlichen Erfindung, denn wer nach etwas sucht, hat in Wahrheit schon gefunden. Er steht unter dem Gesetz des Seienden, nach welchem der Fund die bloße Erfüllung eines garantiert erfüllbaren Strebens ist. Das Prius von Suchen und Finden dagegen ist die Korrelativität von Mensch und Welt, die auf die Identität seiner exzentrischen Positionsform und der Struktur dinglicher Realität (die eben auch „exzentrische" Form zeigt) zurückweist.

Aber niemand wird behaupten wollen, daß damit das Wesen der Erfindung und des glücklichen Griffs voll charakterisiert sei. Erfindung heißt auch Umsetzung aus der Möglichkeit in die Wirklichkeit. Nicht der Hammer hat existiert, bevor er erfunden wurde, sondern der Tatbestand, dem er Ausdruck verleiht. Das Grammophon war sozusagen erfindungsreif, als es feststand, daß Schallwellen sich mechanisch transformieren lassen, und diesen Tatbestand hat kein Mensch geschaffen. Trotzdem mußte es erfunden, d. h. die Form dafür mußte gefunden werden. Der schöpferische Griff ist eine Ausdrucksleistung. Dadurch erhält der realisierende Akt, der sich auf die von der Natur dargebotenen Materialien stützen muß, den Charakter der Künstlichkeit.

Jede Ausdrucksleistung zerfällt ihrem inneren Wesen und ihrer äußeren Erscheinung nach in Inhalt und Form, in das Was und das Wie des Ausdrucks. Von den Grundarten des Ausdrucks ist in diesem Zusammenhang nicht zu handeln, sondern nur das wesensallgemeine Gesetz herauszuarbeiten, das in jeder Ausdrucksart sich als wirksam erweist. Die Grundmöglichkeiten der Ausdrucksgebung sind in unserer „Einheit der Sinne" mit Rücksicht auf die ästhesiologischen Probleme eingehend entwickelt worden. Es sei an dieser Stelle daran erinnert, um falschen Interpretationen des Folgenden vorzubeugen. Denn es liegt nicht in seiner Absicht, die Spezifikation des Ausdrucks, seine Grundkategorien, etwa zugunsten eines allgemeinen Ausdrucksgesetzes aufzuheben oder aus einem solchen zu deduzieren. Ausdruck und damit Kultur als Manifestation in einer konkret faßlichen Form ist nur nach einer dieser Kategorien möglich. (Was wiederum davon zu trennen ist, daß diese Kategorien der Manifestation oder Realisierung [wie es in der „Einheit der Sinne" nach ästhesiologischer Methode geschieht] an bestimmten empirischen Fakten einer geschichtlich gewordenen Kultur aufgewiesen werden, an der euklidischen Geometrie, an der Wortsprache, an der reinen Musik des nachreformatorischen Europa. Bisweilen ist das ganz abwegig so verstanden worden, als sollte damit diese Musik, diese Geometrie, diese Sprache zu apriorischen Kategorien gemacht werden. Davon ist natürlich keine Rede. Nicht die Ausdrucksform kann apriori sein, ebensowenig wie es der Inhalt ist, sondern allein die [nur an Hand exzeptioneller Beispiele bloßgelegte!] Art und Weise, wie zu einem Inhalt seine „Form" gefunden wird.)

Hier geht es um die den Ausdrucksweisen vorgelagerte Notwendigkeit des Ausdrückens überhaupt, um die Einsicht in den Wesenszusammenhang zwischen exzentrischer Positionsform und Ausdrücklichkeit als Lebensmodus des Menschen. Einen Zwang zum Ausdruck, ein Sich-aussprechen-müssen kennt natürlich jeder Mensch aus seiner Erfahrung, und er führt ihn darauf zurück, daß der Mensch zum geselligen Leben geboren sei. Dieses Mitteilungsbedürfnis unterliegt persönlichen Schwankungen. Davon muß man wieder unterscheiden ein Ausdrucksbedürfnis anderer Art, das vielfach in seiner psychologischen Bedeutung unterschätzt wird, ein Bedürfnis nach mimischer Darstellung, überhaupt nach Darstellung bzw. Wiedergabe erlebter Dinge, beunruhigender Gefühle, Phantasien, Gedanken, das nicht mit dem gleichen Recht auf die Sozialität zurückführbar ist. Von seiner Stärke und Richtung hängen Grad und Art der Entfaltung künstlerischer Leistungen ab. Es hat wohl zunächst in der Tendenz, das Flüchtige des Lebens durch Gestaltung aufzubewahren und es übersichtlich zu machen, seinen Grund.

Mitteilungsbedürfnis und Gestaltungsbedürfnis deuten also selbst auf existentielle Mächte zurück, die in ihnen sich nur auswirken. Ob diese mit der Sozialität der menschlichen Lebensform direkt oder indirekt zusammenhängen, ob nicht noch andere Seiten der Form in's Spiel treten, bleibe unerörtert. Eins ist durch die bisherigen Untersuchungen gesichert: die exzentrische Positionsform bedingt die Mitweltlichkeit oder Sozialität des Menschen, macht ihn zum ζῶον πολιτικόν, und bedingt gleichursprünglich seine Künstlichkeit, seinen Schaffensdrang. Es fragt sich, ob aus der Exzentrizität ebenso ursprünglich — nicht diese oder jene Art von Ausdrucks**bedürfnis**, sondern ein Grundzug menschlichen Lebens folge, den man als Expressivität, als Ausdrücklichkeit menschlicher Lebensäußerungen überhaupt bezeichnen muß. Ein derartiger Grundzug macht sich natürlich für den Menschen auch als Zwang geltend, der nicht nur in seinem Leben aufgeht, sondern darin gegen sein Leben angeht, lebend sein Leben führt.

Exzentrizität der Position läßt sich als eine Lage bestimmen, in welcher das Lebenssubjekt mit Allem in indirekt-direkter Beziehung steht. Eine direkte Beziehung ist da gegeben, wo die Beziehungsglieder ohne Zwischenglieder miteinander verknüpft sind. Eine indirekte Beziehung ist da gegeben, wo die Beziehungsglieder durch Zwischenglieder verbunden sind. Eine indirekt-direkte Beziehung soll diejenige Form der Verknüpfung heißen, in welcher das vermittelnde Zwischenglied notwendig ist, um die Unmittelbarkeit der Verbindung herzustellen bzw. zu gewährleisten. Indirekte Direktheit oder vermittelte Unmittelbarkeit stellt demnach keine Sinnlosigkeit, keinen einfach an sich zugrunde gehenden Widerspruch dar, sondern einen Widerspruch, der sich selber auflöst, ohne dabei zu Null zu werden, einen Widerspruch, der sinnvoll bleibt, auch wenn ihm die analytische Logik nicht folgen kann.

Die bisherigen Analysen haben klarzumachen versucht, daß das Lebendige als solches die Struktur der vermittelten Unmittelbarkeit besitzt. Sie ergibt sich aus dem Wesen der real gesetzten Grenze. Da ihre Realsetzung das Konstitutionsprinzip für alle organische Formung bildet, so nimmt auch die exzentrische Form der Organisation an der Struktur teil. Von solcher „abstrakten" Teilnahme jeder Organisation an der für das Lebendige überhaupt wesentlichen Struktur vermittelter Unmittelbarkeit ist zu unterscheiden die spezifische Bedeutung, welche die Struktur für die einzelne Organisationsstufe hat. Schon daß sich die Stufen nach dem Prinzip der Offenheit und Geschlossenheit unterscheiden, ergibt eine Differenz in der Beziehung des organischen Körpers zu anderen Körpern.

Darüber hinaus gehört zum organischen Körper ein bestimmter Positionalitätscharakter. Positional liegen die Dinge also noch besonders. Bei der Pflanze tritt eine positional begründete Beziehung zwischen Lebenssubjekt und Medium nicht auf. Eine (direkte)

Beziehung spricht sich am Organismus zwar aus, aber sie ist nicht als Beziehung da. Beim Tier ist dies erreicht. Die Beziehung zwischen ihm und dem Umfeld spricht sich zwar am Organismus unabhängig davon, ob er dezentralistisch oder zentralistisch organisiert ist, gemäß dem Gesetz der geschlossenen Form als indirekte Beziehung aus. Für das Tier selber bedingt dagegen der Unterschied in der Organisationsweise einen Unterschied in seiner Positionalität. Im Fall der Dezentralisation findet direkte Zuordnung von Reiz und Reaktion statt. Die Beziehung zwischen Subjekt und Umfeld ist unmittelbar. Im Fall der Zentralisation erfolgt die Zuordnung von Reiz und Reaktion durch das Subjekt. Die Beziehung zwischen Subjekt und Umfeld ist mittelbar.

Man überlege sich aber, was es positional, unter dem Aspekt des Lebewesens gesehen bedeutet, daß zwischen ihm und dem Umfeld eine durch es selber vermittelte Beziehung existiert. Diese Beziehung kann dem Lebewesen gar nicht anders als direkt, als unmittelbar erscheinen, weil es „sich selber" noch verborgen ist. Es steht im Punkte der Vermittlung und bildet sie. Um von ihr etwas zu merken, müßte es daneben stehen, ohne doch seine vermittelnde Zentralität zu verlieren.

Wie angegeben, ist diese exzentrische Position im Menschen verwirklicht. Er steht im Zentrum seines Stehens. Er bildet den Punkt der Vermittlung zwischen ihm und dem Umfeld und er ist in diesen Punkt gesetzt, er steht in ihm. D. h. einmal: seine Beziehung zu anderen Dingen ist zwar eine indirekte, er lebt sie aber als direkte, unmittelbare Beziehung ganz wie das Tier —, soweit er wie das Tier dem Gesetz der geschlossenen Lebensform und ihrer Positionalität unterworfen ist. Und es heißt zum anderen: er weiß von der Indirektheit seiner Beziehung, sie ist ihm als mittelbare gegeben.

Daraus scheint mit zwingender Notwendigkeit der Schluß zu folgen, daß der Mensch als exzentrisches Lebewesen in zwei grundverschiedenen Beziehungen zur Außenwelt, zur Fremdwelt überhaupt steht, einer direkten „und" einer indirekten Beziehung. Dieser Schluß aber ist falsch. Er hat eine entscheidende Prämisse vergessen, nämlich die Identität desjenigen, der in diesem Zentrum der Vermittlung steht. Wie schon Fichte erkannt hat, gibt es diese nur, sofern sie von demjenigen, der mit sich als identisch angenommen werden soll, vollzogen wird. Dieses sich selber Setzen allein konstituiert das Lebenssubjekt als Ich oder die exzentrische Positionalität. Infolgedessen ist der Mensch „sich selber" nicht mehr verborgen, er weiß von ihm, daß er mit ihm, welcher weiß, identisch ist. Der Mensch steht in Einer Beziehung zu fremden Dingen, die den Charakter der vermittelten Unmittelbarkeit, der indirekten Direktheit hat, und nicht in zwei fein säuberlich nebeneinander laufenden, von einander getrennten Beziehungen.

Diesen — nicht zutreffenden — Fall einmal angenommen, daß der Mensch unmittelbar „und" mittelbar auf das Umfeld bezogen wäre, gäbe es ja kein Mittel zu entscheiden, welche von den beiden Beziehungen sein Leben beherrschte und formte. Die beiden Relationen müßten sich unausgesetzt Konkurrenz machen, bald wäre es so (unmittelbar), bald wäre es wieder nicht so (mittelbar). Eine eindeutige Stellung des Menschen zum Umfeld käme nicht zustande, sondern oszillierte zwischen Gegensätzen hin und her.

Noch mehr: sogar diese Oszillation, diese Konkurrenz zwischen den einander widersprechenden Beziehungen des Lebenssubjekts zum Umfeld könnte es nicht einmal geben, weil darüber die Identität des Subjekts mit sich zum Teufel ginge. Soll diese Identität auch nur dem Sinne nach gewahrt bleiben, so würde der Kampf der einen gegen die ihr widersprechende Beziehung zum Fundament der Position des Menschen werden, beide Beziehungen müßten in ideal ein und demselben Sinne stattfinden, — was ihrer gegenseitigen Aufhebung aneinander gleichkommt und überhaupt eine Position unmöglich macht. Es läge eine in sich widerspruchsvolle Forderung vor, deren nur ansatzweise Erfüllung Null ergibt.

Warum dominiert nun die Direktheit und Unmittelbarkeit über die Indirektheit und Vermitteltheit? Warum heißt es, er stehe in einer Beziehung, die den Charakter vermittelter Unmittelbarkeit, indirekter Direktheit an sich trägt? Warum kann man nicht sagen und warum ist die scheinbar ebenso berechtigte Formulierung nicht richtig, daß der Mensch im Umfeld in einer direkten Indirektheit, unmittelbaren Mittelbarkeit existiert?

Weil das, was positional vom Tier gilt, in analoger Weise auch von ihm als Menschen gilt, d. h. soweit er nicht unter dem gleichen Gesetz der geschlossenen Form wie das Tier steht, sondern gerade die (nur ihm vorbehaltene) Form der Exzentrizität erfüllt. Positional gefaßt, kann die zwischen dem Tier und dem Umfeld gegebene vermittelte Beziehung für es selber nicht den Charakter der Mittelbarkeit haben, weil es selber ja die Vermittlung zwischen ihm und dem Feld bildet, deshalb zentrisch in dieser Vermittlung restlos aufgeht und „sich" noch verborgen ist. Dies ist eben beim Menschen anders. Er bildet die Vermittlung zwischen ihm und dem Feld, geht aber nur restlos darin auf, sofern er auch noch in ihr steht. Er steht also darüber. Er bildet infolgedessen die Vermittlung zwischen sich und dem Feld. Die Sache ist nicht so, daß er, grob gesagt, „unten" wie das Tier die Vermittlung zwischen ihm und dem Feld bildet und „oben" getrennt davon ist, darüber steht, an der Vermittlung nicht beteiligt ist und sich gewissermaßen, wie es bisweilen im Traum geschehen kann, als einem Anderen zusieht. Dann wäre er sich nicht der Andere, wäre nicht er selbst, bildete nicht die Vermittlung zwischen sich und dem Feld als unmittelbares Aufgehen in der Beziehung.

Um diese Vermittlung durchzuführen und auf seinem Existenzniveau aufrechtzuerhalten, muß sie auch wirklich durch ihn, wie er in ihm drinsteht, hindurchgehen. Sein Darüberstehen muß die lebendige Unmittelbarkeit zwischen ihm und dem Feld gewährleisten. Seine Abhebung von ihm, kraft deren er Ich zu sich sagen kann und als Ich existiert, wird infolgedessen die Beziehung zwischen ihm und dem Feld so gestalten, daß an ihr die Abhebung zum Vorschein kommt.

Und so ist es in der Tat. Der Mensch lebt in einem Umfeld von Weltcharakter. Dinge sind ihm gegenständlich gegeben, wirkliche Dinge, die in ihrer Gegebenheit von ihrer Gegebenheit ablösbar erscheinen. Zu ihrem Wesen gehört das Überschußmoment des Eigengewichts, des Für sich Bestehens, des An sich Seins, sonst spricht man eben nicht von wirklichen Dingen. Trotzdem zeigt sich das Überschußmoment, das Übergewicht an — der Erscheinung, die freilich zur Wirklichkeit gehört, aber nicht die ganze Wirklichkeit offenbart und in der Gegenständlichkeit allein die dem Subjekt zugekehrte Seite des Wirklichen reell, d. h. direkt präsentiert. So daß das Subjekt nur durch Vermittlung dieser Erscheinung die Realität zu fassen bekommt und zwar in der Weise der Unmittelbarkeit, weil an der unmittelbaren Gegenwart der Erscheinung unmittelbar das Übergewicht des An sich Seins, des Mehr als Erscheinung Seins „zur" Erscheinung kommt.

Setzt man für das Bild des Darüberstehens, mit welchem die exzentrische Positionalität des Menschen bezeichnet wurde, das auch früher schon gebrauchte Bild des Hinter sich Stehens, so wird die Situation des Menschen in der Welt mit einem

Schlage klar und alte Vorstellungen von dieser Situation erhalten ein lebendiges Gesicht. Seine Situation ist die Bewußtseinsimmanenz. Alles was er erfährt, erfährt er als Bewußtseinsinhalt und deshalb nicht als etwas im Bewußtsein, sondern außerhalb des Bewußtseins Seiendes. Weil der Mensch exzentrisch organisiert und damit hinter sich gekommen ist, lebt er in Abhebung von allem, was er und was um ihn ist. In doppelter Abhebung vom eigenen Leibe, in die Mitte seiner Position gestellt und nicht wie das Tier aus dieser Mitte einfach heraus lebend, weiß der Mensch von sich als Seele und Körper, von anderen Personen, Lebewesen und Dingen unmittelbar nur als von Erscheinungen bzw. Bewußtseinsinhalten und vermittels ihrer von den erscheinenden Realitäten.

In der Richtung des erfahrenden, wahrnehmenden, anschauenden, inne werdenden, verstehenden Wissens selber muß dem Menschen die Wissensbeziehung unmittelbar, direkt sein. Hier kann er gar nicht anders als die Sache in nackter Unmittelbarkeit fassen. Weil sie für ihn ist, ist sie an sich. Denn er selbst, das Subjekt, welches hinter (über) sich steht, bildet die Vermittlung zwischen sich und dem Objekt, damit er von dem Objekt weiß. Genauer: das Wissen vom Objekt ist die Vermittlung zwischen sich und ihm. So tilgt die Vermittlung im Vollzug ihn, den Menschen, als das hinter sich stehende vermittelnde Subjekt, es vergißt sich (er vergißt sich nicht!) — und die naive Direktheit mit der ganzen Evidenz, die Sache an sich gepackt zu haben, kommt zustande.

Wie die zwischen Tier und Umfeld gegebene vermittelte Beziehung für es selbst nicht den Charakter der Mittelbarkeit haben kann, weil es selber ja die Vermittlung zwischen ihm und dem Feld vollzieht (und außerdem dank seiner Zentrizität in diesem Vollzug aufgeht), so nimmt auch für den Menschen die durch ihn vermittelte Beziehung zum Umfeld den Charakter der Unmittelbarkeit an. Auch bei ihm wird die vollziehende Mitte oder das Ich durch den Vollzug in Anspruch genommen; mehr noch: sie wird reines Vollziehen, reines Hindurch. Seine Exzentrizität, auf Grund deren er hinter (über) sich steht, kann also das Bewußtsein der Unmittelbarkeit und des direkten Kontakts nicht verhindern. Sind doch blickendes Subjekt (Mitte der Position) und in der Mitte stehendes Subjekt identisch.

Darum ist die Exzentrizität, auch wenn sie sich im Vollzug des Wissens (der Vermittlung) vergißt, nicht getilgt. Kraft ihrer faßt das Wissen unmittelbar etwas Mittelbares: die Realität in der Erscheinung, das Phänomen der Wirklichkeit. Erscheinung ist ja nicht wie ein Blatt, wie eine Maske zu denken, hinter der das Reale steckt und die man von ihm ablösen kann, sondern ist wie das Gesicht, welches verhüllt, indem es enthüllt. In solcher verdeckenden Offenbarung liegt das Spezifische des in der Erscheinung selbst Daseienden — und doch „nicht ganz" Daseienden, sondern noch Dahinterseienden, des Verborgenen, des Für sich und An sich Seienden. Ein Wirkliches kann als Wirkliches gar nicht anders mit einem Subjekt in Relation sein, es sei denn von sich aus als das dem Subjekt Entgegengeworfene, als Objekt, d. h. als Er-scheinung, Manifestation von . . . : als vermittelte Unmittelbarkeit. Sonst verliert sich der Wirklichkeitscharakter, die Objektivität, wie es auch für das Tier der Fall ist. Durch seine Zentrizität ist es ihm nicht möglich, Erscheinungen als Er-scheinungen zu fassen. Es nimmt Bilder ohne Objektivitätscharakter wahr.

Die Exzentrizität bedingt gleichzeitig, daß der Mensch an der Unmittelbarkeit seines Wissens, an der Direktheit seines Realkontakts, wie sie für ihn mit absoluter Evidenz besteht, irre wird. Denn wie ihm allein die Exzentrizität einen Kontakt mit Realem überhaupt erst möglich macht, befähigt sie ihn auch zur Reflexion. So wird er sich der Wahrnehmungsakte, Wissensakte Vollziehende oder seines Bewußtseins bewußt. So entdeckt er — nicht das Psychische, das eine Realität seines Lebens für sich ist — die Indirektheit und Vermitteltheit seiner unmittelbaren Beziehungen zu den Objekten. Er entdeckt seine Immanenz. Er sieht, daß er faktisch nur Bewußtseinsinhalte hat und daß, wo er geht und steht, sein Wissen von den Dingen sich als Etwas zwischen ihn und die Dinge schiebt.

Wenn aber das Wissen, mit dem er den Kontakt herstellt, das Auge, mit dem er sieht, ein Zwischending ist, so kann der Wissende, der Subjektspol nicht mehr in einem direkten Realkontakt stehen. Er verliert also notgedrungen das Vertrauen zum Bewußtsein, wie es für sich, für ihn ist. Er verzweifelt an der Aktevidenz, an der Intentionalität, an dem Wert der Meinung, die das Bewußtsein in seinen Akten bekundet. Natürlich, so heißt es dann, meint das Subjekt, Wirklichkeit zu fassen und sie selber zu haben. Aber das ist nur für das Subjekt richtig. Faktisch bewegt es sich unter Bewußtseinsinhalten, Vorstellungen und Empfindungen. Das Auge vergißt sich notgedrungen, wenn es sieht. Wissen ist eben wesenhaft Strahl, der seinen Ausgangspunkt verläßt, ist Hinaustreten und Hinausgehen über sich selbst, Ekstase. Darum kommt es notwendig zu diesem Schein der Unmittelbarkeit, von dessen Haltlosigkeit uns die Reflexion überzeugt.

Evidenz des intendierenden steht gegen Evidenz des reflektierenden Bewußtseins. Immanenzlehre tritt gegen Transzendenzlehre. Bewußtseinsidealismus kämpft mit Realismus. Das Interesse ist da, zu entscheiden, welche Ansicht Recht hat. Theorien werden ersonnen, um die natürliche Erfahrung, die Anschauung des täglichen Lebens mit ihrem „believe", mit ihrer δόξα dem Idealisten und Immanenzlehrer begreiflich zu machen, oder umgekehrt dem Realisten die Möglichkeit der Anzweiflung seiner Überzeugung, des Immanenzeinwandes zu erklären. Oder es handelt sich, wie bei Kant, um die Rechtfertigung des Anspruchs der wissenschaftlich geschulten Erfahrung auf Objektivität. Der Beweis von der Realität der Außenwelt wird auf Grund der (mit Psychologie erforschbaren) Realität der Innenwelt geführt. Oder man sucht zu vermitteln und führt mit Argumenten, wie sie aus dem sogenannten kritischen Realismus (bzw. Idealismus) bekannt sind, den Nachweis, daß beide, Realisten und Idealisten, den wahren Sachverhalt einseitig auffassen, daß die wahre Realität bzw. Realität überhaupt nur indirekt und zwar entweder auf Grund von Schlüssen oder emotionalen Akten (Trieben oder Willensakten oder Gefühlen) erreicht werden kann.

Sicher ist, daß der Mensch durch seine Exzentrizität in diese Verlegenheit kommen muß. Willkürlich ist die Problemstellung der Erkenntnistheorie nicht. Die Annahme, es gäbe „von Natur" kein Erkenntnisproblem, der Mensch habe sich diese Schwierigkeit selbst bereitet, er habe sich einfach falsch verstanden, ist irrig. Aber ebenso sicher ist — dies hat die Untersuchung erwiesen —, daß sowohl die idealistische Interpretation der Immanenz, welche die Indirektheit der Beziehung zwischen Subjekt und Wirklichkeit durch ein Zwischending, eine Zwischenschicht getragen sein läßt, als auch die realistische Leugnung oder Deutung der Immanenz (letztere arbeitet ebenfalls mit der Verselbständigung des vermittelnden Zwischen) in die Irre geht. Wohin die idealistische Theorie führt, hat das zweite Kapitel dieses Buches entwickelt. Die Stärke des neuen Realitätsbeweises beruht darauf, daß er die Immanenzsituation des Subjekts als die unerläßliche Bedingung für seinen Kontakt mit der Wirklichkeit begreift. Gerade weil das Subjekt in sich selber steckt und in seinem Bewußtsein gefangen ist, also in doppelter Abhebung von seinen leiblichen Sinnesflächen steht, hält es die von der Realität als Realität, die sich offenbaren soll, geforderte Distanz inne, die seinsentsprechende Distanz, den Spielraum, in welchem allein Wirklichkeit zur Erscheinung kommen kann. Gerade weil es in indirekter Beziehung zum An sich Seienden lebt, ist ihm sein Wissen von dem An sich Seienden unmittelbar und direkt. Die Evidenz der Bewußtseinsakte trügt nicht, sie besteht zu Recht, sie ist notwendig. Ebenso untrüglich und notwendig ist die Evidenz der Reflexion auf die Bewußtseinsakte. Der Zerfall in die beiden Ansichten der Unmittelbarkeit und Vermitteltheit ist mit der exzentrischen Positionalität des Menschen gegeben. Aber er vermag nicht mehr einen Zerfall der Ansichten selbst herbeizuführen. Nicht beide haben Recht, so daß der Philosoph vor einer unlösbaren Antinomie steht. Ebensowenig wie nur eine von beiden Recht hat und gegen die andere als die allein maßgebende ausgespielt werden kann.

Somit wird klar, daß die monadologische Konsequenz, die alles Bewußtsein zum Selbstbewußtsein erklärt, ebenso wie die naiv-realistische Konsequenz, die alles Bewußtsein zur direkten Berührung mit der Wirklichkeit macht, falsch ist. Die erste Ansicht verdinglicht das vermittelnde Zwischen des Wissens zum Bewußtseinskasten, aus dem es keinen Ausweg gibt. Die zweite Ansicht hält sich allein an den intentionalen Charakter der Wissensakte. Mit ihr argumentiert die Phänomenologie (nicht als Methode, sondern als Lehre) gegen die erkenntnistheoretische Problemstellung.

Mit gleicher Notwendigkeit ergibt sich daraus die Verfehltheit jener Versuche, welche ein Hinausgehen über die res in mente zu einer res extra mentem durch intellektuelle oder emotionale Prozesse vermitteln wollen. Der Mensch schließt nicht aus seinen Bewußtseinsinhalten auf eine in ihnen sich bekundende Realität. Der Mensch braucht aber auch nicht das Zeugnis etwa der gehemmten Willensimpulse (Dilthey und Maine de Biran) oder des Gefühls, des Instinkts oder der Intuition, um einer Realität gewiß zu sein. An seiner eigenen Lebensform, die jedem kontemplativen (anschauenden, fühlenden, erschauenden, intellektuellen) und jedem aktiven (strebenden, drängenden und wollenden) Verhalten gleichermaßen vorausliegt, hat er die Gewähr für die Objektivität seines Bewußtseins, für das Dasein und die Erreichbarkeit der Realität. Weil er in seinem Bewußtsein ist und unmittelbar nur Bilder des wirklichen Seins in Natur, Seele und Geist hat, faßt er in und mit diesen Bildern wirkliche Welt auf eine für ihn unmittelbare Weise. So wahr für sich bestehendes Seiendes, indem es ist, vermittelte Unmittelbarkeit, nämlich erscheinungsmögliche Wirklichkeit ist, so wahr braucht es, um mit seinem Wirklichkeitscharakter einem Subjekt sich offenbaren zu können, ein in sich selber stehendes, von sich gleichsam gefangenes Subjekt. Die Immanenz im eigenen Bewußtsein, welche zwischen Ding und Subjekt eine doppelt so große Distanz legt, als sie für das Tier besteht, ist die einzige Gewähr des Kontakts zwischen Ding und Subjekt. Nur die Indirektheit schafft die Direktheit, nur die Trennung bringt die Berührung[1]).

Der gewöhnlichen Vorstellung, die mit den abgedroschenen Anschauungen des Idealismus, Realismus und ihrer verschiedenen Mischformen arbeitet, macht diese Erkenntnis in ihrer scheinbaren Paradoxie Schwierigkeiten. Besonders zeigt sich das, wenn man zu den Konsequenzen der Theorie vermittelter Unmittelbarkeit des Bewußtseins, zu den Fragen der Subjektivität oder Objektivität der Sinnesqualitäten kommt. Hier hat unsere „Einheit der Sinne" durch ästhesiologische Untersuchung vorgearbeitet. Manches, was sich in ihrem Zusammenhang verständlich ausnimmt, aus dem Zusammenhang genommen und für sich betrachtet aber mit den traditionellen Problemen in keiner Verbindung zu stehen scheint — es sei besonders an die Ausführungen über die Sinnesmodalität als Beziehungsmodalität von Geist und Körperleib und die Möglichkeit der Wahrnehmung erinnert[2]) — erhält durch den Nachweis der indirekten Direktheit des Bewußtseins erst seinen vollen Sinn. —

Ist der Gedankengang nicht von seinem ursprünglichen Ziel, Einsicht in den Wesenszusammenhang zwischen exzentrischer Positionsform und Ausdrücklichkeit als einem Lebens-

---

1) Diesen synthetischen Nachweis der Mittelbarkeit der Subjekt-Objekt-Beziehung im erfassenden Wissen oder Erkennen darf man wohl als eine Bestätigung ihres analytischen Nachweises ansehen, den Nicolai Hartmann in seiner „Metaphysik der Erkenntnis" geführt hat. Seine Theorie des Bildes mit phänomenologischen Argumenten bekämpfen, wie es Linke (Philosophischer Anzeiger I 2, 1926) tut, kann trotz alles Scharfsinns nicht zum Ziele führen. Der Appell an die intentionale Struktur und ihre Evidenz nützt nichts, denn er sieht nur die eine Seite des Erkennens.

2) Einheit der Sinne V 2, S. 276ff.

modus des Menschen zu gewinnen, in eine ganz andere Richtung abgedrängt worden? Was hat die Immanenzsituation des Menschen, die Gefangenschaft in seinem Bewußtsein mit der Expressivität zu tun? Die Antwort ist überraschend genug: Immanenz und Expressivität beruhen auf ein und demselben Sachverhalt der doppelten Distanz des Personzentrums vom Leib.

Solange man freilich das Bewußtsein als Kasten auffaßt, dessen Wände unser ganzes Sein und Leben, Wissen und Wollen, Erkennen und Handeln hermetisch von der Außenwelt abschließen, kann man diesen Zusammenhang nicht sehen. Dann spielten sich ja die vom Subjekt ausgehenden Lebensregungen, vor allem die motorischen Reaktionen, die aus Gefühl, Trieb, Willen geschehen, in der gleichen Binnenregion ab wie die Vorstellungen, die wir von ihnen durch unser Bewußtsein haben. Sie wären dann gar keine echten Bewegungen von Ausdruckscharakter, sondern sie sähen nur so aus, ihr „Sinn" wäre nur so. Und ebensowenig wird der Wesenszusammenhang zwischen Immanenz und Ausdruckshaftigkeit faßlich für eine Anschauung, welche sich das Bewußtsein wie ein nur vor den sinnlichen und geistigen Augen vorgeschaltetes Glas denkt oder wie einen Kasten für den Kopf, dessen bunter Inhalt den Stoff unseres Wissens bildet, während unser emotionales Leben außerhalb des Kastens sich abspielt. Diese Ansicht zerreißt geradezu den Zusammenhang zwischen Immanenz und Expressivität. Nach ihr wäre die Lebenssituation des Menschen so, daß alles Zentripetale, auf dem sein Wissen, Anschauen und Erkennen, der Reichtum seiner Kontemplation ruht, aus Bewußtseinsinhalten zusammengesetzt ist, während alles Zentrifugale, Drang, Trieb, Tendenz, Wille, alles sich in Stoß und Griff Entladende, mit der Wirklichkeit selbst in Kontakt steht. Erst auf dem Umweg über die Emotion, das Interesse, die Tat wüchse den Inhalten der Kontemplation Realität zu —, sozusagen nach einem Primat des Praktischen, der zwischen dem von Kant und vom Pragmatismus aufgestellten Primat die Mitte hält. Dieser Auffassung geht jedoch die Indirektheit und Gebrochenheit alles Zentrifugalen und damit die spezifische Struktur der Ausdruckshaftigkeit menschlicher Lebensäußerungen verloren.

Adäquatheit der Äußerung als einer das Innere wirklich nach außen bringenden Lebensregung und ihre wesenhafte Inadäquatheit und Gebrochenheit als Umsetzung und Formung einer nie selbst herauskommenden Lebenstiefe —, diese scheinbare Paradoxie läßt sich nach dem Gesetz der vermittelten

Unmittelbarkeit ebenso verstehen und als bindend für das menschliche Dasein erweisen wie die scheinbare Paradoxie des Realitätsbewußtseins auf Grund der Immanenz. Jede Lebensregung, an welcher das geistige Aktzentrum oder die Person beteiligt ist, muß ausdruckshaft sein. D. h. sie ist für sich, im Aspekt des Subjekts, nur insofern eine unmittelbare, direkte Beziehung zu ihrem Objekt und findet ihre adäquate Erfüllung, als die Intention des Triebes, Dranges, der Sehnsucht, des Willens, der Absicht, des Gedankens und der Hoffnung mit dem, was daraus faktisch folgt und das schließliche befriedigende Ergebnis bildet, in keiner direkten Beziehung steht. Die faktische Inadäquatheit von Intention und wirklicher Erfüllung, welche auf der völligen Verschiedenartigkeit von Geist, Seele und körperlicher Natur beruht, wird also nur deshalb der Intention nicht zum Verhängnis, verurteilt sie nur deshalb nicht zur ewigen Unerfüllbarkeit und ihren Erfüllungsglauben zu einer bloß subjektiven Illusion, weil die Beziehung zwischen Subjekt und Objekt als eine Relation indirekter Direktheit diesen Bruch auffängt, legitimiert, fordert.

Für gewöhnlich übersieht man das in der Wesensverschiedenheit von Geist, Seele und Körper steckende Problem und findet sich einfach damit ab, daß der Mensch seine Gedanken und Wünsche, seine Triebe und Pläne in einem eigenwilligen Medium verwirklichen muß. „Leicht beieinander wohnen die Gedanken, doch hart im Raume stoßen sich die Sachen." Objektivierung und Realisierung der die Person bewegenden und von der Person ausgehenden Tendenzen ist jedoch unter der Voraussetzung einer direkten und unabgelenkten Beziehung zwischen Personzentrum und Medium in jedem Fall unmöglich, ob man nun das Medium als eigenwillige Wirklichkeit oder als bloßen der Herrschaft der Person unterworfenen Stoff ansieht.

Im ersten Fall müßte das personale Subjekt einen Kompromiß mit der Materie schließen, um seine Bestrebungen durchzusetzen und zu realisieren, — könnte es aber nicht. Die Strahlen seiner Intentionen träfen unmittelbar auf das reale Medium und erlitten dort eine (für das Subjekt vielleicht sogar berechenbare) Ablenkung. Diese Ablenkung bedeutet eine Brechung der Intention. Ihr ursprüngliches Ziel wird nie erreicht. Durch die Realisierung kommt der Mensch dann wesensmäßig zu Resultaten, die er nicht gewollt hat. Und wenn man ihm tausendmal sagt und er es sich selbst sagen muß und wenn er es als innere Notwendigkeit begreift, daß intendierte Erfüllung und objektive Erfüllung auseinanderfallen, so könnte ihn keine Gewalt und keine eigene Einsicht dazu bringen, dann noch von Erfüllung der Intention zu sprechen. All sein Beginnen wäre vergeblich. Und hätte er das Gefühl der Befriedigung und die Evidenz der Erfüllung, so wäre er nur das arme Opfer einer Illusion. — Der Tragizismus und Pessimismus hat natürlich ein Interesse daran, daß es so ist. So macht er sich die Resignation, zu der der Mensch gezwungen wird, mit einem achselzuckenden Hinweis auf die hart im Raum sich stoßenden Sachen leicht. Die körperliche Existenz des Menschen muß herhalten, um die Gebrochenheit menschlichen Planens, den Kompromißcharakter der realen Kultur zu erklären. Welche gewaltigen Konsequenzen dieser zum erstenmal bei Plato in repräsentativer Form philosophisch gewordene Dualismus in der Geistesgeschichte gehabt hat, bedarf hier keiner Erinnerung.[1])

Im zweiten Fall brauchte das personale Subjekt keine Kompromisse mit der Materie zu schließen. Ihr fehlt jede eigenwillige Realität, an der seine Bestrebungen zerschellen können. Das Medium seines Schaffens erzwingt keine Ablenkung des Intentionsstrahls. Die Person kann machen, was sie will. Aber wenn es so wäre, gäbe es auch keine echte Erfüllung mehr. Es gäbe nur eine Art Umsetzung, Transponierung aus der Innerlichkeit in die Äußerlichkeit. Das Glück der Erfüllung *und* der Schmerz des Negativen wären der Objektivierung genommen. Die Resignation des Schöpfertums wäre gegenstandslose Traurigkeit geworden. Alle menschlichen Bestrebungen könnten faktisch dahin führen, wohin sie zeigen. Von Erfüllung zu Erfüllung ginge ihr Weg. — Jede Art Optimismus hat ein Interesse daran, daß es so ist. Auf ihm basiert die Neigung zu Bündnissen mit dem Idealismus, der dem Subjekt die Macht über die Natur gibt und sie zu seinem selbstgeschaffenen Gegenwurf und Gegenbild macht; sie in Empfindungen auflöst; sie zu *einem* Substrat seiner Schöpferlaune erweicht. Und es ist klar, daß auf solcher Grundlage die Rastlosigkeit menschlichen Beginnens in seiner Erscheinung als Weltgeschichte nur unter der Idee der Entwicklung und des Fortschritts begriffen werden kann, ebenso wie

1) Die sozialphilosophische Konsequenz dieser Entwürdigung der körperlichen Welt ist der gesellschaftsverneinende, gemeinschaftsbejahende Radikalismus. Vgl. hierzu mein Buch Grenzen der Gemeinschaft, Bonn 1924.

die Panarchie der Fortschrittsidee auch nur auf solcher Grundlage richtig ist.

Echte Erfüllung der Intention, unmittelbare Beziehung des Subjekts zum Gegenstand seiner Bestrebung, adäquate Realisierung ist nur als vermittelte Beziehung zwischen personalem Subjekt und dem erzielten Objekt möglich. Erfüllung soll von dort, nicht von hier kommen. Erfüllung ist wesentlich das auch ausbleiben Könnende. Nur wo sich die Realität von sich aus fügt, erfüllt sich die Intention, glückt die Bestrebung. Die Kompromisse, welche das Subjekt mit der Wirklichkeit schließt, um seinen Wünschen Erfolg zu verschaffen und die Brechung der Intentionsstrahlen im eigenwilligen Medium der Seele und des Körpers unschädlich zu machen, sind also nicht die Voraussetzung, nicht das Mittel, sondern selbst schon ein Kompromiß der echten Erfüllung. Denn eine Wirklichkeit, mit der das Subjekt paktiert hat, bevor es an sie mit seinen Bestrebungen herantritt, ist gar nicht mehr die ursprüngliche Wirklichkeit in ihrem An sich. Sie ist schon unterworfene, dem Subjekt durch seine Beobachtungen, Erfahrungen und Berechnungen gefügig gemachte Wirklichkeit. Sie ist schon Gegenbild seiner Treffmöglichkeiten, das Medium, welches seine ablenkende, brechende Natur enthüllt hat. Was wir als Techniker und Künstler, Gelehrte und Erzieher, Politiker und Ärzte, Kaufleute und Juristen Kompromisse mit der Realität nennen, ist eine erzwungene Folge jenes ursprünglichen Kompromisses in der Welt, die wir sind und die uns umgibt, zwischen dem personalen Zentrum und der Wirklichkeit an sich, auf dem die Möglichkeit echter Erfüllung ruht.

Die ursprüngliche Begegnung des Menschen mit der Welt, die nicht zuvor verabredet ist, das Gelingen der Bestrebung im glücklichen Griff, Einheit von Vorgriff und Anpassung, darf allein echte Erfüllung heißen. Eben darum ist sie für das Subjekt unmittelbar und adäquat und an sich Überbrückung wesensverschiedener Zonen des Geistes und der Realität, weil Realität die Innehaltung jener Distanz fordert, die das personale Subjektszentrum allein dank seiner exzentrischen Position, seiner doppelten Abgehobenheit vom eigenen Leib besitzt. Nun tritt für das Bewußtsein diese seine vermittelte Unmittelbarkeit an der Struktur des Gegenstandes, den es erfaßt, zutage. Der Gegenstand ist als Erscheinung einer Realität, als kernhafte Gebundenheit direkt erlebbarer Mannigfaltigkeit selbst vermittelte Unmittelbarkeit. Er entspricht für sich der Struktur des Bewußtseins von ihm. Sollte dieses Gesetz der Entsprechung nicht auch für das bestrebende Verhalten der Person gelten? Wird nicht auch die echte Erfüllung einer Intention objektiv eine vermittelte Unmittelbarkeit sein und zwar als Erfüllung des Strebens, das zu ihr geführt hat, und nicht nur als Realität wie alles andere Reale auch? Wie die Entsprechung für das Bewußtsein die einzige Möglichkeit ist, für sich in einer unmittelbaren Beziehung zum Gegenstand zu stehen, mit voller Evidenz die Wirklichkeit direkt an ihm zu haben und trotzdem sich nicht dabei zu täuschen, trotzdem nicht bloße Erscheinungen dabei zu erleben, weil der reale Gegenstand selber an sich die Mittelbarkeit manifest macht —, so wird es auch für das bestrebende Verhalten nur diesen Weg geben.

Zeigt das Ergebnis eines wie immer sonst gearteten Bestrebens den Charakter vermittelter Unmittelbarkeit, so stellt es sich als Was irgendwie, als Inhalt in einer Form dar. Die Möglichkeit, das Was vom Wie der Durchführung der Intention abzuheben, legt diesen Charakter bloß. Nur dadurch gelingt es dem Subjekt im schöpferischen Akt primärer Berührung mit der Wirklichkeit das Ziel seines Bestrebens *trotz* der Ablenkung und Brechung der Intention im Medium der Wirklichkeit möglicherweise zu erreichen. Zwar fällt der Zielpunkt für das Bestreben nie mit dem Endpunkt der Realisierung zusammen, der Mensch kommt in einem gewissen Sinne nie dahin, wohin er will — ob er eine Geste macht, ein Haus baut oder ein Buch schreibt —, aber diese Ablenkung macht darum sein Bestreben nicht illusorisch und verweigert ihm nicht die Erfüllung. Der *Abstand* des Zielpunktes der Intention vom Endpunkt der Realisierung der Intention ist eben das Wie oder die Form, die Art und Weise der Realisierung.

Jede Lebensregung der Person, die in Tat, Sage oder Mimus faßlich wird, ist daher ausdruckshaft, bringt das Was eines Bestrebens irgendwie, d. h. zum *Ausdruck*, ob sie den Ausdruck will oder nicht. Sie ist notwendig Verwirklichung, Objektivierung des Geistes. Nicht liegt hier der Inhalt und dort die Form, wie es der Berufsmensch gewöhnt ist, der zu einem Ziel bestimmte Methoden wählt. Die Vorwegnahme der Form, ihre Berechnung ist nur da möglich, wo der Mensch über die Wirklichkeit schon Bescheid weiß und seinen Intentionen die Erfüllungen garantiert sind. Die Form dagegen, von der als dem Abstand zwischen Zielpunkt der Intention und Endpunkt der Realisierung die Rede ist, läßt sich eben deshalb nicht vorwegnehmen, vom Inhalt wegnehmen und auf den Inhalt stülpen, sie ergibt sich in der Realisierung. Sie widerfährt dem Inhalt, der nur das während der Realisierung durchgehaltene Ziel des Bestrebens ist. Und weil es auf diese Weise eine Kontinuität zwischen Intention und Erfüllung gibt trotz der vorher nicht bekannten und wesensmäßig nie für sich gegebenen Brechung des Intentionsstrahls im Medium der seelischen und körperlichen Wirklichkeit, hat das Subjekt ein Recht, von einem Gelingen seines Bestrebens zu sprechen.

Eben deshalb hat es ein Recht und die Pflicht, das Gelingen von Neuem zu versuchen. Denn das gelungene Ergebnis ist (nicht aus Gründen der Mängel irdischer Existenz und des spröden Materials, sondern aus inneren Gründen) dort, wo es nicht sein sollte, das, was es nicht sein sollte. Seinem Gehalt nach ist es die adäquate Realisierung, aber wo ist der Gehalt? Er läßt sich nicht von der Form abtrennen, ist in sie eingeschmolzen und niemand kann sagen, wo der Inhalt anfängt und die Form aufhört, solange er im Bestreben selbst begriffen die Erfüllung erreicht und festhält. Erst am gelungenen Werk, an der realisierten Gebärde und Rede merken wir den Unterschied. Realisiert, bricht es auch schon in das Was und das Wie auseinander. Die Diskrepanz zwischen dem Erreichten und Erstrebten ist Ereignis geworden. Aus dem erkalteten Ergebnis ist schon das begeistende Streben entwichen, als Schale bleibt es zurück. Entfremdet wird es zum Gegenstand der Betrachtung, das vordem unsichtbarer Raum unseres Strebens war. Und da das Streben nicht aufhört und nach Realisierung verlangt, kann ihm das Gewordene als Formgewordenes nicht genügen. Der Mensch muß sich erneut an's Werk machen.

Durch seine Expressivität ist er also ein Wesen, das selbst bei kontinuierlich sich erhaltender Intention nach immer anderer Verwirklichung drängt und so eine Geschichte hinter sich zurückläßt. Nur in der Expressivität liegt der innere Grund für den historischen Charakter seiner Existenz. Er liegt nicht darin, daß der Mensch schöpferisch sein muß und nur ist, soweit er schafft. Denn aus dem Machen allein, aus der ewigen Unruhe ergibt sich noch keine Verschiedenheit im Fortgang. Ist dem Menschen auch nach dem Gesetz der natürlichen Künstlichkeit das Schaffen wesenhaft auferlegt, so könnte für den Fall, daß Intention und Erfüllung im direkten oder im indirekten Verhältnis zu einander stehen, sich doch ein rein äußerlicher Fortgang ergeben, der mit Geschichtlichkeit nichts zu tun hätte. Entweder gliche der Fortgang einer schnurgeraden Kette adäquater Erfüllungen, in der das je folgende Glied die vorausliegenden Glieder überböte. Oder der Fortgang wäre ein ewiges an der Stelle Treten, ein ewiger Szeneriewechsel ein und derselben Illusion, und die Rastlosigkeit der Menschen von Generation zu Generation wäre so viel wert wie der Lauf des Eichhörnchens in der unter seinen Füßen sich drehenden Trommel.

Beide Möglichkeiten sind durch die in der Exzentrizität des Menschen begründete vermittelte Unmittelbarkeit seiner Existenz ausgeschlossen. Der Prozeß, in dem er wesenhaft lebt, ist ein Kontinuum diskontinuierlich sich absetzender, auskristallisierender Ereignisse. In ihm geschieht etwas und so ist er Geschichte. Er hält gewissermaßen die Mitte zwischen den beiden Möglichkeiten eines Prozesses, dessen Sinn im Fortschritt zur nächsten Etappe besteht, und eines Kreisprozesses, der dem absoluten Stillstand äquivalent ist. Die Vorstellung also, daß der Sinn der Geschichte in einem ihr vorschwebenden Ziel liegt, welchem sie entgegeneilt, ist ebenso unwahr wie die entgegengesetzte Vorstellung, daß sie ein großes nunc stans bedeutet. In der Expressivität liegt der eigentliche Motor für die spezifisch historische Dynamik menschlichen Lebens. Durch seine Taten und Werke, die ihm das von Natur verwehrte Gleichgewicht geben sollen und auch wirklich geben, wird der Mensch zugleich aus ihm wieder herausgeworfen, um es auf's Neue mit Glück und doch vergeblich zu versuchen. Ihn stößt das Gesetz der vermittelten Unmittelbarkeit ewig aus der Ruhelage, in die er wieder zurückkehren will. Aus dieser Grundbewegung ergibt sich die Geschichte. Ihr Sinn ist die Wiedererlangung des Verlorenen mit neuen Mitteln, Herstellung des Gleichgewichts durch grundstürzende Änderung, Bewahrung des Alten durch Wendung nach vorwärts. —

Unter den Wesensmerkmalen des Menschen, die am häufigsten angegeben werden, steht die Sprache mit an erster Stelle. Wie die Untersuchung lehrt, mit Recht. Nur ist „Sprache“ zu eng für das, was den Kern des Wesensmerkmals bildet: Expressivität. Und doch verlangt Sprache, abgesehen davon, daß sie sich im realen Leben des Menschen hervordrängt, eine besondere Stellung in der Schicht der Ausdruckshaftigkeit. Denn sie gibt das, worauf Ausdruckshaftigkeit überall beruht: die Entsprechung zwischen der Struktur der Immanenz und der Struktur der Wirklichkeit — beide Zonen stellen vermittelte Unmittelbarkeit dar und zwischen beiden herrscht die Beziehung vermittelter Unmittelbarkeit — explicite. Sie macht das Ausdrucks verhältnis des Menschen, in dem er mit der Welt lebt, zum Gegenstand von Ausdrücken. Sie ist nicht nur auf Grund der Immanenzsituation, der doppelten Distanz des Personzentrums vom Leib, möglich, sondern kraft der Exzentrizität dieses Zentrums drückt sie diese Situation im Verhältnis zur Wirklichkeit auch aus. Das exzentrische Zentrum der Person, vollziehende Mitte der sogen. „geistigen“ Akte, vermag durch eben seine Exzentrizität die Wirklichkeit, welche der exzentrischen Position des Menschen „entspricht“, auszudrücken.

So laufen die Wesensbeziehungen zwischen Exzentrizität, Immanenz, Expressivität, Wirklichkeitskontakt in der Sprache und ihren Elementen, den Bedeutungen, auf eine überraschende Weise zusammen. Die Sprache, eine Expression in zweiter Potenz, ist deshalb der wahre Existentialbeweis für die in der Mitte ihrer eigenen Lebensform stehende und also über sie hinausliegende ortlose, zeitlose Position des Menschen. In der seltsamen Natur der Aussagebedeutungen ist die Grundstruktur vermittelter Unmittelbarkeit von allem Stofflichen gereinigt und erscheint in ihrem eigenen Element sublimiert.[1]) Zugleich bewährt sich an der Sprache das Gesetz der Expressivität, dem jede Lebensregung der Person, die nach Erfüllung verlangt, unterliegt: es gibt nicht die Sprache, sondern Sprachen. Die Einheit der Intention hält sich nur in der Zersplitterung in verschiedene Idiome. Und man darf den Satz wagen, daß alles Suchen nach einer Ursprache nicht nur aus empirischen Gründen zur Erfolglosigkeit verurteilt ist. Es beweist Unkenntnis des Gesetzes der Konkretion und Objektivierung des Geistes, welche erst dann die über alle beschränkende Form hinausliegende Intention durchsetzt, wenn ihr durch den Prozeß der Objektivierung eine Form (und zwar eine an sich nicht notwendige) „zufällt“.

Realisierung und Erfüllung einer Intention heißt Brechung ihres Strahls in einem ihr fremden Medium. Daß sie daran

1) Vgl. Einheit der Sinne III. 2, SS. 137ff. und 146—160. Daß unsere Theorie der Sinngebungstypen standpunktlich nicht gebunden ist, geht aus dem Vergleich mit Freyers „Theorie des objektiven Geistes“, 1923, und Stenzels Aufsatz: „Sinn, Bedeutung, Begriff, Definition“ im Jahrbuch für Philologie I, 1925 hervor.

nicht zerbricht, obwohl die Ablenkung zum voraus nicht bekannt ist und nicht errechnet werden kann, zeigt sie als der Wirklichkeit gewachsen. Eine Sprache — könnte nichts sagen. Die Brechbarkeit der Intentionen als Bedingung ihrer Erfüllbarkeit, diese ihre Elastizität, welche zugleich der Grund ihrer Differenzierung in verschiedene Sprachen, ihrer Selektion in individuelle Typen ist, gibt die Gewähr für ihre Wirklichkeitskraft und mögliche Wirklichkeitstreue.

Weil der Mensch in den Menschen ewig das Gleiche erstrebt, wird er sich ewig anders und anders. Und weil ihm daraus subjektiv die Begierde nach ewig Anderem und Neuem, nach Umsturz, Abenteuer und neuen Ufern erwächst, glaubt er stets unerhörter Mittel zu ihrer Befriedigung zu bedürfen. Uns Menschen geschieht es zwar selten, daß wir eine Eselin suchen und ein Königreich finden. Wir finden, was wir suchen. Doch der Fund erfährt die Verwandlung und bisweilen wird aus einem Königreich auch eine Eselin. Es ist Gesetz, daß im Letzten die Menschen nicht wissen, was sie tun, sondern es erst durch die Geschichte erfahren.

5. Die anthropologischen Grundgesetze:

III. Das Gesetz des utopischen Standorts. Nichtigkeit und Transzendenz.

Δός μοι ποῦ στῶ. Dieses Wort steht über der ganzen menschlichen Existenz. Ihre exzentrische Form treibt den Menschen zur Kultivierung, sie weckt Bedürfnisse, welche nur durch ein System künstlicher Objekte befriedigt werden können, und zugleich prägt sie ihnen den Stempel der Vergänglichkeit auf. Die Menschen erreichen zu jeder Zeit, was sie wollen. Und indem sie es erreichen, ist schon der unsichtbare Mensch in ihnen über sie hinweggeschritten. Seine konstitutive Wurzellosigkeit bezeugt die Realität der Weltgeschichte.

Aber der Mensch erfährt sie auch an sich selbst. Sie gibt ihm das Bewußtsein der eigenen Nichtigkeit und korrelativ dazu der Nichtigkeit der Welt. Sie erweckt in ihm angesichts dieses Nichts die Erkenntnis seiner Einmaligkeit und Einzigkeit und korrelativ dazu der Individualität dieser Welt. So erwacht er zum Bewußtsein der absoluten Zufälligkeit des Daseins und damit zur Idee des Weltgrundes, des in sich ruhenden notwendigen Seins, des Absoluten oder Gottes. Nur ist dieses Bewußtsein nicht von unerschütterlicher Gewißheit. Wie die Exzentrizität keine eindeutige Fixierung der eigenen Stellung erlaubt (d. h. sie fordert sie, hebt sie jedoch immer wieder auf — eine beständige Annullierung der eigenen Thesis), so ist es dem Menschen nicht gegeben, zu wissen, „wo“ er und die seiner Exzentrizität entsprechende Wirklichkeit steht. Will er die Entscheidung so oder so, — bleibt ihm nur der Sprung in den Glauben. Die Begriffe und das Gefühl für Individualität und Nichtigkeit, Zufälligkeit und göttlichen Grund des eigenen Lebens und der Welt wechseln allerdings im Lauf der Geschichte und in der Breite mannigfacher Kulturen ihr Gesicht und ihr Gewicht für das Leben. Doch steckt in ihnen ein apriorischer, mit der menschlichen Lebensform an sich gegebener Kern, der Kern aller Religiosität.

Man kann darüber streiten, ob Religion wesensmäßig ein Erlösungsbedürfnis voraussetzt oder auch nur eine Erlösungsfunktion de facto am Gläubigen ausübt. Die Vorstellungen vom Göttlichen wechseln mit denen vom Heiligen und Menschlichen. Eins bleibt für alle Religiosität charakteristisch: sie schafft ein Definitivum. Das, was dem Menschen Natur und Geist nicht geben können, das Letzte: so ist es —, will sie ihm geben. Letzte Bindung und Einordnung, den Ort seines Lebens und seines Todes, Geborgenheit, Versöhnung mit dem Schicksal, Deutung der Wirklichkeit, Heimat schenkt nur Religion. Zwischen ihr und der Kultur besteht daher trotz aller geschichtlichen Friedensschlüsse und der selten aufrichtigen Beteuerungen, wie sie z. B. heute so beliebt sind, absolute Feindschaft. Wer nach Hause will, in die Heimat, in die Geborgenheit, muß sich dem Glauben zum Opfer bringen Wer es aber mit dem Geist hält, kehrt nicht zurück.

Die Exzentrizität bedeutet für den so Gestellten einen in sich unlösbaren Widerspruch. Zwar wird er durch sie einer Außenwelt und einer Mitwelt eingegliedert und erfaßt sich selber innerlich als Wirklichkeit. Aber dieser Kontakt mit dem Sein ist teuer erkauft. Exzentrisch gestellt steht er da, wo er steht, und zugleich nicht da, wo er steht. Das Hier, in dem er lebt und auf das die gesamte Umwelt in Totalkonvergenz bezogen ist, das absolute, das nicht relativierbare Hier-Jetzt seiner Position, nimmt er zugleich ein und nicht ein. Er ist in sein Leben gestellt, er steht „dahinter“, „darüber“ und bildet daher die aus dem Kreisfeld ausgegliederte Mitte der Umwelt. Exzentrische Mitte bleibt aber ein Widersinn, auch wenn sie verwirklicht ist. Weil also die Existenz des Menschen für ihn einen realisierten Widersinn birgt, ein durchsichtiges Paradoxon, eine verstandene Unverständlichkeit, braucht er einen Halt, der ihn aus dieser Wirklichkeitslage befreit. Aus der Angewiesenheit auf einen außerhalb der Wirklichkeitssphäre gelegenen Stützpunkt der eigenen Existenz wird die Wirklichkeit — Außenwelt, Innenwelt, Mitwelt —, welche zu seiner Existenz in Wesenskorrelation steht, notgedrungen selber stützungsbedürftig und schließt sich in Beziehung auf diesen wirklichkeitstranszendenten Punkt der Unterstützung oder Verankerung zu Einer Welt, zum Weltall zusammen. So erleidet die Wirklichkeit als Gesamtheit ihre Objektivierung und damit ihre Abhebung gegen Etwas, das ist, ohne von dieser Welt zu sein. Zum Etwas geworden, wird sie ein Dieses und gliedert sich gegen eine Sphäre des nicht dieses Seins, des etwas anderes Seins aus. Sie steht als die Eine Welt individuell da. Denn ein Horizont von Möglichkeiten des auch anders sein Könnens hat sich aufgetan.

In dieser einmal so und nicht anders wirklichen Welt ist auch das Individuum Individualität. Nicht mehr bloß ein unteilbares Wesen aus einem Guß bedeutet sich der Mensch, sondern ein in diesem Hier und Jetzt unersetzliches, unvertretbares Leben. Die Nichtumkehrbarkeit seiner Existenzrichtung erhält einen positiven Sinn. Man erklärt dies aus der Kostbarkeit der durch den Tod begrenzten Lebenszeit. Aber der Tod, in dessen Angesicht der Mensch lebt, gibt ihm nicht den Blickpunkt für die Einzigartigkeit gerade seines Lebens. Wie sich die Welt als eine Individualität nur abhebt vom Horizont der Möglichkeit des auch anders sein Könnens, so hebt sich dem Menschen sein eigenes Dasein als individuelles nur gegen die Möglichkeit ab, daß er auch ein anderer hätte werden können. Diese Möglichkeit ist dem Menschen an seiner Lebensform gegeben. Er ist sich selber Hintergrund des Menschlichen überhaupt, von dem er als „dieser und kein anderer“ hervortritt. Als reines Ich oder Wir steht das einzelne Individuum in der Mitwelt. Sie umgibt den Einzelnen nicht nur wie die Umwelt, sie erfüllt ihn nicht nur wie die Innenwelt, sondern sie steht durch ihn hindurch, er ist sie. Er ist die Menschheit, d. h. er als Einzelner ist absolut vertretbar und ersetzbar. Jeder andere könnte an seiner Stelle stehen, wie er mit ihm in der Ortlosigkeit exzentrischer Position zu einer Ursprungsgemeinschaft vom Charakter des Wir zusammengeschlossen ist.

Die der Formung und Äußerung solidarischen Fühlens und Verhaltens, der konkreten Gemeinschaft vorgelagerte Vertretenheit und Ersetztheit jedes Einzelnen durch jeden Anderen in Form des Wir bildet den Hintergrund, von dem sich der Einzelne als Individualität abhebt. Er ist ja im Grunde dasselbe wie der Andere, er steht, wo der Andere steht, und der Andere nimmt seinen Platz ein. Deshalb kann der Andere in außenweltlicher und innenweltlicher Wirklichkeit die Position innehaben, die jeder Mensch in seinem absoluten Hier besitzt, oder — „er hätte auch der Andere werden können". An seiner wirklichen Ersetzbarkeit und Vertretbarkeit hat der einzelne Mensch Gewähr und Gewißheit der Zufälligkeit seines Seins oder seiner Individualität.

Sie ist der Grund seines Stolzes und seiner Schamhaftigkeit. Selbst die faktische Unersetzlichkeit seiner eigenen Lebenssubstanz, in der er sich von allen unterscheidet, wiegt die Ersetztheit im Wir, die Ersetzbarkeit durch jeden Anderen, mit dem er zusammenkommt, nicht auf. Deshalb muß sich der Mensch in aller seiner Kostbarkeit schämen. Die Nichtigkeit seiner Existenz, ihre restlose Durchdringlichkeit und das Wissen darum, daß wir im Grunde alle dieselben sind, weil wir, jeder für sich, Individuen und so voneinander verschieden sind, bildet den Grund der Schamhaftigkeit (und erst sekundär das Objekt einer metaphysischen Beschämung und den Beginn der Demut). Sie bildet ihn freilich indirekt und vermittelt durch die innere Wirklichkeit seelischen Seins. Ihm erwächst dadurch jene Zweideutigkeit, die den Menschen zwischen dem Drang nach Offenbarung und Geltung und dem Drang nach Verhaltenheit hin und her reißt. Diese Zweideutigkeit ist eines der Grundmotive sozialer Organisation. Denn von Natur, aus seinem Wesen kann der Mensch kein klares Verhältnis zu seinem Mitmenschen finden. Er muß klare Verhältnisse schaffen. Ohne willkürliche Festlegung einer Ordnung, ohne Vergewaltigung des Lebens führt er kein Leben. Die These von den „Grenzen der Gemeinschaft", die heute freilich bei manchen Soziologen und Sozialpolitikern einem ressentimentalen Unverständnis begegnet, erhält hier ihre letzte Begründung[1]).

1) Vgl. hierzu besonders das vierte Kapitel, zumal S. 57ff. Die Beurteilung der 1924 erschienenen Arbeit ist — nicht nur ihres Untertitels und ihrer äußeren Form wegen — merkwürdigen Schwankungen unterworfen. Man vermag heute noch nicht immer die feinen Grenzen zu be-

Natürlich zieht die Gesellschaftlichkeit (in einem weiteren Sinne als bei Tönnies) daraus nicht allein ihre Berechtigung und ihre Notwendigkeit. Künstlichkeit und Indirektheit der menschlichen Existenz wirken hierbei entscheidend mit. Wenn dem Menschen selbst eine rein gemeinschaftliche Lebensform (wieder in weiterem Sinne als bei Tönnies) erträglich schiene, so könnte er sie nicht verwirklichen. Aber die soziale Realisierung soll nicht in dieser Richtung gehen, da die Respektierung des Anderen um der Ursprungsgemeinschaft der Mitwelt willen Distanz und Verdecktheit gebietet. An dieser Ursprungsgemeinschaft hat eben die Gesellschaft ihre Grenzen. So gibt es ein unverlierbares Recht der Menschen auf Revolution, wenn die Formen der Gesellschaftlichkeit ihren eigenen Sinn selbst zunichte machen, und Revolution vollzieht sich, wenn der utopische Gedanke von der endgültigen Vernichtbarkeit aller Gesellschaftlichkeit Macht gewinnt. Trotzdem ist er nur das Mittel der Erneuerung der Gesellschaft. — Das ist keine Theorie der Restauration und keine Apologie des ängstlichen Bürgertums, sondern die Erkenntnis eines Wesensgesetzes, dem der Mensch in jeder möglichen sozialen Mode unterliegt; die Formulierung des Wesensgesetzes sozialer Realisierung, welche sich eines Werturteils über bestimmte soziale und politische Ideenbildungen vollkommen enthält. —

Bewußtsein der Individualität des eigenen Seins und der Welt und Bewußtsein der Kontingenz dieser Gesamtrealität sind notwendig miteinander gegeben und fordern einander. An der eigenen Haltlosigkeit, die dem Menschen zugleich den Halt an der Welt verbietet und ihm als Bedingtheit der Welt aufgeht, kommt ihm die Nichtigkeit des Wirklichen und die Idee des Weltgrundes. Exzentrische Positionsform und Gott als das absolute, notwendige, weltbegründende Sein stehen in Wesenskorrelation. Nicht das Bild ist entscheidend, das sich der Mensch von Gott macht, ebensowenig wie das Bild, das der Mensch von sich selbst macht, entscheidend ist. Dem Anthropomorphismus der Wesensbestimmung des Absoluten entspricht notwendig ein Theomorphismus der Wesensbestimmung des Menschen — ein Schelersches Wort —, solange der

achten, die zwischen Soziologie und Sozialphilosophie laufen. Mit der Herausarbeitung des Problemkreises der philosophischen Anthropologie wird sicher der Sinn für den rein theoretischen Charakter dieser Kritik des sozialen Radikalismus geschärft werden, welche die „Öffentlichkeit“ als Realisierungsmodus des Menschen nachweisen will.

Mensch an der Idee des Absoluten auch nur als des Weltgrundes festhält. Diese Idee aufgeben, heißt aber die Idee der Einen Welt aufgeben. Atheismus ist leichter gesagt als getan. Selbst Leibniz vermochte den Gedanken des Pluralismus nicht völlig konsequent auszugestalten und den Begriff einer Zentralmonade zu entbehren.

Und doch vermag der Mensch diesen Gedanken zu denken. Die Exzentrizität seiner Lebensform, sein Stehen im Nirgendwo, sein utopischer Standort zwingt ihn, den Zweifel gegen die göttliche Existenz, gegen den Grund für diese Welt und damit gegen die Einheit der Welt zu richten. Gäbe es einen ontologischen Gottesbeweis, so dürfte der Mensch nach dem Gesetz seiner Natur kein Mittel unversucht lassen, ihn zu zerbrechen. Es müßte sich — und so zeigt es die Geschichte der metaphysischen Spekulation — dem Absoluten gegenüber der gleiche Prozeß wiederholen, der zur Transzendierung der Wirklichkeit führt: wie die exzentrische Positionsform Vorbedingung dafür ist, daß der Mensch eine Wirklichkeit in Natur, Seele und Mitwelt faßt, so bildet sie zugleich die Bedingung für die Erkenntnis ihrer Haltlosigkeit und Nichtigkeit. Dem menschlichen Standort liegt zwar das Absolute gegenüber, der Weltgrund bildet das einzige Gegengewicht gegen die Exzentrizität. Ihre Wahrheit, ein existentielles Paradoxon, verlangt jedoch gerade darum und mit gleichem inneren Recht die Ausgliederung aus dieser Relation des vollkommenen Gleichgewichts und somit die Leugnung des Absoluten, die Auflösung der Welt.

Ein Weltall läßt sich nur glauben. Und solange er glaubt, geht der Mensch „immer nach Hause“. Nur für den Glauben gibt es die „gute“ kreishafte Unendlichkeit, die Rückkehr der Dinge aus ihrem absoluten Anderssein. Der Geist aber weist Mensch und Dinge von sich fort und über sich hinaus. Sein Zeichen ist die Gerade endloser Unendlichkeit. Sein Element ist die Zukunft. Er zerstört den Weltkreis und tut uns wie der Christus des Marcion die selige Fremde auf.

NACHTRAG

Zwei Bemerkungen seien vorangeschickt, um Mißverständnissen oder falschen Erwartungen vorzubeugen.

1. Nach meiner Überzeugung sind die Zeiten des Vitalismus für immer vorbei, der — und ich denke hier in erster Linie an Driesch — das Verständnis der Lebensvorgänge mit den Mitteln physikalisch-chemischer Analyse für unmöglich erklärt und deshalb einen Faktor ins Spiel bringt (Entelechie), der das, was die Analyse nicht schafft, komplementiert, selbst aber jeder möglichen Analyse sich entzieht. Ein solches Verfahren ist methodologisch unhaltbar, noch ganz abgesehen davon, an welchem Punkt faktisch die physiologische und biochemische Forschung gerade haltmacht (vgl. meinen Artikel „Vitalismus und ärztliches Denken", Klinische Wochenschrift, 1922). Die Forschung muß freie Bahn haben und ihr muß methodisch die Möglichkeit gelassen sein, Hindernisse mit ihren eigenen logischen Mitteln aus der Bahn zu räumen. An welchem Punkt sich eine sogenannte „unüberwindliche Schwierigkeit" als nicht nur zeitbedingte Schranke, sondern als echte Grenze zu erkennen gibt, dies herauszufinden, ist einmal ihre eigene Sache und dann Sache erkenntnistheoretischer Überlegung. Tatsächlich war denn auch schon zu Drieschs Lebzeiten die entwicklungsphysiologische Analyse durch Spemann, Baltzer u. a. über seine experimentellen Befunde hinausgekommen. Die außerordentlichen Fortschritte der Biochemie, speziell in der Aufklärung des Chemismus, des molekularen Mechanismus also, der Zelle, der Gene und Viren kamen allerdings später. Der Neovitalismus lebt von einer viel zu simplen Vorstellung von Mechanismus und Maschine, wenn er die sog. Maschinentheorie des Lebens[1]) bekämpft. Das hat man Driesch schon um die Jahrhundertwende entgegengehalten, und die Entwicklung der Forschung hat dem Argument recht gegeben (L. v. Bertalanffy, E. Schrödinger, P. Jordan). Harmonisch aequipotentielle Systeme bieten dem biochemischen Verständnis heute keine grundsätzlichen Schwierigkeiten mehr. Das „mechanische" Denken hat so viel hinzugelernt und sich so verfeinert, daß es den Problemen der Regeneration, Reduplikation, Ausdifferenzierung nicht mehr hilflos gegenübersteht. Erinnert sei nur an die kybernetischen Modelle.

---

[1]) Vgl. F. J. J. Buytendyk und G. Christian, Kybernetik und Gestaltkreis als Erklärungsprinzipien des Verhaltens, Der Nervenarzt, Jg. 34, März 1963.

Mit diesem Gewinn an operativen Möglichkeiten zur Reduktion vitaler Prozesse auf Prozesse chemischer und physikalischer Art wird aber ihre Eigentümlichkeit: daß sie als Gestalten erscheinen und insoweit, nämlich erscheinungsmäßig, eine besondere Qualität besitzen, die sich darstellt, nicht geleugnet. Sie ist ein Effekt, der als Organisation selbst wieder auf die Prozesse zurückwirkt. Solchen Systemfunktionen kommt regelnde Bedeutung für konstituierte Systeme zu. Wo entsprechende Bedingungen gegeben sind, kann der erscheinungsmäßige Effekt der Gestalt selbst wieder eine biologische Funktion besitzen: das Aussehen eines Organismus kann für seinen Lebenscyklus bedeutsam werden (vgl. Portman l. c.). Damit die Gestalt als solche anlockende oder abstoßende, maskierende oder faszinierende Wirkung auszuüben vermag, sind entsprechende Rezeptoren auf der Gegenseite nötig. Aussehen setzt Sehen voraus.

Ich stimme mit Gerhard Frey darin überein, daß es sich beim Vitalismus, wie ihn E. v. Hartmann und Driesch vertreten haben, um eine „Vermischung operativer und phänomenologischer Begriffe" handelt. Nur möchte ich die Vermischung nicht „willkürlich" nennen (G. Frey, „Gesetz und Entwicklung in der Natur", Hamburg 1958, S. 180/81), weil der Organismus als Ganzer den Ansatzpunkt der Analyse bildet, die, um ihre Ergebnisse nachzuprüfen, sich wieder am Ganzen des Organismus (z. B. seiner Ernährung oder räumlichen Orientierung, d. h. also an zielgerichteten Leistungen „für" ihn) kontrollieren muß. Zweifellos ist die Vermischung beider Betrachtungsweisen erst mit der Ausbildung der exakten Methoden in der Naturwissenschaft, zumal der kausalen Biologie, möglich geworden. Ohne operatives Vorgehen gegenüber lebenden Objekten, ohne wenigstens den Gedanken an einen „Newton des Grashalmes", keine Möglichkeit der Vermischung und Zwitterbildung mit der phänomenologischen Betrachtungsart. Diese Überlegung hat aber Konsequenzen für die Geschichte der Philosophie. Aristoteles, der Schöpfer des Entelechiebegriffes, kann nicht Vitalist genannt werden, denn seiner Naturbetrachtung fehlt das Widerlager des operativen Naturbegriffs. Er hat es mit der Physis als einer in ihren Erscheinungen manifesten Wirklichkeit zu tun. Erst mit Descartes verändert sich die Situation. Immerhin sollte man auf Denker wie Leibniz, Schelling und Hegel den Begriff nicht anwenden, auch wenn der spekulative Idealismus auf die Kritik der teleologischen Urteilskraft antwortet, welche bereits von der Möglichkeit eines Newtons des Grashalms spricht und sie abweist. Ist Schopenhauer ein Vitalist, weil er vom Willen in der Natur spricht? Für E. v. Hartmann liegen die Dinge schon anders, er sieht sich einer etablierten Kausalforschung gegenüber, ihn kann man trotz seiner spekulativen Herkunft einen Vitalisten nennen, weil er in die naturwissenschaftliche Theorienbildung eingreifen will.

Autonom sind die Lebenserscheinungen als Erscheinungen, womit keine Abwertung gegenüber einer eigentlichen oder tieferen Wirklichkeit gemeint ist, die etwa der operativen Analyse sich erschlösse. Licht als elektromagnetischer Zustand von bestimmter Wellenlänge ist nicht wirklicher als das ihr „entsprechende" Grün, die Voraussetzungen für eine funktionsfähige Retina mit eingeschlossen. Denn Erscheinung ist nicht Schein. Darum sollte der Leser auch nicht stutzen, wenn Erscheinung und Sein — hier nur im Sinne von seiend gemeint — aequivok gebraucht werden. Es handelt sich stets um das Phänomen als solches ohne Reflexion auf den Bewußtseinshorizont, innerhalb dessen es sich konstituiert, und ohne Berücksichtigung eines transphänomenalen „Seins", also der Ontologie eines An Sich, einerlei, ob man sie für möglich hält oder nicht. Worauf es der Untersuchung ankommt, ist die Darstellung der Bedingungen, unter welchen Leben als Erscheinung möglich wird. Seine Wirklichkeitsbedingungen ermitteln die Naturwissenschaften.

2. Wenn von Stufen des Organischen die Rede ist, denkt man natürlich an Stufen der Entwicklung. Schließlich ist unsere Anschauung von Pflanze, Tier und Mensch durch die Entdeckungen der Paläontologie entscheidend bestimmt, ob man es mit dem Neodarwinismus hält oder nicht. Das Bild der Anthropogenese zumal hat seit den Entdeckungen Dubois' auf Trinil in Java an Binnenzeichnung erheblich gewonnen. Koenigswalds Funde im gleichen Gebiet und am Drachenberg bei Peking, die Funde in Südafrika und zuletzt auch in der Toskana machen die monolineare Herleitung des homo sapiens und seines relativ späten Erscheinens unwahrscheinlich. In der Frage der Evolutionsmechanismen verspricht die Populationsgenetik neue Aufschlüsse. Dem Faktor Mutation schenkt man dabei besondere Aufmerksamkeit. Wie immer man die Tatsachen der Entstehungsgeschichte des Lebens deutet, so steht aber ihr empirischer Charakter außer Zweifel, und wir sollten inzwischen gelernt haben, das Faktum des Erscheinens der heutigen Rassen des homo sapiens in der geologisch jüngsten Schicht des Holozän für kein Wertprädikat zu halten, geschweige denn für ein Indiz, daß mit ihm die Evolution an ihr Ziel gelangt sei. Wir wissen nicht einmal, ob es ihr Ende ist. Zunehmen des Kephalisations- und Zerebralisationsgrades läßt sich in der Wirbeltierreihe konstatieren. An ihm wird also ein orthogenetisches „Gefälle" sichtbar, das seine vorläufig letzte Steigerung im heutigen Menschentyp erreicht hat. Mehr ist zoologisch nicht zu sagen. Denn die Wendung, die mit dieser Steigerung eingesetzt hat, mit der Bildung einer kulturellen Beein-

flussung dieses Lebewesens und seiner Umwelt, gehört dem zoologischen Bereiche nicht mehr an.

Fähigkeiten wie Sprache, planmäßiges Handeln, Erfinden von Werkzeugen, Bildung von Institutionen unstabilen Charakters haben offensichtlich zu einer Akkumulation von Macht geführt, welche die organische Welt und, wie sich deutlich in den letzten Jahrhunderten abzeichnet, die anorganische Natur dem Zugriff des Menschen ausliefert. Wieweit aber diese Inbesitznahme reicht, der eine Inbesitznahme in der Gegenrichtung auf das Subjekt der Macht entspricht, wissen wir nicht. Hat sich die Natur, die Evolution, in den Griff bekommen? Ist sie, den Gedanken Schellings und Hegels folgend, im Menschen zu sich selbst gekommen? Hemmt sie sich damit oder treibt sie (im Wege planvoller Züchtung, die bisher ein Wunschbild von Dilettanten ist, aber mit steigender Einsicht in den Chemismus der Gene eine ernst zu nehmende Möglichkeit wird und ihre Schatten in den Utopien von Orwell und Huxley schon vorauswirft) in eine neue Richtung?

Von der Zunahme der Macht geht eine besondere Suggestion aus, und da der bisher höchste Grad der Zerebralisation mit einem unverhältnismäßigen, weil auf Einsicht beruhenden, Zuwachs an Macht verbunden ist, neigt man dazu, die gesamte Entwicklungsgeschichte, die in den Protisten und Wirbellosen ganz anders gerichtete Entwicklungszweige sehen läßt, doch an dem Maß der Wirbeltiere zu messen und einer Wertskala von Hoch und Niedrig zu unterwerfen. Legt man den Maßstab der Selbständigkeit gegen das Milieu zugrunde, so rückt das milieu interne die Warmblüter über die Kaltblüter. Um die Säuger über die nichtsäugenden Formen zu stellen, sind wieder andere Maßstäbe nötig, wenn nicht überhaupt die wachsende Nähe zu den Primaten und zum Menschen den Ausschlag geben soll. Bergson hat in der Evolution créatrice für eine Zweigipfligkeit der Entwicklungsgeschichte plädiert und die staatsbildenden Insekten als Kulminationen instinktiver Verhaltensregulierung den zerebralisierten Formen, die es durch trial and error, Erfahrung und Lernen zu etwas bringen müssen, gegenübergestellt. Denkbar wäre, daß die Biologie nicht zuletzt durch ihren jungen Zweig, die Verhaltensforschung, zu weiteren Differenzierungen in noch andere Steigerungsmöglichkeiten der organischen Formen käme.

Vertragen aber Instinkt und Einsicht eine Gegenüberstellung auf gleichem Niveau? Als selbständige Arten von Verhaltensregulierung vielleicht. Doch beansprucht Einsicht Wahrheit, die wir selber beanspruchen, wenn die vorgetragene Argumentation stichhaltig sein soll. Was aber die mit dem Auftreten des homo sapiens eingeleitete Inbesitznahme der Natur genannt wurde, die auf seinem Monopol der sachlichen Einsicht beruht, begründet zwar eine andere Art des Verhaltens, erschöpft sich aber nicht darin. Sie rechtfertigt nicht die fromme Annahme, die Geschichte des Lebens sei auf diesen Durchbruch hin angelegt gewesen — eine Theorie der Präformation, die Schelling und Hegel und heute Teilhard de Chardin vertreten haben. Jedoch auch rein epigenetisch verstanden, als sprunghafte Änderung in den Erbanlagen, führt sie eine Wende herbei, die nicht rückgängig zu machen ist und eine bis dato nicht vorhanden gewesene Sphäre — Teilhard nennt sie die noologische — etabliert, eine, weil praktische Überlegenheit und distanzierende Objektivität ermöglichend, ,,höhere" Sphäre.

Als echte Geschichte kennt die Paläontologie neben graduellen Veränderungen und Ausdifferenzierungen (Rassen) Sprünge, die auf Großmutationen zurückgeführt werden, Schlüsselmutationen, an die sich neue Richtungen anschließen. Aber sie kennt keine Stufen, auch wenn man das Wesen der Entwicklung dem Übergehen in Zustände höheren Mannigfaltigkeitsgrades gleichsetzen darf — stammesgeschichtlich aufs Ganze gesehen wohl ohne Einschränkung, ontogenetisch dagegen durch Ausnahmen vor allem im Bereich des Parasitismus kompliziert (worauf mich Dr. Reinboth hinwies). Niveauerhöhungen, und das sind Stufen, laufen nicht einfach der Entwicklungs,,linie" parallel und sind nicht aus der Annäherung an das Auftreten des Menschen abzulesen. Viel mehr entsprechen sie den wenigen spezifischen Organisationsweisen der lebendigen Substanz, die uns in Pflanze, Tier und Mensch bei aller Unschärfe von Zwischenformen entgegentreten. Daß sie Niveauerhöhungen repräsentieren, läßt sich jedoch nur am Leitfaden des Begriffs ihrer Positionalität einsichtig machen. Seine Analyse ist das Thema des Buches.

Deshalb verzichtet es auf jede Diskussion der Stammesgeschichte, die mit Hilfe der Radiokarbonmethode und der exakten Genetik in den letzten Dezennien gewaltige Fortschritte gemacht hat. Je mehr wir über die Entstehung des Lebens auf der Erde in Erfahrung bringen werden, um so klarer werden wir in der Frage urteilen können, ob die irdische Evolution die einzig mögliche ,,natürliche Schöpfungsgeschichte", wenigstens in ihrer Hauptlinie, war, oder ob sie eine von vielen Möglichkeiten realisiert hat. Diese Frage kommt auch durch den raschen Kontakt mit anderen Himmelskörpern auf uns zu. Ist es erlaubt, bei der kaum zurückzuweisenden Annahme, Leben könne es auch auf anderen Sternen geben, an ganz andere Typen und Organisationsweisen als die terrestrischen zu denken? Oder können es immer nur wieder Protisten, Pflanzen, Tiere und Menschen, wenigstens der Organisationsweise nach, sein? Philosophie kann darauf nicht antworten. Ihr steht bisher nur *eine* Lebensgeschichte zur Verfügung, und an die muß sie sich halten, wenn sie bei sorgfältiger Ausschaltung jeder Art von teleologischer Deutung auch nur ihrer Richtung sich auf die Analyse ihrer Möglichkeitsbedingungen beschränkt.

Soweit die grundsätzlichen Bemerkungen zum Verständnis der Absicht des Buches. Es folgen noch einige Zusätze und Korrekturen, die auf den Rat von Herrn Dr. R. Reinboth, Privatdozenten der Zoologie an der Universität Mainz, zurückgehen. Für seine große Hilfsbereitschaft möchte ich ihm an dieser Stelle herzlich danken. Auf das Moskauer Symposion über „The Origin of Life on the Earth (1957) machte mich dankenswerterweise Herr Professor A. Portmann (Basel) aufmerksam.

Zu pp. 49 und 59:

Die Formulierung der sog. spezifischen Sinnesenergie ist inkorrekt. Nicht dem peripheren Nerv, der ein neutraler Leiter ist, sondern den Sinneszellen und den zentralen Feldern kommen spezifische Auslösungsfunktionen für Empfindungen zu. Das von Joh. Müller aufgestellte Gesetz von der spezifischen Sinnesenergie (in Verbindung mit der Unterscheidung von adäquaten und inadäquaten Reizen) gilt nicht allgemein. Vgl. z. B. Max Hartmann, Allgemeine Biologie, p. 822f.

Zu p. 62f.:

Üxkülls Eigenwilligkeit und Neigung, die Dinge schwarz-weiß zu zeichnen, sind seinem Nachruhm in der Verhaltensforschung, die zum größten Teil auf ihn zurückgeht, nicht günstig gewesen. Seine doppelte Frontstellung gegen die mit anthropomorphen Analogien arbeitende Tierpsychologie und die an Kettenreflexmodellen orientiert gewesene amerikanische Behavioristik hat für die moderne Ethologie (Tinbergen, Baerends, Dykstra, K. Lorenz, v. Holst u. a.) jede Aktualität verloren. Vgl. das Symposion über „Umwelt" auf dem von mir vorbereiteten Philosophenkongreß 1950 in Bremen (Symphilosophein, München, 1952). Wichtig für die hier immer eine Schlüsselstellung einnehmende Deutung des Instinkts A. Kortlandt, Aspects and Prospects of the concept of instinct, Arch. neerl. Zool. T. XI, 1955.

Zu p. 99f.:

1957 fand in Moskau ein denkwürdiger Kongreß statt. Auf Anregung der International Union of Biochemistry organisierte man ein Symposion mit dem Thema „The Origin of Life on the Earth" (International Union of Biochemistry, Symposium series vol. I, Pergamon Press London 1959).

Gastgeber war die Akademie der Wissenschaften der UdSSR. In seiner Eröffnungsansprache führte A. J. Oparin aus, daß noch vor 20 oder 30 Jahren der Gedanke eines derartigen Symposions unausführbar gewesen wäre und während fast der ersten Hälfte unseres Jahrhunderts es nur wenige und vereinzelte Versuche in Richtung der angeschnittenen Frage gegeben habe. Die Forscher waren von der Idee beherrscht "that living things (though only the most primitive ones) could arise directly from the inorganic 'materials'". Angeblich geglückte Versuche für eine solche "spontaneous generation" erwiesen sich stets als falsch. So festigte sich die Überzeugung, das Problem sei unlösbar, ernster Bemühung unwert. Nach heutiger Ansicht liegt das an der verkehrten Art, die Frage anzupacken: "The problem of the origin of life cannot be solved in isolation from the study of the whole course of the development of matter which preceded this origin. Life is not separated from the inorganic world by an impassable gulf — it arose as an new quality during the process of the development of that world". Die Sache muß entwicklungsgeschichtlich angefaßt werden, in Zusammenarbeit mit Astrophysik, Geophysik und — Chemie. So nimmt Oparin eine Folge von drei Stadien an: 1. Einfachste organische Verbindungen, Kohlenwasserstoffe und ihre engsten Derivate, 2. Zunahme an Kompliziertheit der betreffenden Verbindungen in der Lithosphäre, Atmosphäre und Hydrosphäre. Ergebnis des Prozesses: Hochkomplizierte Substanzen von hohem Molekulargewicht, im besonderen von der Art der Proteine, Nukleinsäuren und anderer für das heutige Protoplasma charakteristischen Verbindungen. Basiert auf sie "one may postulate the emergence of some sorts of primary systems", die unter dem Einfluß des äußeren Mediums sich veränderten und einer Auslese fähig waren. Mit der Entwicklung solcher Systeme wäre das 3. Stadium erreicht, das mit der Bildung der einfachsten primären Organismen ausläuft.

Natürlich kann man fragen, ob es in der Geschichte der Materie nach dem bewährten pädagogischen Grundsatz vom Einfachen zum Komplizierten zugegangen ist, aber als Leitfaden für die Analyse empfiehlt sich das Schema in jedem Falle. Früher hatte man angenommen, daß selbst die einfachsten organischen Verbindungen, die Kohlenwasserstoffe, nur biogen sich bilden konnten. Heute weiß man, daß es noch andere Wege gibt. Früher hielt man die Asymmetrie der für das Plasma charakteristischen Verbindungen für ein Monopol lebendiger Substanz. Heute kennt man asymmetrische Synthesen unter dem Einfluß zirkulär polarisierten ultravioletten Lichts, bei katalytischen Reaktionen auf der Oberfläche von Quarzkristallen, spontan bei langsamer Kristallisierung aus Lösungen usw. Und die gleiche experimentelle Bestätigung hat man heute für die Möglichkeit abiogener Bildung von Aminosäuren, Porphyrine, proteinähnlicher Polynucleotide und anderer hochmolekurer Verbindungen, deren Rolle z. B. als Baumaterialien der Gene bekannt ist.

Durch die Erforschung der Gene und der Viren hat schließlich die Frage Aktualität bekommen, in welchem Stadium man „Leben" beginnen lassen will. Oparin: "Can Life be attributed to individual molecules even if they are very complex, or only to the multimolecular systems which served as basis for the emergence of life?" Die Beantwortung hängt davon ab, welche Kriterien als unerläßlich für Leben angesehen werden, und darüber ist man sich nicht einig. Schramm z. B. sagt: „Keinesfalls scheint es zulässig, ein Virus als Vorstufe der Lebewesen zu betrachten, denn die Voraussetzung für die Vermehrung der Viren ist die Existenz lebendiger Zellen . . . die Bedeutung der Virusforschung für das Problem der Entstehung des Lebens scheint mir vielmehr darin zu liegen, daß sie uns Einblick in die biochemischen Grundlagen der Vermehrung liefert" (l. c. S. 311). Wendell M. Stanley ist anderer Ansicht: "The essence of life is the ability to reproduce. This is accomplished by the utilization of energy to create order out of disorder, to bring together into a specific predetermined pattern from semi-order or even from chaos all of the component parts of that pattern with the perpetuation of that pattern with time. This is life" (S. 315). Die Fähigkeit zu mutieren, zur Veränderung oder zur Reizbeantwortung hält er nicht für ein unerläßliches Kriterium, wiewohl entscheidend für die Evolution. Immerhin sorgt Natur für "a built — in error so that the replication process is not perfect" und diese Änderung erkennen wir als Mutation. Zu Differenzen akkumuliert und stabilisiert nennen wir sie: Gene. Viren bilden also nicht nur nicht eine Vorstufe des Lebens, sondern leben — dem üblichen Einwand, wie ihn Schramm macht, begegnet Stanley mit dem Hinweis auf Parasiten: manche Bandwürmer können sich auch nur im Organismus des Wirts vermehren. Und daß manche Viren morphologische Differenzen zeigen, "can hardly be called molecular in nature rather more organismal or celle-like" (l. c. S. 316).

Über das Gewicht in Nachprüfbarkeit der Argumente kann nur der Biochemiker urteilen, und hier ist alles im Fluß. Aber die Art des Argumentierens ist aufschlußreich auch im prinzipiellen Sinne. Denn allen Kontroversen ist es darum zu tun, die notwendigen und hinreichenden Bedingungen für das Auftreten der Qualität „lebendig" an chemisch zu definierenden Verbindungen oder Systemen von solchen zu formulieren. Ihre formale Kennzeichnung etwa im Sinne von I. B. S.

Haldane als ein "self-perpetuating pattern of chemical reaction", oder der von Bertalanffy gegebenen einer hierarchischen Ordnung eines offenen Systems, welches sich selbst im Austausch der Komponenten dank seiner Systembedingungen erhält, kehrt als Leitgedanke für Modelle (P. Jordan, Schrödinger, Linus Pauling, Calvin u. a.) immer wieder. Diese Durchhaltefähigkeit einer Struktur läßt sich aber nicht ohne ein eigentümliches Verhältnis zur Umgebung verstehen, einerlei, welchen Grad von Komplikation das Gefüge in seiner Stabilität besitzt. Um sich gegen das umgebende Medium im Austausch mit ihm zu bewahren, müssen spezifische Voraussetzungen durch das Gefüge erfüllt sein. Haldane präzisiert sie so: "The critical event which may best be called the origin of life was the enclosure of several different self-reproducing polymers within a semipermeable membrane." Undurchlässige Abklammerung genügt nicht. Vielmehr müssen die Materialien der Membran synthetisiert oder akkumuliert von der Umgebung sein "and must be organized in a stable arrangement between the environment and the inner aqueous medium of the organism" (l. c. P. Mitchell S. 440). Gewisse Beobachtungen Stanleys an manchen Virausformen können diese Bemerkung unterstützen.

Der Formation natürlicher Membranen kommt also besondere Bedeutung zu. Organische Materialien erreichen mit ihr den Charakter von Organismen, werden zu Lebewesen in des Wortes strenger Bedeutung. Ob damit erst der Definition von Leben Genüge geschieht, bleibe dahingestellt. Die ambivalente Natur von Viren (und Genen ?) mahnt zur Vorsicht. Aber sicher ist mit der Membranbildung jene Stabilisierung der Umrandung erreicht, die wir Form eines Organismus nennen. Es mag sein, daß die Kohärenzkräfte von großen Molekülen und ihrer Verkettung zu Systemen groß genug sind, um den Tatbestand eines membranlosen Lebewesens zu gewährleisten. Wieder mag man da an Viren (und Gene ?) denken. Aber die Membranbildung ist in jedem Falle ein Schritt darüber hinaus in Richtung auf eine „höhere" Stufe der Begrenzung. Sie markiert das Lebe„wesen" als einzelnes und wirkt doppelsinnig: einschließend-abschirmend gegen die Umgebung und aufschließend-vermittelnd zu ihr.

Membranen sind nicht bloße Oberflächen, die jeder Körper je nach seinem Aggregatzustand gegen angrenzende Medien eines anderen Aggregatzustandes hat. Sie sind vermittelnde Oberflächen. An ihnen ist der Körper nicht einfach zu Ende, sondern zu seinem Medium in Beziehung gesetzt. Der ihn bildende Molekularkomplex (oder vielleicht auch das Molekül) bewahrt sein pattern nicht allein im Zustande der Vermehrung, sondern in der konstanten Berührung mit dem angrenzenden Einwirkungsbereich. Der Eigenbereich, gegen ihn abgeschirmt und zu ihm geöffnet, steht mit ihm in distanziertem Kontakt. Unter solchen Bedingungen findet Stoffwechsel statt, der immer in einer Auswahl unter Austauschmöglichkeiten besteht. Offenbar ist diese Filterfunktion semipermeabler Membranen auch entscheidend für die Eigenschaft der Reagibilität lebendiger Substanzen auf Reize, eine Eigenschaft, die einen relativ stabilen und von einer Umgebung abgesetzten Eigenbereich voraussetzt. Wenn ein Körper mit seinem Medium in einem durch die Brems- und Schleusenleistung seiner vermittelnden Grenzschicht distanzierten Kontakt steht, ist die Chance der Bewahrung seines Eigenbereichs gewachsen. Von Empfindung und womöglich Bewußtsein ist dabei noch keine Rede, wenn beide auch als entfaltete Formen distanzierten Kontakts, aber unter besonderen organisatorischen Voraussetzungen, aufzufassen sind. Wenn man mit der Rede von einer Entstehung des Bewußtseins eine präzise Vorstellung verbinden will, wird man hier den Ansatzpunkt suchen müssen. Bewußtsein aber an organische Materie ohne weiteres zu binden, wie das z. B. Teilhard de Chardin noch suggeriert (und er ist da ein spätes Glied in einer langen Kette), entbehrt nicht, wie man sagt, jeder Grundlage, sondern widerspricht dem nur in einem beschränkten Umfang sinnvollen Begriff dieses Wortes.

Membran oder nicht, "life could originate only as a result of the evolution of a multimolecular organic system, separated from its by a distinct boundary, but constantly interacting with this environment in the manner of 'open' systems. Since . . . present-day protoplasm possesses a coacervate structur, the mentioned systems . . . could have been coacervate structure, the mentioned systems. . . could have been coacervate drops" (l. c. Oparin S. 428). Der Effekt solcher strukturbedingten Bindekräfte auf die Oberfläche ist das Entscheidende. Denn er macht aus der Umrandung eine Grenze, in welcher zwei aufeinander wirkende Bereiche zu einer gegenseitigen Vermittlung gebracht werden, ohne den Eigenbereich des umrandeten Körpers in seiner Struktur anzutasten. Dieser Tatbestand gibt dem Körper Positionalität, d. h. setzt ihn gegen den Außenbereich ab. So gewinnt er am Medium eine *Umgebung*, in späteren Entwicklungsstadien u. U. eine *Umwelt*. Mit der Positionalität ist der sog. Ganzheitscharakter gegeben, der sich als Form, nicht notwendig übrigens als eine konstante Form, ausprägt. Membranen begünstigen natürlich die Stabilisierung der Form. Es ist anzunehmen, daß die Rückwirkung der begrenzenden Form auf das von ihr eingeschlossene System durch die bremsende und zugleich kanalisierende Funktion, die sie — ob mittels einer Membran oder nicht — unvermeidlich hat, wiederum neue

Qualitäten schafft, zu denen das ursprüngliche pattern nicht ganz paßt. Mit derartigen Diskrepanzen darf eine evolutionäre Betrachtung rechnen. Sie muß es, wenn sie den Gedanken des offenen Systems mit seiner gewissen Konstanz für zutreffend hält.

Ein Ganzes hat Teile oder Komponenten, denen gegenüber es eine gewisse Selbständigkeit bewahren muß, sonst ist es kein Ganzes, sondern eine Summe. Seine Konfiguration ermöglicht Spielraum, in welchem Komponenten entweder ausfallen können oder ersetzbar sind. Für die Aufklärung der für einen derartigen Spielraum maßgebenden Bindekräfte wird der Molekularbiologie besondere Bedeutung zukommen. Eigenschaften lebendiger Systeme wie die Fähigkeit zur Regeneration und zum Funktionswechsel (Einspringen einer Partie noch nicht ausdifferenzierten Plasmas für eine andere in Frühstadien embryonaler Entwicklung oder auch bestimmter Gewebspartien für eine andere, z. B. Monakows vikariierende Funktion im Zentralnervensystem) kann dann ein Vitalismus à la Driesch nicht mehr ins Feld führen. Das Auftreten eines Ganzen, das seine Komponenten als Mittel zu seiner Selbsterhaltung gebraucht, rechtfertigt nicht mehr den Rückgriff auf einen Naturfaktor wie die Entelechie, die den Grundregeln methodischer Analyse empirischer Naturwissenschaft widerspricht. Unbeschadet der Selbständigkeit und Eigenart lebendiger Systeme fällt ihre Autonomie insoweit dahin, als für sie ein besonderes Agens geltend gemacht wird. Die physikalischen und chemischen Denkmittel brauchen keinen zusätzlichen Faktor mehr, wenn sie sich dem Phänomen einer Ganzheit, d. h. einer zweckmäßigen Konfiguration gegenübersehen.

Vgl. im übrigen zum Thema Virus W. Troll, Das Virusproblem in ontologischer Sicht, Steiner 1951 und W. Weidel, Virus, Springer 1957, zum Problem der definitorischen Merkmale des Lebendigen T. Dobzhansky, Die Entwicklung zum Menschen, 1958, C. D. Darlington, Die Gesetze des Lebens, B. Rensch, Neuere Probleme der Abstammungslehre, 1954, H. Vogel, Vom Kristall zum Lebewesen, 1952.

Zu p. 124:

Vgl. E. Buenning, Entwicklungs- und Bewegungsphysiologie der Pflanze, Springer 1953, und Die physiologische Uhr, ebenda 1963.

Zu p. 144:

Vgl. vor allem A. Kühn, Vorlesungen über Entwicklungsphysiologie, Springer 1955 bes. die 30. Vorlesung.

Zu p. 146:

Zu wenig beachtet R. Ehrenberg, Theoretische Biologie, vom Standpunkt der Irreversibilität des elementaren Lebensvorganges, Springer 1923.

Zu p. 198:

Ähnlich E. Schrödinger, Was ist Leben (Slg. Dalp), und M. Hartmann, Prozeß und Gesetz in Physik und Biologie, in Philosophia naturalis II, 3, 1953.

Zu p. 217:

Ich habe mich schon vorsichtig ausgedrückt und von bedingter Apriorität der sexuellen Differenzierung gesprochen. Dr. Reinboth bemerkt dazu: „Geschlechtlichkeit ist nicht immer Vorbedingung für die Fortpflanzung. Asexuelle Fortpflanzung ist unter den Wirbellosen sehr weit verbreitet und zuweilen unter Normalbedingungen die Regel. Gegenüber einer „unbedingten qualitativen Verschiedenheit" von männlichem und weiblichem Sein bin ich skeptisch, zumindest aus biologischer Sicht. Allein die Schlagworte „bisexuelle Potenz", „relative Sexualität" scheinen mir auf die Problematik hinzuweisen. Endlich dürfen auch die vielen Beispiele n a t ü r l i c h e r Sexualinversion im Tierreich nicht übersehen werden. Ich selbst beschäftige mich seit langem mit natürlicher Geschlechtsumkehr bei Fischen, bei denen diese Erscheinung sehr verbreitet ist und das obendrein in den verschiedensten Spielarten." Vgl. ferner M. Hartmann, Die Sexualität, Fischer 1956.

Zu p. 222:

Von einem Überwiegen der Assimilation bei Pflanzen und einem Überwiegen der Dissimilation bei Tieren kann man nach neueren Messungen nicht generell sprechen. Nur die Art der Assimilation ist bei Pflanze und Tier verschieden. Auch gibt es, jedenfalls bei den höheren Pflanzen, eine Verteilung der Stoffwechseletappen, Arbeitsteilung zwischen Wurzel und Blättern.

Zu p. 223:

Die Charakterisierung pflanzlicher Bewegung durch Hedwig Conrad-Martius läßt sich nur auf dem Hintergrund des Gedankens der offenen Form vertreten. Sie tangiert eine Vergleichbarkeit der Reizvorgänge unter physiologischem Aspekt insoweit, als es bei Pflanzen keine nervösen, also keine Reflexe, wenn auch gewisse reizleitenden Gewebe, und keine Zentren gibt. Pflanzen als offenen Formen fehlt eine zentral vermittelte Steuerung ihrer Bewegungen. Ihnen fehlt eine zentrale Repräsentation ihres Organismus. Was nicht hindert, Reizung, Reizleitung und Bewegung bei Pflanze und Tier physiologisch und chemisch miteinander zu vergleichen und zu kontrastieren. Für den dezentralistischen Typ der geschlossenen Form, niedere Tiere also, gibt es dagegen, wie „primitiv" auch (Nervennetz, Nervenring), eine zentrale Koordination der Bewegungen und eine Repräsentation ihres Organismus. Sie „haben" ihren Körper. Deshalb ist Uexkülls Satz:

Zu p. 248:

„wenn der Seeigel läuft, so bewegen die Beine das Tier", eine humorvolle Übertreibung. Natürlich gibt es bei ihm Steuerung und Koordination. Wozu sonst der Nervenring? Vgl. L. H. Hyman, The Invertbrates, vol. IV, New York 1955. Deshalb bedarf auch

Zu p. 251:

die These Uexkülls, daß bei den Wirbellosen der rezeptorische Apparat nichts von der Tätigkeit der motorischen Apparate erfahre, keiner Nachprüfung mehr. Dagegen sprechen die experimentellen Befunde Buytendyks an Octopus, Sander's und Youngs an Sepia. Die Zuweisung des dezentralistischen Organisationstyps an die Gesamtheit der Wirbellosen, des zentralistischen an die der Wirbeltiere ist zu schön, um wahr zu sein. Die Grenzen verlaufen vermutlich — man denke nur an v. Frischs Untersuchungen an Bienen — sehr kompliziert und nicht scharf. Reine Typen kommen nicht vor. So sind sie auch nicht gemeint. Es sind Idealtypen von Richtungen, die mehr oder weniger in der jeweiligen Art zum Ausdruck kommen.

Zu p. 257:

Ohne auf die gerade in letzter Zeit gemachten Entdeckungen erstaunlicher Orientierungsleistungen der Insekten und Vögel einzugehen, möchte ich mich von der Volkeltschen Hypothese der komplexqualitativen Umweltstruktur insoweit distanzieren, als sie sicher nicht generell gilt und keine Alternative zur menschlichen Wahrnehmungsweise darstellt. Unsere Art wahrzunehmen ist, wie wir aus den Aphasiestudien von Gelb und Goldstein wissen, durch die Sprache gestützt und geleitet. Das Wort als Bedeutungsträger und Mittel der Objektivierung hilft der Gliederung der Wahrnehmungsinhalte und ihrer Stabilisierung. Wo Sprache fehlt — nicht Kommunikation wie bei den Tieren —, müssen andere Gliederungs- und Stabilisierungs„methoden" herrschen, natürlich je nach den Anforderungen der biologischen Umwelt: Die komplexqualitative Methode ist aber wohl nur eine von vielen.

Zu p. 288f.:

Hier verweise ich auf meine Einleitung zur Propyläen-Weltgeschichte „Conditio Humana", die in der Reihe der „Opuscula" bei Neske (Pfullingen) erschienen ist.

SACHREGISTER

Äquipotentialität, harmonische: *160ff.*, 168f.
Ästhesiologie: 33ff., 77f., 322f.
Ä. als Kritik der Sinne: 34
Erfassung des Existenzumkreises durch Ä.: 35
Aktion, Primat der: 246
Aktionsrelativität: 247, 254
alter ego, Möglichkeit des: 298f.
Altern: *146ff.*
Deduktion der Altersphasen: 148
Potenzrealisierung und A.: 169
Alternativprinzip, cartesianisches: *38ff.*, *63ff.*
Entwertung der cartesischen divisio mundi durch die Geisteswissenschaft: 72ff.
Anpassung — Angepaßtheit: *200ff.*
A. als Positionalitätsmodus: 204f.
A. als Einheit von Vorgriff und Suche 207
Lamarcks und Darwins A.stheorien: 206
Psychistische A.stheorien: 209
Anschauung, darstellbare und nichtdarstellbare: 118ff.
Anthropologie, philosophische: IV, XV, 25ff., 32ff., 74ff.
ph. A. und Phänomenologie (Scheler): V
ph. A. und Existentialanalytik (Heidegger): V, VIIff., Xff.
anthropologisches Apriori einer Hermeneutik: 24
zwei Wege zur ph. A.: 32ff.
philosophische Biologie als Voraussetzung einer ph. A.: 76
Arterhaltung: 214
Aspektdivergenz: 87f.
Aspektgrenze und Gestaltgrenze: 102ff.
Assimilation — Dissimilation: *196ff.*, 358
Selbstabbau — Selbstaufbau als Positionalitätsmodus: 198f.
Deduktion der Doppelsinnigkeit autonomer Selbstveränderung: 196f.
Ausdehnung (s. auch res extensa): *38ff.*, *50ff.*
Gleichsetzung von Natur und A.: 41
Ausdruckshaftigkeit (s. auch Expressivität): 323ff., 332ff.
Ausdruckscharakter der Künstlichkeit: 323
Ausdrucksleistung, der schöpferische Griff als: 322
Außen-Innenbeziehung: 88f., 98ff.
Außenwelt und Innenwelt: *50ff.*, 55, *293ff.*
Exzentrizitätsstruktur der Außenwelt: 293ff.
Exzentrizitätsstruktur der Innenwelt: 296ff.

Behaviorismus: 60, 352
Bewegung:
offene Form und B.: 223, 358
geschlossene Form und B.: 358f.
Bewußtsein:
Situation des B.s: 243f.
B. als sphärische Einheit von Lebenssubjekt und Gegenwelt: 67
partielle Äquivalenz von Lebensplanform und B.: 68f.
Ausschaltung des B.s: 245ff.
Antagonismus von Handlung und Bewußtheit: 250f.
Gehirn und B.: 260
B.simmanenz als Positionalitätsmodus: 328
vermittelte Unmittelbarkeit als Struktur des B.s: 329
Binnenlokalisation in meinem Körper: 52ff.
Biologie, philosophische: IIIf., 66, 76

Dezentralistische Organisation: s. Organisation
Differenzierung und Wachstum: 145f., 165ff.
D. und W. der offenen Form: 221f.
D. und W. der geschlossenen Form: 233f.

Ding:
Dinghaftigkeit: 133, 194, 212, 253
Dinglichkeit: 254f.
Transgredienz des Phänomens zum D.: 82f.
D.e ohne Sachcharakter: 271
Struktur des physischen D.es in der Erscheinung: 81
Exposition des belebten physischen D.es in der Erscheinung: 89
Positionalität des lebendigen D.es: 127
Deduktion der phänomenalen Randwerte des lebendigen D.es: 128
Doppelaspekt des Wahrnehmungsdinges: 85
Prozeß und dingliche Konstanz: 135
dingliche Gliederung des Umfeldes: 253
Dissimilation: s. Assimilation
Doppelaspekt: *81ff.*, *89ff.*, *99ff.*
D. in der Erfahrung vom Menschen und Bergsons Kritik an Spencers Überwindungsversuch: 4ff.
D. und Grenze: 99ff.
Prüfung des D.s auf seinen Fundamentalcharakter: 71
D. von Körper und Leib: 238ff., 294
D. von Seele und Erlebnis: 291ff., 295ff., 299
D. von Ich und Wir: 300ff.
Ichheit und Doppelaspektivität der Existenz: 292
Domestikation: 314, 318
Du: 300f., 308
dynamische Form: s. Form

Eigenschaftlichkeit: 87
„Transgredienz" und „Vonsein" der Eigenschaft: 84
Substanz-Eigenschaft als totale Aspektdivergenz: 84, 86f.
Eigenschaftsstellung der Positionalität: 130
Ektropismus: 126, 198
Empfindung: *55ff.*, 247
Entelechie: 146, 163f., 347, 357
Entlastung und Sprache: XVI
Entwicklung: *146ff.*
E. und Prozeß: 138ff.
Epigenesis und Präformation: 143f.
Erfahrung:
Doppelaspekt in der E. vom Menschen: 4ff.
Dualismus der Erfahrungsstellungen: 13, 22, 25, 28, 51
Erfahrbarkeit des Lebens der Existenz: 22ff.
Erfahrungsfeindlichkeit der Bergson-Spenglerschen Intuition: *4ff.*, 12
Erfüllung und Intention: 334ff.
Erfüllungsmoment im Doppelbezug zu den Zeitmodis: 175
vermittelte Unmittelbarkeit als Struktur der Erfüllung: 336
Erkenntnistheorie: 19ff., 40f., 113, 330f.
Erlebnis und Seele: 291ff., 295ff., 299
Ernährung: 112, 199, 220, 222f., 233
Erscheinung: *38ff.*, *42ff.*
Ding in der E.: 81ff., 89ff.
Erscheinungsqualität: 41ff., 348f.
Evolution: 349, 351
Existenz:
E. und Leben: XIIIf., 21f.
natürlicher Umkreis der E.: 27ff., 35
Ichheit und Doppelaspektivität der E.: 292ff.
menschlich-existentielles Apriori der Geisteswissenschaft: 16f.
drei Existenzsphären der Person: 293ff.
Primat der E. — Primat der Innerlichkeit: XIII
Existentialanalytik und philosophische Anthropologie (Heidegger): V, VIIff., Xff.
Expressivität: (s. auch Ausdruckshaftigkeit) *321ff.*, 338ff.
E. und Immanenz: 333
Expressivitätscharakter der Erfüllung: 337
E. als Fundament der Geschichtlichkeit: 338ff.
Exzentrizität: Vf., XVIIIf., *288ff.*, 291ff., 309ff.
exzentrische Mittelstellung des Organismus im Feld: 203
Exzentrizitätsstruktur der Außenwelt: 294f.

Exzentrizitätsstruktur der Innenwelt: 296ff.
Exzentrizitätsstruktur der Mitwelt: 301ff.
Künstlichkeit als Realisierungsmodus der E.: 309ff.
Schöpfertum als Ausgleich der E.: 320ff.
vermittelte Unmittelbarkeit der exzentrischen Positionalität: 324ff.
E. als Nichtigkeit: 341ff.
E.: die Frage nach Gott: 345
E.: die Frage nach dem Sein des Seins: 346

Feld: (s. auch Umfeld, Positionsfeld)
Organismus im Feld: 202ff.
Feldverhalt — Sachverhalt: 272, 276f.
Form, dynamische: *132ff.*
Form, geschlossene: *226ff.*, *237ff.*
Bedingung der g. F.: das Zentralorgan: 228
Modus der g. F.: der sensomotorische Funktionskreis: 229
Subjekthaftigkeit der g. F.: 233
Parasitismus der g. F.: 234
Bewegung der g. F.: 358f.
Triebhaftigkeit der g. F.: 233
g. F. und der Doppelaspekt Körper-Leib: 237
historische Reaktionsbasis Positionalitätsmodus der g. F.: 280ff.
Instinkt selbständiger Positionalitätsmodus der g. F.: 286f.
Form, offene: *218ff.*
Dividualität der o. F.: 221
Bewegung der o. F.: 223, 358
Subjektlosigkeit der o. F.: 225
offene Fortpflanzung, offener Stoffwechsel: 222
Form, organische: 99, 218
Formidee: 136f., 139, 141ff., 151ff.
Fortpflanzung: *211ff.*, 217f., 222, 233, 358
Freiheit und Gewissen: 317
Frontalität: *237ff.*, 241, 284f.
Funktionskreis (s. auch Lebenskreis): 192, 229, 247f, 258

Ganzheit: 120ff.
Übersummenhaftigkeit der Ganzheit: 93
G. und Gestalt: XXI, 93, 96
Ganzes und Teil: 90ff., 357
Gedächtnis: *277ff.*, *283ff.*
Gehirn und Bewußtsein: 260
Geisteswissenschaften: 12ff., *14ff.*, 18ff., 24ff., 72ff., 79
Geistigkeit: 303ff., 312, 317
Wirsphäre oder „Geist": 303
Gen: XXII, 347, 354
Geschichtlichkeit: X, 338f.
Geschichtsphilosophie: 9ff.
Geschlechtlichkeit: 217f., 358
Gesellschaft: 344f.
Gestalt: 90ff.
Übersummenhaftigkeit der G.: 93
Ganzheit und G.: XXI, 93, 96
G. und organische Form: 99
Gestaltgrenze und Aspektgrenze: 102, 104ff.
Köhlers gestalttheoretische Deutung der Belebtheit: 90ff.
Drieschs Kritik an Köhlers Deutung: XXIf., 94ff.
Köhlers Deutung des Mangels der Anthropoidenintelligenz als Gestaltschwäche: 269ff.
Gewissen und Freiheit: 317
Gleichgewichtslosigkeit, konstitutive G. des Menschen: 316, 320, 339
Gott: XI, 341, 345
Grenze: XXI, XXIII, *99ff.*, 127ff., 132ff., 154ff., 355f.
Empfindung als G. und Grenzbegriff: 59, Doppelaspekt und Grenze: 100
Gestaltgrenze und Aspektgrenze: 102, 104
zwei Verhältnisarten eines Körpers zur G.: 103ff.
Schärfe der Begrenzung und Tendenzcharakter: 125
Positionalität und G.: 127ff., 355f.
Prozeß und Grenze: 132ff., 154ff.

Haben: s. Selbst
Handlung: 205, 225, 241, 250f., 266f., 271, 278f., 286, 316, 319f., 333
Antagonismus von H. und Bewußtheit: 250f.

Leib-Seele-Problem und die Kategorie des Handelns: XVf.
Hermeneutik menschlicher Existenz: 20ff., 28, 30f., 37
Hiatus: 149ff.
H. zwischen Leben und Tod: 149f.
H. und Verschränkung: 152ff.
H. und Schicksal: 154

Ich: 46ff., *60ff.*, *288ff.*
fremdes I. (s. auch alter ego): 60ff.
Doppelaspekt von I. und Wir: 300f.
Ichheit und Doppelaspektivität der Existenz: 292
Immanenz: *45ff.*, 67f, *321ff.*, 332f.
Bewußtseinsimmanenz als Positionalitätsmodus: 328
nur I. garantiert Realitätskontakt: 332
I. und Expressivität: 333
Individualität: *132ff.*, 137, 341ff.
Innenwelt: s. Außenwelt
Innerlichkeit: XIII, *38ff.*, *42ff.*, *45ff.*, *50ff.*, 58f., 73, 240, 295
Instinkt: 233, 250f., 262f., 286f., 350f.
Intelligenz: *272ff.*
tierische Intelligenz: 263, 276ff.
Köhlers Prüfungen der Anthropoidenintelligenz: 267ff.
Mangel der Anthropoidenintelligenz als Gestaltschwäche: 269
Mangel der Anthropoidenintelligenz als fehlender Sinn für's Negative: 270
I. und „Ursprung" der Kultur: 319f.
Feldverhaltseinsicht — Sachverhaltseinsicht: 272, 276f.
Einsicht und Instinkt: 350f.
Intention: s. Erfüllung
Intuitionismus:
Bergsons Lebensintuitionismus: 7ff.
Spenglers Lebensintuitionismus: 10ff.

Kategorien:
Kategorienlehre der Person: 74f.
Vitalkategorien, organische Wesensmerkmale: *105ff.*, *111ff.*, *118ff.*, *123ff.*
Vitalkategorien als Konstituentien von Lebensplänen: 65
Begründung der Vitalkategorien durch philosophische Biologie: 66
indikatorische und konstitutive Wesensmerkmale: 114, 345f.
empirische und ontologische K.: 116f.
Deduktion der Vitalkategorien: 113, 115
Körper und Leib: 230f., 237f., 294f.
Kontakt:
K. mit dem Umfeld durch zentrale Repräsentation: 256
K. durch Neutralisierung des Zentralorgans: 257f.
K. mit dem Umfeld als Berührung und Trennung: 259
Immanenz und Realitätskontakt: 329ff., 340
Künstlichkeit:
natürliche K.: *309ff.*, 338
K. als Realisierungsmodus der Exzentrizität: 310
Ausdruckscharakter der K.: 323
Kultur, „Ursprung" der: 311ff.
Kybernetik: 347

Leben:
Wesensmerkmale des Lebens: s. Kategorien
Lebendigkeit als Qualität: XII, 89ff.
Existenz und L.: XIIIf.
Köhlers gestalttheoretische Deutung der Belebtheit und Drieschs Kritik: XXIf., 90ff., 94ff.
ektropischer Charakter des Lebendigen: 126
Positionalität des lebendigen Dinges: *127ff.*
Abhebung des Lebens vom Lebendigen: 190, 195
Lebensrelativität der meßfremden Raum-Zeitcharaktere: 182
Vorgriff und ontische Vorwegstruktur des Lebendigen: 208
selektorischer Charakter des L.s: 215
Verhältnis des Lebendigen zu seiner Vergangenheit: 279
Lebensintuitionismus: s. Intuitionismus
Lebenskreis (s. auch Funktionskreis): *185ff.*, 192ff.

Lebensphilosophie: IVff., 4ff., 14ff.
Leib:
Leib — Umwelt, Leib — Umfeld: IIIf., 230f.
Leib — Seele: 15f.
Leib — Körper: 230f., 237f., 294f.
Lernvermögen wesenhaft tierisch: 277

Machtzuwachs durch Zerebralisation: 350
Mechanismus — Vitalismus: XXI, 91ff., 96ff., 108ff., 163f.
Mechanismus der Natur, Mechanismus des Verstandes: 7ff.
Membran: XXI, 355ff.
Merksphäre und Wirkungssphäre: 246ff., 252ff.
Mitte, Realisierung der positionalen: 161f.
Mitwelt: 293ff., 306ff.
Exzentrizität als Fundament und Struktur der M.: 302
tierische Mitverhältnissphäre: 307
Milieu als Vorform der M.: 308
Modal: 108f.
apriorische Theorie der organischen M.e:: XX, 107
Modalschicht und Vitalismusproblem: 110

Natur, Gleichsetzung von N. und Ausdehnung: 41, 51ff.
Naturphilosophie: 24, 26, 41, 55, 77
Offenheit (s. auch Form, offene):
O. des Organs: Positionsfeld und Lebenskreis: 192
O. des Umfeldes: 233, 241
Organisation; Organisiertheit: *165ff.*
Deduktion der Organisiertheit: 167
Organisation und harmonische Äquipotentialität: 168
Pflanze und Tier als Organisationsideen: 235f.
dezentralistische und zentralistische Organisation: 241ff., 359
dezentralistische Organisation: *245ff.*
dezentralistische Zuordnung von Reiz und Reaktion: 245f.
dezentralistisches Äquivalent der abstrakten Allgemeinheit: 274
zentralistische Organisation: *249ff.*, 270, 291
zentralistische Zuordnung von Reiz und Reaktion: 249ff.
zentralistisches Äquivalent der abstrakten Allgemeinheit: 275
Organ: *165ff.*
O. als mittelbarer Einheitsbildner: 166
O. als Mittel zum Leben: 170
O. als Realisierungsmodus der Einheit des Organismus: 191
Zentralorgan: 228, 256ff.
Organismus: 160
„Zeit"moment in der Planmäßigkeit des O.: 171
O. als Zweck und Mittel seiner selbst: 186
dreifache Einheit des O.: 187ff.
Realisierungsbedingung der Einheit des O.: Abhebung des Lebens vom Lebendigen: 190
Realisierungsmodus der Einheit des O.: das Organ: 191
Autonomie des O.: 193
O. und Medium: 201ff.
Entstehung von Organismen aus anorganischem Material: 353f.
Ort, natürlicher: 131f., 157, 180, 184, 202f., 207, 238, 291, 294

Person, Personalität: IV, 6, 12, 24, 27f, 34ff., 74f., 77, 293, 300ff., 334f.
Einheit der Person: 32, 34ff., 48, 74, 305
Kategorienlehre der Person: 74f.
Weltlichkeit der Person: 293
Planmäßigkeit, Lebensplan: 64f., 68f., 171
Plastizität: 114, 124
Pflanze: *218ff.*
P. und Tier als Organisationsideen: 235f.
Problem des pflanzlichen Tropismus: 224
Assimilation bei P. und Tier: 358
Phänomenologie:
P. und philosophische Anthropologie (Scheler): V

phänomenologische Faßbarkeit des Existenzumkreises: 28f.
P. und Dialektik: 115
P. und ontologische Aussage: 126
Positionalität: 129ff., 352
exzentrische P.: s. Exzentrizität
Grenze und P.: 127ff., 355f.
P. des lebendigen Dinges: 127
Eigenschaftsstellung der P.: 130
Realisierung der P. im Übergehen: 132f.
Realisierung der P. im Bleiben: 155
Prozeß als Realisierungsmodus der P.: 134f., 138f.
Typizität als Realisierungsmodus der P.: 136
System als Realisierungsmodus der P.: 158
Fortpflanzung als Realisierungsmodus der P.: 212f.
Selektion als Realisierungsmodus der P.: 216
Selbstabbau-Selbstaufbau als Positionalitätsmodus: 198f.
Angepaßtheit, Anpassung als Positionalitätsmodus: 204f.
Sollen als Positionalitätsmodus: 317
Bewußtseinsimmanenz als Positionalitätsmodus: 328
P. der geschlossenen Form: *237ff.*
historische Reaktionsbasis Positionalitätsmodus geschlossener Form: 280ff.
Instinkt selbständiger Positionalitätsmodus geschlossener Form: 286f.
Realisierung der positionalen Mitte: 161f.
positionale Raum-Zeitunion: *180ff.*
Selbstgegebenheit des Positionalitätszentrums: 289f.
Positionsfeld (s. auch Feld, Umfeld):
P. und Lebenskreis: 192
Medium als P.: 202f.
Potenz: 162ff., 172ff., 213, 215, 217
Potenzentfaltung als Realisierungsmodus der „Mitte": 162
Drieschs Stellung zum Potenzbegriff: 163
nichtempirischer Charakter der Potentialität: 164
Potenzrealisierung und Altern: 169, 213
Potenzrealisierung, Altern und Fortpflanzung: 213, 215, 217
Doppelbezug der P. zu den Zeitmodis: 173
reflexive und konstitutive P.: 172
P. als Vorwegsein: 176ff.
Prädispositionstheorie: 210
Präformationstheorie: 143f.
Prozeß: *132ff.*, *138ff.*
P. und Grenze: 132ff., 154ff.
P. als Realisierungsmodus der Positionalität: 134, 138f.
P. und dingliche Konstanz: 135
Entwicklung als Realisierungsmodus des Prozesses: 140
psycho-physisch neutral, psycho-physisch indifferent: 28, 32, 36, 59, 244, 292

Qualität: XXII, 42ff.
Lebendigkeit als Q.: XXII
Qualitäthaftigkeit: 43f.
Subjektivierung der Erscheinungsqualitäten: 43
Erscheinungsqualität und operatives Vorgehen: 348

Raumhaftigkeit — Räumlichkeit: 53, *127ff.*, 183, 258
Raum-Zeitunion, positionale: *180ff.*, 239, 279
Reaktion s. Reiz
Reaktionsbasis, historische (s. auch Gedächtnis): 225, 278, 280ff., 300
Realitätskontakt: 329ff., 340
Reflexivität
Schranke der tierischen R.: 239
R. des Vermittlungszentrums: In der Welt Sein: 327
Reiz, Zuordnung von R. und Reaktion: 63f., 199f., 204f., 210, 224, *245ff.*, *249ff.*, 278f., 325
zwei Arten der Zuordnung (s. auch Organisation): 245ff.
Religion, „Ursprung" der: 342
Repräsentation, zentrale: 167f., 230f., 233f., 237, 244, 252, 256f., 280f.
res cogitans, cogitatio, (s. auch Innerlichkeit): 39ff., 43ff., 72f.
Vorverlagerung der r. c. 44ff.

res extensa (s. auch Ausdehnung): 39, 44ff., 72
Residuum und Antezipation (s. auch Gedächtnis): *283ff.*
Rhythmus, regelmäßige Unregelmäßigkeit: 114, 124f.

Sachcharakter, Dinge ohne: 271f.
Schicksal: 148, 151, 154, 213f.
Hiatus, Verschränkung, S.: 154
Schöpfertum:
S. als Ausgleich der Exzentrizität: 320
Gelegenheitscharakter des Schaffens: 311
Schaffen als glückende Einheit von Machen und Finden: 321
der schöpferische Griff als Ausdrucksleistung: 322
Seele:
Seele — Erlebnis: 291ff., 295ff., 299
Seele — Leib: XVf.
Selbst und Haben: 158f., 161f., 173, 187ff., 231f., 237ff.
Selbstabbau-Selbstaufbau s. Assimilation
Selbstgegebenheit des Positionalitätszentrums: 289f.
Selbstregulierbarkeit, Selbstregulation: 92, 112, *160ff.*
Selbststellung: 40, 46ff., 52f., 56, 66f., 296ff.
Selbstveränderung s. Assimilation
Selektion: 202, *211ff.*
S. als Realisierungsmodus der Positionalität: 216
Sensualismus, Prinzip des S. und Problem des anderen Ich: *60ff.*
Sozialität s. Mitwelt
Spezialisierung: 168f., 188, 312
Unspezialisiertheit und Primitivität des Menschen: 312
Spontaneität: 105, 126, 240
Sprache:
S. und die Kategorie der Entlastung: XVI
Bedingungen der S.: XVII
„Ursprung" der S.: 340
S. und menschliche Wahrnehmung: 359

Stoffwechsel, offener: 222
Streben s. Erfüllung
Stufung: XI, 351
Subjekt: 46, 48f, 51, 55ff., 65ff., 74, 83, 160ff., 167f., 186ff., 231, 273f., 242f., *245ff.*, 271, 281f., 284, 289f., 293, 297, 325ff.
Subjekthaftigkeit der geschlossenen Form: 232
Subjektlosigkeit der offenen Form: 225
Ausschaltung des Subjekts: *245ff.*
Substanz-Eigenschaft als totale Aspektdivergenz: 84, 86f.
Summe, summenhaft, summativ: 81, 90, 93f., 98
übersummenhaft, Übersummenhaftigkeit: 94, 99, 160, 187, 274
System: *154ff.*
System als Realisierungsmodus der Positionalität: 158
S. und Glieder: 159, 357
Organismus als S.: 160

Tier: *226ff.*, *237ff.*
Pflanze und T. als Organisationsideen: 235f.
Schranke der tierischen Reflexivität: 239
tierisches Umfeld: 261ff.
tierische Intelligenz: 263, 267ff., 276ff.
Lernvermögen wesenhaft tierisch: 277
Unentfaltetheit der tierischen Mitverhältnissphäre: 307
Assimilation bei Pflanze und T.: 358
Tierpsychologie: 62ff., 69, 261ff., 352
T. und Uexkülls Programm: 63ff., 352
lebensgemäße Problemstellung der neuen T.: 262f.
Tod: *146ff.*
Transgredienz: 82ff.
Transzendenz: 149, 203, *341ff.*
Triebhaftigkeit: 233f.
Tropismus, pflanzlicher: 224
Typenhaftigkeit: *132ff.*, 214

Umfeld (s. auch Feld, Positionsfeld): 230ff., 240f., 244, 246ff., 253f.,

256, 258ff., *261ff.*, 267, 270ff., 275, 277, 291ff., 325ff.
Offenheit des U.es: 241
dingliche Gliederung des U.es: 251, 253, 258, 261ff.
Volkelts Hypothese einer komplexqualitativen Umfeldstruktur: 264ff., 359
Umwelt: IIIf., 63ff., 201f., 247ff., 294ff., 342f.
Unmittelbarkeit, vermittelte: 48, 169, 190, 260, *321ff.*
Dominanz der Unmittelbarkeit: 326
vermittelte Unmittelbarkeit als Struktur des Bewußtseins: 329
vermittelte Unmittelbarkeit als Struktur der Erfüllung: 330
utopischer Standort: *341ff.*, 346

Vererbung: *211ff.*
Verhalten: 63, 68f., 261ff., 268
Vermittlung der Einheit: 187ff.
Zentrum der Vermittlung, zentrale Vermittlung: 223ff., 280ff., 325, 327
Reflexivität des Vermittlungszentrums: In der Welt Sein: 327
Verschränkung: 152ff.
Virus: XXII, 347, 354ff.
Vitalismus: XXI, 91ff., 96ff., 110, 347f., 357
V. und Mechanismus s. Mechanismus
Modalschicht und Vitalismusproblem: 110
Überholtheit des V.: 347f, 357
Vitalkategorien s. Kategorien
Vorgriff: 207f.
Vorwegsein: 176f., 180, 208, 212, 214, 241, 250, 283, 319

Wachstum s. Differenzierung
Weltall: 343, 346
Weltlichkeit der Person: 293
Werkzeug, Werkzeuggebrauch: 311ff., 317, 319ff.
Wesensmerkmal s. Kategorie
Wir: 300f., 303f., 308, 343f.
Doppelaspekt von Ich und W.: 300f.
Wirsphäre oder „Geist“: 303
Wirkungseinheit: 94ff., 160ff., 168, 185ff., 228
Wirkungssphäre und Merksphäre: 246ff., 252ff.

Zeit:
Zeithaftigkeit: *171ff.*, 183, 279
Modi der Zeit: 173ff., 180, 200, 212, 279f., 319
Zentralität: 171, 193, 237, 240, 271
zentralistische Organisation s. Organisation
Zentralorgan s. Organ
Zentrizität: 329
Zerebralisation und Machtzuwachs: 350

NAMENSREGISTER

Adler, A. 314, 316
Alsberg, P. XVI
André, H. 226
Auerbach, F. 112, 198
Aristoteles IX, 184, 348
Augustinus XIII

Baer, K. E. von 221
Baerends, G. P. 352
Baltzer, F. 266, 347
Bauer, E. 112
Becher, E. 65, 225, 277
Beer, B. H. de 63
Bergson, H. 6—9, 11f., 22, 144, 225, 259, 282, 350
Bernard, C. 112
Bethe, A. 63
Bertalanffy, L. von 347, 355
Bichat, M. Fr. X. 112
Bierens de Haan, I. 273
Biran, M. F. P. G. de 331
Blauw 224
Bolk, L. XVf.
Breysig, K. 73
Brown, J. 112
Buenning, E. 357
Bütschli, O. III, 97
Buttel-Reepen, H. von 264
Buytendijk, F. J. J. XVIII, 35, 62 69f., 123—125, 153, 202, 273, 276, 347, 359

Calvin, M. 355
Christian, G. 347
Claudel, P. 68
Cohen, H. 18
Comte, A. 17
Conrad-Martius, H. IV, 223, 358

Dacqué, E. 293
Dalp, S. 358
Darlington, C. D. 357
Darwin, Ch. (darwin.) 26, 38, 201, 206 312
Neodarwinismus VIII, 349
Descartes, R. (cartes.) 37—44, 46, 49—52, 55, 59, 63, 70, 72f., 76, 78f., 81, 159, 261, 348
Dewey, J. XV
Dilthey, W. V, X, 19—22, 24f., 28, 37, 73f., 331
Dobzhansky, T. 357
Driesch, H. III, VIII, XI, XXIf., 89, 92—99, 102, 105f., 110, 112, 130f., 143, 162—164, 201, 205, 219, 221, 278f., 347f., 357
Dubois, E. 349
Dykstra 352

Ehrenberg, R. 357
Ehrenfels, Ch. von 265f.
Eickstedt, Frh. von XI
Engels, F. 10
Einstein, A. 38

Fechner, G. T. 81
Fichte, J. G. 22, 56, 72, 113, 129, 150 242, 301, 325
Fitting, H. 224
Freud, S. XI, XV, XVII, 38, 313f., 320
Frey, G. 348
Freyer, H. 340
Frisch, K. von 359

Galilei, G. 14
Gehlen, A. XIV—XVIII
Gelb, A. 282, 359
Goethe, J. W. 24, 34, 209—211
Goldstein, K. 282, 359
Grünbaum, A. 282

Haberlandt, G. 224
Haering, Th. VII
Haldane, I. B. S. 354f.
Hartmann, E. von 348
Hartmann, M. 352, 358
Hartmann, N. VII, X, 217, 332
Hauptmann, C. 112
Hegel, G. W. F. 20, 22f., 34f., 72f., 83, 85, 88, 113, 150f., 305, 348, 350f.
Heidegger, M. V, VII—XIV
Helmholtz, H. 107, 117
Herbst, C. III

Herder, J. G. XIV—XVI
Hering, E. 180, 277
Holst, E. von 352
Husserl, E. IX, XIIf, 28, 73, 83, 164, 273
Huxley, A. 350
Hyman, L. H. 359

Jaensch, E. 81
James, W. XV, 280
Jaspers, K. VIIf., 37
Jennings, H. S. 277
Jordan, P. 347, 355

Kant, I. (kantisch) XIII, 7, 13—15, 17—19, 23, 30, 33f., 50, 56, 66, 69, 72f., 75, 80, 83, 93, 113f., 152, 202f., 298, 330, 333
Neukantianismus 42, 59, 116f, 297
Katz, D. 69
Klaatsch, H. XV, 312
Köhler, W. XXI, 69, 89—91, 93—97, 102, 105f., 266—272, 276—278, 319
König, J. VI, 154
Koenigswald, von 349
Kortlandt, A. 352
Kraus, Fr. 37
Kries, J. von 112, 123
Kroner, R. 150
Krüger, F. 90
Kühn, A. 219, 357

Lamarck, I. B. A. de 206
Lamprecht, K. 73
Lask, E. III
Lehmann, E. 97
Leibniz, G. W. 33, 72, 151, 346, 348
Lindworsky, J. 276
Linke, P. 332
Lipps, Th. IX
Litt, Th. VII
Locke, J. 43, 50
Lorenz, K. XV, XVII, 352
Lotze, H. 18
Löwith, K. XII—XIV

Mach, E. 43
Marcion 346
Marx, K. 10, 17, 38, 316
Mayer, R. 117
Merleau-Ponty, M. XXIII
Meyer-Abich, A. 107f., 112
Misch, G. V, 19—25
Mitchell, P. 355
Monakow, K. von 357
Morgan, L. 264
Müller, J. 210, 352
Münsterberg, H. 59

Nemêc, B. 224
Newton, I. 19
Nietzsche, Fr. X, XII, 4, 18, 314—316, 319
Novalis 178

Orwell, G. 350
Oparin, A. J. 353f., 356
Ostwald, W. 112

Parmenides 22
Pascal, B. IX
Pauling, L. 355
Pawlow, I. P. 282
Petersen, H. 112
Pflüger, E. 112
Pick, L. 282
Pikler, J. 254
Planck, M. 38
Platon 152, 335
Plotin 209
Portmann, A. XVf., XXIII, 348, 352
Prinzhorn, H. 314
Pütter, A. 112

Reinboth, R. 351f., 358
Reinke, J. 112
Rensch, B. 357
Rhumbler, L. 97
Rickert, H. 18, 74
Romanes, G. J. 265
Roux, W. 95, 112, 195

Sander, F. 359
Sartre, J. P. XXIII
Scheler, M. IVf., VII, IX—XII, XVf., 37, 74, 345
Schelling, F. W. J. 348, 350f.
Schiller, F. C. S. XV
Schopenhauer, A. X, 314, 348
Schramm, G. 354

Schrödinger, E. 347, 355, 358
Seidel, A. 314
Simmel, G. 316
Spemann, H. XXII, 347
Spencer, H. 6—8, 11, 112, 209
Spengler, O. 10—12, 22
Spinoza, B. 81
Stanley, W. L. 354f.
Stenzel, J. 340
Stern, W. 37
Storch, O. XVII

Teilhard de Chardin, P. 351, 356
Tinbergen, N. 352
Tönnies, F. 345
Troeltsch, E. III
Troll, W. 357
Tschermak, A. von 112, 197, 224

Uexküll, J. von III, XIV, 63f., 67–69, 144, 170, 207, 230, 247—251, 257, 259, 261, 352, 359
Ungerer, E. 112

Vogel, H. 357
Volkelt, H. 264—266, 270—272, 359

Wasmann, E. 67
Weber, M. XV
Weidel, W. 357
Weismann, A. 143f., 213
Wettstein, R. von 217
Windelband, W. III, XI, 18, 74
Wundt, W. 320

Young, P, Th. 359

Ziehen, Th. 59

Philosophische Anthropologie

Menschliche Selbstdeutung in Geschichte und Gegenwart. Von MICHAEL LANDMANN. 266 Seiten. 1955. DM 5,80 (Sammlung Göschen Band 156/156a)

Erkenntnis und Erlebnis

Phänomenologische Studien. Von MICHAEL LANDMANN. Groß-Oktav. 295 Seiten. 1951. Ganzleinen DM 12,—

Metaphysik einst und jetzt

Kritische Untersuchungen zu Begriff und Ansatz der Ontologie. Von SIMON MOSER. Groß-Oktav. VI, 294 Seiten. 1958. Ganzleinen DM 18,—

Die Rettung der Phänomene

Ursprung und Geschichte eines antiken Forschungsprinzips. Von JÜRGEN MITTELSTRASS. Groß-Oktav. VIII, 281 Seiten. 1963. Ganzleinen DM 36,—

Platos Logik des Seins

Von NICOLAI HARTMANN. 2. Auflage. XII, 512 Seiten. 1965. Im Druck

Das Problem des geistigen Seins

Untersuchungen zur Grundlegung der Geschichtsphilosophie und der Geisteswissenschaften. Von NICOLAI HARTMANN. 3., unveränderte Auflage. Groß-Oktav. XVI, 564 Seiten. 1962. Ganzleinen DM 38,—

Der Kategorische Imperativ

Eine Untersuchung über Kants Moralphilosophie. Von H. J. PATON. Groß-Oktav. XVI, 335 Seiten. 1962. Ganzleinen DM 28,—

Ludwig Feuerbachs Philosophie

Ursprung und Schicksal. Von SIMON RAWIDOWICZ. 2. Auflage. Groß-Oktav. IV, 517 Seiten. 1964. Ganzleinen DM 56,—

Platon

Von PAUL FRIEDLÄNDER. 3 Bände. Groß-Oktav. Ganzleinen.

I: Seinswahrheit und Lebenswirklichkeit. 3., durchgesehene und ergänzte Auflage. Mit 8 Tafeln und 1 Frontispiz. X, 438 Seiten. 1964. DM 38,—

II: Die platonischen Schriften. Erste Periode. 3., verbesserte Auflage. VI, 353 Seiten. 1964. DM 38,—

III: Die platonischen Schriften. Zweite und dritte Periode. 2., erweiterte und verbesserte Auflage. VI, 533 Seiten. 1960. DM 38,—

Hauptprobleme der Philosophie

Von GEORG SIMMEL. 8., unveränderte Auflage. 177 Seiten. 1964. DM 3,60 (Sammlung Göschen 500)

Metaphysik und Geschichte

Von K. H. VOLKMANN-SCHLUCK. Oktav. 16 Seiten. 1963. DM 2,80

Wirklichkeit und Wirklichkeiten

Aufsätze und Vorträge. Von WILHELM WEISCHEDEL. Groß-Oktav. VIII, 286 Seiten. 1960. Ganzleinen DM 24,—

Der Zwiespalt im Denken Fichtes

Rede zum 200. Geburtstag Johann Gottlieb Fichtes gehalten an der Freien Universität Berlin am 19. 5. 1962 von WILHELM WEISCHEDEL. Oktav. 28 Seiten. 1962. DM 1,50

Existenzphilosophie

Von KARL JASPERS. 3. Auflage. Oktav. VI, 90 Seiten. 1964. Ganzleinen DM 12,—

WALTER DE GRUYTER & CO · BERLIN

FSC
www.fsc.org
MIX
Papier | Fördert gute Waldnutzung
FSC® C083411

Kolibri 360 GmbH
Ferdinand-Jühlke-Straße 7
99095 Erfurt, Deutschland
produktsicherheit@kolibri360.de